# 生物技术综合实验教程

姜立春　陈希文　主编

東南大學出版社
SOUTHEAST UNIVERSITY PRESS
·南京·

**图书在版编目(CIP)数据**

生物技术综合实验教程 / 姜立春, 陈希文主编. 南京 : 东南大学出版社, 2025. 3. -- ISBN 978-7-5766-1294-3

Ⅰ. Q81-33

中国国家版本馆 CIP 数据核字第 2025R3Z501 号

责任编辑:朱震霞　　责任校对:韩小亮　　封面设计:顾晓阳　　责任印制:周荣虎

**生物技术综合实验教程**

SHENGWU JISHU ZONGHE SHIYAN JIAOCHENG

主　　编: 姜立春　陈希文
出版发行: 东南大学出版社
社　　址: 南京市四牌楼 2 号　　邮编: 210096
出 版 人: 白云飞
网　　址: http://www.seupress.com
电子邮箱: press@seupress.com
经　　销: 全国各地新华书店
印　　刷: 苏州市古得堡数码印刷有限公司
开　　本: 787 mm×1092 mm　1/16
印　　张: 21.25
字　　数: 480 千字
版　　次: 2025 年 3 月第 1 版
印　　次: 2025 年 3 月第 1 次印刷
书　　号: ISBN 978-7-5766-1294-3
定　　价: 79.00 元

# 编写人员名单


**主　　　编：** 姜立春　陈希文

**副　主　编：** 赵秋月　甘　潇　解红霞　田　徽

**其他编写人员：** 王　群　廖　敏　王金玲　邹利娟　汪代华　吴　倩　峗　薇　张元元　张　宽　袁召弟　廖正巧　贾小东　杜　坤　夏　玉　刘　超

# 前　言

在生命科学的广阔天地中，生物技术以其独特的魅力和巨大的潜力，成为推动科学进步和社会发展的重要力量。随着基因编辑、合成生物学、生物信息学等技术和学科的飞速发展，生物技术不仅在基础研究中扮演着核心角色，更在医药、农业、环保等多个领域展现出其巨大的应用价值。《生物技术综合实验教程》正是在这样的背景下应运而生，旨在为学生提供全面、系统的实验教学平台，以培养其实践能力、创新思维和科学精神。本书可作为农林、综合、师范等高等院校生物及相关专业的教材或教学参考书。

本教程的编写，凝聚了众多生物技术领域专家和教育者的心血与智慧。我们深知，理论知识的掌握是基础，而实验技能的培养则是将知识转化为实际应用的关键。因此，本教程不仅注重理论知识的传授，更强调实验操作的实践性和创新性。希望通过本教程的学习，学生能够掌握生物技术的基本实验技能，理解生物技术在现代科学研究和产业发展中的重要性，同时激发他们对生命科学探索的热情。在编写过程中，特别强调了实验安全的重要性。生物技术实验往往涉及到微生物、化学物质和生物制品，因此，安全始终是我们考虑的首要问题。在每个实验项目中，我们都列出了注意事项，希望学生在掌握实验技能的同时，也能够树立起安全意识，确保实验过程的安全。

在教材内容构建中，我们追求逻辑的严密性和结构的明晰性。全书内容精心划分为基础篇、综合篇和设计篇三大板块，每个板块均聚焦于生物技术的不同核心领域。基础篇涵盖了分子生物学基础实验、氨基酸与蛋白质的提取与分离纯化、发酵工程技术，以及食品有害物质的分析与检验等章节。每个章节都严格遵循从基础理论到实验操作，最终到实验项目实践的教学路径，旨在逐步引导学生深入理解并掌握生物技术的核心知识。我们精心策划的实验项目，不仅让学生紧跟生物技术的最新发展，而且在综合性和设计性实验的训练中，特别强调实验耗材的合理选择和使用，以提升实验效率和安全性。这种结构化和层次分明的内容安排，使得本教程在传授知识的同时，更有效地激发学生的探索精神和创新能力。综合性实验训练让学生在实际操作中整合和应用所学知识，而设计性实验则鼓励学生或团队独立思考和创新设计，这些训练的好处在于，它们不仅增强了学生的实践技能，还培养了他们解决复杂问题的能力，为他们未来的学术探索和职业发展打下坚实的基础。

此外，本教程尤为重视培养学生分析和处理生物技术实验数据的能力，这一能力在科研工作中具有不可替代的重要性。实验操作中，精确性固然是基础，但对实验结果的逻辑推理和科学分析则更为关键。教程强调，学生在实验结束后，不仅要详尽记录实验数据，更要深入剖析数据背后的规律，挖掘其潜在意义，并以此为基础提出具有创新性的见解和假设。这种训练旨在培养学生的批判性思维和创新能力，使他们能够在科学研究中独立思考、发现问题并提出解决方案。通过系统的训练，学生将能够在生物技术这一充满挑战与机遇的领域中，成长为兼具创新思维和实践能力的专业人才。

本教材由姜立春、陈希文、赵秋月、甘潇、解红霞、田徽、王群、廖敏、王金玲、邹利娟、汪代华、吴倩、峗薇、张元元、张宽、袁召弟、廖正巧、贾小东、杜坤、夏玉、刘超等老师参与编写。在本书内容整理过程中，张雨洁、邓壹铭、付丹阳、赵欣悦、龚佳伟、卿逸、赵冬梅、陈思敏等同学以卓越的才华和敬业精神，不仅完成了大量的资料补充工作，更在文字校对与图表完善方面倾注了无数心血。在此对老师和同学们的付出致以诚挚谢意。同时，也向那些为我们提供参考资料的国内同类型教材和实验设备资料的作者和机构表示衷心感谢。这些宝贵的资源极大地丰富了我们的教学内容，为我们提供了有益的参考和启发。

本书编写团队尽管在各自领域内具有自己的学术专长，并且都是处在教学和科研一线的教师与博士研究生，但限于学术水平和编写经验的不足，难免存在疏漏和差错，恳请各位读者给予批评指正，以便进一步修改和完善。

姜立春　陈希文
绵阳师范学院
2025. 3

# 目 录

## 综 合 篇

## 设计篇

# 实验室使用规则和注意事项

## Ⅰ　生物技术实验室使用规则

1. 进入实验室的实验人员，必须听从任课教师的安排，班级干部负责并督促安全和卫生工作，每个学生要严格遵守实验室各项规章制度。

2. 必须严格遵守仪器设备运行记录制度，记录仪器运行状况、使用时间及使用人员等。发现仪器有故障者，有义务立即向任课老师、管理员或实验室主任报告，严禁擅自处理、拆卸、调整仪器主要部件，凡自行拆卸者一经发现将给予严重处罚。仪器用毕须切断电源，各种按钮回到原位，并做好清洁工作。

3. 实验室公用物品用完之后按原样放回，不得擅自借出或带出到其他实验室。在确实需要的情况下，应向实验室管理人员提出申请。

4. 使用易燃易爆气体时，盛装气体的气瓶应与实验室相应设施隔离。使用电炉、酒精灯等要远离化学易燃物品。

5. 所有实验室存储的样品、试剂必须如实写好标签。样品标签上应有样品名称、存放时间、存放人；配制的试剂标签上应有试剂名称、浓度、配制时间和配制人等。

6. 所有在实验室冰箱或冰柜里存放的物品用完后需及时处理。实验室管理人员将定期清理无标识和过期的样品。

7. 实验室使用有毒物质或进行能产生有危害气体的实验，应在不燃结构的通风橱内进行。

8. 实验过程所产生的感染性培养物、菌株及相关生物制品，以及其他具有感染性实验室废弃物，应视为医疗垃圾进行相应的特定处理。

9. 带有放射性的废弃物必须放入指定的具有明显标识的容器内封闭保存，报有关部门统一处理。

10. 实验室内禁止吸烟、用餐，保证通风洁净，闲杂人员不得入内。

11. 实验工作完毕后，做好整理工作，关闭电源、水源、气源和门窗。

12. 实验室人员应保证消防通道畅通，消防设施齐全。如发生意外事故，应立即采取必要措施，报警并及时报告实验室负责人、值班人员。

# Ⅱ 仪器使用方法及注意事项

分子生物学操作涉及一系列仪器，使用不当会导致实验失败、减少仪器使用寿命或损坏仪器。因此在进行操作前细致地了解各种仪器的使用方法及注意事项，是后继实验事半功倍的一个必要准备。

## 一、冷冻离心机

低温分离技术是分子生物学研究中必不可少的手段。基因片段的分离、酶蛋白的沉淀和回收以及其他生物样品的分离制备实验，都离不开低温离心技术，因此冷冻离心机已成为分子生物学研究中必需的重要工具。

1. 使用方法

（1）离心机应放置在水平坚固的地板或平台上，并力求使机器处于水平位置以免离心时造成机器震动。

（2）打开电源开关，按要求装上所需的转头，将预先以托盘天平平衡好的样品放置于转头样品架上（离心筒须与样品同时平衡），关闭机盖。

（3）按功能选择键，设置各项要求：温度、速度、时间、加速度及减速度，带电脑控制的机器还需按储存键，以便记忆输入的各项信息。

（4）按启动键，离心机将执行上述参数进行运作，到预定时间自动关机。

（5）待离心机完全停止转动后打开机盖，取出离心样品，用柔软干净的布擦净转头和机腔内壁，待离心机腔内温度与室温平衡后方可盖上机盖。

2. 注意事项

（1）机体应始终处于水平位置，外接电源系统的电压要匹配，并要求有良好的接地。

（2）开机前应检查转头安装是否牢固，机腔有无异物掉入。

（3）样品应预先平衡，使用离心筒离心时离心筒与样品应同时平衡。

（4）挥发性或腐蚀性液体离心时，应使用带盖的离心管，并确保液体不外漏，以免腐蚀机腔或造成事故。

（5）擦拭离心机腔时动作要轻，以免损坏机腔内的温度感应器。

（6）每次操作完毕应做好使用情况记录，并定期对机器各项性能进行检修。

（7）离心过程中若发现异常现象，应立即关闭电源，报告实验室负责人并请有关技术人员检修。

3. 相对离心力与每分钟转速的换算

离心机的转速，在以前的实验资料中一般以每分钟多少转来表示。由于离心力不仅为转速函数，亦为离心半径的函数，即转速相同时，离心半径越长，产生的离心力越大，因此仅以转速来表示离心力是不够科学的，近年来常用相对离心力（Relative Centrifugal

Force, RCF)来表示离心力。现在国际资料中,也已改用相对离心力来表示。

两者的换算公式如下:

$$N = RCF \times 10^{5} / (1.18 \times R)$$

$$RCF = 1.18 \times 10^{-5} \times R \times N$$

式中:$N$ 表示转速,单位为转/分(r/min);$R$ 表示离心半径,即离心管底端至轴心的距离,单位为厘米(cm);$RCF$ 表示相对离心力,单位用重力加速度 $X$g(g=9.8 m/s$^{2}$)。

## 二、电泳仪

电泳技术是分子生物学研究不可缺少的重要分析手段。所谓电泳,是指带电粒子在电场中的运动,不同物质由于所带电荷及分子量不同而在电场中运动速度不同,根据这一特征,应用电泳法便可以对不同物质进行定性或定量分析,或将一定混合物进行组分分析或单个组分提取制备,这在临床检验或实验研究中具有极其重要的意义。电泳仪正是基于上述原理设计制造的。电泳一般分为自由界面电泳和区带电泳两大类。自由界面电泳不需支持物,如等电聚焦电泳、等速电泳、密度梯度电泳及显微电泳等,这类电泳目前已很少使用;而区带电泳则需用各种类型的物质作为支持物,常用的支持物有滤纸、醋酸纤维薄膜、非凝胶性支持物、凝胶性支持物及硅胶 G 薄层等,分子生物学领域中最常用的是琼脂糖凝胶电泳。下面简单介绍电泳仪的使用方法及注意事项。

1. 使用方法

(1) 首先用导线将电泳槽的两个电极与电泳仪的直流输出端联接,注意极性不要接反。

(2) 电泳仪电源开关调至关的位置,电压旋钮转到最小,根据工作需要选择稳压稳流方式及电压电流范围。

(3) 接通电源,缓缓旋转电压调节钮直至所需电压为止,设定电泳终止时间,此时电泳即开始进行。

(4) 工作完毕后,应将各旋钮、开关旋至零位或关闭状态,并拔出电泳仪插头。

2. 注意事项

(1) 电泳仪通电进入工作状态后,禁止人体接触电极、电泳物及其他可能带电部分,也不能到电泳槽内取放东西,如需要取放应先断电,以免触电。同时要求仪器必须有良好接地端,以防漏电。

(2) 仪器通电后,不要临时增加或拔除输出导线插头,以防短路现象发生,虽然仪器内部附设有保险丝,但短路现象仍有可能导致仪器损坏。

(3) 由于不同介质支持物的电阻值不同,电泳时所通过的电流量也不同,其泳动速度及泳至终点所需时间也不同,故不同介质支持物的电泳不要同时在同一电泳仪上进行。

(4) 在总电流不超过仪器额定电流时(最大电流范围),可以多槽关联使用,但要注意不能超载，否则容易影响仪器寿命。

(5) 某些特殊情况下需检查仪器电泳输入情况时，允许在稳压状态下空载开机，但在稳流状态下必须先接好负载再开机，否则电压表指针将大幅度跳动，容易造成不必要的人为机器损坏。

(6) 使用过程中发现异常现象，如较大噪声、放电或异常气味，须立即切断电源，进行检修，以免发生意外事故。

## 三、微量移液器

1. 基本使用方法

(1) 根据实验需要选择适当的移液器：不同型号的微量移液器，都具有其适宜的溶液吸取范围，在移液器的量程范围内吸取的溶液准确度最高。

(2) 设定体积：设定体积时，由低值旋转至高值，须先超越所欲设定值至少三分之一转后，再反转至设定值；由高值旋转至低值，则直接转至设定值即可。请勿将体积调整圈转到超过最低或最高的使用范围。

(3) 套上微量移液器头，吸取溶液：吸取溶液时，尖端须先套上微量移液器头，量程为 1 000 μL 的移液器使用蓝色移液器头，量程为 200、100 或 20 μL 的移液器使用黄色移液器头，量程为 10 或 2 μL 的移液器使用白色移液器头。将按钮压至第一段，尽可能保持微量移液器垂直，将微量移液器头尖端浸入溶液，再缓慢释放。释放按钮不可太快，以免溶液冲入吸管柱内而腐蚀活塞。微量移液器头尖端浸入溶液的程度随吸取的体积及使用型号而定。

(4) 释放溶液：将微量移液器头与容器壁接触，慢慢压下按钮至第一段，停一二秒再压至第二段，把溶液完全压出。

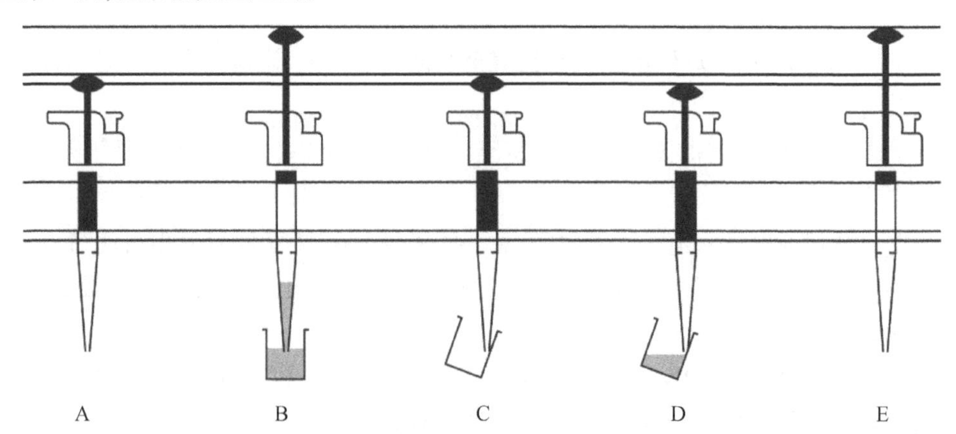


A. 保持微量移液器垂直，将按钮压至第一段；B. 微量移液器头尖端浸入溶液，缓慢释放按钮；C. 保持微量移液器垂直，将微量移液器头与容器壁接触，慢慢压下按钮至第一段；D. 压至第二段把溶液完全释放出；E. 释放按钮回原状。

**图 1　微量移液器的使用**

2. 使用注意事项

（1）勿将微量移液器本体浸入溶液中。

（2）吸取黏度高的溶液，须先将微量移液器头尖端出口用刀片或剪刀扩大，并先行预润后再吸取。

（3）吸取酸液或具腐蚀性溶液后，须将微量移液器拆解开，各部位零件以蒸馏水冲洗干净，擦干后再正确组合恢复原状。

（4）微量移液器的任何部分切勿用火烧烤，亦不可用于吸取温度高于 70 ℃的溶液，避免蒸气侵入腐蚀活塞。

（5）套有微量移液器头的微量移液器，无论微量移液器头中是否有溶液，均不可平放，须直立架好。

（6）若不小心使溶液进入吸管柱内，应立即予以拆解，将活塞组件、吸管柱、O 形圈、铁氟垫等各部位以清水冲洗干净后，再以酒精擦拭，擦干后再正确组合恢复原状。

（7）定期自行以天平检查准确度，若有任何问题请送厂维修。

## Ⅲ　生物技术实验操作规范和要求

1. 实验室应保持清洁整齐，严禁摆放和实验无关的物品。

2. 进入实验室需要在实验室使用登记簿上登记，没有经过培训的人员不允许单独进入细胞间和使用贵重仪器，对不会用的仪器不能乱动。

3. 发生具有潜在危害性的材料溢出以及在每天工作结束之后，必须清除工作台面的污染。在每一阶段工作结束后，必须采用适当的消毒剂清除工作区的污染。

4. 所有受到污染的材料、标本和培养物在废弃或清洁再利用之前，必须清除污染。

5. 严禁用口吸移液管。

6. 所有的技术操作要按尽量减少气溶胶和微小液滴形成的方式来进行。避免在本生灯的明火上加热引起物质爆溅。最好使用不需要再进行消毒的一次性接种环。如果窗户可以打开，则应安装防止节肢动物进入的纱窗。

7. 需要带出实验室的手写文件必须保证在实验室内没有受到污染。

8. 在实验室配制的化学药品需要贴上标签，写明试剂名称，否则一律按垃圾处理。

9. 有毒、易挥发试剂必须在外间通风柜内操作。

10. 双手接触过任何未灭菌的东西后，都需用酒精消毒后才能接触灭菌的器具或试剂。

11. 值班注意事项：晚上开紫外灯，早上关掉；垃圾箱满了倒掉；废液瓶满了，加入次氯酸钠后倒掉；检查所有的仪器是否关闭；检查试剂是否收好；检查衣服、鞋子是否摆好。

12. 实验结束后，清理废液烧杯；务必仔细检查使用过的仪器、器材，确定离心机电源关闭，水浴锅锅盖盖好，显微镜已关闭；最后应清理桌面，保持实验室整洁干净，垃圾桶快满时注意将垃圾带走并换上新的垃圾袋。

13. 废弃物处理的首要原则是所有感染性材料必须在实验室内清除污染、高压灭菌或统一送至指定专业机构处理。应在每个工作台上放置盛放废弃物的容器、盘子或广口瓶，最好是不易破碎的容器(如塑料制品)。使用消毒剂时，应使废弃物充分接触消毒剂(即不能有气泡阻隔)。

14. 处理生物危害性材料时，必须戴合适的手套，但戴手套不能代替洗手。实验人员处理完生物危害性材料和动物后以及离开实验室前、使用卫生间后、进食前均必须洗手。大多数情况下，使用普通的肥皂再用水彻底冲洗对于清除手部污染就足够了。但在高度危险的情况下，必须使用杀菌肥皂。手要完全抹上肥皂，搓洗至少 10 s，用干净水冲洗后再用干净的纸巾或毛巾擦干(如果有条件，可以使用暖风干手器)。推荐使用脚控或肘控的水龙头，如果没有，应手持干净的纸巾或毛巾来关上水龙头，以防止再度污染洗净的手。

如果没有条件彻底洗手或不方便洗手，须用酒精擦手以清除双手的轻度污染。

# 基础篇

# 第一章
# 分子生物学基础实验

## 实验 1　细菌基因组 DNA 提取

### 一、实验目的

1. 掌握细菌基因组 DNA 提取原理和方法。
2. 熟悉细菌基因组 DNA 电泳检测图谱和分析。

### 二、实验原理

基因组 DNA 的提取通常用于构建基因组文库、Southern 杂交(包括 RFLP,Restriction Fragment Length Polymorphism,限制性内切酶片段长度多态性)及 PCR(Polymerase Chain Reaction,聚合酶链式反应)分离基因等。利用基因组 DNA 较长的特性,可以将其与细胞器或质粒等小分子 DNA 分离。加入一定量的异丙醇或乙醇,基因组的大分子 DNA 即沉淀形成纤维状絮团飘浮其中,可用玻棒将其取出,而小分子 DNA 等则只形成颗粒状沉淀附于容器壁上及底部,从而达到提取目的。在提取过程中,染色体会发生机械断裂,产生大小不同的片段,因此分离基因组 DNA 时应尽量在温和的条件下操作,如尽量减少酚/氯仿抽提、混匀过程要轻缓,以保证得到较长的 DNA。一般来说,构建基因组文库,初始 DNA 长度必须在 100 kb 以上,否则酶切后两边都带合适末端的有效片段很少;而进行 RFLP 和 PCR 分析,DNA 长度可短至 50 kb,在该长度以上,可保证酶切后产生 RFLP 片段(20 kb 以下),并可保证包含 PCR 所扩增的片段(一般在 2 kb 以下)。

不同生物(植物、动物、微生物)的基因组 DNA 的提取方法有所不同;不同种类或同一种类的不同组织因其细胞结构及所含的成分不同,其 DNA 分离方法也有差异。在提取某种特殊组织的 DNA 时必须参照文献和经验建立相应的提取方法,以获得可用的 DNA 大分子。尤其是组织中的多糖和酶类物质对随后的酶切、PCR 反应等有较强的抑制作用,因此用富含这类物质的材料提取基因组 DNA 时,应考虑除去多糖和酚类物质。

## 三、实验材料

1. 材料

大肠杆菌(*E. coli*)培养物。

2. 仪器与用具

微量可调移液器、高速冷冻离心机、台式离心机、水浴锅。

3. 试剂

氯仿:异戊醇(24:1)、酚:氯仿:异戊醇(25:24:1)、无水乙醇、70%乙醇、醋酸钠,蛋白酶K(20 mg/mL)、三羟基氨基甲烷(Tris)、盐酸(HCl)、乙二胺四乙酸(EDTA)、氯化钠(NaCl)、十二烷基硫酸钠(SDS)、聚乙二醇辛基苯基醚(Triton X-100)、醋酸钙($Ca(CH_3COO)_2$)、溶菌酶。

试剂配制:

| TENS裂解液 | 终浓度 | 母液浓度 | 体积 | 备注 |
| --- | --- | --- | --- | --- |
| Tris-HCl | 100 mM(pH 8.0) | 1 M | 20 mL | 四种溶液混合后,再加入1 mL Triton X—100,超纯水定容至200 mL,高压灭菌,室温保存 |
| EDTA | 50 mM | 0.5 M | 20 mL | |
| NaCl | 200 mM | 5 M | 8 mL | |
| SDS | 2.0%(W/V) | 10% | 40 mL | |
| Triton X—100 | 0.5%(V/V) | | | |

10×TE(pH 8.0):100 mM Tris-HCl,pH 8.0;10 mM EDTA,pH 8.0,高压灭菌,室温保存,使用时超纯水稀释至1×浓度。

1 M Tris-HCl(pH 8.0):160 mL $H_2O$,24.22 g Tris碱,加入浓HCl 8.4 mL后冷却至室温,调pH至8.0,定容至200 mL,高压灭菌,室温保存。

蛋白酶K(20 mg/mL)工作浓度:1~2 mg/mL。

用50 mM Tris-HCl(pH 8.0),1.5 mm $Ca(CH_3COO)_2$溶解蛋白酶K粉末,配制成20 mg/mL的贮存液,过滤除菌,分装,−20 ℃保存。

溶菌酶(10 mg/mL)工作浓度:1 mg/mL。

用10 mM Tris-HCl(pH 8.0)溶解溶菌酶粉末,配制成10 mg/mL的贮存液,过滤除菌,分装,−20 ℃保存。

## 四、实验步骤

1. 取1.5 mL菌液于1.6 mL离心管,12 000 r/min离心5 min,弃上清。

2. 加入600 μL 1×TE重悬菌体沉淀,4 ℃ 12 000 r/min离心5 min,弃上清。

3. 加入450 μL 1×TE和60 μL 10 mg/mL溶菌酶,吹吸混匀,37 ℃孵育20 min(或4 ℃过夜),每隔5 min颠倒混匀一次。

4. 加入 600 μL TENS 裂解液，吹吸混匀，涡旋震荡 10 min 后，再加入 30 μL 20 mg/mL 蛋白酶 K，吹吸混匀，55 ℃孵育 20 min，每隔 15 min 颠倒混匀一次。

5. 4 ℃ 12 000 r/min 离心 5 min，转移上清至另一个干净的 1.5 mL 离心管。

6. 加入等体积的酚∶氯仿∶异戊醇（25∶24∶1），充分混匀，−20 ℃静置 2 min，4 ℃ 12 000 r/min 离心 3 min。

7. 转移上清至另一个干净的 1.5 mL 离心管，加入等体积的氯仿∶异戊醇（24∶1），充分混匀，−20 ℃静置 2 min，4 ℃ 12 000 r/min 离心 5 min。

8. 转移上清至另一个干净的 1.5 mL 离心管，加入 1/10 体积的 3 M 醋酸钠，2 倍体积（加入醋酸钠后的终体积）预冷的无水乙醇，充分混匀，4 ℃ 12 000 r/min 离心 6 min，弃上清。

9. 加入 500 μL 预冷的 70%乙醇洗涤 DNA 沉淀，颠倒混匀，4 ℃ 12 000 r/min 离心 5 min。

10. 吸干离心管中的残留液体，待离心管风干后，加入 30 μL 无菌水，吹吸混匀，取 3 μL 电泳检测，剩余置于−20 ℃保存。

## 五、思考题

1. 基因组 DNA 的提取方法有几种？各种方法的区别在哪里？
2. 提取不同生物（植物、动物、微生物）基因组 DNA 的方法是否相同？区别在哪里？
3. 提取的 DNA 样品不纯对实验有什么影响？如何解决这个问题？
4. 为什么要用无水乙醇沉淀 DNA？实验中造成 DNA 降解的原因有哪些？

## 六、注意事项

1. 选择的实验材料要新鲜，处理时间不宜过长。

2. 在加入细胞裂解缓冲液前，细胞必须均匀分散，以减少 DNA 团块形成。

3. 提取的 DNA 不易溶解的原因：不纯，含杂质较多；加溶解液太少使浓度过大；沉淀物太干燥，使溶解变得困难。

4. 酚∶氯仿∶异戊醇抽提后，其上清液太黏不易吸取的原因：含高浓度的 DNA；解决方法：可增加抽提前缓冲液的量或减少所取组织的量。

# 实验 2　植物基因组 DNA 提取

## 一、实验目的

掌握从植物组织中提取 DNA 的方法和实验技术。

## 二、实验原理

利用液氮对植物组织进行研磨,从而破碎细胞。细胞提取液中含有的SDS溶解膜蛋白而破坏细胞膜,使蛋白质变性而沉淀下来;EDTA抑制DNA酶的活性;再用酚、氯仿抽提的方法去除蛋白,得到的DNA溶液经异丙醇沉淀。

## 三、实验材料

1. 材料

植物新鲜叶片。

2. 仪器与用具

低温离心机、台式离心机、恒温水浴、高压灭菌锅、琼脂糖凝胶电泳系统、凝胶成像仪或紫外透射仪、陶瓷研钵、小指管、吸头。

3. 试剂

Tris、氯化钾(KCl)、SDS、NaCl、EDTA、硼酸、β-巯基乙醇、Tris饱和酚(pH 8.0)、50 mL离心管、氯仿、异丙醇、琼脂糖、乙醇、液氮。

## 四、实验步骤

1. 取2 g新鲜植物叶片,在液氮中研磨成粉末状(越细越好)。
2. 转移至50 mL离心管中,加入8 mL细胞提取液,充分混匀。65 ℃水浴保温20 min。
3. 从水浴中取出离心管,加入2.5 mL 5 mol/L KCl溶液,混匀,冰浴20 min。
4. 4 000 r/min离心20 min。
5. 将上清液转移到另一50 mL离心管中。
6. 加等体积酚/氯仿,混匀,12 000 r/min离心5 min,取上清。
7. 加等体积氯仿,混匀,12 000 r/min,离心5 min,取上清。
8. 加入0.6~1倍体积的异丙醇(沉淀DNA),混匀。
9. 12 000 r/min离心3 min,获得沉淀,70%乙醇洗3次。干燥沉淀(不要太干,否则DNA不易溶解)。
10. 加入200 μL TE缓冲液,溶解DNA。
11. 取3 μL上清液,琼脂糖凝胶电泳检测DNA浓度、质量。

## 五、思考题

1. 本实验中用到的各种试剂的作用是什么?
2. 本实验中进行了几次离心操作?每次的目的是什么?
3. SDS、EDTA、β-巯基乙醇的作用分别是什么?
4. 吸取样品、抽提及电泳时应注意什么?为什么?

## 六、注意事项

1. 磨样时要反复插入液氮中冷冻,但要避免液氮进入管中。

2. 取酚/氯仿混合液时要吸取下层。

3. 加入酚/氯仿和氯仿时要充分混匀。

4. 由于植物细胞中含有大量的DNA酶,因此,除在抽提液中加入EDTA抑制酶的活性外,第一步的操作应迅速,以免组织解冻,导致细胞裂解,释放出DNA酶,使DNA降解。

# 实验3　动物基因组DNA提取

## 一、实验目的

通过本实验使学生了解并掌握提取基因组DNA的原理和步骤,以及相对分子质量较大的DNA的琼脂糖凝胶电泳技术。

## 二、实验原理

在EDTA和SDS等去污剂存在下,用蛋白酶K消化细胞,随后用酚抽提,可以得到哺乳动物基因组DNA,用此方法得到的DNA长度为100～150 kb,适用于λ噬菌体构建基因组文库和Southern杂交分析。

## 三、实验材料

1. 材料

鼠肝。

2. 仪器与用具

低温离心机、台式离心机、恒温水浴、高压灭菌锅、琼脂糖凝胶电泳系统、凝胶成像仪或紫外透射仪、陶瓷研钵、小指管、吸头。

3. 试剂

EDTA、蛋白酶K、RNA酶、Tris、NaCl、SDS、乙酸钠($CH_3COONa$)、HCl、硼酸、Tris饱和酚(pH 8.0)、溴酚蓝、氯仿、蔗糖、异戊醇、GoldView或EB染液。

组织匀浆液(pH 8.0):10 mmol/L Tris-HCl,25 mmol/L EDTA,100 mmol/L NaCl。

消化液(pH 8.0):20 mmol/L Tris-HCl,50 mmol/L EDTA,200 mmol/L NaCl,200 μg/mL蛋白酶K,1% SDS。

3 mol/L $CH_3COONa$(pH 5.2)、平衡酚:氯仿:异戊醇(体积比25:24:1)、氯仿:异戊醇(体积比24:1)、0.9% NaCl或生理盐水。

10 mg/mL 蛋白酶 K:无菌水配好后用无菌过滤器过滤,−20 ℃保存。

无 DNA 的 RNA 酶:将 10 mg/mL RNA 酶溶于 10 mmol/L Tris-HCl(pH 7.5)、15 mmol/L NaCl 溶液中,于 100 ℃水浴处理 15 min,缓慢冷却到室温,−20 ℃保存。

TE 缓冲液(pH 8.0):10 mmol/L Tris-HCl,25 mmol/L EDTA。

5×TBE:5.4 g Tris,2.75 g 硼酸,2 mL 0.5 mol/L EDTA (pH 8.0),加水到 100 mL。

10×上样缓冲液:0.4%溴酚蓝,60%(W/V)蔗糖水溶液。

## 四、实验步骤

本实验在无液氮的条件下制备鼠肝 DNA,与有液氮的条件相比,产量和质量都有所下降。整个操作过程中,应尽量避免 DNA 酶的污染,特别注意动作温和,减少对 DNA 的机械损伤。

1. 取 0.2 g 鼠肝,用冰冷的生理盐水洗 3 次,然后置于 2.0 mL 匀浆液中,用玻璃匀浆器匀浆至无明显组织块存在(冰浴操作,切勿将细胞破碎,可镜检观察)。

2. 将组织细胞移至 2.0 mL 离心管中,5 000 r/min 离心 1 min(尽可能在低温下操作),弃上清,若沉淀中血细胞较多,可再加入 5 倍于细胞体积的匀浆液洗一次。

3. 沉淀加 0.8 mL 无菌水迅速吹散,分成两份,每份加 0.4 mL 消化液,翻转混匀(动作一定要轻),55 ℃水浴处理 12~18 h。

4. 沉淀加 RNA 酶至终浓度 200 pg/mL,37 ℃水浴 1 h。

5. 加入等体积酚:氯仿:异戊醇抽提一次(慢慢旋转混匀,倾斜使两相接触面增大),4 ℃ 10 000 r/min 离心 10 min。

6. 用扩口吸头移出含 DNA 的水相(注意勿吸出界面中蛋白沉淀;DNA 含量过高时,水相在下层,实验时注意观察),加等体积氯仿:异戊醇,4 ℃ 10 000 r/min 离心 10 min(若界面或水相中蛋白含量多,可重复 5、6 操作)。

7. 用扩口吸头小心吸出含 DNA 的水相,加 1/10 体积的 $CH_3COONa$,小心混匀(要充分),再向管中加入 2 倍体积的无水乙醇,小心混匀(要充分)。

8. 待基因组 DNA 脱水成丝,即为染色体丝,用枪头小心吸出液体,染色体丝用 75%冷乙醇洗涤一次,12 000 r/min 离心 5 min,室温干燥(不要太干,否则 DNA 不易溶解),加入 200 μL TE 缓冲液,存放于 4 ℃,溶解过夜,即可得到哺乳动物基因组 DNA。

9. 电泳鉴定 DNA,由于基因组 DNA 相对分子质量较大,用 0.3%的琼脂糖凝胶电泳鉴定。

10. 取 5 μL 溶解的 DNA、1 μL 10×上样缓冲液混匀后,小心上样。80 V 恒压电泳。

## 五、思考题

1. 本实验中用到的各种试剂的作用是什么?

2. 本实验中进行了几次离心操作?每次的目的是什么?

3. 如何在实验过程中防止核酸的降解？
4. 吸取样品、抽提及电泳时应注意什么？为什么？

## 六、注意事项

1. 核酸的分离和纯化时应遵循两个原则：（1）保证核酸一级结构的完整性；（2）排除其他分子的污染。

2. 核酸的纯度要求：（1）核酸样品中不应存在对酶有抑制作用的有机溶剂和过高浓度的金属离子；（2）其他生物大分子如蛋白质、多糖和脂类分子的污染应降低到最低程度；（3）排除其他核酸分子的污染，如提取 DNA 分子时，应去除 RNA，反之亦然。

3. 为保证分离核酸的完整性和纯度，在实验中应注意：（1）尽量简化操作步骤，缩短提取过程，以减少各种有害因素对核酸的破坏；（2）减少化学物质对核酸的降解，为避免过酸、过碱对核酸链中磷酸二酯键的破坏，操作多在 pH 4～10 条件下进行；（3）防止核酸的生物降解，即防止细胞内或外来的各种核酸酶水解核酸链中的磷酸二酯键，直接破坏核酸的一级结构；（4）减少物理因素对核酸的降解，物理降解因素首先是机械剪切力，其次是高温。

# 实验 4　Trizol 法提取植物总 RNA

## 一、实验目的

1. 了解真核生物基因组 RNA 提取的一般原理。
2. 掌握 Trizol 法提取 RNA 的方法和步骤。

## 二、实验原理

Trizol 是一种新型的总 RNA 抽提试剂，其含有苯酚、异硫氰酸胍等物质，能迅速破碎细胞并抑制核酸酶的活性。它是由苯酚和硫氰酸胍配制而成的单相快速抽提总 RNA 试剂，在匀浆和裂解过程中，能破碎细胞、降解蛋白质和其他成分，使蛋白质与核酸分离、RNA 酶失活，同时能保持 RNA 的完整性。在氯仿抽提和离心分离后，RNA 处于水相中，将水相转管后用异丙醇沉淀 RNA。

Trizol 试剂的主要成分是苯酚。苯酚的主要作用是裂解细胞，使细胞中的蛋白、核酸物质解聚得到释放。苯酚虽可有效地变性蛋白质，但不能完全抑制 RNA 酶活性，因此 Trizol 试剂中还加入了 8－羟基喹啉、异硫氰酸胍、β－巯基乙醇等来抑制内源和外源 RNase（RNA 酶）。

0.1%的 8－羟基喹啉可以抑制 RNase，与氯仿联合使用可增强抑制作用。异硫氰酸胍属于解偶剂，是一类强力的蛋白质变性剂，可溶解蛋白质并使蛋白质二级结构消失，导致细胞结构降解，核蛋白迅速与核酸分离。β-巯基乙醇的主要作用是破坏 RNase 蛋白质中的二硫键。

## 三、实验材料

1. 材料

植物叶片(以拟南芥为例)。

2. 仪器与用具

研钵、水浴锅、移液枪、高速冷冻离心机等。

3. 试剂

Trizol 试剂、乙醇、液氮、氯仿、异丙醇、DEPC(焦碳酸二乙酯)水。

## 四、实验步骤

1. 首先实验所用枪头和离心管均不含 RNA 酶(RNase free)。在实验开始前，对试验台、研钵和药匙进行消毒，向研钵中加入少量无水乙醇，把研磨棒和药匙放入研钵中点燃，待燃尽冷却备用。

2. 称取 50～100 mg 拟南芥，用锡箔纸包裹后放入液氮中低温速冻。放入预冷的研钵中，加入液氮充分碾磨 3～4 次使其成为粉末状，碾磨时间不宜过长。

3. 将碾磨好的粉末转入预先加入 1 mL Trizol 试剂的 1.5 mL 离心管，上下剧烈振荡 15 s，冰盒中放置 5 min 以上。

4. 加入 200 μL 氯仿，剧烈振荡 15 s，静置 15 min。

5. 放入预冷到 4 ℃的高速离心机中 12 000 r/min 离心 15 min。

6. 取上清 500 μL 转入预先编好号的新的离心管中，加入与上清等体积的异丙醇，轻轻上下颠倒，室温放置 10 min。

7. 放入高速离心机中，4 ℃ 12 000 r/min 离心 10 min，弃上清。

8. 加入 1 mL 75%乙醇(先加入 750 μL 无水乙醇，再加入 250 μL DEPC 水)洗涤。在离心机中 4 ℃ 7 500 r/min 离心 5 min。

9. 重复步骤 8。

10. 弃上清，在超净台吹干沉淀，加入 DEPC 水，−80 ℃保存。

## 五、思考题

1. 实验中提取的总 RNA 包含哪些种类的 RNA?
2. 提取 RNA 的方法有几种? 不同物种和组织的总 RNA 提取方法是否有差别?
3. 组织或细胞的量对本实验有何影响?
4. 研磨时加入液氮的作用是什么?

## 六、注意事项

1. 实验所用的所有耗材及有机试剂要确保无 RNase 污染。

2. 加入氯仿后一定要充分振荡,确保抽提效果。

3. 实验操作环境尽量减少与外界的接触,在操作过程中尽量不说话。

4. 组织或细胞量过少,可酌情减少 Trizol 试剂用量;组织或细胞量过多,会引起 DNA 对 RNA 的污染。

# 实验 5　细胞总 RNA 提取

## 一、实验目的

1. 掌握从动物组织细胞中提取总 RNA 的方法。

2. 熟悉紫外吸收法检测 RNA 浓度与纯度的原理及测定方法。

3. 掌握 RNA 琼脂糖凝胶电泳方法并分析总 RNA 的电泳图谱。

## 二、实验原理

从组织或者细胞中提取总 RNA 的方法是用含有异硫氰酸胍和酚的一种单相液来裂解细胞。异硫氰酸胍是一种常见且有效的蛋白质变性剂,在裂解细胞的同时能有效抑制内源性 RNA 酶活性。同时加入氯仿产生了第二相(有机相),DNA 和蛋白质在有机相中被抽提,低 pH 值的酚将使 RNA 留在上层水相中。水相中的 RNA 可用异丙醇沉淀浓缩,随后用乙醇洗涤沉淀,即可去除所有残留的蛋白质和无机盐,最终获得总 RNA。

## 三、实验材料

1. 材料

结肠癌细胞系。

2. 仪器与用具

冷冻台式离心机、电泳仪、电泳槽、电热恒温水槽、紫外分光光度计。

3. 试剂

裂解液(4 mol/L 的异硫氰酸胍,0.1 mol/L 的乙酸钠,0.2% β-巯基乙醇,50%饱和酚),氯仿(分析纯),异丙醇(分析纯),75%乙醇(用 0.1%的 DEPC 处理过的无 RNA 酶的水稀释),DEPC 水,TE 溶液(10 mmol/L 的 Tris · HCl,pH 8.0;1 mmol/L 的 EDTA),PBS(1×),DEPC,液氮。

## 四、实验步骤

1. 细胞或者组织样品匀浆处理

(1) 贴壁培养细胞　细胞量为 $10^7$,无须用胰蛋白酶消化,在去除培养液后,用预冷无菌 PBS 洗细胞一次，去上清，再加入 1 mL 单相裂解液裂解细胞，可用枪头吹打混匀，使细胞裂解完全，最后转移到 1.5 mL 离心管。

（2）悬浮培养细胞　细胞量为 $10^7$，可直接转移到 15 mL 离心管，500 r/min 离心 5 min 后，用预冷无菌 PBS 洗涤一次，弃上清，再加入 1 mL 单相裂解液悬浮细胞沉淀，可用枪头吹打混匀，使细胞裂解完全，最后转移到 1.5 mL 离心管。

（3）组织样品　解剖所要的组织后，先将这些组织切成小块（100 mg），然后将组织放入盛有液氮的研钵中，用研棒磨碎，使组织成粉末状。在研磨过程中要不断添加液氮使组织保持冷冻状态，最后加入 1 mL 单相裂解液裂解组织细胞，再转移到 1.5 mL 离心管。

2. RNA 提取

（1）样品加入单相裂解液后，室温放置 5 min，使样品充分裂解。如不进行下一步操作，样品可放入 −70 ℃长期保存。

（2）如果样品中含有较多蛋白、脂肪、多糖等，12 000 r/min 离心 5 min，取上清。

（3）按每 1 mL 单相裂解液加入 200 μL 氯仿，振荡混匀后室温放置 15 min，使其自然分相。禁用旋涡振荡器，以免基因组 DNA 断裂。

（4）4 ℃ 12 000 r/min 离心 15 min 后，样品会分成三层，黄色的为有机层，中间层和上层为无色的水相，RNA 主要在水相中。

（5）小心吸取上层水相，转移至另一个新的 1.5 mL 离心管中。不要吸取中间层，以免 DNA 和蛋白污染。

（6）在上清中加入等体积冰冷的异丙醇，−20 ℃放置 1 h 以增加 RNA 沉淀。

（7）4 ℃ 12 000 r/min 离心 10 min，弃上清，RNA 沉于管底。

（8）加入 1 mL 75%乙醇（用 DEPC 水配制），温和振荡离心管，悬浮沉淀。

（9）4 ℃ 8 000 r/min 离心 5 min，尽量弃上清。用移液器小心吸弃上清，注意不要吸走 RNA 沉淀。

（10）室温晾干 5～10 min，让最后残存的痕量乙醇挥发。RNA 样品不要过于干燥，否则很难溶解。

（11）用 50 μL DEPC 水或者 TE 溶液溶解 RNA 沉淀，RNA 溶液要放在 −70 ℃保存。纯水和 TE 均需 DEPC 处理并经高压消毒。

3. RNA 定量

RNA 提取完成即可进行 RNA 定量，RNA 定量方法与 DNA 定量相似。RNA 在 260 nm 波长处有最大的吸收峰，因此，可以用 260 nm 波长分光测定 RNA 浓度，OD 值为 1 相当于 40 μg/mL 的单链 RNA。如用 1 cm 光径，用超纯水 $ddH_2O$ 稀释 DNA 样品 $n$ 倍并以 $ddH_2O$ 为空白对照，根据此时读出的 $OD_{260}$ 值即可计算出样品稀释前的浓度，公式如下：

$$RNA(mg/mL) = 40 \times OD_{260}\text{读数} \times \text{稀释倍数}(n)/1\,000$$

纯 RNA 的 $OD_{260}/OD_{280}$ 的比值为 1.8～2.0，根据 $OD_{260}/OD_{280}$ 的比值可以估计 RNA 的纯度。若比值低于 1.8，说明有残余蛋白质、酚或者其他杂质存在；比值高于 2.0，则提示 RNA 有降解。

4. RNA 凝胶电泳

RNA 电泳的目的是检测 28S 和 18S 条带的完整性和它们的比值，或者是 mRNA Smear 的完整性，可以用普通的琼脂糖胶进行。如果 28S 和 18S 条带明亮、清晰，没有出现涂抹状片段，并且 28S 的亮度在 18S 条带的两倍以上，则可认为 RNA 提取的质量较好。

## 五、思考题

1. 实验过程中应该如何避免 RNA 降解？
2. RNA 的提取得率低的原因是什么？
3. 防止 RNA 酶污染的措施有哪些？
4. 组织或细胞的用量对 RNA 的提取有何影响？

## 六、注意事项

1. 杜绝外源酶的污染。
2. 严格戴好口罩和手套。
3. 实验所涉及的离心管、Tip 头、移液器杆、电泳槽、实验台面等要彻底清理。
4. 实验所涉及的试剂/溶液，尤其是水，必须确保不含 RNA 酶。

# 实验 6　质粒 DNA 的碱裂解法小量制备

## 一、实验目的

1. 学习并掌握碱裂解法制备质粒 DNA 的原理和方法。
2. 学会相关实验现象的观察与分析。

## 二、实验原理

在强碱性环境中，核酸等生物大分子易于变性，DNA 分子易发生氢键的断裂而形成单链分子，但是处于超螺旋状态的质粒 DNA 分子受此影响不大；添加过酸性缓冲液后，染色体 DNA、蛋白质等大分子难于复性，相互缠绕形成复合物，而质粒 DNA 分子依然受影响不大，此时可以借助离心等手段，使 DNA、RNA 和蛋白质等复合物沉淀下来，而超螺旋状态的质粒依然保留在上清液中，从而达到分离的目的。

## 三、实验材料

1. 材料

大肠杆菌（基因工程菌株，由实验室保存、备用）。

2. 仪器与用具

旋涡仪、微量可调移液器（1 套）、高速冷冻离心机、水浴锅、冰箱、恒温培养箱、记号笔。

3. 试剂

SDS、葡萄糖、EDTA、Tris-Base、RNase A、乙酸钾、冰乙酸、乙醇、NaOH、抗生素（用于质粒选择）、LB 培养基等。

BufferⅠ:50 mmol/L 葡萄糖，25 mmol/L Tris－Base（pH 8.0），10 mmol/L EDTA（pH 8.0）。溶液Ⅰ一次可配制 100 mL，在 1.05 $kg/cm^2$ 压力下蒸汽灭菌 15 min，贮存于 4 ℃。须确使细菌沉淀在溶液Ⅰ中完全分散，将两个微量离心管的管底部互相接触振荡，可使沉淀迅速分散。

BufferⅡ:0.4 mol/L NaOH（临用前用 10 mol/L 贮存液现用现稀释）和 2% SDS。现用现配制，室温下使用。

BufferⅢ:5 mol/L 乙酸钾 60 mL，冰乙酸 11.5 mL，水 28.5 mL。所配成的溶液中钾的浓度为 3 mol/L，乙酸根的浓度为 5 mol/L。保存于 4 ℃，用时置于冰浴中。

## 四、实验步骤

1. 细胞的制备。挑选转化后的单菌落，接种到 2 mL 含有适当抗生素的 LB 培养基中，于 37 ℃剧烈振摇下培养过夜。为了确保培养物通气良好，试管的体积应该至少比细菌培养物的体积大 4 倍。
2. 取 1.5 mL 菌液于 EP 管 4 ℃ 12 000×g 离心 2 min，去上清，再瞬时离心彻底去上清。
3. 加裂解液 Buffer Ⅰ 100 μL，用枪头吹散混匀。
4. 加入 BufferⅡ 200 μL，颠倒混匀 5 次（现配现用）。
5. 加入 Buffer Ⅲ 150 μL，颠倒混匀，冷水浴 3～5 min。
6. 取出，4 ℃ 12 000×g 离心 7 min，上清液转移至新的 EP 中。
7. 4 ℃ 12 000×g 离心 6 min，上清液转移至新的 EP 管中。
8. 加入无水乙醇 900 μL 混匀（醇沉）。
9. 放入冰箱，－20 ℃，10 min（冰水混合物中也可以）。
10. 取出，4 ℃ 12 000×g 离心 9 min，去上清。
11. 加 70%的乙醇 800 μL（洗涤）。
12. 4 ℃ 12 000×g 离心 4 min。
13. 无菌室风干，溶于 $ddH_2O$ 或 TE 缓冲液中。

## 五、思考题

1. BufferⅠ、BufferⅡ和 BufferⅢ在提取质粒工程中的作用分别是什么？
2. 提取过程中溶液出现什么变化（浑浊/澄清，是否分层）？有无沉淀产生？

3. 实验中提取的质粒 DNA 可以用于哪些实验？

4. 质粒 DNA 是否容易降解，为什么？

### 六、注意事项

1. 提取过程应尽量在低温环境中进行。蛋白质的去除以酚/氯仿混合效果最好，可以采取多次抽提尽量将蛋白质去除干净。在沉淀 DNA 时通常使用冰乙醇，在低温条件下放置可使 DNA 沉淀完全。

2. 多次用到冰水浴，其原因在于冰水浴的温度为 0 ℃，此时大多数核酸酶活性极低，接近无活性，对于保持核酸的稳定是极为重要的。

3. 加入 Buffer Ⅰ后，振荡后无明显可见菌体颗粒；加入 Buffer Ⅱ后置于室温 3 min，反应体系是澄清的；加入 Buffer Ⅱ、Ⅲ后，忌剧烈振荡。

4. 反应中加入的钾盐浓度一定要控制好，当加入的钾盐溶液浓度太低时，只有部分 DNA 形成 DNA 钾盐而聚合，这样就造成 DNA 沉淀不完全；当加入的钾盐溶液浓度太高时，其效果也不好。在沉淀的 DNA 中，由于过多的盐杂质存在，影响 DNA 的酶切等反应，必须进行洗涤或重沉淀。一般情况下，加入钾盐溶液的最终浓度以 0.1～0.25 mol/L 为宜。

## 实验 7　琼脂糖凝胶电泳

### 一、实验目的

掌握琼脂糖凝胶电泳检测 DNA 和 RNA 的原理与方法。

### 二、实验原理

琼脂糖凝胶电泳是检测核酸的常用技术。把核酸样品加入到一块包含电解质的多孔支持介质（琼脂糖凝胶）的样品孔中，并置于静电场上，核酸分子的骨架带有含负电荷的磷酸根残基，因此在电场中向正极移动。在一定的电场强度下，核酸分子的迁移速度取决于分子筛效应。具有不同的相对分子质量的核酸片段泳动速度不一样，因而可依据 DNA 分子的大小来使其分离。凝胶电泳不仅可分离不同分子质量的核酸，也可以分离相对分子质量相同而构型不同的核酸分子。

在电泳过程中，可以通过示踪染料或相对分子质量标准参照物对样品进行检测。相对分子质量标准参照物可以提供一个用于确定核酸片段大小的标准。在凝胶中加入少量溴化乙锭（Ethidium bromide，EB），其分子可插入核酸的碱基之间，形成一种络合物，在 254～365 nm 波长紫外光照射下呈橘红色荧光，因此可对分离的核酸进行检测。一般琼脂糖凝胶电泳适用于大小在 0.2～50 kb 范围内的核酸片段。本实验介绍琼脂糖凝胶的制备以及琼脂糖凝胶电泳在DNA及RNA检测中的应用方法。

## 三、实验材料

1. 材料

DNA样品或RNA样品。

2. 仪器与用具

水平电泳槽、电泳仪、凝胶成像分析系统、微波炉、微量移液器、透明胶带、点样板或封口膜、100 mL或250 mL锥形瓶、量筒、枪头等。

3. 试剂

琼脂糖、DNA加样缓冲液(6×Loading Buffer)、DL15 000 DNA Marker、TAE缓冲液、EB贮存液。

50×TAE缓冲液:2 mol/L Tris-乙酸,0.05 mol/L EDTA(pH 8.0),高压湿热灭菌,室温保存。

1×TAE缓冲液:50×TAE缓冲液用去离子水稀释50倍。

EB贮存液:10 mg/mL溴化乙锭,常温避光保存。

## 四、实验步骤

1. 制备1%琼脂糖凝胶液(大胶用70 mL,小胶用50 mL):称取0.7 g(0.5 g)琼脂糖置于锥形瓶中,加入70 mL(50 mL)1×TAE缓冲液,瓶口倒扣小烧杯。微波炉加热煮沸3次至琼脂糖全部融化,摇匀,即成1%琼脂糖凝胶液。

2. 胶板制备:取电泳槽内的有机玻璃内槽(制胶槽)洗干净、晾干,放入制胶玻璃板。将玻璃板与内槽两端边缘封好,形成模子。将内槽置于水平位置,并在固定位置放好梳子。将冷却到65 ℃左右的琼脂糖凝胶液混匀小心地倒入内槽玻璃板上,使胶液缓慢展开,直到整个玻璃板表面形成均匀胶层。室温下静置直至凝胶完全凝固,垂直轻拔梳子,将凝胶及内槽放入电泳槽中。添加1×TAE电泳缓冲液至没过胶板为止。

3. 加样:在点样板或封口膜上将DNA或RNA样品与6×Loading Buffer混合。用10 μL微量移液器分别将样品加入胶板的样品小槽内,每加完一个样品,应更换一个加样头,以防污染,加样时勿碰坏样品孔周围的凝胶面(注意:加样前要先记下加样的顺序)。

4. 电泳:加样后的凝胶板立即通电进行电泳,电压60～100 V,样品由负极(黑色)向正极(红色)方向移动。电压升高,琼脂糖凝胶的有效分离范围降低。当样品移动到距离胶板下沿约1 cm处时,停止电泳。

5. 电泳完毕后,取出凝胶,用含有0.5 μg/mL的溴化乙锭1×TAE溶液染色约20 min,再用清水漂洗10 min。

6. 观察照相:在紫外灯下观察,DNA或RNA存在则显示出红色荧光条带,采用凝胶成像系统拍照保存。

## 五、思考题

1. 不同浓度的琼脂糖凝胶对于 DNA 的分离有什么影响?
2. 沉淀 DNA 时为什么要用无水乙醇及在高盐、低温条件下进行?
3. 简要叙述酚-氯仿抽提 DNA 离心后出现的现象及其成因。
4. 如果 DNA 条带不够窄且不够均匀,可能的原因有哪些?

## 六、注意事项

1. 琼脂糖完全熔化后方可制胶。

2. EB 具有致癌作用,配制及使用时应戴乳胶或一次性塑料手套,并在专门的实验室内进行操作。

3. DNA 带形状模糊:DNA 加样过多;电压太高;凝胶中有气泡。

4. 质粒 DNA 的存在形式有 3 种:(1) 共价闭环 DNA(cccDNA),常以超螺旋形式存在;(2) 开环 DNA(ocDNA),此种质粒 DNA 的两条链中有一条发生一处或多处断裂,因此可以自由旋转从而消除张力,形成松弛的环状分子;(3) 线状 DNA,因质粒 DNA 的两条链在同一处断裂而造成。因此质粒 DNA 电泳的结果中有可能出现三条泳带,它们的泳动速度为 cccDNA>线状 DNA>ocDNA。

# 实验 8　分光光度法检测 DNA 和 RNA

## 一、实验目的

1. 熟练掌握分光光度法检测 DNA 浓度及纯度的原理和方法。
2. 熟悉分光光度法检测 RNA 浓度及纯度的原理和方法。

## 二、实验原理

DNA 或 RNA 链上碱基的苯环结构在紫外光区具有较强吸收能力,其吸收峰在 260 nm 处,这个物理特性为测定核酸溶液的浓度提供了基础。当波长为 260 nm 时,DNA 或 RNA 的光密度 $OD_{260}$ 不仅与总含量有关,也因构型不同而有差异。对标准样品来说,浓度为 1 μg/mL 时,DNA 钠盐的 $OD_{260}$ 为 0. 02;浓度为 1 μg/mL 时,RNA 溶液的 $OD_{260}$ 为 0. 022～0. 024。当 $OD_{260}$ 为 1 时,dsDNA 浓度约为 50 μg/mL;ssDNA 浓度约为 37 μg/mL;RNA 浓度约为 40 μg/mL;寡核苷酸浓度约为 30 μg/mL。

当 DNA 或 RNA 样品中含有蛋白质、酚或其他小分子污染物时会影响吸光度的准确测定。一般情况下同时检测同一样品的 $OD_{260}$、$OD_{280}$ 和 $OD_{230}$,进而计算其比值来衡量样品的纯度。经验值:对于纯 DNA,$OD_{260}/OD_{280}\approx1.8$(>1. 9 时表明有 RNA 污染;<1. 6 时

表明有蛋白质、酚等污染）；对于纯 RNA，$1.7<OD_{260}/OD_{280}<2.0$（$<1.7$ 时表明有蛋白质或酚污染；$>2.0$ 时表明可能有异硫氰酸残存）。$OD_{260}/OD_{280}$ 的比值用于估计核酸的纯度，$OD_{260}/OD_{230}$ 的比值用于估计去盐的程度。对于 RNA 纯制品，其 $OD_{260}/OD_{280}\approx 2.0$，$OD_{260}/OD_{280}<2.0$ 可能是蛋白污染所致，可以增加酚抽提；$OD_{260}/OD_{230}$ 应大于 2，$OD_{260}/OD_{230}<2$ 说明去盐不充分，可以再次沉淀并用 70%乙醇洗涤。

## 三、实验材料

1. 材料

DNA 与 RNA 样品（溶剂为 TE 缓冲液）。

2. 仪器与用具

石英微量比色皿、移液枪、紫外分光光度计、吸水纸。

3. 试剂

TE 缓冲液、灭菌双蒸水。

## 四、实验步骤

1. 紫外分光光度计开机预热 10 min。
2. 用双蒸水洗涤比色皿，吸水纸吸干，加入 TE 缓冲液后放入样品室并关上盖板。
3. 设定狭缝后校零。
4. 将标准样品和待测样品适当稀释（DNA 5 μL 或 RNA 4 μL 用 TE 缓冲液稀释至 1 000 μL）后，记录编号和稀释度。
5. 把装有标准样品和待测样品的比色皿放进样品室，关闭盖板。
6. 设定紫外光波长，分别测定 230 nm、260 nm、280 nm 波长时的 OD 值。
7. 计算待测样品的浓度与纯度。DNA 样品的浓度（μg/μL）：$OD_{260}\times$稀释倍数$\times 50/1\,000$，RNA 样品的浓度（μg/μL）：$OD_{260}\times$稀释倍数$\times 40/1\,000$。

## 五、思考题

1. DNA 或 RNA 样品中存在污染时如何解决？
2. 如何检测和保证 DNA 或 RNA 的质量？
3. 如果实验测得 $OD_{260}/OD_{280}=1.8$，是否能说明提取的 DNA 样品非常纯净？为什么？
4. DNA 或 RNA 的浓度对于后续的实验有什么影响？

## 六、注意事项

1. 擦拭比色皿所用的吸水纸须为专用纸，以免对比色皿造成磨损。
2. 必须使用相同的比色皿测试空白液和样品，否则浓度差异太大。
3. 在测定 RNA 样品时须迅速，以免 RNA 发生降解。

4. 混合要充分,否则吸光值太低,甚至出现负值;混合液不能存在气泡,空白液无悬浮物,否则读数漂移剧烈。

# 实验9　PCR基因扩增

## 一、实验目的

1. 熟悉PCR反应的基本原理。
2. 掌握PCR的基本操作技术和检测PCR产物的方法。

## 二、实验原理

PCR用于扩增位于两端已知序列之间的DNA区段,即通过引物延伸而进行的重复双向DNA合成。PCR循环过程中有三种不同的事件发生:(1)模板变性;(2)引物退火;(3)热稳定DNA聚合酶进行DNA合成。其基本原理及过程如下:

1. 变性:加热使模板DNA在高温下(94～95 ℃)变性,双链间的氢键断裂而形成两条单链,即变性阶段。

2. 退火:在体系温度降至37～65 ℃,模板DNA与引物按碱基配对原则互补结合,使引物与模板链3′端结合,形成部分双链DNA,即退火阶段。

3. 延伸:体系反应温度升至中温72 ℃,耐热DNA聚合酶以单链DNA为模板,在引物的引导下,利用反应混合物中的4种脱氧核苷三磷酸(dNTP),按5′到3′方向复制出互补DNA,即引物的延伸阶段。

上述3步为一个循环,即高温变性、低温退火、中温延伸3个阶段。从理论上讲,每经过一个循环,样本中的DNA量应该增加一倍,新形成的链又可成为新一轮循环的模板,经过25～30个循环后DNA可扩增$10^6$～$10^9$倍。

典型的PCR反应体系由如下组分组成:DNA模板、反应缓冲液、dNTP、$MgCl_2$、两条合成的DNA引物、耐热DNA Taq聚合酶。

## 三、实验材料

1. 材料

基因组DNA。

2. 仪器与用具

PCR仪、微量可调移液器、枪头、0.2 mL PCR管。

3. 试剂

特异性引物、$ddH_2O$、10×PCR Buffer、25 mmol/L $MgCl_2$、10 mmol/L dNTP、DNA Taq聚合酶、DNA加样缓冲液(6×Loading Buffer)、DL 15 000 DNA Marker。

## 四、实验步骤

1. PCR 反应混合液的配制：反应体系 25 μL，在无菌的 0.2 mL PCR 管中按下表操作程序加样。

| 加样顺序 | 反应物 | 体积(μL) | 终浓度 |
|---|---|---|---|
| 1 | $ddH_2O$ | 17.3 | |
| 2 | 10×PCR Buffer | 2.5 | 1× |
| 3 | 25 mmol/L $MgCl_2$ | 1.5 | 1.5 mmol/L |
| 4 | 10 mmol/L dNTP | 0.5 | 200 μmol/L |
| 5 | 10 μM 上游引物 | 1 | 0.4 μmol/L |
| 6 | 10 μM 下游引物 | 1 | 0.4 μmol/L |
| 7 | DNA Taq 聚合酶 | 0.2 | 1 U |
| 8 | DNA 模板 | 1 | |

2. 将反应液混合，低速短暂离心(4 000 r/min，4 s)。

3. 将 PCR 管放入 PCR 仪中，94 ℃，5 min；94 ℃，30 s，60 ℃，30 s，72 ℃，2 min，35 个循环；72 ℃，7 min。

4. PCR 结束后将 PCR 管取出，抽取 5 μL 产物与 6×Loading Buffer 按照规定比例混合，通过琼脂糖凝胶电泳对 PCR 产物进行检测。

## 五、思考题

1. PCR 过程中的退火温度是如何选择的？温度的高低对于 PCR 的结果是否有影响？

2. 该如何避免 PCR 过程中产生的边缘效应？

3. 如果你的研究中要扩增大肠杆菌某个酶的基因，你如何进行相关实验？

4. 一对引物序列为 5′-GCACTCCAGTCGACTCTACA-3′ 和 5′-ACCAGTGTCGACACCGCTCA-3′，请计算它们的 $T_m$ 值(熔解温度)及选择合适的退火温度，如果按照所选择的退火温度进行 PCR 却没有得到相应的产物，该怎么解决？

## 六、注意事项

1. 由于 PCR 灵敏度非常高，所以应当采取措施以防反应混合物受痕量 DNA 的污染。

2. 所有与 PCR 有关的试剂，只作 PCR 实验用，而不挪作他用。

3. 操作中使用的 PCR 管、离心管、吸管头等都只能一次性使用。

4. 每加一种反应物，应更换新的枪头。

# 实验 10　cDNA 的合成

## 一、实验目的

1. 掌握 cDNA 合成的原理与方法。
2. 熟悉 cDNA 合成反应体系配制原则。

## 二、实验原理

cDNA 是指具有与某 RNA 链呈互补碱基序列的 DNA。与某 RNA 链互补的单链 DNA 以该 RNA 为模板，在适当引物的存在下，由依赖 RNA 的 DNA 聚合酶（反转录酶）作用合成单链 cDNA，之后用碱处理除去与其对应的 RNA，再以单链 cDNA 为模板，由依赖 DNA 的 DNA 聚合酶或依赖 RNA 的 DNA 聚合酶作用合成双链 cDNA。

所有合成 cDNA 第一链的方法都要用依赖于 RNA 的 DNA 聚合酶（反转录酶）来催化反应。目前商品化反转录酶有从禽类成髓细胞瘤病毒纯化得到的禽类成髓细胞病毒（AMV）反转录酶和从表达克隆化的 Moloney 鼠白血病病毒反转录酶基因的大肠杆菌中分离得到的鼠白血病病毒（MLV）反转录酶。

AMV 反转录酶包括两个具有若干种酶活性的多肽亚基，这些活性包括依赖于 RNA 的 DNA 合成，依赖于 DNA 的 DNA 合成以及对 DNA∶RNA 杂交体的 RNA 部分进行内切降解（RNA 酶 H 活性）。MLV 反转录酶只有单个多肽亚基，兼备依赖于 RNA 和依赖于 DNA 的 DNA 合成活性，但降解 RNA∶DNA 杂交体中的 RNA 的能力较弱，且对热的稳定性较 AMV 反转录酶差。MLV 反转录酶能合成较长的 cDNA（如大于 2～3 kb）。AMV 反转录酶和 MLV 反转录酶利用 RNA 模板合成 cDNA 时的最适 pH 值、最适盐浓度和最适温室各不相同，所以合成第一链时调整相应条件非常重要。

AMV 反转录酶和 MLV 反转录酶都必须有引物来启动 DNA 的合成。cDNA 合成最常用的引物是与真核细胞 mRNA 分子 3′端 Poly（A）结合的 12～18 bp 长的 Oligo（dT）。

## 三、实验材料

1. 材料

植物总 RNA。

2. 仪器与用具

移液枪、枪头、紫外分光光度计、PCR 仪、超净工作台、PCR 管、低速离心机等。

3. 试剂

5×M-MLV RT Buffer、2.5 mM dNTP mix、RNase 抑制剂（30 U/μL）、反转录酶、Oligo（dT）18 primer、无菌的 DEPC 水等。

## 四、实验步骤

1. 分光光度(紫外吸收)法测定 RNA 的浓度:

(1) 取两只比色杯,一只装入 1 mL $H_2O$ 溶液,作为空白溶液,用来校正分光光度计零点及调整透光度至 100。

(2) 在超净工作台中取 2 μL RNA 样品加入另一比色杯,加 $H_2O$ 至 1 mL,混匀。

(3) 将两只比色杯置于分光光度计中,调入射光波长,分别用空白溶液调整零点(T 为 100,OD 为 0),测定待测样液在 260 nm 处的 OD 值。

(4) 计算浓度:对单链 RNA1.0 $OD_{260}$=40 μg/mL。

2. 在 DEPC 处理过的 PCR 管中加入约 4 μg 总 RNA 和 1 μL 0.5 μg/μL 的 Oligo (dT)18 primer,小心混匀,70 ℃保温 5 min 后立即浸入冰水中。

3. 按次序加入下列试剂:5 μL 5×M-MLV RT Buffer、2 μL dNTP mix(2.5 mM)、1 μL RNase 抑制剂(30 U/μL),混匀,然后加 DEPC 水到 25 μL。

4. 小心混匀,室温离心 5 s,将所有溶液收集到管底,37 ℃保温 1 h。

5. 90 ℃处理 5 min,冰上冷却。

6. 用于 PCR 扩增或-20 ℃保存备用。

## 五、思考题

1. 不同质量和浓度的 RNA 对 cDNA 合成的结果有什么影响,为什么?

2. 使用的四种脱氧核苷三磷酸(dNTP)中每一种的高浓度对于有效合成 cDNA 是特别重要的。如果其中只有一种的浓度下降到 10~50 μmol 甚至更低,全长转录物的产量将如何变化?常用的 dNTP 的浓度是多少?

## 六、注意事项

1. 戴手套进行操作,避免 RNase 污染。

2. 为了保证实验成功,需要使用高质量的 RNA 模板。

3. 为保持 RNA 的完整性,通常在合成第一链反应体系中加入 RNA 酶抑制剂以抑制 RNA 酶活性。

4. cDNA 第一链合成的反应液冰上配制。使用 ReverTra Ace、RNase Inhibitor 等酶类时,应轻轻混匀,避免起泡。由于酶保存液中含有 50%的甘油,黏度高,分取时应慢慢吸取。

# 实验 11　以 cDNA 为模板克隆目的基因

## 一、实验目的

掌握 PCR 法从 cDNA 中克隆目的基因的原理与方法。

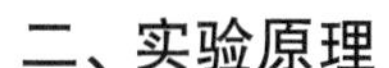

## 二、实验原理

cDNA 中包括某种生物在特定发育阶段特定组织或器官中表达的全部基因序列，因此其常作为获得已表达目的基因的模板。首先我们必须获得目的基因的序列并设计特异性引物，进而通过 PCR 的方法对目的基因序列进行扩增。具体分为以下几个过程：

1. 变性：在高温（94 ℃）下，cDNA 双链之间的氢键发生断裂进而形成两条单链。

2. 退火：温度降至退火温度时，模板 cDNA 将与引物按碱基配对原则互补结合，使引物与模板链 3′端结合，形成部分双链 DNA。

3. 延伸：在 72 ℃下，DNA 聚合酶以单链 DNA 为模板，在引物的引导下，利用反应混合物中的 4 种脱氧核苷三磷酸（dNTP），按 5′到 3′方向复制出互补 DNA。

以上 3 个步骤为一个循环，在经过多个循环后样本中目的基因的量被逐步放大，进而可以对目的基因进行回收。

## 三、实验材料

1. 材料

cDNA。

2. 仪器与用具

0.2 mL PCR 管、微量可调移液器、离心机、PCR 仪。

3. 试剂

特异性引物、$ddH_2O$、10×PCR Buffer、25 mmol/L $MgCl_2$、10 mmol/L dNTP、DNA Taq 聚合酶、DNA 加样缓冲液（6×Loading Buffer）、DL 15 000 DNA Marker。

## 四、实验步骤

1. PCR 反应混合液的配制：反应体系 25 μL，在无菌的 0.2 mL PCR 管中按下列操作程序加样：

| 加样顺序 | 反应物 | 体积（μL） | 终浓度 |
| --- | --- | --- | --- |
| 1 | $ddH_2O$ | 17.3 | |
| 2 | 10×PCR Buffer | 2.5 | 1× |
| 3 | 25 mmol/L $MgCl_2$ | 1.5 | 1.5 mmol/L |
| 4 | 10 mmol/L dNTP | 0.5 | 200 μmol/L |
| 5 | 10 μM 上游引物 | 1 | 0.4 μmol/L |
| 6 | 10 μM 下游引物 | 1 | 0.4 μmol/L |
| 7 | DNA Taq 聚合酶 | 0.2 | 1 U |
| 8 | cDNA 模板 | 1 | |

2. 将反应液混合,低速短暂离心(4 000 r/min,4 s)。

3. 将 PCR 管放入 PCR 仪中,94 ℃,3 min;94 ℃,40 s,60 ℃,40 s,72 ℃,2 min,35 个循环;72 ℃,9 min。

4. PCR 结束后将 PCR 管取出,抽取 5 μL 产物与 Loading Buffer 按照规定比例混合,采用琼脂糖凝胶电泳方法对 PCR 产物进行检测。

## 五、思考题

1. 如何根据琼脂糖凝胶电泳的结果判断目的基因是否克隆成功?
2. DNA 聚合酶的种类不同是否影响产物的质量?
3. 在克隆目的基因时,该基因的表达量对 PCR 的结果有什么影响?
4. 在检测 PCR 产物时发现目的基因没有被克隆出来,分析可能导致这一现象的原因。

## 六、注意事项

1. 由于 PCR 灵敏度非常高,所以应当采取措施以防反应混合物受痕量 DNA 的污染。
2. 所有与 PCR 有关的试剂,只作 PCR 实验用,不得挪作他用。
3. 操作中所用的 PCR 管、离心管、吸管头等都只能一次性使用。
4. 每加一种反应物,须更换新的枪头。

# 实验 12　DNA 片段回收与纯化

## 一、实验目的

掌握从琼脂糖凝胶中回收并纯化 DNA 片段的原理和方法。

## 二、实验原理

DNA 样品经过琼脂糖凝胶电泳和 EB 染色后在紫外灯照射下会发出红色荧光,可用刀片对包含目的 DNA 片段的琼脂糖进行切割并进行 DNA 回收工作。在高盐和促溶剂的作用下,琼脂糖聚合物因为其中糖之间的氢键断裂而迅速溶解,DNA 从胶基质中释放出来而选择性地吸附到球状的硅胶颗粒或特定的柱子上。通过高盐缓冲液洗涤去除残余的琼脂糖,再用含有乙醇的缓冲液洗去盐和染料,最后用 TE 缓冲液或 $ddH_2O$ 将球状硅胶颗粒或柱子上的 DNA 洗脱下来。回收纯化的 DNA 可直接用于连接、标记和测序等研究。

## 三、实验材料

1. 材料

含有目的 DNA 片段的琼脂糖凝胶。

2. 仪器与用具

移液枪、枪头、EP 管、刀片、高速离心机、水浴锅。

3. 试剂

EasyPure® Quick Gel Extraction Kit 胶回收试剂盒。

## 四、实验步骤

1. 切取琼脂糖凝胶中的目的 DNA 条带，放入干净的 EP 管中称重，如果凝胶重 100 mg，可视其体积为 100 μL，以此类推。

2. 加入 3 倍体积的 GSB 溶液，55 ℃水浴溶胶 6～10 min，间断（2～3 min）混合，确保胶块完全融化。

3. 待融化的凝胶溶液降至室温，加入离心柱中静置 1 min，10 000×g 离心 1 min，弃流出液。

4. 加入 650 μL WB 溶液，10 000×g 离心 1 min，弃流出液。

5. 10 000×g 离心 1～2 min，彻底去除残留的 WB 溶液。

6. 将离心柱置于一个干净的离心管中，开盖静置 1 min，使残留的乙醇挥发干净，在柱的中央加入 30～50 μL EB 或去离子水，室温静置 1 min。

7. 10 000×g 离心 1 min，洗脱 DNA，将洗脱出的 DNA 于－20 ℃保存。

## 五、思考题

1. 为什么需要等待融化的凝胶溶液降至室温时才能进行下一步实验？

2. 影响回收 DNA 的浓度的因素有哪些？

3. DNA 片段回收与纯化的方法还有哪些？

4. 从琼脂糖凝胶中回收并纯化 DNA 片段的原理是什么？

## 六、注意事项

1. 为了保证回收效果，在电泳时尽量使用新鲜的电泳缓冲液。

2. 在切胶时，胶块尽量小；溶胶时，确保胶块完全融化。

3. 为了避免紫外光照射对 DNA 造成损伤，影响下游的实验，紫外光照射的时间应尽量缩短。

4. 动作要轻柔，防止机械剪切力对较长片段 DNA 的破坏。

# 实验 13　重组 DNA 分子的酶切与鉴定

## 一、实验目的

1. 掌握 DNA 的限制性内切酶操作及酶切检测的方法。

2. 熟悉限制性内切酶反应体系配制原则和方法。

## 二、实验原理

限制性内切酶能特异地结合于一段被称为限制性酶识别序列的 DNA 序列之内或其附近的特异位点上,并切割双链 DNA。它可分为三类:Ⅰ类和Ⅲ类酶在同一蛋白质分子中兼有切割和修饰(甲基化)作用且依赖于 ATP 的存在,Ⅰ类酶结合于识别位点并随机切割识别位点不远处的 DNA,而Ⅲ类酶在识别位点上切割 DNA 分子,然后从底物上解离;Ⅱ 类酶由两种酶组成,一种为限制性内切核酸酶(限制酶),它切割某一特异的核苷酸序列,另一种为独立的甲基化酶,它修饰同一识别序列。Ⅱ类酶中的限制性内切酶在分子克隆中得到了广泛应用,它们是重组 DNA 的基础。绝大多数Ⅱ类限制酶识别长度为 4 至 6 个核苷酸的回文对称特异核苷酸序列(如 *EcoR* Ⅰ 识别六个核苷酸的序列:5′-G↓AATTC-3′),有少数酶识别更长的序列或简并序列。Ⅱ类酶切割位点在识别序列中,有的在对称轴处切割,产生平末端的 DNA 片段(如 *Sma* Ⅰ:5′-CCC↓GGG-3′);有的切割位点在对称轴一侧,产生带有单链突出末端的 DNA 片段称黏性末端,如 *EcoR* Ⅰ 切割识别序列后产生两个互补的黏性末端如下:

5′…G↓AATTC…3′→5′…GAATTC…3′
3′…CTTAA↑G…5′→3′…CTTAAG…5′

DNA 纯度、缓冲液、温度条件及限制性内切酶本身都会影响限制性内切酶的活性。大部分限制性内切酶不受 RNA 或单链 DNA 的影响。当微量的污染物进入限制性内切酶贮存液中时,会影响其进一步使用,因此在吸取限制性内切酶时,每次都要用新的吸管头。如果采用两种限制性内切酶,必须要注意分别提供其各自的最适盐浓度。若两者可用同一缓冲液,则可同时水解。若需要不同的盐浓度,则必须首先使用适应低盐浓度的限制性内切酶,随后调节盐浓度,再使用适应高盐浓度的限制性内切酶水解。也可在第一个酶切反应完成后,用等体积酚/氯仿抽提,加 0. 1 倍体积 3 mol/L $CH_3COONa$ 和 2 倍体积无水乙醇,混匀后置−70 ℃低温冰箱 30 min,离心、干燥并重新溶于缓冲液后进行第二个酶切反应。

DNA 限制性内切酶酶切图谱又称 DNA 的物理图谱,它由一系列位置确定的多种限制性内切酶酶切位点组成,以直线或环状图式表示。在 DNA 序列分析、基因组的功能图谱绘制、DNA 的无性繁殖、基因文库的构建等工作中,建立限制性内切酶图谱都是不可缺少的环节,近年来发展起来的 RFLP(限制性片段长度多态性)技术也是建立在它的基础之上。

构建 DNA 限制性内切酶图谱有许多方法。通常结合使用多种限制性内切酶,通过综合分析多种酶单切及不同组合的多种酶同时切割所得到的限制性片段大小来确定各种酶的酶切位点及其相对位置。酶切图谱的使用价值依赖于它的准确性和精确程度。

在酶切图谱制作过程中，为了获得条带清晰的电泳图谱，DNA 用量一般为 0.5～1 μg。限制性内切酶的酶解反应最适条件各不相同，各种酶有其相应的酶切缓冲液和最适反应温度（大多数为 37 ℃）。对质粒 DNA 酶切反应而言，限制性内切酶用量可按标准体系 1 μg DNA 加 1 单位酶，消化 1～2 h。但要完全酶解则必须增加酶的用量，一般增加 2～3 倍，甚至更多，反应时间也要适当延长。

酶切结束后，通过琼脂糖凝胶电泳检测酶切的结果。根据酶切后所获得的片段大小是否和预期相符合来判断酶切是否成功。

## 三、实验材料

1. 材料

带有 *Xba* Ⅰ 和 *BamH* Ⅰ 酶切位点的重组 pBI121 质粒（其他重组质粒也可）。

2. 仪器与用具

水平式电泳装置、电泳仪、低速离心机、恒温水浴锅、移液枪、枪头、微波炉或电炉、凝胶成像仪。

3. 试剂

*Xba* Ⅰ 限制性内切酶、*BamH* Ⅰ 限制性内切酶、10×CutSmart® Buffer、琼脂糖、PCR 管、DNA 加样缓冲液（6×Loading Buffer）。

## 四、实验步骤

1. 向干净无菌的 PCR 管中按照如下体系加入各组分：

| 反应物 | 体积 |
|---|---|
| 重组 pBI121 质粒 | 1 μg（体积为 $V_1$） |
| 10×CutSmart® Buffer | 2 μL |
| *Xba* Ⅰ 限制性内切酶 | 1 μL |
| *BamH* Ⅰ 限制性内切酶 | 1 μL |
| $ddH_2O$ | $20-(4+V_1)$ μL |
| 总计 | 20 μL |

2. 加完各组分后点甩离心，37 ℃水浴 2 h。
3. 65 ℃水浴 20 min。
4. 通过琼脂糖凝胶电泳检测酶切结果，凝胶成像仪照相并记录。

## 五、思考题

1. 当需要双酶切时，两种限制性内切酶的工作温度不相同时该如何进行酶切？
2. 酶切的时间是否越长越好？如何选择最适宜的酶切时间？

3. 影响限制性内切酶活性的因素有哪些?

4. DNA 完全酶切应具备的条件有哪些?

## 六、注意事项

1. 根据实验目的和外源片段的不同可选用不同的载体,采用不同黏性末端的双酶切可实现外源片段的定向克隆。

2. 限制性内切酶的一个活性单位(1 U)指在 50 μL 反应体系中,37 ℃下,经过 1 h 的反应将 1 μg DNA 完全切割所需要的酶量。

3. 限制酶在某些条件下使用时,对 DNA 切割的位点特异性可能降低,即可以切割与原来识别的特定 DNA 序列不同的碱基序列,这种现象叫限制酶的星号活性。它的出现与限制酶、底物 DNA 以及反应条件有关。

4. 碱性磷酸酶(ALP)、细菌碱性磷酸酶(BAP)和牛小肠碱性磷酸酶(CIAP)都能催化水解 DNA、RNA、dNTP 和 NTP 上的 5′-磷酸残基。比较而言,CIAP 更常用,因其可在 70 ℃下 10 s 内加热灭活或通过苯酚抽提而变性失活,同时 CIAP 的活性比 BAP 高 10～20 倍。它主要用于:(1)克隆时去除载体的 5′-P,以防载体自连;(2)在用激酶(Kinase)进行 5′末端标记前,去除 DNA 的 5′-P。

5. 为了获得条带清晰的电泳图谱,DNA 用量一般为 0.5～1 μg。

# 实验 14　DNA 酶切产物的连接

## 一、实验目的

1. 掌握 DNA 酶切产物连接的原理与方法。

2. 熟悉 DNA 酶切产物连接反应体系配制原则。

## 二、实验原理

DNA 酶切产物的连接是通过 DNA 连接酶来实现的。DNA 连接酶用于体外 DNA 的连接,在构建表达载体的过程中发挥关键的作用。DNA 连接酶有两类,一类以 NAD(烟酰胺腺嘌呤二核苷酸)为辅基,主要来源于细菌,代表为 *E. coli* 连接酶,常规反应条件下能够连接切口、黏性末端的双链 DNA;另一类以 ATP 为辅基,来源于病毒、噬菌体和真核生物,代表是 T4 连接酶。本实验主要介绍 T4 连接酶连接双链 DNA 的原理和方法。

T4 连接酶由 T4 噬菌体的 30 个基因合成,最早从 T4 噬菌体感染的大肠杆菌中提取,目前市场上供应的 T4 连接酶主要通过基因工程的手段生产。T4 连接酶的分子量为 55 230 Da,由 487 个氨基酸残基组成。目前,DNA 连接反应的机理是基于切口的双链 DNA,连接反应主要分为三个步骤:

1. T4 连接酶首先由 ATP 供能产生 E-AMP 复合物。

2. E-AMP 复合物识别双链 DNA 切口的位置，将 AMP 转移到 5′-P 基团，形成 5′-P-AMP 复合物。

3. 3′-OH 亲核攻击 5′-P-AMP 形成磷酸二酯键，并释放出 ATP。

T4 连接酶除了能够连接黏性末端的切口，同时也能连接平末端的切口。T4 连接酶识别连接端口碱基的能力较低，从而可以连接多种异常的端口，包括：3′端或 5′端无嘌呤或无嘧啶碱基；缺失 1 nt 的连接端口；3′或 5′A-A 或 T-T 配对、5′端 G-T 配对；3′端 C-A、C-T、T-G、T-T、T-C、A-C、G-G、G-T 配对等。在反应体系中添加亚精胺、高盐缓冲液或降低连接酶的用量均可提高 T4 连接酶的保真性。

## 三、实验材料

1. 材料

经 *Xba* Ⅰ 和 *Sma* Ⅰ 双酶切并纯化的 pBI121 质粒，经 *Xba* Ⅰ 和 *Sma* Ⅰ 双酶切并纯化的两端带有以上两个酶切位点的目的基因。

2. 仪器与用具

微量可调移液器、离心机、水浴锅、PCR 管。

3. 试剂

NEB® T4 DNA 连接酶、NEB® 10×T4 DNA 连接酶缓冲液、$ddH_2O$。

## 四、实验步骤

1. 反应体系建立

按照以下体系分别在 PCR 管中依次加入组分：

| 反应物 | 体积 |
|---|---|
| 经 *Xba* Ⅰ 和 *Sma* Ⅰ 双酶切并纯化的 pBI121 质粒 | 1 μg（体积为 $V_1$） |
| 经 *Xba* Ⅰ 和 *Sma* Ⅰ 双酶切并纯化的两端带有以上两个酶切位点的目的基因 | 1 μg（体积为 $V_2$） |
| NEB® 10×T4 DNA 连接酶缓冲液 | 2 μL |
| NEB® T4 DNA 连接酶 | 1 μL |
| $ddH_2O$ | $20-(3+V_1+V_2)$ μL |
| 总计 | 20 μL |

2. 将加入好上述组分的 PCR 管振荡混匀，点甩离心后于 16 ℃水浴锅中孵育 8～12 h。

## 五、思考题

1. 酶切产物的浓度对于连接结果是否有影响？

2. 在连接平末端的酶切产物时会出现多少种连接结果，为什么？

3. DNA 连接酶用于体外 DNA 的连接，在构建表达载体的过程中发挥什么作用？

4. 如何确定酶切反应中各成分的用量？

## 六、注意事项

1. 在连接酶切产物时要尽量选择相同的黏性末端，以保证连接的效率。

2. T4 DNA 连接酶使用完毕后需立即保存在 −20 ℃的条件下，以免在室温条件下存放时间过长失去活性。

3. 酶切的时间不要低于两小时。

4. 首先看是单酶切还是双酶切，如是双酶切要注意这两种酶是否有共用的缓冲液。

# 实验 15 大肠杆菌感受态细胞的制备

## 一、实验目的

1. 掌握制备大肠杆菌感受态细胞的原理与方法。

2. 熟悉大肠杆菌感受态细胞制备的步骤和检测方法。

## 二、实验原理

感受态是指受体或宿主最容易接受外源 DNA 并实现其转化的一种生理状态，由受体菌的遗传性状、菌龄、外界环境因子等影响。受体细胞经过一些特殊方法，如电击法或 $CaCl_2$、RbCl（KCl）等化学试剂法的处理后，细胞膜的通透性发生了暂时性的改变，成为能允许外源 DNA 分子进入的感受态细胞。RbCl（KCl）法制备的感受态细胞转化效率较高，但 $CaCl_2$ 法简便易行，且其转化效率完全可以满足一般实验的要求，制备出的感受态细胞暂时不用时，可加入占总体积 15%的无菌甘油于 −70 ℃保存 6 个月，因此 $CaCl_2$ 法使用更为广泛。

感受态形成后，细胞生理状态会发生改变，出现各种蛋白质和酶，负责供体 DNA 的结合和加工等；细胞表面正电荷增加，通透性增加，形成能接受外来的 DNA 分子的受体位点。

## 三、实验材料

1. 材料

大肠杆菌（−80 ℃保存）。

2. 仪器与用具

摇床、超净工作台、分光光度计、低温高速离心机、EP 管、微量可调移液器、冰盒等。

3. 试剂

LB 液体培养基、0.05 mol/L $CaCl_2$ 溶液。

## 四、实验步骤

1. 从 LB 平板上挑取新活化的 *E. coli* DH5α 单菌落，接种于 3～5 mL LB 液体培养基中，37 ℃下振荡培养 12 h 左右，直至对数生长后期。将该菌悬液以 1∶100～1∶50 的比例接种于 100 mL LB 液体培养基中，37 ℃振荡培养 2～3 h 至 $OD_{600}$ 为 0.5 左右。

2. 将培养液转入离心管中，冰上放置 10 min，然后于 4 ℃下 3 000×g 离心 10 min。

3. 弃上清，用预冷的 0.05 mol/L 的 $CaCl_2$ 溶液 10 mL 轻轻悬浮细胞，冰上放置 15～30 min 后，4 ℃ 3 000×g 离心 10 min。

4. 弃上清，加入 4 mL 预冷含 15%甘油的 0.05 mol/L 的 $CaCl_2$ 溶液，轻轻悬浮细胞，冰上放置几分钟，即成感受态细胞悬液。

5. 将感受态细胞悬液分装成 200 μL 的小份，贮存于－70 ℃可保存半年。

## 五、思考题

1. 大肠杆菌菌液的 OD 值对于感受态的制备效率是否有影响，为什么？
2. 制备好的大肠杆菌感受态细胞在存放于－70 ℃前为什么要添加甘油？
3. 制备感受态细胞的原理是什么？
4. 如果实验中对照组本不该长出菌落的平板上长出了一些菌落，该如何解释这种现象？

## 六、注意事项

1. 细菌的生长状态：实验中应密切注意细菌的生长状态和密度，尽量使用对数生长期的细胞（一般通过检测 $OD_{600}$ 来控制，DH5α 菌株 $OD_{600}$ 为 0.5 时细胞密度是 $5\times10^7$ 个/mL）。

2. 所有操作均应在无菌条件和冰上进行。

3. 经 $CaCl_2$ 处理的细胞，在低温条件下，一定的时间内转化率随时间的推移而增加，24 h 达到最高，之后转化率再下降（这是由于总的活菌数随时间延长而减少造成的）。

4. 用于制备感受态细胞的菌液，最好是从－20 ℃或－70 ℃保存的菌液当中直接转接。

# 实验 16　重组 DNA 的转化和鉴定

## 一、实验目的

1. 掌握质粒 DNA 转化大肠杆菌的方法，了解转化的条件。

2. 熟悉并掌握利用半乳糖苷酶基因插入失活选择重组质粒 DNA 和 PCR 鉴定阳性转化子的原理。

## 二、实验原理

转化(Transformation)是将外源 DNA 分子引入受体细胞,使之获得新的遗传性状的一种手段,它是微生物遗传、分子遗传、基因工程等研究领域的基本实验技术。在自然条件下,很多质粒都可通过细菌接合作用转移到新的宿主内,但在人工构建的质粒载体中,一般缺乏此种转移所必需的 MOB 基因,因此不能自行完成从一个细胞到另一个细胞的接合转移。如需将质粒载体转移进受体细菌,需诱导受体细菌产生一种短暂的感受态以摄取外源 DNA。

转化过程中使用的受体细胞一般是限制修饰系统缺陷的变异株,即不含限制性内切酶和甲基化酶的突变体($R^-$,$M^-$),它可以容忍外源 DNA 分子进入体内并稳定地遗传给后代。受体细胞经过一些特殊方法如电击法或 $CaCl_2$、RbCl(KCl)等化学试剂法的处理后,细胞膜的通透性发生了暂时性的改变,成为能允许外源 DNA 分子进入的感受态细胞。进入受体细胞的 DNA 分子通过复制、表达实现遗传信息的转移,使受体细胞出现新的遗传性状。将经过转化后的细胞在筛选培养基中培养,即可筛选出转化子(Transformant),即带有异源 DNA 分子的受体细胞。

为了提高转化效率,实验中要考虑以下几个重要因素:

1. 细胞生长状态和密度:不要用经过多次转接或储于 4 ℃的培养菌,最好从－70 ℃或－20 ℃甘油保存的菌种中直接转接用于制备感受态细胞的菌液。细胞生长密度以刚进入对数生长期时为好,可通过监测培养液的 $OD_{600}$ 来控制。DH5α 菌株的 $OD_{600}$ 为 0.5 时,细胞密度在 $5\times10^7$ 个/mL 左右(不同的菌株情况有所不同),这时比较合适,密度过高或不足均会影响转化效率。

2. 质粒的质量和浓度:用于转化的质粒 DNA 应主要是超螺旋态 DNA(cccDNA)。转化效率与外源 DNA 的浓度在一定范围内成正比,但当加入的外源 DNA 的量过多或体积过大时,转化效率就会降低。1 ng 的 cccDNA 即可使 50 μL 的感受态细胞达到饱和。一般情况下,DNA 溶液的体积不应超过感受态细胞体积的 5%。

3. 试剂的质量:所用的试剂,如 $CaCl_2$ 等均需是最高纯度的(GR. 或 AR.),并用超纯水配制,最好分装保存于干燥的冷暗处。

4. 防止杂菌和杂 DNA 的污染:整个操作过程均应在无菌条件下进行,所用器皿如离心管、枪头等最好是新的,并经高压灭菌处理,所有的试剂都要灭菌,且注意防止被其他试剂、DNA 酶或杂 DNA 所污染,否则均会影响转化效率或导致杂 DNA 的转入,为以后的筛选、鉴定带来不必要的麻烦。

本实验以 *E. coli* DH5α 菌株为受体细胞,并用 $CaCl_2$ 处理,使其处于感受态,然后将 pUC18 质粒转化到细胞内。由于 pUC18 质粒带有氨苄青霉素抗性基因(Amp),可通过 Amp 抗性来筛选转化子。如受体细胞没有转入 pUC18,则在含 Amp 的培养基上不能生长;能在 Amp 培养基上生长的受体细胞(转化子)肯定已导入了 pUC18 质粒。

pUC18 上带有 β-半乳糖苷酶基因(lacZ)的调控序列和 β-半乳糖苷酶 N 端 146 个

氨基酸的编码序列。这个编码区中插入了一个多克隆位点,但并没有破坏 lacZ 的阅读框架,不影响其正常功能。*E. coli* DH5α 菌株带有 β-半乳糖苷酶 C 端部分序列的编码信息。在各自独立的情况下,pUC18 和 DH5α 编码的 β-半乳糖苷酶的片段都没有酶活性,但在 pUC18 和 DH5α 融为一体时可形成具有酶活性的蛋白质。这种 lacZ 基因上缺失近操纵基因区段的突变体与带有完整的近操纵基因区段的 β-半乳糖苷酸阴性突变体之间实现互补的现象叫 α-互补。

由 α-互补产生的 Lac 细菌较易识别,它可在生色底物 5-溴-4-氯-3-吲哚-β-D-半乳糖苷(X-gal)存在下被异丙基硫代-β-D-半乳糖苷(IPTG)诱导形成蓝色菌落。当外源基因插入到 pUC18 质粒的多克隆位点上后会导致读码框架改变,表达蛋白失活,产生的氨基酸片段失去 α-互补能力,因此在同样条件下含重组质粒的转化子在生色诱导培养基上只能形成白色菌落。由此可将重组质粒与自身环化的载体 DNA 分开,此为 α-互补现象筛选。

通常使用 PCR 的方法对转化成功的阳性菌落进行二次的鉴定。以单菌落为模板,使用特异性引物对目的基因进行克隆,通过琼脂糖凝胶电泳对 PCR 产物进行检测以检验目的基因是否转化至大肠杆菌中。在 94 ℃的变性温度下,大肠杆菌的 DNA 会被释放出来,因此无需对菌落进行 DNA 提取即可进行 PCR 鉴定。

## 三、实验材料

1. 材料

*E. coli* DH5α 菌株,*E. coli* DH5α 感受态细胞。

2. 仪器与用具

移液枪、枪头、超净工作台、恒温摇床、电热恒温培养箱、台式高速离心机、EP 管、玻璃平皿、低温冰箱、恒温水浴锅、制冰机。

3. 试剂

500 mM IPTG、20 mg/mL X-gal、pUC18 质粒、LB 液体培养基、LB 固体培养基、100 mg/mL Amp 储存液、特异性引物、$ddH_2O$、10 × PCR Buffer、25 mmol/L $MgCl_2$、10 mmol/L dNTP、DNA Taq 聚合酶、Loading Buffer、Marker。

## 四、实验步骤

1. 将配好的 LB 固体培养基高压灭菌后冷却至 60 ℃左右,加入 Amp 储存液,使终浓度为 100 μg/mL,摇匀后倒平板。

2. 从－80 ℃冰箱内取出 DH5α 感受态细胞,在冰水浴中解冻。

3. 取 1 μg pUC18 质粒,加入到 50 μL DH5α 感受态细胞中,使用移液枪轻轻吹打混匀,于冰水浴中孵育 20 min。

4. 42 ℃热激 35 s,再冰浴 2 min。

5. 加入 250 μL 平衡至室温的 LB 液体培养基,200 r/min、37 ℃培养 1 h。

6. 取 8 μL 500 mM IPTG 和 40 μL 20 mg/mL X-gal 混合，均匀地涂布在步骤 1 中准备好的平板上，37 ℃培养箱中放置 30 min。

7. 待 IPTG 和 X-gal 被吸收后，取 200 μL 菌液均匀地涂布在平板上，在 37 ℃培养箱中过夜培养（为得到较多的克隆，可以将菌液 1 500×g 离心 1 min，弃掉部分上清，保留 100～150 μL，轻弹悬浮菌体，取全部菌液涂布平板）。

8. 挑选白色的单克隆菌落至 10 μL 的无菌水中，涡旋混合。

9. 向 PCR 管中依次加入下述组分：

| 加样顺序 | 反应物 | 体积(μL) | 终浓度 |
|---|---|---|---|
| 1 | $ddH_2O$ | 17. 3 | |
| 2 | 10×PCR Buffer | 2. 5 | 1× |
| 3 | 25 mmol/L $MgCl_2$ | 1. 5 | 1. 5 mmol/L |
| 4 | 10 mmol/L dNTP | 0. 5 | 200 μmol/L |
| 5 | 10 μM 上游引物 | 1 | 0. 4 μmol/L |
| 6 | 10 μM 下游引物 | 1 | 0. 4 μmol/L |
| 7 | DNA Taq 聚合酶 | 0. 2 | 1 U |
| 8 | 菌落混合液 | 1 | |

10. 将反应液混合，低速短暂离心（4 000 r/min，4 s）。

11. 将 PCR 管放入 PCR 仪中，94 ℃，4 min；94 ℃，50 s，60 ℃，50 s，72 ℃，2 min，35 个循环；72 ℃，10 min。

12. PCR 结束后将 PCR 管取出，抽取 5 μL 产物与 Loading Buffer 按照规定比例混合，采用琼脂糖凝胶电泳方法对 PCR 产物进行检测。

## 五、思考题

1. 在进行转化实验中，质粒的浓度对转化的结果是否有影响？

2. 大肠杆菌的菌液可以直接作为 PCR 的模板，其他生物（如植物、动物的组织或细胞）是否可以直接作为 PCR 反应的模板？为什么？

3. 重组 DNA 技术中可能应用到的工具酶有哪些？

4. DNA 转化方法有哪些？

## 六、注意事项

1. 新倒的平板可于 37 ℃培养箱中预先放置数小时至过夜干燥。

2. 所使用的器皿必须干净。痕量的去污剂或其他化学物质的存在可能显著降低细菌的转化效率。

3. 质粒的大小及构型的影响：用于转化的应主要是超螺旋的 DNA。

4. 一定范围内，转化效率与外源 DNA 的浓度呈正比。

5. 本实验方法也适用于其他 *E. coli* 受体菌株的不同质粒 DNA 的转化，但它们的转化效率可能不同。有的转化效率高,需将转化液进行多梯度稀释涂板才能得到单菌落平板;而有的转化效率低,涂板时必须将菌液浓缩(如离心),才能较准确地计算转化率。

# 实验 17　PCR 引物设计与评价

## 一、实验目的

1. 掌握引物设计的原则与要求,并熟悉使用 Primer 5.0 软件进行引物搜索。
2. 掌握使用软件 Primer 5.0 设计引物的方法和步骤。

## 二、实验原理

1. 引物应在序列的保守区域设计并具有特异性。引物序列应位于基因组 DNA 的高度保守区,且与非扩增区无同源序列,这样可以减少引物与基因组的非特异结合,提高反应的特异性。

2. 引物的长度一般为 15～30 bp。常用的是 18～27 bp,但不应大于 38 bp,因为过长会导致其延伸温度大于 74 ℃,不适于 Taq DNA 聚合酶进行反应。

3. 引物不应形成二级结构。引物二聚体及发夹结构的能值过高(超过 4.5 kcal/mol)易导致产生引物二聚体带,并且降低引物有效浓度而使 PCR 反应不能正常进行。

4. 引物序列的 GC 含量一般为 40%～60%。其含量过高或过低都不利于引发反应。上下游引物的 GC 含量不能相差太大。

5. 引物所对应模板位置序列的 $T_m$ 值在 72 ℃左右可使复性条件最佳。$T_m$ 值的计算有多种方法,如按公式 $T_m=4(G+C)+2(A+T)$。

6. 引物 5′端序列对 PCR 影响不太大,因此常用来引进修饰位点或标记物。可根据下一步实验中要插入 PCR 产物的载体的相应序列而确定。

7. 引物 3′端不可修饰。引物 3′端的末位碱基对 Taq 酶的 DNA 合成效率有较大的影响。不同的末位碱基在错配位置导致不同的扩增效率,末位碱基为 A 的错配效率明显高于其他 3 个碱基,因此应当避免在引物的 3′端使用碱基 A。

8. 引物序列自身或者引物之间不能出现 3 个以上的连续碱基,如 GGG 或 CCC,这会使错误引发几率增加。

9. G 值是指 DNA 双链形成所需的自由能,该值反映了双链结构内部碱基对的相对稳定性。应当选用 3′端 G 值较低(绝对值不超过 9),而 5′端和中间 G 值相对较高的引物。引物的 3′端的 G 值过高,容易在错配位点形成双链结构并引发 DNA 聚合反应。

## 三、实验材料

电脑、网络、Primer 5.0 软件。

## 四、实验步骤

1. 引物设计软件 Primer 5.0 的操作(以小鼠生长激素受体 GHR 为例):

(1) 在 NCBI 数据库中搜索该基因,选择 Nucleotide,输入 GHR Mus mRNA。

(2) 找到该基因,点击打开基因信息。

(3) 点击进入 CDS 选项。

(4) 找到编码区所在位置。在 Origin 中,Copy 该编码序列作为软件查询序列的候选对象。

2. 打开 Primer Premier 5.0 软件,依次点击"File"—"New"—"DNA Sequence",将复制的序列拷贝进弹出的窗口"New Sequence"中。

3. 点击窗口"New Sequence"中的"Primer",弹出窗口"Primer Premier"。

4. 点击窗口"Primer Premier"中的"Search",出现窗口"Search Criteria",设置各参数。一般"PCR Product Size"(克隆目标片段长度)可以设置在 80～300;"Primer length"为(20±2)bp。

5. 在"Search Mode"中选中"Manual",点击"Search Parameters",弹出窗口"Manual Search Parameters"。修改默认值中的 TM 为 50%～61%,GC 为 40%～60%,点击"OK",出现窗口"Search Progress"。

6. 再点击弹出窗口"Search Progress"中的"OK"。

7. 软件开始自动搜索引物,搜索完成后,自动跳出结果窗口"Search Result",搜索结果默认按照评分(Rating)排序,分值偏高的比较好。另外还有产物长度、$T_m$ 值等信息。

8. 点击窗口"Search Result"中的任何一个搜索结果,"Primer Premier"窗口中会出现该对引物的详细综合信息,包括上游引物和下游引物的序列和位置等。比如 2 号引物的 PCR 产物在 220 至 656 之间,点击 S 出现正向引物的信息,点击 A 出现反向引物的信息。

对于引物的序列,可以简单查看一下,重点关注下列情况:3′端不要以 A 结尾,最好是 G 或者 C,T 也可以;3′不要出现 3 个相同碱基相连的情况,比如 GGG 或 CCC,否则容易引起错配;$T_m$ 应该在 55～70℃,GC 含量应该在 45%～55%,上游引物和下游引物的 $T_m$ 值最好不要相差太多,在 2 ℃以下较好。

窗口"Search Result"的最下面列出了两条引物的二级结构信息,包括发卡、二聚体、引物间交叉二聚体和错误引发位置。若按钮显示为红色,表示存在二级结构,点击该红色按钮,即可看到相应二级结构位置图示。最理想的引物应该都不存在这些二级结构,即这几个按钮都显示为"None"为好。但有时很难找到各个条件都满足的引物,分值再高,出现错配都不能用,其他二级结构可以适当放宽要求,根据情况决定。

9. 点击"Edit Primer"会出现 primer 编辑窗口,在该窗口中可以选中引物序列并拷贝出来。

10. 严格来说引物确定后,还需要对于上游和下游引物分别进行 Blast 分析。一般来说,多少都会找到一些其他基因的同源序列,此时,可以对上游和下游引物的 Blast 结果进行对比分析,只要没有交叉的其他基因的同源序列就可以使用。

11. 在 NCBI 数据库中下载 1 条序列,设计 1 对引物,分析引物相关情况等。

## 五、思考题

1. 简述 PCR 引物设计的基本原则及其注意要点。
2. 简述 PCR 引物设计的基本步骤。
3. 简述 Primer 5.0 软件使用中的优点及缺点。
4. 简述怎样分析 PCR 引物的好坏。

## 六、注意事项

1. 设计引物时要综合多方面的考虑,不能单独看一个指标,也不能单独看软件的评分。

2. 如果非特异性扩增条带很多,或者提高退火温度后依然存在非特异性扩增,建议重新设计引物进行 PCR 实验。

3. 当琼脂糖凝胶电泳中出现除了目的条带以外的其他条带时,即表明该 PCR 反应存在非特异性扩增。

4. 如果非特异性扩增条带很少,并且其亮度也比较低,可以采用提高退火温度的方式消除非特异性扩增。

**附:需要进行设计引物的基因序列**

ATGCTCAAGCGAATTTCCAGCCCCGCCCTGCTCGCCTTGGCCCTGTTTGGCGGT
GCCGCGCACGCCGCGCTGGTACCCCCACAGGGTTACTACGAAGGGATCGAAAA
ACTCAAGACCAGCGATGGTAACTTCCGCTGTGAAGCGGCGCCCAAGCCCTATA
CCGGTGCGCTGCAGTTCCGTAGCAAGTACGAAGGCTCGGACAAGGCACGGGCA
ACGCTCAACGCAGCCTCGGAAAAGGCCTTTCGCAAGTCGACCGAAGACATCAC
CACCCTTGAGAAAGGCGTGAGCAAGATGGTTGGCCAGTACATGCGCGACGGCC
GCCCGGCGCAGCTCGACTGCACCCTGACGTGGCTGGGCACCTGGGCGCGCGCC
GATGCGTTGATGTCCACCGACTACAACCACACCGGCAAGTCGATGCGCAAATG
GGCGCTGGGCAGCATGAGCGGTTCGTGGCTGCGCCTGAAGTTCTCCAACTCGC
AGCCCTTGGCCGCGCACCGCGCCGAGGCCGAGCTGATCGAAAAATGGTTCGCC
CGCCTGGCCGAGCAGACCGTGCGCGACTGGAGCGACCTGCCGCTGGAGAAGAT
CAACAACCACAGCTACTGGGCAGCCTGGTCAGTCATGGCGACCGCTGTCGCCA
CCGACCGTCGCGACCTGTTCGACTGGGCCGTGAAGGAATACAAGGTAGGCGCC
AACCAGGTGGATGACCAGGGCTTCCTGCCCAACGAAATCAAGCGCAAGCAGCG
TGCGCTGGCCTACCACAACTACGCCCTGCCGCCGCTGGCGATGATTGCCAGCTT
CGCCCAGGCCAATAACGTCGACCTGCGCAGCGAGAACAACTTCGCCCTGCAGC
GCCTGGGCGAAGGGGTACTGGCCGGTGCACGCGACCCCAGCCACTTCAAGGCC

CGCGCGGGTGAAAAACAGGACATGACCGACCTCAAGGTCGACGGCAAGTACG
CCTGGCTCGAGCCCTGGTGTGCGCTTTATCACTGTGTCGGCGACACGCTTGATC
GCAAGCAGCACATGCAGCCGTTCAACAGCTTCCGGCTGGGCGGCGACCTGACC
CGGGTCTACGACCCGAACGCAGAGAGCAAAAAATGA

# 实验18 单序列分析及多序列比对

## 一、实验目的

使用BioEdit 7.0.5.2软件,对功能相关的序列进行多序列比对分析,包括DNA序列(限制性酶切位点、开放阅读框)、蛋白质序列及单条序列的特征(分子量、等电点、模体等)、多条序列的保守区及变异区分析。

## 二、实验原理

1. BioEdit软件是一个性能优良的免费的分子生物学应用软件,可对核酸序列和蛋白质序列进行常规的分析操作。

2. BioEdit 7.0.5.2软件可以将输入的DNA序列翻译成蛋白质序列、进行DNA序列中各种碱基成分的含量分析、限制性内切酶酶切位点图谱的分析。

3. BioEdit 7.0.5.2软件可以将输入的蛋白质序列进行氨基酸组成分析、分子量预测等。

4. BioEdit 7.0.5.2软件可以将输入的多个DNA序列或者蛋白质序列进行多序列比对分析。

## 三、实验材料

1. 材料

GenBank数据库中下载相关序列。

2. 仪器与用具

电脑、网络、BioEdit 7.0.5.2软件。

## 四、实验步骤

1. DNA序列的分析

(1) 点击并激活程序(退出以下所有命令时都不许保存)。

(2) 点击“Files”菜单下的“Open”命令,在弹出的对话框中选择目的DNA序列的路径,选中目标后,点击“确定”。

(3) 选中已经输入的目的序列,点击“Sequence”菜单下的“Nucleic Acid”命令中的“Nucleotide Composition”子命令,软件运行并将自动弹出两种对话框,其中左边是数据结果，右边为柱状分析图。

（4）选中已经输入的目的序列，点击“Sequence”菜单下的“Nucleic Acid”命令中的“Translation”子命令，先后选中 Frame1、Frame2 或者 Frame3，是翻译后的蛋白质序列及密码子偏好性分析。

（5）选中已经输入的目的序列，点击“Sequence”菜单下的“Nucleic Acid”命令中的“Restriction Map”子命令，软件将会弹出结果。

2. 蛋白质的序列分析

（1）点击“Files”菜单下的“Open”命令，在弹出的对话框中选择目的 Protein 序列的路径，选中目标后，点击“确定”。

（2）选中已经输入的目的序列，点击“Sequence”菜单下的“Protein”命令中的“Amino Acid Composition”子命令，软件运行后将自动弹出两种对话框，一种是数据结果，另外一种为柱状分析图，这两种结果图中都有蛋白质分子量的预测结果。

3. 多序列比对分析

（1）点击“Files”菜单下的“Open”命令，在弹出的对话框中选择目的 DNA 序列的路径，选中目标后，点击“确定”。

（2）点击“Files”菜单下的“Import”命令中的“Sequence Alignment File”子命令，在弹出的对话框中选择目的 DNA 序列的路径，按“Ctrl”键并选中多个目标后，点击“确定”。

（3）选中输入后的多条序列，点击“Accessory Application”菜单下的“ClustalW Multiple Alignment”命令。

（4）在新弹出的对话框中点击“Run ClustalW”命令，程序自动运行，并在新对话框中输出结果。

（5）分析输出结果中的多条序列之间高度保守的区域及其非保守区域。

## 五、实验内容

1. 需要进行分析的 DNA 序列

ATGCTCAAGCGAATTTCCAGCCCCGCCCTGCTCGCCTTGGCCCTGTTTGGCGGT
GCCGCGCACGCCGCGCTGGTACCCCCACAGGGTTACTACGAAGGGATCGAAAA
ACTCAAGACCAGCGATGGTAACTTCCGCTGTGAAGCGGCGCCCAAGCCCTATA
CCGGTGCGCTGCAGTTCCGTAGCAAGTACGAAGGCTCGGACAAGGCACGGGCA
ACGCTCAACGCAGCCTCGGAAAAGGCCTTTCGCAAGTCGACCGAAGACATCAC
CACCCTTGAGAAAGGCGTGAGCAAGATGGTTGGCCAGTACATGCGCGACGGCC
GCCCGGCGCAGCTCGACTGCACCCTGACGTGGCTGGGCACCTGGGCGCGCGCC
GATGCGTTGATGTCCACCGACTACAACCACACCGGCAAGTCGATGCGCAAATG
GGCGCTGGGCAGCATGAGCGGTTCGTGGCTGCGCCTGAAGTTCTCCAACTCGC
AGCCCTTGGCCGCGCACCGCGCCGAGGCCGAGCTGATCGAAAAATGGTTCGCC
CGCCTGGCCGAGCAGACCGTGCGCGACTGGAGCGACCTGCCGCTGGAGAAGAT

CAACAACCACAGCTACTGGGCAGCCTGGTCAGTCATGGCGACCGCTGTCGCCA
CCGACCGTCGCGACCTGTTCGACTGGGCCGTGAAGGAATACAAGGTAGGCGCC
AACCAGGTGGATGACCAGGGCTTCCTGCCCAACGAAATCAAGCGCAAGCAGCG
TGCGCTGGCCTACCACAACTACGCCCTGCCGCCGCTGGCGATGATTGCCAGCTT
CGCCCAGGCCAATAACGTCGACCTGCGCAGCGAGAACAACTTCGCCCTGCAGC
GCCTGGGCGAAGGGGTACTGGCCGGTGCACGCGACCCCAGCCACTTCAAGGCC
CGCGCGGGTGAAAAACAGGACATGACCGACCTCAAGGTCGACGGCAAGTACGC
CTGGCTCGAGCCCTGGTGTGCGCTTTATCACTGTGTCGGCGACACGCTTGATCG
CAAGCAGCACATGCAGCCGTTCAACAGCTTCCGGCTGGGCGGCGACCTGACCC
GGGTCTACGACCCGAACGCAGAGAGCAAAAAATGA

2. 需要进行分析的蛋白质序列

MLKRISSPALLALALFGGAAHAALVPPQGYYEGIEKLKTSDGNFRCEAAPKPYTGA
LQFRSKYEGSDKARATLNAASEKAFRKSTEDITTLEKGVSKMVGQYMRDGRPAQL
DCTLTWLGTWARADALMSTDYNHTGKSMRKWALGSMSGSWLRLKFSNSQPLAA
HRAEAELIEKWFARLAEQTVRDWSDLPLEKINNHSYWAAWSVMATAVATDRRDL
FDWAVKEYKVGANQVDDQGFLPNEIKRKQRALAYHNYALPPLAMIASFAQANNV
DLRSENNFALQRLGEGVLAGARDPSHFKARAGEKQDMTDLKVDGKYAWLEPWC
ALYHCVGDTLDRKQHMQPFNSFRLGGDLTRVYDPNAESKK-

3. 需要进行多序列比对的 5 条蛋白质序列

(1)

MKTRACGSSSAVHAASAVKGYYAAIRKGAACAVYTGVRSKYGSDSARSTNKKAK
ARAKTKITIRGVSRMVMRYMKGRRRAGMRGDAWADDASTYNHTGKSMRKWAG
SAGAYRKSTSAAYAKRIAWAKVGDVIKDWSDKINNHSYWAAWSVMAAGVATNR
RDWAVHIAAKVDRGANKRRRAAYHNYSMMIAAAANGVDRGDNDGAGRAGNVA
GVDARAGDDMDTDAKSWYCAYACSARRKAMGKNRGGDVTRIDKSKSTVGNAD

(2)

MHKTRASCGSSGAVHAAAVKGYYAVDIRKGAACVVTGVRSKYGSDAARSTNAK
ARTKTAITIRGVSRMVMRYMKGRAGDCTAWDAWADGATTYNHTGKSMRKWAG
SAGAYRKSSSAAYARRISWAKVGDVIKDWSDKRINNHSYWAAWAVMAAGVATN
RRDWAVHIAAGVDSNGNKRRRAAYHNYSMMVAAAANGVDRGDNDGAGRAGN
VAGVKARAGDDDMDTDAKSWYCAYSCSARRKAMGKNRGGDVTRIDAKSRSTVG
KRD

(3)

MKTSHIRIAGAAAAASVSAADVGYYAAVGRKGSAGSCAVYTGSVTSKYGSDSAR
ATNVKAKTRSIKDITDMRGATKVTYMRSGRDGDACANWMSAWARAGASDDNHT
GKSMRKWAGSSGAYMRKSSSRAAHASRIDWARGTVVRDWSGKKINNHSYWAA

WSVMSTAVVTNRRDDWAVSKVAANVDGNKRRRAAYHNYAAMIAAVNGVDRNH
GARARVMKGVDDTKTGDDMTDKVDNKYAWYCAYRCNACSRKKDRNSRGGVTR
VSRGGS

(4)

MTKIRTSMAISSMAWATGASAAVKGYDAIKMKTGDHNSCAIKYTDKVRSKYGSD
KARATNAVSARDATKDITTRGVSKVVMYMRDGRDCANMMTTWAKADASRNHT
GKSMRKWAGSMSSAYRKSSHANRDAKIITWSKADVVSDWSNKINNHSYWAAWS
VMATAVATNRDDWAVKYKVAANVDKDGNMKRRRASYHNYAAMIASAANGVD
RNNGAKRGDRVAGVKDSIAHNGKDMTDKKDKAWYCSYTCSDVKHKKTRGGDT
KVYDTHKGDKGDNDGS

(5)

MRNKKNATSAMAGATAAARGYAVDKKTGDKSDGCDAMAYTGRSKYGSDKARA
TNVSKARDTTKDITTRGTAKRVMMRDGRCTNWTAWAKADAMSKDNHTGKSMR
KWAGSMASSYIRKSDSHAHAIAWSKMADVVSDWDNKTNNHSYWAAWSVMATA
VATNRRDDWAVKYKVGVNVDADGNKRRAAYHNYAAMIASAINGVDRNNGAKR
GDRVAGVKDDKNGKKDMTDKDMKAWCTYTCADVIKKRDMKTRGGDT

## 六、思考题

1. BioEdit 软件是一款功能强大的生物信息学分析软件，请探索一下该款软件的其他功能。

2. 和 BioEdit 软件功能相似的软件有哪些？试举例说明。

3. 简述 BioEdit 算法的基本原理。

4. 将上述序列进行多序列比对分析，请说明参数设置，并对其结果进行分析。

## 七、注意事项

1. 不同版本 BioEdit 软件的操作界面可能存在差异，在实际的操作过程中以所用的版本为准。

2. 若序列不是 FASTA 格式，需要转换格式。

# 实验 19　序列拼接、分析与质粒图谱绘制

## 一、实验目的

1. 熟练掌握 DNA 序列拼接方法和原理。

2. 熟悉 DNA 序列分析方法。

3. 掌握质粒图谱绘制原理和方法。

## 二、实验原理

1. 序列拼接任务即将测序获得的序列片段拼接起来,恢复成原始的序列。解决该问题是序列分析最基本的任务,是基因组研究成功与失败的关键,其拼接结果直接影响到序列标注、基因预测、基因组比较等后续任务。基因组序列的拼接也是基因组研究必须解决的首要难题,其困难不仅来自它的海量数据(以人类基因组序列为例,从数量为 10 兆级的片断恢复出长度为亿级的原始序列),而且源于它含有高度重复的序列。

2. 使用 DNAman 软件绘制质粒图谱,便于基因分析和载体构建。

## 三、实验材料

DNA 测序结果、NCBI 数据库中的序列(自行下载)、DNAman 8.0 软件、电脑。

## 四、实验步骤

1. DNA 序列拼接方法

(1) 打开 DNAman 软件:点击“Sequence”-“Sequence Assembly”。

(2) 载入序列:在弹出的“Sequence Assembly”窗口中,点击“Add File”按钮,选择比对校对编辑后的文件,例如本例中的“1. fasta”与“2. fasta”文件。

(3) 序列拼接:输入好序列后,按“Assembly”按钮;查看拼接情况,按“Show Result”显示结果。

(4) 输出拼接结果:红色表示存在不一致的基因。

(5) 基因修正:将红色基因对应的最后一列相同位置的碱基删除并添加一个与倒数第二列同一位置上相同的碱基即可。

(6) 保存结果:最后点击“Export”输出拼接后的结果,点击“File”-“Save As”保存一致序列。

2. DNA 序列分析与比对

(1) DNA 序列分析

① 将待分析序列装入 Channel

通过“File Open”命令打开待分析序列文件,则打开的序列自动装入默认 Channel(初始为 channel1)。

② 以不同形式显示序列

通过“Sequence”-“Display Sequence ”命令打开对话框。

根据不同的需要,可以选择显示不同的序列转换形式。对话框选项说明如下:

“Sequence & Composition”显示序列和成分;

“Reverse Complement Sequence”显示待分析序列的反向互补序列;

“Reverse Sequence”显示待分析序列的反向序列;

"Complement Sequence"显示待分析序列的互补序列；

"Double Stranded Sequence"显示待分析序列的双链序列；

"RNA Sequence"显示待分析序列的对应 RNA 序列。

③ 保存数据

点击"File"选择"Save as"窗口，选择". rtf"格式，点击"保存"即可。

（2）DNA 序列比对与同源性

① 首先运行 DNAman 程序：点击"Sequence"子菜单中的"Alignment"命令，进入"Multiple Sequence Alignment"，点击"File"，一次导入一条序列，然后依次点击"Next"直至完成。

② 点击左上角的"Output"，选择"Sequence File"，GCG format 全部完成。

③ 保存：点击"Save"，选择". rtf"格式，点击"保存"。

3. 质粒图谱绘制

（1）打开 DNAman 软件，点击"Open"，然后点击"Open Special"，再点击"Dna Map"导入要作图的序列。

（2）出现"Dnaman"对话框，点击"确定"进入作图界面。

（3）打开质粒绘图界面。

（4）将鼠标移动到圆圈上，等鼠标变形成"＋"时，单击鼠标右键，出现相应菜单，菜单说明如下："Position"为当前位置；"Add Site"为添加酶切位点；"Add Element"为添加要素；"Add Text"为添加文字；"Insert Fragment"为插入片段；"Copy Fragment"为复制片段；"Cut Fragment"为剪切片段；"Remove Fragment"为清除片段；"Frame Thickness"为边框线粗细调节。

（5）点击"Add Site"选项，出现相应对话框，参数说明如下："Name"为要添加的酶切位点的名称（例如 HindIII）；"Position"为位置（以碱基数表示）。

（6）点击"Add Element"选项，出现相应对话框，参数说明如下："Type"为要素类型（共有三种类型，鼠标点击即可切换）；"color/Pattern"为填充色（共有 16 种颜色供选择）；"Name"为要素名称；"Start/End/Size"为要素起点/终点/粗细度。

（7）点击"Add Text"选项，出现相应对话框，输入要添加的文字，点击"Font"按钮设置字体和格式，选择"Horizontal（水平显示）"或"Vertical（垂直显示）"，点击按钮即可。其他参数说明从略。

（8）在绘图界面圆圈内空白处双击鼠标，出现相应对话框，通过此对话框，可以完成各种添加项目的操作，也可以修改已添加的项目。质粒大小调节在图中"size"中进行，可直接输入具体数值。

## 五、思考题

1. 和 DNAman 软件功能相似的软件有哪些？试举例说明。

2. 简述 DNA 序列拼接与分析方法及步骤。

3. 利用 DNAman 软件尝试拼接序列。

4. 理想的测序图谱是怎么样的?

## 六、注意事项

1. 测序有误差

由于测序技术的局限,难免会出现测序错误,尤其是在序列的末端,一般错误率可控制在 1%以下,所以对于每个碱基一般都有一个正确概率,以质量打分的形式给出,因此每个序列都有个可信度。而序列片段之间有不同程度的重叠,由此导致有的重叠可信度高,有的重叠可信度低。

2. 不完全覆盖性

不是所有的碱基被测序的次数都等于平均测序覆盖度。极端的情况,可能会出现源基因组序列上部分区域未被测序的情况(这段区域称为间隙或缺失区)。即,测序的序列片段集合不是原始基因组序列的一个完整覆盖,此时需要借助各种图谱如基因组指纹图谱(genome fingerprint map)、基因组级物理图谱(genome-wide physical map)、细胞发生图谱(cytogenetic maps)等协助对测序片段进行定位。

3. 序列所在链不确定

由于测序过程中无法确定特定片段属于 DNA 双链中的哪一条链,所以在拼接过程中并不清楚使用的是测序片段的正义链,还是其互补链。

4. 重复序列的干扰

DNA 序列自身含有高度重复的子序列,它们一种表现为短序列的串级重复,比如:(GGAA)n 或 AmTn 等;另一种表现为大量相似序列(其拷贝数可达几十万)散布在基因组的各个地方。重复序列的存在,将导致序列片段之间重叠的不真实性,进而产生错拼的结果。因此在拼接过程中要确定这些序列的形式及大小,才能保证以高概率恢复出其在原始真实序列中的位置。

# 第二章
# 氨基酸和蛋白提取与分离纯化

## 实验 20　大肠杆菌总蛋白提取

### 一、实验目的

1. 学习原核生物大肠杆菌的培养。
2. 掌握超声波破碎提取原核生物蛋白的方法。

### 二、实验原理

大肠杆菌是一种革兰氏阴性细菌,其细胞膜外覆盖着一层细胞壁,与植物细胞壁不同的是,该细胞壁的主要成分是肽聚糖。超声波可以破坏大肠杆菌坚硬的细胞壁和膜系统,使胞液外漏。外漏胞液中的蛋白可能会被大肠杆菌中原有的蛋白酶水解。苯甲基磺酰氟(Phenylmethanesulfonyl Fluoride,PMSF)是一种非有机磷类化合物,可以抑制丝氨酸蛋白酶、胰蛋白酶、糜蛋白酶和乙酰胆碱酯酶(AChE)的活性。

### 三、实验材料

1. 材料

大肠杆菌 DH5α。

2. 仪器与用具

高压蒸汽灭菌锅、超净工作台、恒温振荡培养箱、冷冻离心机、超声波破碎仪、微量移液器。

3. 试剂

LB 液体培养基　称取胰蛋白胨 1.0 g,酵母提取物 0.5 g,NaCl 1 g,加入 80 mL 去离子水溶解,pH 调至 7.4,定容至 100 mL。

PBS 缓冲液(pH 7.4)　NaCl(58.4 g/mol)8 g,KCl(74.551 g/mol)200 mg,$Na_2HPO_4$

(141.96 g/mol)1.44 g, $KH_2PO_4$(136.086 g/mol)240 mg;将溶液 pH 调节至 7.4,加入蒸馏水至体积为 1 L。

PMSF(100 mmol/L)溶液　称取 PMSF 0.174 2 g 溶于 10 mL 异丙醇溶液中,分装后避光−20 ℃保存。

裂解液　称取尿素 4.8 g,3-[3-(胆酰胺丙基)二甲氨基]丙磺酸内盐(CHAPS)0.4 g,二硫苏糖醇(DTT)0.061 7 g,20%的两性电解质(Bio-Lyte)1 mL,加入双蒸水定容至 10 mL,−20 ℃保存。使用前加入 100 μL PMSF(100 mmol/L)溶液。

## 四、实验步骤

1. 将配制好的 LB 液体培养基 120 ℃高压蒸汽灭菌 20 min,冷却到室温。
2. 超净工作台中取 20 mL 左右灭菌好的 LB 液体倒入无菌 100 mL 三角瓶中,−80 ℃冰箱取 DH5α 菌种接种于 LB 液体培养基中,37 ℃ 220 r/min 振荡培养 9 h。
3. 取 10 mL 振荡培养的菌液,4 ℃ 8 000 r/min 离心 15 min,弃上清。
4. 使用 5 mL PBS 缓冲液重悬菌体,4 ℃ 8 000 r/min 离心 15 min,重复三次。
5. 加入 4 mL 裂解缓冲液重悬菌体,冰浴中超声破碎菌体,功率 400 W,20 min(超声 3 s、暂停 5 s 为一个循环),直至溶液由浑浊变为清亮,表明细胞破碎完全。
6. 4 ℃ 14 000 r/min 离心 20 min,取上清即为大肠杆菌总蛋白。

## 五、思考题

1. 在裂解液中加入 PMSF 的作用是什么?
2. 为何超声波破碎大肠杆菌细胞要放在冰浴中进行?
3. 如果用丙酮沉淀法除盐的话,怎样溶解总蛋白并保证蛋白中没有盐?
4. 破碎大肠杆菌细胞还可采用什么方法?

## 六、注意事项

1. 掌握好超声波的功率和每次超声时间,降低蛋白被降解的可能。
2. 每次超声时间可以缩短,而不能让温度升高,应保持 4 ℃左右。
3. 蛋白质从浓缩胶部分向分离胶部分转移时,为避免点脱尾和损失高分子量蛋白,应缓慢进行(场强小于 10 V/cm)。
4. 振荡时间与转速须适当。

# 实验 21　植物总蛋白提取

## 一、实验目的

1. 了解植物细胞的破碎方法。

2. 掌握植物细胞总蛋白的提取方法。

## 二、实验原理

植物蛋白提取一般遵循如下基本原则：尽可能提高样品蛋白的溶解度，抽提最大量的总蛋白，减少蛋白质的损失；减少对蛋白质的人为修饰；破坏蛋白与其他生物大分子的相互作用，并使蛋白质处于完全变性状态。根据该原则，植物蛋白制备过程中一般需要四种试剂：(1) 离液剂，如尿素和硫脲等；(2) 表面活性剂，如 SDS、胆酸钠、CHAPS 等；(3) 还原剂，如 DTT、DTE、TBP、Tris-base 等；(4) 蛋白酶抑制剂及核酸酶，如 EDTA、PMSF、蛋白酶抑制剂混合物等，如为了去除缓冲液中存在的痕量重金属离子，可在其中加入 0.1～5 mmol/L EDTA，同时使金属蛋白酶失活。

## 三、实验材料

1. 材料

玉米叶片。

2. 仪器与用具

剪刀、研钵、冷冻离心机、移液器、离心管、冰箱、三角瓶、计时器。

3. 试剂

0.5 mol/L Tris-HCl(pH 7.5)　称取 Tris 6.057 g，溶解至 80 mL 去离子水中，待其完全溶解，加入合适浓度的 HCl 调节溶液 pH 至 7.5，定容至 100 mL。

1% SDS　称取 SDS 1 g 溶解于 100 mL 的去离子水中。

蛋白提取液　0.5 mol/L Tris-HCl 2.5 mL，1% SDS 1 mL，甘油 2 mL，β-巯基乙醇 1 mL，加入去离子水定容至 20 mL。

−20 ℃预冷的丙酮。

## 四、实验步骤

1. 称取新鲜的玉米叶片 1 g 左右，放入液氮预冷的研钵中，迅速研磨至粉末状。

2. 取 0.5 mL 左右粉末加入 4 mL 蛋白提取液，摇匀后放在 4 ℃条件下提取 30 min，充分溶解蛋白。

3. 4 ℃ 6 000 r/min 离心 10 min，弃沉淀，上清中加入 2.5 倍预冷的丙酮，−20 ℃条件下放置 10 min，使蛋白充分沉淀。

4. 4 ℃ 6 000 r/min 离心 5 min，弃上清，使丙酮完全挥发，即获得玉米总蛋白。

## 五、思考题

1. 在提取中加入 β-巯基乙醇的作用是什么？

2. 将丙酮置于−20 ℃预冷的目的是什么？

3. 加入丙酮的目的是什么？

4. 蛋白酶抑制剂及核酸酶在提取中起到什么作用？

## 六、注意事项

1. 实验材料要选择健康生长的玉米叶片，不选择枯黄的叶片，以免影响总蛋白的质量。
2. 提取好的玉米总蛋白要置于－80 ℃条件下保存。
3. 实验过程注意通风，避免丙酮气体损伤呼吸道。
4. 叶片研磨要彻底，不宜出现大颗粒。

# 实验22　牛乳中酪蛋白质的分离与提取

## 一、实验目的

1. 学习从牛奶中分离与提取酪蛋白的原理和方法。
2. 掌握利用等电点沉淀提取蛋白质的方法。

## 二、实验原理

牛乳中主要的蛋白质是酪蛋白，含量约为35 g/L。酪蛋白是一些含磷蛋白质的混合物，等电点为4.7。利用等电点时溶解度最低的原理，将牛乳的pH调至4.7，酪蛋白就会沉淀出来；再用乙醇洗涤沉淀物，除去脂类杂质，便可得到纯酪蛋白。

## 三、实验材料

1. 材料
新鲜牛奶。
2. 仪器与用具
离心机、抽滤装置、精密pH试纸或酸度计、电炉、烧杯、温度计。
3. 试剂
95％乙醇、无水乙醚。

0.2 mol/L 醋酸-醋酸钠缓冲液（pH 4.7），先配A液与B液。A液：0.2 mol/L 醋酸钠溶液，称 $CH_3COONa \cdot 3H_2O$ 54.44 g，定容至2 000 mL。B液：0.2 mol/L 醋酸溶液，称纯醋酸（含量大于99.8％）24.0 g定容至2 000 mL。取A液1 770 mL、B液1 230 mL混合即得pH 4.7的醋酸-醋酸钠缓冲液3 000 mL。

乙醇-乙醚混合液　乙醇：乙醚＝1：1（V/V）。

## 四、实验步骤

1. 酪蛋白的粗提
（1）100 mL牛奶加热至40 ℃。在搅拌下慢慢加入预热至40 ℃、pH 4.7的醋酸-醋酸钠缓冲液 100 mL,用精密 pH 试纸或酸度计调 pH 至 4.7。

(2) 将上述悬浮液冷却至室温。3 000 r/min 离心 15 min。弃去上清液,得酪蛋白粗制品。

2. 酪蛋白的纯化

(1) 用水洗涤沉淀 3 次,3 000 r/min 离心 10 min,弃去上清液。

(2) 在沉淀中加入 30 mL 乙醇,搅拌片刻,将全部悬浊液转移至布氏漏斗中抽滤。用乙醇-乙醚混合液洗沉淀 2 次。最后用乙醚洗沉淀 2 次,抽干。

(3) 将沉淀在滤纸上摊开,风干,得酪蛋白纯品。

3. 准确称重,计算含量和得率

含量:酪蛋白 g/100 mL 牛乳(g%)

$$得率=\frac{测得含量}{理论含量}\times 100\%$$

式中:理论含量为 3.5 g/100 mL 牛乳。

## 五、思考题

1. 为什么利用等电点沉淀蛋白?
2. 为什么实验中酪蛋白得率小于 3.5 g/100 mL?
3. 加入乙醇的目的是什么?
4. 为什么要将醋酸-醋酸钠缓冲液预热?

## 六、注意事项

1. 由于本实验是应用等电点沉淀法来制备蛋白质,故调节牛奶液的等电点一定要准确,最好用酸度计测定。

2. 精制过程使用的乙醚是挥发性、有毒的有机溶剂,最好在通风橱内操作。

3. 目前市面上出售的牛奶大多是经过加工的奶制品,不是纯净牛奶,应按产品的相应指标进行计算。

4. 加入的醋酸-醋酸钠缓冲液不能过量,过量的酸会促使牛奶中的乳糖水解为半乳糖和葡萄糖,难以将酪蛋白分离。

# 实验 23　蛋白质的等电点测定与沉淀反应

## 一、实验目的

1. 了解蛋白质的两性解离性质,学习测定蛋白质等电点的方法。

2. 加深对蛋白胶体溶液稳定性因素的认识。

3. 了解沉淀蛋白质的几种方法及其实用意义。

4. 了解蛋白质变性与沉淀的关系。

## 二、实验原理

蛋白质是两性电解质,蛋白质分子的解离状态和解离程度受溶液酸碱度影响。当溶液的 pH 达到一定数值时,蛋白质颗粒上正负电荷的数目相等,在电场中,蛋白质既不向阴极移动也不向阳极移动,此时溶液的 pH 值就称为此种蛋白的等电点。不同的蛋白质的等电点各不相同。在等电点时,蛋白质的理化性质都有变化,可利用此种性质的变化测定各种蛋白质的等电点。

水溶液中的蛋白质分子由于表面生成水化层和双电层而形成稳定的亲水胶体颗粒,在一定的理化因素影响下,蛋白质颗粒可因失去电荷和脱水而沉淀。

蛋白的沉淀反应可分为以下两类:

(1) 可逆的沉淀反应　此时蛋白质分子的结构尚未发生显著变化,除去引起沉淀的因素后,蛋白质的沉淀仍能溶解于原来的溶剂中,并保持其天然性质而不变性。如大多数蛋白质的盐析作用或在低温下用乙醇(或丙酮)短时间作用于蛋白质。提纯蛋白质时,常利用此类反应。

(2) 不可逆的沉淀反应　此时蛋白质分子的内部结构发生重大改变,蛋白质常变性而沉淀,不再溶于原来的溶剂中。加热引起的蛋白质沉淀与凝固、蛋白质与重金属离子或某些有机酸的反应都属于此类。蛋白质变性后,有时由于维持溶液稳定的条件仍然存在(如电荷)而并不析出,因此变性蛋白质并不一定都表现为沉淀,而沉淀的蛋白质也未必都已变性。

## 三、实验材料

1. 材料

(1) 0.4%酪蛋白醋酸钠溶液 200 mL　取酪蛋白 0.8 g,加少量水在乳钵中仔细研磨,将所得的蛋白质悬胶液移入 200 mL 的锥形瓶中,用少量 40～50 ℃的温水洗涤乳钵,将洗涤液也移入锥形瓶内。加入 1.0 M 醋酸钠溶液 10 mL。把锥形瓶放到 50 ℃水浴中,并小心地旋转锥形瓶,直到酪蛋白完全溶解为止。将锥形瓶内的溶液全部移至 200 mL 的容量瓶内,加水至刻度,定容。

(2) 10%鸡蛋清溶液。

2. 仪器与用具

水浴锅、温度计、200 mL 锥形瓶、100 mL 容量瓶、吸管(1 mL、10 mL)、试管、乳钵、吸管架、试管架。

3. 试剂

1.0 M 醋酸溶液 100 mL、0.1 M 醋酸溶液 100 mL、0.01 M 醋酸溶液 100 mL、

0.2 mol/L $CH_3COOH$-$CH_3COONa$ 缓冲溶液(pH 4.7)、3%硝酸银溶液、5%三氯乙酸溶液、乙醇、饱和硫酸铵溶液、硫酸铵结晶粉末、0.1 mol/L 盐酸溶液、0.1 mol/L 氢氧化钠溶液、0.05 mol/L 碳酸钠溶液、甲基红溶液。

## 四、实验步骤

1. 等电点测定

(1) 取相同规格的试管4支,按下表分别精确地加入各试剂。

| 编号 | 蒸馏水(mL) | 0.01 M 醋酸(mL) | 0.1 M 醋酸(mL) | 1.0 M 醋酸(mL) |
|---|---|---|---|---|
| 1 | 8.4 | 0.6 | — | — |
| 2 | 8.7 | — | 0.3 | — |
| 3 | 8.0 | — | 1.0 | — |
| 4 | 7.4 | — | — | 1.6 |

(2) 分别向以上试管中加入酪蛋白醋酸钠溶液1 mL,加一管,摇匀一管。此时1、2、3、4管的pH依次为5.9、5.3、4.7、3.5,观察其混浊度。静置10 min后,再观察其混浊度。最混浊的一管的pH即为酪蛋白的等电点。

2. 沉淀反应

(1) 蛋白质的盐析

无机盐(硫酸铵、硫酸钠、氯化钠等)的浓溶液能析出蛋白质。盐的浓度不同,析出的蛋白质也不同。如球蛋白可在半饱和硫酸铵溶液中析出,而清蛋白则在饱和硫酸铵溶液中才能析出。由盐析获得的蛋白质沉淀,当降低其盐类浓度时,又能再溶解,故蛋白质的盐析作用是可逆过程。步骤如下:

① 加10%鸡蛋清溶液5 mL于试管中,再加等量的饱和硫酸铵溶液,混匀后静置数分钟。

② 倒出少量混浊沉淀,加少量水,观察是否溶解。

(2) 重金属离子沉淀蛋白,步骤如下:

① 取1支试管,加入10%鸡蛋清溶液2 mL,再加3%硝酸银溶液1~2滴,振荡试管,观察是否有沉淀产生。

② 将试管放置片刻,弃上清液,向沉淀中加入少量的水,观察沉淀是否溶解。

(3) 有机酸沉淀蛋白质,步骤如下:

① 取1支试管,加入10%鸡蛋清溶液2 mL,再加5%三氯乙酸溶液1 mL,振荡试管,观察是否有沉淀生成。

② 将试管放置片刻,弃上清液,向沉淀中加入少量水,观察沉淀是否溶解。

(4) 有机溶剂沉淀蛋白质,步骤如下:

取1支试管,加入10%鸡蛋清溶液2 mL,再加入95%乙醇2 mL,混匀,观察是否有沉淀生成。

(5) 乙醇引起的变性与沉淀,步骤如下:

① 取3支试管,编号,依下表加入试剂,振荡摇匀后,观察各管有何变化。

| 编号 | 10%鸡蛋清溶液(mL) | 0.1 mol/L 氢氧化钠溶液(mL) | 0.1 mol/L 盐酸溶液(mL) | 乙醇(mL) | HAc-NaAc 的缓冲溶液(pH 4.7)(mL) |
|---|---|---|---|---|---|
| 1 | 1 | — | — | 1 | 1 |
| 2 | 1 | 1 | — | 1 | — |
| 3 | 1 | — | 1 | 1 | — |

② 放置片刻,向各管内加水8 mL,然后在第2、3号管中各加一滴甲基红,再分别用0.1 mol/L 醋酸溶液及0.05 mol/L 碳酸钠溶液中和之,观察各管颜色的变化和沉淀的生成。每管再加0.1 mol/L 盐酸溶液数滴,观察沉淀的再溶解。甲基红的变色范围:其pH值在4.4~6.2时,呈橙色;其pH值小于等于4.4时,呈红色;其pH值大于等于6.2时,呈黄色。

## 五、思考题

1. 蛋白质的盐析、重金属离子沉淀、有机溶剂沉淀,哪些属于可逆的沉淀,哪些属于不可逆的沉淀,为什么?

2. 蛋白质的沉淀在生活中有什么应用?

3. 在等电点时,蛋白质溶液为什么容易发生沉淀?

4. 如何确定蛋白质的等电点?

## 六、注意事项

1. 鸡蛋清溶液要现配现用,以免影响实验结果。

2. 实验中部分试剂存在毒性和腐蚀性,在实验过程中须注意安全防护。

3. 等电点测定的实验要求各种试剂的浓度和加入量必须相当准确。

4. 析出的蛋白沉淀是絮状物,直接过滤会堵塞漏斗孔,所以要先对悬浊液进行静置操作,使得絮状物富集成块,便于过滤。

# 实验24　大肠杆菌总蛋白的SDS-聚丙烯酰胺凝胶电泳

## 一、实验目的

1. 了解SDS-聚丙烯酰胺凝胶电泳分离蛋白的原理。

2. 掌握SDS-聚丙烯酰胺凝胶电泳凝胶的制备方法。

## 二、实验原理

蛋白质在SDS和巯基乙醇的作用下，分子中的二硫键还原、氢键等打开，形成按1.4 g SDS∶1 g蛋白质比例的SDS–蛋白质多肽复合物，该复合物带负电，故可在聚丙烯酰胺凝胶电泳中向正极迁移，且主要由于凝胶的分子筛作用，迁移速率与蛋白质的分子量大小有关，因此可以浓缩和分离蛋白质多肽。

聚丙烯酰胺凝胶电泳（PAGE）分离蛋白质多数采用一种不连续的缓冲系统，主要分为较低浓度的成层胶和较高浓度的分离胶，因此配制凝胶的缓冲液，其pH值和离子强度也相应不同，故电泳时，样品中的SDS–多肽复合物沿移动的界面移动，在分离胶表面形成了一个极薄的层面，大大浓缩了样品的体积，即SDS–聚丙烯酰胺凝胶电泳的浓缩效应。

## 三、实验材料

1. 材料

大肠杆菌总蛋白。

2. 仪器与用具

移液器、移液管、烧杯、垂直电泳槽、电泳仪。

3. 试剂

分离胶缓冲液（Tris-HCl，pH 8.8）　称取Tris 18.17 g，SDS 0.4 g，溶于80 mL双蒸水中，用3 mol/L的HCl调pH至8.8，定容至100 mL。

浓缩胶缓冲液（Tris-HCl，pH 6.8）　称取Tris 6.06 g，SDS 0.4 g，溶于80 mL双蒸水中，用3 mol/L的HCl调pH至6.8，定容至100 mL。

30%丙烯酰胺/N，N′–亚甲基双丙烯酰胺（Acr/Bis）　称取Acr 29.2 g、Bis 0.8 g，双蒸水溶解，定容至100 mL，装入棕色瓶中4 ℃保存备用。

10%过硫酸铵（W/V）　称取过硫酸铵（$(NH_4)_2S_2O_8$，AP）1 g，溶于10 mL的双蒸水中（现配现用）。

2倍上样缓冲液（pH 8.0）　0.5 mol/L Tris-HCl（pH 6.8）2 mL，甘油2 mL，20% SDS（W/V）2 mL，0.1%溴酚蓝0.5 mL，β-巯基乙醇1 mL，双蒸水2.5 mL。

电极缓冲液（pH 8.0）　称取Tris 3.03 g，甘氨酸14.41 g，SDS 1.0 g，溶于双蒸水中，用3 mol/L HCl调pH至8.3，定容至1 000 mL。

染色液　45%甲醇，10%乙酸，0.25%的考马斯亮蓝R–250。

脱色液　25%甲醇，10%乙酸。

封底胶　1%的琼脂糖凝胶。

四甲基乙二胺（TEMED）试剂。

## 四、实验步骤

1. 样品处理

向提取的大肠杆菌总蛋白中加入等体积的2倍上样缓冲液，在沸水中煮沸5 min。

2. 电泳槽安装

将成套的两个玻璃板使用夹子夹紧，正确放入硅胶条中，使用1%的琼脂糖凝胶封底。

3. 制胶

选择合适的胶浓度，按照下表配制分离胶和浓缩胶，将分离胶灌入两块玻璃板间，注意速度要慢以免产生气泡，至玻璃板顶端3 cm处，使用1 cm厚的去离子水覆盖，当胶与水之间出现明显的界面时表明胶已聚合。使用吸水纸将水分充分吸干，立即加入浓缩胶，插入梳子，待胶聚合后拔出梳子。

| 试剂 | 12.5%分离胶(mL) | 浓缩胶(mL) |
|---|---|---|
| 分离胶缓冲液 | 4.0 | — |
| 浓缩胶缓冲液 | — | 1.25 |
| Acr/Bis | 6.7 | 0.75 |
| $H_2O$ | 5.3 | 3.0 |
| 10% AP | 0.3 | 0.15 |
| TEMED | 0.008 | 0.005 |

4. 点样

将制好的胶放入电泳槽中，倒入电极缓冲液，淹没玻璃板，使用微量进液器在点样孔中加入样品和低蛋白标准分子量Marker(14.4～97.4 KD)。

5. 电泳

接通电源，调节电流为1～2 mA，待样品进入分离胶后调节电流至2～3 mA，保持电流强度，待指示剂完全迁移出凝胶后停止电泳。

6. 染色

取出凝胶，加入染色液，在水平摇床上染色2 h。

7. 脱色

去除染色液后，使用蒸馏水冲洗凝胶，加入脱色液在水平摇床上振荡脱色2 h，倒掉脱色液并加入新脱色液，脱色至能清晰地看出蛋白质条带。

## 五、思考题

1. 为何分离胶和浓缩胶的pH值和浓度不同？
2. 上样缓冲液中SDS的作用是什么？
3. 常用的凝胶电泳有哪些？
4. 简述SDS凝胶电泳的优缺点以及应用。

## 六、注意事项

1. 当使用SDS-PAGE电泳多亚基蛋白时，凝胶上的蛋白条带是每个亚基的条带，而不是全蛋白。

2. SDS-PAGE中出现拖尾、染色不清楚等现象，可能是SDS不纯引起的。

3. 有些蛋白质不能采用该方法测量相对分子量。
4. 如果电泳中出现拖尾、染色带的背景不清晰等现象，可能是 SDS 不纯引起的。

# 实验 25　血清蛋白的醋酸纤维薄膜电泳

## 一、实验目的

1. 掌握电泳法分离蛋白质的原理、操作方法。
2. 了解电泳法分离蛋白质的临床意义。

## 二、实验原理

醋酸纤维薄膜电泳分析技术是目前临床常规测定中应用最广的方法，具有微量、快速、简便、吸附作用和电渗作用小、分离区带清晰、灵敏度及分辨率高等特点。醋酸纤维薄膜还可进行透明化处理，便于照相和扫描计算结果。其被广泛应用于血清蛋白、血红蛋白、糖蛋白、脂蛋白、结合球蛋白、同工酶的分离和测定。

带电粒子在电场中向与其电性相反的电极泳动的现象称为电泳。血清中各种蛋白质的等电点大多在 pH 4.0～7.3，它们在 pH 8.6 的缓冲液中均带负电荷，在电场中都向正极移动。由于血清中各种蛋白质的等电点不同，因此在同一 pH 环境中所带负电荷多少不同，又由于其分子大小不同，所以在电场中泳动速度也不同，分子小而带电荷多者，泳动速度较快；反之，则泳动速度较慢。因此，通过电泳可将血清蛋白质分为 5 条区带，从正极端依次分为清蛋白、$\alpha_1$ 球蛋白、$\alpha_2$ 球蛋白、β 球蛋白和 γ 球蛋白，经染色可计算出各蛋白质含量的百分数。

## 三、实验材料

1. 材料

兔血清。

2. 仪器与用具

醋酸纤维薄膜、培养皿、滤纸、无齿镊、剪子、加样器（可用盖玻片或微量加样器）、直尺、铅笔、玻璃板（8 cm×12 cm）、试管、试管架、吸管、电泳仪、电泳槽、分光光度计或吸光度扫描计、分光密度仪。

3. 试剂

巴比妥缓冲液（pH 8.6，0.07 mol/L，离子强度 0.06）　称取巴比妥钠 12.76 g、巴比妥 1.66 g，加 500 mL 蒸馏水，加热溶解。待冷却至室温后，再加蒸馏水至 1 000 mL。

氨基黑 10B 染色液　称取氨基黑 10B 0.5 g，加入冰醋酸 10 mL、甲醇 50 mL，混匀，加蒸馏水至 100 mL。

漂洗液　甲醇 45 mL、冰醋酸 5 mL，混匀后加蒸馏水至 100 mL。

洗脱液　0.4 mol/L NaOH 溶液。

透明液　称取柠檬酸 21 g，N－甲基－2－吡咯烷酮 150 g，以蒸馏水溶解并稀释至 500 mL。

## 四、实验步骤

1. 准备

将缓冲液加入电泳槽的两槽内，并使两侧的液面等高。裁剪尺寸合适的滤纸条，叠成四层贴在电泳槽两侧的支架上，一端与支架前沿对齐，另一端浸入电泳槽的缓冲液内，使滤纸全部湿润，此即“滤纸桥”，如图 1 所示。

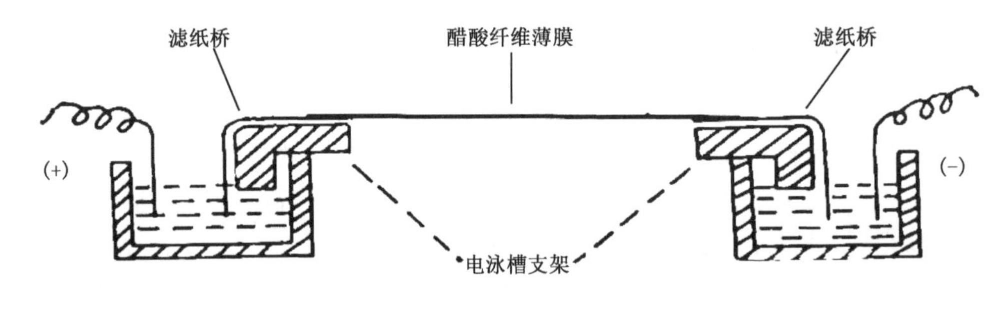


**图 1　滤纸桥**

将醋酸纤维薄膜切成 2 cm×8 cm 大小，在无光泽面的一端约 1.5 cm 处，用铅笔轻画一直线，作为点样线。然后将无光泽面向下，置于盛有巴比妥缓冲液的培养皿中浸泡，待充分浸透（约 20 min）即无白色斑点后取出，用洁净滤纸轻轻吸去表面多余的缓冲液。

2. 点样

取少量血清置于玻璃板上，再用加样器取少量血清（约 2～3 μL），加在点样线上，待血清渗入膜内，移开加样器。点样时应注意血清要适量，应形成均匀的直线，并避免弄破薄膜，如图 2 所示。

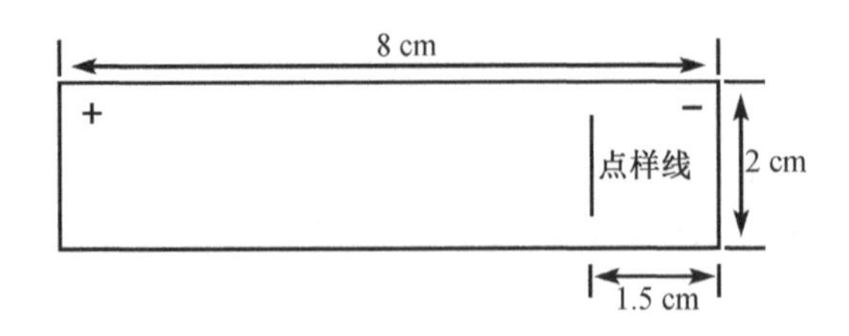


**图 2　点样**

3. 平衡与电泳

将点样后的薄膜有光泽面朝上，点样的一端靠近负极，平直地贴于电泳槽支架的滤纸上，平衡约 5 min。盖上电泳槽盖，通电进行电泳。调节电压为 100～160 V，电流 0.4～0.6 mA/cm，夏季通电 45 min，冬季通电 60 min，待电泳区带展开 2.5～3.5 cm 时断电。

4. 染色

用无齿镊小心取出薄膜，浸于染色液中 1～3 min（至清蛋白带染透为止）。染色过程中应轻轻晃动染色皿，使薄膜与染色液充分接触。薄膜量较多时，应避免彼此紧贴而影响染色效果。

5. 漂洗

准备 3 个培养皿，装入漂洗液。从染色液中取出薄膜，依次在漂洗液中连续浸洗数次，直至背景无色为止。将漂净的薄膜用滤纸吸干，从正极端起依次为清蛋白（A）、$\alpha_1$、$\alpha_2$、β 及 γ 球蛋白，如图 3 所示。

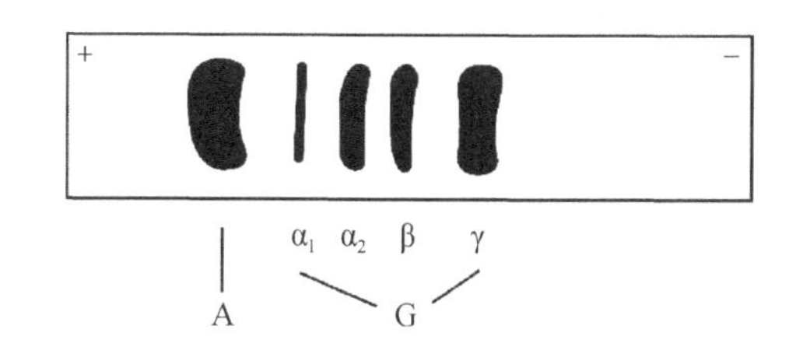


**图 3 漂洗结果**

6. 定量

（1）洗脱法 取 6 支试管，编号，分别为 A、$\alpha_1$、$\alpha_2$、β、γ 和空白管。于清蛋白管加入 0.4 mol/L NaOH 溶液 4 mL，其余 5 管加 2 mL。剪下各条蛋白区带，另于空白部分剪一条与各蛋白区带宽度近似的薄膜，分别浸入各管中，振摇数次，37 ℃水浴 20 min，使色泽完全浸出。于分光光度计 620 nm 波长处以空白管调零比色，读取各管吸光度，按下式计算：

$$T = A \times 2 + \alpha_1 + \alpha_2 + \beta + \gamma$$

清蛋白百分比＝清蛋白管吸光度×2/$T$×100

$\alpha_1$球蛋白百分比＝$\alpha_1$ 球蛋白管吸光度/$T$×100

$\alpha_2$球蛋白百分比＝$\alpha_2$球蛋白管吸光度/$T$×100

β 球蛋白百分比＝β 球蛋白管吸光度/$T$×100

γ 球蛋白百分比＝γ 球蛋白管吸光度/$T$×100

（2）扫描法 待染色的醋酸纤维薄膜完全干燥，置透明液中约 3 min，取出贴于玻片上，薄膜完全透明。将已透明的薄膜放入全自动分光密度仪中，对蛋白区带进行扫描，自动绘出电泳图，并直接打印出各区带的百分含量。

## 五、思考题

1. 血清蛋白的醋酸纤维薄膜电泳在实际生活中有哪些应用？

2. 定性定量地分析实验结果产生的原因。

3. 电泳时,点样端置于电场的正极还是负极?为什么?

4. 电泳后各区带如分离不清或不整齐,试分析其可能的原因。

## 六、注意事项

1. 标本不能溶血,否则,β球蛋白浓度会偏高。

2. 每次电泳时应交换电极,以使两侧电泳槽内缓冲液的正负离子相互交换,使缓冲液的pH维持在一定水平。

3. 电泳槽缓冲液的液面要保持一定高度,过低可能会出现球蛋白的电渗现象(向阴极移动)。同时,电泳槽两侧的液面应保持在同一水平面,否则,通过薄膜时会产生虹吸现象,影响蛋白质分子的泳动速度。

4. 电泳时电泳槽要密闭以保持湿度,否则,薄膜水分蒸发干燥,使电流下降,分离不佳。

5. 电泳失败或图谱不理想的常见原因:

(1) 电泳图谱不整齐:①点样不均匀;②薄膜未完全浸透或温度过高致使膜面局部干燥或水分补给不足;③缓冲液变质;④电泳时薄膜放置不正,与电流方向不平行。

(2) 各蛋白区带分离不清晰:①点样过多;②电流过低,多由薄膜过于致密、吸水性差、导电能力差引起;③膜面干燥;④薄膜过薄。

(3) 清蛋白中间着色浅:①染色时间不够或染色液陈旧;②清蛋白含量过高,可减少血清用量或延长染色时间。

(4) 电泳速度慢:①电流过低;②供给薄膜的缓冲液不足,连接薄膜与缓冲液的滤纸或纱布过薄(一般需4层);③温度过低,冬季电泳速度较夏季慢;④薄膜结构过于致密,导电性差;⑤缓冲液中水分蒸发,致使离子强度增大。

6. 样品要求点在粗糙面(无光泽面),否则,样品很难被吸入膜内。电泳时最好将点有样品的一面朝下,以防电泳过程中水分蒸发,影响电泳结果。

7. 染色时间以2分钟为佳(室温低时,时间可稍长),若时间过长,可使$\alpha_1$球蛋白与染料结合率增加,导致$\alpha_1$球蛋白百分比上升。

**附:血清蛋白质含量百分比正常参考值**

| | |
|---|---|
| 清蛋白 | 57.45%～71.73% |
| $\alpha_1$ 球蛋白 | 1.76%～4.48% |
| $\alpha_2$球蛋白 | 4.04%～8.28% |
| β 球蛋白 | 6.79%～11.39% |
| γ 球蛋白 | 11.85%～22.97% |
| A/G | 1.24～2.36 |

# 实验26　凯氏定氮法测定蛋白质含量

## 一、实验目的

1. 掌握凯氏定氮法测定蛋白质含量的基本原理和方法。
2. 学会使用凯氏定氮仪。
3. 掌握凯氏定氮法的操作技术，包括样品的消化处理、蒸馏、滴定及蛋白质含量计算等。

## 二、实验原理

样品与硫酸一同加热消化，有机质分解释放出的$NH_3$与硫酸结合成硫酸铵留在溶液中。在定氮消化瓶中，用氢氧化钠中和硫酸铵生成氢氧化铵，加热又分解出$NH_3$，用硼酸吸收，再用标定过的盐酸或硫酸滴定，从而计算出总氮量，换算为蛋白质含量。

## 三、实验材料

1. 材料

大豆种子。

2. 仪器与用具

分析天平、实验用粉碎机、半微量凯氏蒸馏装置、半微量滴定管（容积10 mL）、硬质凯氏烧瓶（容积25 mL、50 mL）、锥形瓶（容积150 mL）、电炉（600 W）。

3. 试剂

盐酸　分析纯，0.02 mol/L，0.05 mol/L标准溶液（邻苯二甲酸氢钾法标定）。

氢氧化钠　工业用或化学纯，40%溶液（W/V）。

硼酸　分析纯，2%溶液（W/V）。

硼酸混合指示剂　溴甲酚绿0.1 g、甲基红0.1 g分别溶于95%乙醇中，混合后稀释至100 mL，将混合指示剂与2%硼酸溶液按1∶100比例混合，用稀酸或稀碱调节pH至4.5，使之呈灰紫色。此溶液放置时间不宜过长，需在1个月之内使用。

加速剂　五水合硫酸铜（分析纯）10 g、硫酸钾（分析纯）100 g在研钵中研磨，仔细混匀，过40目筛。

浓硫酸　比重1.84，无氮。

双氧水　分析纯，30%。

蔗糖　分析纯。

双氧水硫酸混合液（简称混液）　双氧水、硫酸、水的比例为3∶2∶1，即在100 mL蒸馏水中，慢慢加入200 mL浓硫酸，待冷却后，将其加入300 mL 30%双氧水，混匀。此混液可一次配制500～1 000 mL贮藏于试剂瓶中备用，夏天最好放入冰箱或阴凉处贮藏，室温（20 ℃上下）时不必冷藏。贮藏时间不超过1个月。

## 四、实验步骤

1. 样品的选取和制备

选取有代表性的种子(带壳种子需脱壳),挑拣干净,按四分法缩减取样,取样量不得少于20 g。将种子放于60～65 ℃烘箱中干燥8 h以上,用粉碎机磨碎,95%通过40目筛,装入磨口瓶备用。

2. 称样

称取0.1 g试样两份(含氮1～7 mg),精确至0.000 1 g,同时测定试样的水分含量。

3. 消煮

(1) 消煮1　将试样置于25 mL凯氏瓶中,加入加速剂粉末(除水稻加入1 g外,其他试样均加入2 g);然后加3 mL硫酸,轻轻摇动凯氏瓶,使试样被硫酸湿润;再将凯氏瓶倾斜置于电炉上加热,开始小火,待泡沫消失后加大火力,保持凯氏瓶中的液体连续沸腾,沸酸在瓶颈中部冷凝回流。待溶液消煮到无微小的碳粒并呈透明的蓝绿色时,谷类继续消煮30 min,豆类继续消煮60 min。

(2) 消煮2　将试样置于50 mL凯氏瓶中,加入0.5 g加速剂和3 mL混液,在凯氏瓶上放一曲颈小漏斗,倾斜在电炉上加热,开始小火(用调压器将电压控制在175 V左右),保持凯氏瓶中液体呈微沸状态。5 min后加大火力(将电压控制在200 V左右),保持凯氏瓶中液体连续沸腾,消煮总时间,水稻、高粱为30 min,其他试样均为45 min。

注:消煮中列入两种消煮条件,经与国际谷物化学协会标准法比较,$t$值测验均不显著,准确度与精密度也基本一致,在具体工作中可根据实际情况取其中一种。

4. 蒸馏

消煮液稍冷却后加少量蒸馏水,轻轻摇匀,移入半微量蒸馏装置的反应室中,用适量蒸馏水冲洗凯氏瓶4～5次。蒸馏时将冷凝管末端插到盛有10 mL硼酸指示剂混合液的锥形瓶中,向反应室中加入40%氢氧化钠溶液15 mL(如采用消煮2的条件,加10 mL即可),然后通气蒸馏。当馏出液体积约达50 mL时,降下锥形瓶,使冷凝管末端离开液面,继续蒸馏1～2 min,用蒸馏水冲洗冷凝管末端,洗液均需流入锥形瓶中。

5. 滴定

谷类以0.02 mol/L、豆类以0.05 mol/L标准盐酸或硫酸滴定至锥形瓶中的溶液由蓝绿色变成灰紫色。空白用0.1 g蔗糖代替样品作空白测定。消耗标准酸溶液的体积不得超过0.3 mL。

6. 结果计算

$$X=\frac{(V_1-V_2)\times N\times 0.014}{m\times(10/100)}\times F\times 100\%$$

式中:$X$为样品中蛋白质的百分含量,单位为g;$V_1$为样品消耗硫酸或盐酸标准液的体积,单位为mL;$V_2$为试剂空白消耗硫酸或盐酸标准溶液的体积,单位为mL;$N$为硫酸或盐酸标准溶液的当量浓度，0.014∶1$N$ 硫酸或盐酸标准溶液 1 mL 相当于氮克数；$m$ 为样品的质量（体积），单位为 g（mL）；$F$ 为氮换算为蛋白质的系数，蛋白质中的氮含量一般为 15%～17.6%，按 16%计算乘以 6.25 即为蛋白质含量，乳制品为 6.38，面粉为 5.70，玉米、高粱为 6.24，花生为 5.46，米为 5.95，大豆及其制品为 5.71，肉与肉制品为 6.25，大麦、小米、燕麦、裸麦为 5.83，芝麻、向日葵为 5.30。

## 五、思考题

1. 在食品行业中，测定蛋白质含量最常用的方法是什么？
2. 在样品中添加三聚氰胺对测定结果有什么影响？为什么？
3. 在消化过程中会产生何种有害气体？如何判断消化终点？
4. 测定过程中可能存在哪些误差？

## 六、注意事项

1. 实验中部分试剂存在危险性，在操作中要注意个人安全防护。

2. 样品应尽量选取具有代表性的，大块的固体样品应用粉碎设备打得细小均匀，液体样品要混合均匀。

3. 将样品放入凯氏烧瓶时应小心，不要让样品粘附在烧瓶的颈部，否则会使粘附在颈部的含氮化合物在无硫酸存在的情况下未消化完全而造成氮损失。

4. 消化过程中不要用强火，特别是样品中脂肪或糖含量较高时，消化过程中易产生大量泡沫，强火会使其溢出瓶外或溅起粘附在凯氏烧瓶壁上无法消化完全而造成氮损失，因此应在开始消化时用小火加热，保持和缓沸腾，使火力集中在凯氏烧瓶底部。

# 实验 27　双缩脲法测定蛋白质含量

## 一、实验目的

1. 了解比色法测定蛋白质浓度的基本原理。
2. 掌握可见分光光度计的使用、标准曲线的制作和有关计算。
3. 熟悉双缩脲法测定蛋白质浓度的原理和方法。

## 二、实验原理

蛋白质含有两个以上的肽键，因此有双缩脲反应。在碱性溶液中，蛋白质与 $Cu^{2+}$ 形成紫红色络合物，其颜色的深浅与蛋白质的浓度成正比，而与蛋白质的分子量及氨基酸成分无关。

在一定的实验条件下，未知样品的溶液与标准蛋白质溶液同时反应，用分光光度计于540～560 nm波长下比色，可以通过标准蛋白质的标准曲线求出未知样品的蛋白质浓度。标准蛋白质溶液可以用结晶的牛(或人)血清蛋白、卵清蛋白等配制。

除—CONH—有此反应外，$—CONH_2$、$—CH_2—NH_2$、$—CS—NH_2$ 等基团亦有此反应。

血清总蛋白含量关系到血液与组织间水分的分布情况：在机体脱水的情况下，血清总蛋白含量升高；而在机体发生水肿时，血清蛋白含量下降，所以测定血清蛋白含量具有临床意义。

## 三、实验材料

1. 材料

待测血清稀释液。动物血清原液用水稀释10倍，冰箱保存待用。

2. 仪器与用具

吸量管(1 mL、2 mL、5 mL)、试管及试管架、723型分光光度计。

3. 试剂

标准蛋白质溶液　10 mg/mL的标准酪蛋白溶液(用0.05 M氢氧化钠配制)。

双缩脲试剂　硫酸铜($CuSO_4 \cdot 5H_2O$)1.5 g和酒石酸钾钠($NaKC_4H_4O_6 \cdot 4H_2O$)6.0 g溶于500 mL水中，在搅拌下加入300 mL 10%氢氧化钠溶液，用水稀释到1 000 mL，贮存在内壁涂以石蜡的瓶中。此试剂可长期保存。若贮存瓶中有黑色沉淀出现，则需要重新配制。

## 四、实验步骤

1. 绘制标准曲线

取一系列试管，分别加入0、0.4 mL、0.8 mL、1.2 mL、1.6 mL、2.0 mL的标准酪蛋白溶液(作为标准用的酪蛋白溶液应当用凯氏定氮法测定其蛋白氮含量，以确定酪蛋白的纯度)，用水补足到2 mL；然后加入4 mL双缩脲试剂，室温下(15～25 ℃)放置30 min，用723型分光光度计于540 nm波长下比色测定；最后以光密度为纵坐标、酪蛋白的含量为横坐标绘制标准曲线，作为定量的依据。

2. 未知样品蛋白质浓度的测定

未知样品必须进行稀释调整，使2 mL溶液中含有1～10 mg蛋白质，才能进行测定。吸取1 mL稀释10倍的血清待测液，用水补足到2 mL。操作同前，平行做两份。与标准溶液的各管同时比色。比色后从标准曲线中查出其蛋白质浓度，再按照稀释倍数求出每毫升血清原液的蛋白质含量。

## 五、思考题

1. 双缩脲法测定蛋白质含量的精度如何？
2. 双缩脲法测定蛋白质含量的范围是如何确定的？

3. 双缩脲法测定蛋白质含量的原理是什么?
4. 还有什么方法可以用于测定蛋白质的含量?

### 六、注意事项

1. 本实验方法测定范围为1～10 mg/mL蛋白质,必须于显色后30 min内比色测定。
2. 有大量脂肪存在时可产生浑浊,应用石油醚使溶液澄清后离心,取上清液再测定。
3. 为节省时间,样品处理可与标准品同步进行。
4. 双缩脲试剂由NaOH溶液(0.1 g/mL)和$CuSO_4$溶液(0.01 g/mL)配制而成,配制比例为5∶1。配制时先加入NaOH营造碱性环境,再加入$CuSO_4$。双缩脲试剂不用现配现用。

## 实验28　紫外吸收法测定蛋白质含量

### 一、实验目的

1. 了解紫外吸收法测定蛋白质含量的原理。
2. 掌握紫外吸收法测定蛋白质含量的方法。

### 二、实验原理

由于蛋白质中存在共轭双键的酪氨酸、色氨酸和苯丙氨酸,因此蛋白质具有吸收紫外光的性质,在波长280 nm处有吸收峰。在一定的蛋白浓度范围内(0.1～1.0 mg/mL),蛋白质溶液在波长280 nm处的吸光值与蛋白浓度成正比,因此可以据此定量测定蛋白质浓度。该方法简单、灵敏、快速,低浓度的盐对测定不造成干扰,同时在测定过程中无其他试剂的加入,蛋白质可回收,适用于柱层析洗脱液的快速连续检测,因此在蛋白质和酶的分离纯化过程中被广泛采用。同时该方法也存在一定的缺点:对测定蛋白与标准蛋白质中酪氨酸和色氨酸含量差异较大的蛋白质,有一定的误差。

### 三、实验材料

1. 材料

牛血清蛋白、提取的大肠杆菌总蛋白。

2. 仪器与用具

紫外分光光度计、移液管。

3. 试剂

2 mg/mL标准蛋白质溶液:称取牛血清蛋白200 mg,加入80 mL蒸馏水溶解后,定容至100 mL。

## 四、实验步骤

1. 取6支试管,按下表编号并加入试剂。

| 编号 | 2 mg/mL 标准蛋白质(mL) | 0.1 mol/L 磷酸缓冲液(mL) | 蛋白质浓度(mg/mL) |
|---|---|---|---|
| 1 | 0 | 3.0 | 0 |
| 2 | 0.6 | 2.4 | 0.4 |
| 3 | 1.2 | 1.8 | 0.8 |
| 4 | 1.8 | 1.2 | 1.2 |
| 5 | 2.4 | 0.6 | 1.6 |
| 6 | 3.0 | 0 | 2.0 |

2. 将配制的标准液振荡混匀,以1号管为空白对照,用紫外分光光度计测定各管在波长280 nm处的吸光值。

3. 以吸光值为横坐标、蛋白质浓度为纵坐标作图,计算吸光值和蛋白浓度线性方程$c=a\times A_{280}$中的$a$的值。

4. 取三支试管,分别加入待测大肠杆菌总蛋白,在$A_{280}$处测定其吸光值,分别记录为$A_1$、$A_2$和$A_3$。

5. 待测样品的蛋白质浓度的计算公式为:

$$c_{待测样品}=\frac{a\times(A_1+A_2+A_3)}{3}$$

## 五、思考题

1. 紫外吸收法测定蛋白质含量的精准度如何?哪种方法能够精准地测定蛋白质的含量?

2. 紫外吸收法测定蛋白质含量有哪些优点?会受到哪些因素的影响和制约?

3. 与Folin-酚比色法测定蛋白质含量相比,紫外吸收法有何缺点及优点?

4. 紫外吸收法测定蛋白质含量的原理是什么?

## 六、注意事项

1. 紫外吸收法一般适合蛋白质的半定量测定,也可用于纯蛋白的定量测定。由于蛋白质的紫外吸收峰常随溶液pH的改变而改变,因此测定浓度时注意溶液的pH值。

2. 若样品中含有核酸类等可吸收紫外光的物质,在单独使用$A_{280}$来测定蛋白质浓度时将会产生较大干扰。由于核酸在260 nm波长下的吸收比280 nm波长下强,因此可以用280 nm波长下和260 nm波长下的吸收差来计算蛋白质的含量,常用如下公式进行估算：

$$蛋白质浓度(mg/mL)=1.45A_{280}-0.74A_{260}$$

式中：$A_{280}$ 为蛋白质在 280 nm 波长下的吸收值；$A_{260}$ 为蛋白质在 260 nm 波长下的吸收值。

3. 测量吸光度时，比色皿要保持干净，切勿污染其光面。

4. 绘制标准曲线时，蛋白质溶液浓度要配制准确。

# 实验 29　考马斯亮蓝染色测定蛋白质含量

## 一、实验目的

1. 了解考马斯亮蓝测定蛋白质浓度的原理。
2. 掌握考马斯亮蓝测定蛋白质浓度的方法。

## 二、实验原理

考马斯亮蓝 G-250 在酸性溶液中呈棕红色，它与蛋白质结合后呈现蓝色。在一定的蛋白质浓度范围内，溶液在 595 nm 波长下的吸光值与蛋白质含量成正比，符合比色测定原理，因此可用考马斯亮蓝 G-250 测定蛋白质浓度。本方法试剂配制简单，操作便捷，测定范围 1～1 000 μg，而且干扰物质少，蛋白质间的变动也小，是一种常用的蛋白质微量测定方法。

## 三、实验材料

1. 材料

牛血清蛋白、提取的大肠杆菌总蛋白。

2. 仪器与用具

分光光度计、分析天平、刻度吸管、离心机。

3. 试剂

考马斯亮蓝 G-250 试剂　考马斯亮蓝 G-250 100 mg 溶于 50 mL 乙醇中，加入 100 mL 85%(W/V)的磷酸，用水定容至 1 000 mL。室温下可保存 30 天。

标准蛋白质溶液　称取牛血清蛋白 20 mg，加水溶解并定容至 200 mL，即为 100 μg/mL 标准蛋白质溶液。

## 四、实验步骤

1. 取 6 支试管，按照下表进行编号并加入试剂。

| 编号 | 蛋白标准液(mL) | 蒸馏水(mL) | 考马斯亮蓝 G-250(mL) | 蛋白质含量(μg) |
|---|---|---|---|---|
| 1 | 0 | 1.0 | 5 | 0 |
| 2 | 0.2 | 0.8 | 5 | 20 |
| 3 | 0.4 | 0.6 | 5 | 40 |
| 4 | 0.6 | 0.4 | 5 | 60 |
| 5 | 0.8 | 0.2 | 5 | 80 |
| 6 | 1.0 | 0 | 5 | 100 |

2. 将配制的标准液振荡混匀,振荡程度尽量一致。放置 10 min,在 595 nm 波长下比色测定,比色测定应当在 1 h 内完成。

3. 以牛血清蛋白含量(μg)为横坐标,以吸光值为纵坐标,绘制标准曲线,做出吸光值 $A$ 和蛋白浓度 $c$ 的线性方程 $c=aA$,$a$ 为相关系数。

4. 分别取三支试管加入提取的大肠杆菌总蛋白 0.1 mL,蒸馏水 0.9 mL 和 5 mL 的考马斯亮蓝 G-250 试剂,操作和标准曲线相同,测定其吸光值 $A$。

5. 根据标准曲线计算三次大肠杆菌总蛋白的蛋白含量。计算公式如下:

$$\text{样品蛋白含量}(\mu g/mL) = A \times a \div 0.1$$
$$= 10Aa$$

## 五、思考题

1. 除了考马斯亮蓝法,还有哪些测定蛋白质含量的方法?
2. 考马斯亮蓝法测定蛋白质含量的原理是什么?
3. 考马斯亮蓝法测定蛋白质含量有何优缺点?
4. 如何选择待测样品?

## 六、注意事项

1. 在制作标准蛋白溶液时一定要准确吸取样品。
2. 对原核表达总蛋白进行适当稀释,防止其浓度超过标准曲线最大值。
3. 须在试剂加入后的 5~20 min 测定光吸收,因为在这段时间内颜色是最稳定的。
4. 测定中蛋白-染料复合物会有少部分吸附于比色杯壁上,测定完后可用乙醇将蓝色的比色杯洗干净。
5. 利用考马斯亮蓝法分析蛋白必须要掌握分光光度计的正确使用方法。重复测定吸光度时,比色杯一定要冲洗干净。制作蛋白标准曲线时,蛋白标准品最好是从低浓度到高浓度测定,防止误差。

# 实验30　氨基酸的分离鉴定——纸层析法

## 一、实验目的

通过氨基酸的分离，学习纸层析法的基本原理及操作方法。

## 二、实验原理

纸层析法是用滤纸作为惰性支持物的分配层析方法。层析溶剂由有机溶剂和水组成。物质在分离后在纸层析图谱上的位置是用比移($R_f$)值来表示的，即原点到层析点中心的距离与原点到溶剂前沿的距离之比。

在一定条件下某物质的 $R_f$ 值是常数。$R_f$ 值的大小与物质的结构、性质、溶剂系统、层析滤纸的质量和层析温度等因素有关。本实验利用纸层析法分离氨基酸，如图所示。

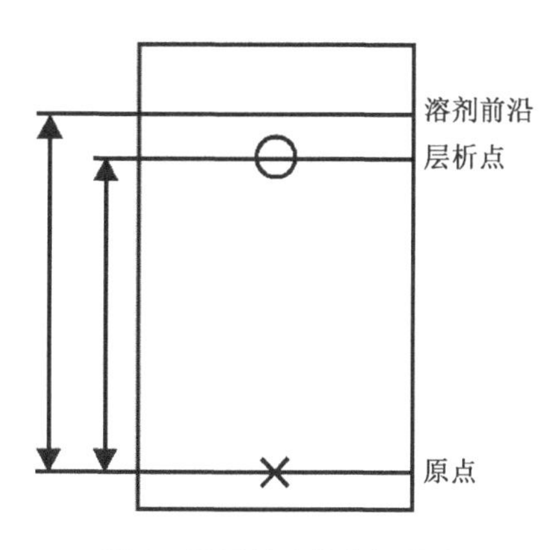


**图1　纸层析法分离氨基酸**

## 三、实验材料

1. 仪器与用具

层析缸、毛细管、喷雾器、培养皿、层析滤纸(22 cm 长、14 cm 宽)、烘箱、针、线、铅笔、尺子、订书针等。

2. 试剂

正丁醇、醋酸、赖氨酸、脯氨酸、缬氨酸、苯丙氨酸、亮氨酸、水合茚三酮。

(1) 扩展剂(总量 650 mL)

将 400 mL 正丁醇和 100 mL 冰醋酸放入分液漏斗中，与 300 mL 水混合，充分振荡，静置后分层，放出下层水。取漏斗内的扩展剂约 5 mL 置于小烧杯中做平衡剂，其余的倒入培养皿中备用。

(2) 氨基酸溶液

0.5%赖氨酸,5 mL;0.5%脯氨酸,5 mL;0.5%缬氨酸,5 mL;0.5%苯丙氨酸,5 mL;0.5%亮氨酸,5 mL;0.5%混合氨基酸,5 mL。

分别称取各种氨基酸0.025 g,加水5 mL,混匀,即为0.5%的氨基酸溶液。分别称取五种氨基酸各0.025 g,放入同一个试剂瓶内,然后加水至5 mL,混匀,即为0.5%的混合氨基酸。

(3) 0.1%的水合茚三酮正丁醇溶液(总量100 mL)

称取0.1 g水合茚三酮,加入100 mL正丁醇,混匀。

## 四、实验步骤

1. 将装有平衡剂的小烧杯置于密闭的层析缸中。

2. 取层析滤纸(长22 cm、宽14 cm)一张,在纸的一端距边缘2～3 cm处用铅笔画一条直线,在此直线上每间隔2 cm做一记号,如图2所示。

3. 点样 用毛细管将各氨基酸样品分别点在图2中的6个记号点上,干后再点一次。每点在纸上扩散的直径最大不超过3 mm。

4. 扩展 用线将滤纸缝成筒状,纸的两边不能接触。将盛有约20 mL扩展剂的培养皿迅速置于密闭的层析缸中,并将滤纸直立于培养皿中(点样的一端在下,扩展剂的液面需低于点样线1 cm)。待溶剂上升15～20 cm时即取出滤纸,用铅笔描出溶剂前沿界线,将滤纸放入烘箱中烘干(100 ℃)或用吹风机热风吹干。

5. 显色 用喷雾器均匀喷上0.1%茚三酮正丁醇溶液,然后置于烘箱中烘烤5 min(100 ℃)或用吹风机热风吹干即可显出各层析斑点,如图2所示。

6. 计算各种氨基酸的 $R_f$ 值。

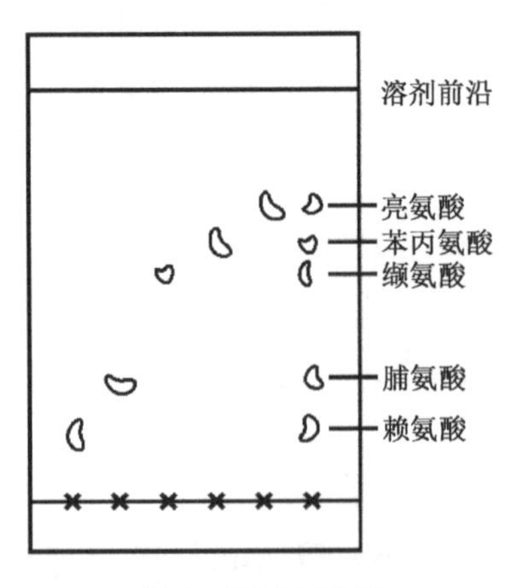


**图2 纸层析结果**

## 五、思考题

1. 何谓纸层析法?
2. 何谓 $R_f$ 值? 影响 $R_f$ 值的主要因素是什么?
3. 怎样制备扩展计?
4. 层析缸中平衡剂的作用是什么?

## 六、注意事项

1. 实验中所用的试剂水合茚三酮毒性较高,须避免皮肤直接接触,在实验中要注意个人的安全防护。

2. 点样时要避免手指或唾液等污染滤纸有效面(即展层时样品可能达到的部分)。

3. 点样斑点不能太大(直径应小于 3 mm),防止层析后氨基酸斑点过度扩散和重叠。吹风温度不宜过高,否则斑点变黄。

4. 扩展开始时切勿使样品点浸入溶剂中。

# 实验 31　离子交换层析法分离氨基酸

## 一、实验目的

1. 掌握离子交换树脂分离氨基酸的基本原理。
2. 掌握离子交换柱层析法的基本操作。
3. 掌握氨基酸和茚三酮显色反应机理及洗脱曲线的绘制。

## 二、实验原理

1. 离子交换层析原理

离子交换层析是一种用离子交换树脂做支持剂的层析法。离子交换树脂是具有酸性或碱性基团的人工合成聚苯乙烯和苯二乙烯等不溶性高分子化合物,一般制成球形的颗粒。阳离子交换树脂含有的酸性基团如磺酸基($—SO_3H$)、磷酸基($—PO_3H$)、亚磷酸基($—PO_2H$)、羧基(—COOH)、酚羟基(—OH)等,可解离出 H 离子,当溶液中含有其他阳离子时,例如在酸性环境中的氨基酸阳离子,它们可以和 H 离子发生交换而“结合”在树脂上。

本实验采用磺酸型阳离子交换树脂(732 型)分离酸性氨基酸(天冬氨酸 Asp,pI=2.97)和碱性氨基酸(赖氨酸 Lys,pI=9.74)的混合液。在 pH 5.3 条件下,由于 pH 值低于 Lys 的 pI 值,Lys 可解离成阳离子,吸附在树脂上;又由于 pH 值高于 Asp 的 pI 值,则 Asp 可解离为阴离子,不能被树脂吸附而直接流出色谱柱。在 pH 12 条件下,因 pH 值高于 Lys 的 pI 值,Lys 又解离为阴离子从树脂上被交换下来,这样通过改变洗脱液的 pH 值可使它们被分别洗脱而达到分离的目的。

2. 茚三酮反应机理

在弱酸条件下(pH 5～7),蛋白质或氨基酸与茚三酮共热,可生成蓝紫色缩合物。此反应为一切蛋白质和 α-氨基酸所共有(亚氨基酸如脯氨酸和羟脯氨酸产生黄色化合物),含有氨基的其他化合物亦可发生此反应,如图 1 所示。该反应颜色产物在可见光波长 570 nm 处有最大吸收峰。

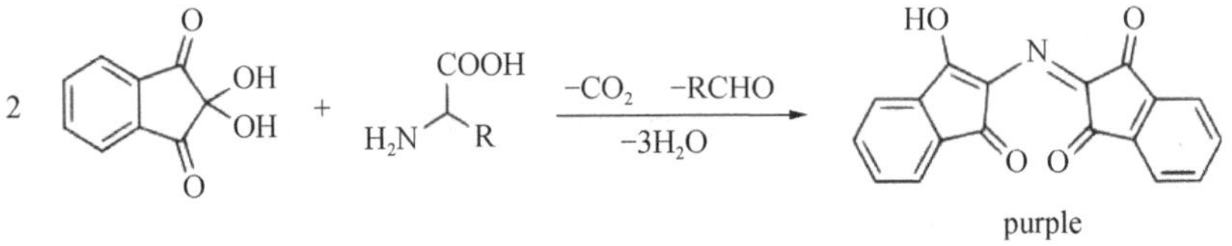

**图 1　茚三酮反应**

## 三、实验材料

1. 仪器与用具

层析柱(20 cm×1 cm)、铁架台、恒流泵、部分收集器、分光光度计、移液枪、恒温水浴锅、试管、玻璃棒、烧杯等。

2. 试剂

2 mol/L、1 mol/L 和 0. 01 mol/L 氢氧化钠溶液。

混合氨基酸溶液:天冬氨酸、赖氨酸分别配制成 2 mg/mL 的柠檬酸钠缓冲溶液,并将配制好的天冬氨酸、赖氨酸溶液按 1∶1. 5 的比例混合。

柠檬酸钠缓冲液(pH 5. 3,钠离子浓度为 0. 45 mol/L)。

732 型阳离子交换树脂、2 mol/L 盐酸溶液、茚三酮显色剂。

## 四、实验步骤

1. 树脂的处理

将干的强酸型树脂用蒸馏水浸泡过夜,使之充分溶胀。用 4 倍体积的 2 mol/L 的盐酸浸泡 1 h,倾去清液,洗至中性。再用 2 mol/L 的氢氧化钠处理,做法同上。检验是否已至中性用试纸即可。

2. 树脂的转型与保存

以 1 mol/L 氢氧化钠溶液浸泡处理后的树脂 1 h,使树脂转化为钠型,用蒸馏水洗至中性,多余树脂放入 1 mol/L 氢氧化钠溶液保存,需使用的树脂用缓冲溶液浸泡。

3. 装柱

取层析柱(20 cm×1 cm),检验气密性。验得气密性良好后,将层析柱垂直夹于铁架上,用夹子夹紧柱底出口处橡皮管,在柱顶放一漏斗并向柱内加入 2～3 cm 高的缓冲溶液。用小烧杯取少量树脂及浸泡液,将其搅拌成悬浮状,通过漏斗缓慢倒入柱内。待树脂在底部沉降时，慢慢打开柱底出口夹子放出少许液体，关闭出口夹子并持续加入树脂，直至树脂高度达到 10 cm。

4. 平衡

层析柱装好后，缓慢加入适量缓冲液至液面高于树脂面 2～3 cm。取一烧杯盛 25 mL 缓冲液，将柱上端胶皮管通过恒流泵浸入烧杯液面以下，柱下端置另一烧杯收集洗出液。开启恒流泵，调节流速，以 0.5 mL/min（10 滴/min）流速进行平衡，待 25 mL 缓冲液基本用尽时即可加样。平衡过程大约 40～50 min。

5. 加样

关闭恒流泵，打开层析柱上端，缓慢打开柱底出口夹子，放出层析柱内液体至层析柱内液体凹液面与树脂上表面相距约 1 mm，立即关闭出口。由上端缓慢加入氨基酸混合液 0.5 mL（用吸量管沿柱壁四周均匀加入）。加样后打开止水夹，使液体缓慢流出至凹液面与树脂上表面相距约 1 mm，立即关闭止水夹。再加入 0.5 mL 缓冲液（用吸量管沿柱壁四周均匀加入），打开止水夹，使液体缓慢流出至凹液面与树脂上表面再次相距约 1 mm，重复加入缓冲液操作 2～3 次，最后加缓冲液至液面高于柱顶 2 cm 左右。

6. 洗脱

将层析柱装好并使下端对准部分收集器上的一号小试管口，用 pH 5.3 的柠檬酸钠缓冲溶液以 0.5 mL/min（10 滴/min）流速开始洗脱，小试管收集洗脱液，每管收集 1 mL，收集 10 管后，关闭恒流泵，同时夹住下端，改用 0.01 mol/L 氢氧化钠溶液洗脱，同法继续收集 11～35 管。收集完毕后，关闭止水夹和恒流泵。实验时柱内液体不可流干，柱子气密性不好时易出现流干情况。

7. 氨基酸色谱的测定

向各管收集液中加入 2.5 mL 柠檬酸钠缓冲溶液，混匀后加入 1 mL 茚三酮显色剂，在沸水中加热 15 min，取出冷却 10 min。以收集液第 1 管为空白，测定 570 nm 波长处各管的光吸收值。以光吸收值为纵坐标、以洗脱管号（洗脱体积）为横坐标绘制氨基酸色谱图。

8. 树脂的回收与再生

树脂回收后，用 1 mol/L 氢氧化钠洗涤浸泡，再用蒸馏水洗至中性后，可再次使用。

## 五、思考题

1. 若实验结果的图谱中出现拖尾现象，试分析其原因。
2. 树脂的预处理中为何要将树脂转变为钠型？
3. 试简述平衡的作用及流速快慢对实验结果的影响。
4. 三次加入缓冲液的作用分别是什么？

## 六、注意事项

1. 离子交换层析要根据分离的样品量选择合适的层析柱。离子交换用的层析柱一般粗而短，不宜过长，直径和柱长比一般为1∶10到1∶50之间。层析柱安装要垂直，装柱时注意装好的柱要求连续、均匀，无纹格、无气泡，表面平整。

2. 平衡缓冲液中不能有与离子交换填料结合力强的离子，否则会大大降低交换容量，影响分离效果。

3. 选择合适的平衡缓冲液，可以去除大量的杂质，并使得之后的洗脱有很好的效果。如果平衡缓冲液选择不合适，可能会给之后的洗脱带来困难，无法得到好的分离效果。

4. 比色时须戴手套，避免将液体粘在手上或衣服上。实验完毕后将树脂倒入指定回收处，并清洗所有实验用具。

# 实验32　凝胶过滤法分离蛋白质

## 一、实验目的

掌握凝胶层析的原理及操作。

## 二、实验原理

凝胶过滤（Gel filtration）又称凝胶层析（Gel chromatography）、排阻层析（Exclusion chromatography）、分子筛层析（Molecular sieve chromatography）等，是20世纪60年代发展起来的一种简便有效的生物化学分离分析方法。这种方法的基本原理是用柱层析方法使相对分子质量不同的溶质通过具有分子筛性质的固定相（凝胶），从而达到使生物分子分离的目的。用作凝胶的材料有多种，如交联葡聚糖、琼脂糖、聚丙烯酰胺凝胶、聚苯乙烯和多孔玻璃珠等。这些凝胶本身具有一种网状结构（即分子筛），可以将生物分子按照分子量大小不同进行分离，好像过筛一样把大颗粒和小颗粒分开。将凝胶颗粒放入适宜的溶液中浸泡，使之充分膨胀，然后装入层析柱中，加入待分离的混合物，再同溶剂一起洗脱。在洗脱过程中，大分子蛋白由于其直径大于凝胶孔径，所以不能进入凝胶，而沿着凝胶的间隙优先流出柱外；小分子蛋白则进入凝胶孔径中，流速缓慢，因此较大分子蛋白后流出。分子越小，进入凝胶内部越深，在凝胶颗粒的网孔内滞留的时间越长，结果是分子越小的蛋白质洗脱速度越慢，即洗脱体积越大，越后流出柱外。一些中等大小的分子只能进入凝胶较大的一部分孔隙，亦即部分排阻，因此这些分子从柱中流出的时间介于大、小分子之间。不同分子质量蛋白质的洗脱体积也不相同，通过部分收集器可以将它们收集在不同的洗脱组分中，从而达到使样品中分子大小不同的物质分离的目的。

以交联葡聚糖分离物质和测定相对分子量为例说明凝胶层析法的基本原理和应用。交联葡聚糖是由细菌葡聚糖（以右旋葡萄糖为残基的多糖）用交联剂环氧氯丙烷交联形成的有三维空间的网状结构物。控制葡聚糖和交联剂的配比及反应条件就可决定其交联度的大小（交联度大，“网眼”就小），从而得到各种规格的交联葡聚糖，即不同型号的凝胶。“G”表示交联度,G越小,交联度越大,吸水量也就越小。G值小,颗粒比较硬;G值大,颗粒比较软(可以以手感触)。G值也对应凝胶的工作范围。交联葡聚糖分子含有大量的羟基,极性很强,易吸水,所以使用前必须用水充分溶胀,并置于沸水浴中煮沸5小时(赶走颗粒中的空气),再冷却至室温。

凝胶层析操作方便、设备简单、重复性好,条件温和,一般不会引起生物活性物质的变化。凝胶层析广泛应用于分离、提纯、浓缩生物大分子及脱盐、去热源等,而测定蛋白质的分子量也是它的重要应用之一。

凝胶柱的总体积(总床体积)$V_t$ 是干胶体积 $V_g$ 和凝胶颗粒内部水的体积 $V_i$ 及颗粒外部水的体积 $V_o$ 之和,即:

$$V_t = V_g + V_i + V_o$$

其中,$V_t$ 可通过柱的直径及高度计算;$V_o$ 可以通过洗脱一个已知完全被排阻的物质(如蓝色葡聚糖2 000)的方法来测定,此时其洗脱体积就等于 $V_o$;$V_i$ 可根据凝胶干重($mg$)和得水值 $W_r$ 计算($V_i = mg \times W_r$),也可以通过洗脱一个小于凝胶工作范围下限的小分子化合物(如铬酸钾)来测定,此时其洗脱体积等于 $V_i + V_o$。

某一物质的洗脱体积 $V_e$ 为:

$$V_e = V_o + K_d V_i$$

其中,$K_d$ 为溶质在流动相和固定相之间的分配比例(分配系数),每一溶质都有特定的 $K_d$ 值,与层析柱的几何形状无关。如分子完全排阻,则 $K_d = 0$,$V_e = V_o$;分子完全进入,$K_d = 1$,$V_e = V_o + V_i$。通常 $K_d$ 是一个常数($0 < K_d < 1$),如果 $K_d$ 大于1,说明发生了凝胶对溶质的吸附。

凝胶层析测定蛋白质相对分子质量的过程是:先用层析柱洗脱一套已知相对分子质量的标准蛋白质,根据 $V_e/V_o$ 与 $\log M_r$(溶质相对分子质量的对数)成线性关系来算出样品相对分子质量($M_r$)。

## 三、实验材料

1. 材料

鸡血红蛋白。

2. 仪器与用具

层析柱(100 cm×1.1 cm)、核酸蛋白检测仪、部分收集器。

3. 试剂

2 mg/mL 蓝色葡聚糖2 000、2 mg/mL 硫酸铵溶液、0.025 mol/L 氯化钾-0.2 mol/L 乙酸溶液(洗脱液)。

## 四、实验步骤

1. 凝胶的溶胀

根据层析柱的体积和所选用的凝胶膨胀后的床体积,称取所需凝胶干粉,加适量洗脱液，置室温溶胀 2～3 d，可置沸水浴 5 h（除去颗粒中的空气），反复倾泻去掉细颗粒。注意不要过分搅拌，以防颗粒破碎。装柱前最好将处理好的凝胶置真空干燥器中抽真空，以除尽凝胶中的空气。

2. 装柱

将层析柱垂直固定，下端连接硅胶管并用弹簧夹夹住。向柱中加入约 1/3 高度的去离子水，由下端排出适量水，同时注意排出柱下端及硅胶管中的气泡，柱内余约 3～5 cm 高度的水时止住。

装柱前先将已溶胀的凝胶上面的溶液倒出一部分，然后轻轻搅起凝胶（用圆滑的玻璃棒，防止凝胶搅碎），将适当浓度的凝胶一次倒满凝胶柱，使之自然沉降（要注意颗粒间没有夹杂气泡，最好不用过稀的凝胶悬浮液装柱）。待凝胶沉积一段后（约 3～5 cm），由下端放出部分溶液（流速为 5～6 s 一滴），在还没有形成凝胶床之前，由上端不断补充凝胶至柱高三分之二为止。夹住层析柱下端，使凝胶充分沉淀。注意凝胶床面要平整（装柱的标准：外观均匀，无气泡，无断层），如不平整，可用玻璃棒将局部搅起，重新沉淀。为防止加样时凝胶被冲起，可在凝胶表面放一片滤纸。要注意在任何时候不要使液面低于凝胶表面，否则有可能混入气泡，影响液体在柱内的流动，从而影响分离效果。注意装柱过程中凝胶不能分层。

3. 柱平衡

将洗脱液装入一个下口瓶，与层析柱连接，用少量蒸馏水洗柱，柱床稳定后吸除上层蒸馏水，关闭下端洗脱液出口。

4. 样品的分离

吸去柱上端的洗脱液（切不可搅乱胶面，可覆盖一张滤纸或尼龙网）。打开出水口，使残余液体降至与胶面相切（但不要干胶），关闭出水口；用细滴管吸取 0.1 mL（2 mg/mL）蛋白混合物或蓝色葡聚糖 2 000，于柱中央慢慢加入柱中（加样不能沿壁加入），打开出水口（开始收集），等溶液渗入胶床后，关闭出水口；用少许蒸馏水（1～2 mL）或洗脱液加入柱中（蒸馏水不能太多，防止样品稀释太大），液体渗入胶床后，柱上端再用蒸馏水（3～4 mL）或洗脱液充满，用较慢的速度开始洗脱，直到两条色带分开为止，可以看到红色的鸡血红蛋白与黄色的胰蛋白酶明显分层（较窄的两条带）；最后用蒸馏水将凝胶完全清洗，然后回收凝胶。

## 五、思考题

1. 除了凝胶层析外，还有什么方法可以分离蛋白质？
2. 利用凝胶层析分离混合物时，怎样才能得到较好的分离效果？
3. 凝胶过滤法在蛋白质分析中还有何应用？
4. 若洗脱图谱只出现一个峰，试分析可能的原因。

## 六、注意事项

1. 装柱过程中不要产生气泡，气泡对液体流动造成干扰，影响不同分子量蛋白的分离。

2. 装柱后要检查柱床是否均匀,若有气泡或分层的界面,则需要重新装柱。

3. 流速不可太快,否则分子小的物质来不及扩散,随分子大的物质一起被洗脱下来,达不到分离目的。

# 实验33　亲和层析纯化蛋白

## 一、实验目的

掌握GST亲和层析分离纯化目标蛋白的原理和实验方法。

## 二、实验原理

生物大分子与配体是以特异性非共价键可逆结合的,例如酶-底物或底物类似物、抗体-抗原、激素-受体、外源凝集素-多糖、糖蛋白、细胞表面受体、核酸-互补核苷酸序列。谷胱甘肽转移酶(GST,26 kd,可与谷胱甘肽GSH特异性结合)作为配体共价结合在葡聚糖上融合目标蛋白,葡聚糖上的GSH与GST融合蛋白相结合,再用还原型的GSH洗脱GST融合蛋白,最终得到纯化的目标蛋白。

## 三、实验材料

1. 仪器与用具

GST蛋白纯化柱、微量可调移液器、冰箱、分光光度计。

2. 试剂

表达带有GST标签融合蛋白细菌的总蛋白、PBS缓冲液、洗脱液。

## 四、实验步骤

1. 清洗并装好层析柱,封闭出口。
2. 向柱子中加入2 mL PBS缓冲液。
3. 用滴管取0.5~1 mL GST树脂填料,加入柱子中。
4. 打开柱子的出口,使PBS缓冲液缓慢流出(始终保持柱内的液面高于GST树脂)。
5. 用5 mL PBS缓冲液冲洗柱床,重复3次。
6. 将混合蛋白质溶液加入到柱子中。
7. 用5 mL PBS缓冲液冲洗柱子,重复3次。
8. 加入1 mL洗脱液。
9. 用离心管收集洗脱液,每管收集0.2 mL。
10. 用PBS缓冲液冲洗柱子3次,关闭出口。

11. 用分光光度计测定每一管的吸光度值,记录读数,绘制洗脱曲线。

## 五、思考题

1. 亲和层析要求纯化的目的蛋白必须携带标签,标签对目的蛋白的功能和活性是否有影响?
2. 亲和层析纯化得到的目标蛋白可以用于哪些实验?
3. 纯化蛋白质时引入标签蛋白的优缺点各是什么?
4. 还有哪些方法可以用于纯化蛋白?试举例说明。

## 六、注意事项

1. PBS缓冲液要现配现用,不要使用存放时间过长的缓冲液,以免影响纯化结果。
2. 超声太剧烈或时间过长会引起蛋白变性,导致蛋白不能与介质结合。
3. 当待分离物质和配体结合较强时,可以通过选择适当的pH、离子强度等条件降低待分离物质与配体的亲和力。
4. 选择洗脱液的pH、离子强度时应注意尽量不影响待分离物质的活性;洗脱后应注意中和酸碱,透析去除离子,以免待分离物质丧失活性。

# 实验34 酶的特性——底物专一性

## 一、实验目的

1. 掌握酶的专一性概念。
2. 熟悉还原糖稳定性检测。

## 二、实验原理

酶具有高度专一性,即酶对底物有严格的选择性。唾液淀粉酶和蔗糖酶都能催化糖苷键水解,但唾液淀粉酶只能水解淀粉,生成具有还原性的麦芽糖;蔗糖酶只能水解蔗糖,生成具有还原性的果糖和葡萄糖。利用这些水解产物的还原性(可使$Cu^{2+}$还原成$Cu^{+}$,即生成$Cu_2O$砖红色沉淀),可证实淀粉或蔗糖是否水解,从而阐明酶的专一性。

## 三、实验材料

1. 材料

唾液。

2. 仪器与用具

漏斗、容量瓶、试管、水浴锅。

3. 试剂

0.5%淀粉溶液,0.5%蔗糖溶液。

## 四、实验步骤

1. 制备稀唾液:使用清水漱口,含蒸馏水少量,行咀嚼动作以刺激唾液分泌。取小漏斗1个,垫小块薄层脱脂棉,下接10 mL量筒,直接将一口唾液吐入漏斗中,加蒸馏水,过滤,定容至10 mL。

2. 取试管6支,分别加入下表试剂。

| 编号 | 0.5%淀粉液(滴) | 0.5%蔗糖液(滴) | 稀唾液(滴) | 煮沸稀唾液(滴) | 蔗糖酶溶液(滴) | 煮沸蔗糖酶溶液(滴) |
|---|---|---|---|---|---|---|
| 1 | 16 | — | 8 | — | — | — |
| 2 | 16 | — | — | 8 | — | — |
| 3 | 16 | — | — | — | 8 | — |
| 4 | — | 16 | 8 | — | — | — |
| 5 | — | 16 | — | — | 8 | — |
| 6 | — | 16 | — | — | — | 8 |

各管混匀,置于40 ℃水浴锅中保温10 min。

3. 在以上各管中加入班氏试剂15～20滴,摇匀。沸水煮沸3 min,观察各管颜色变化,并记录结果。

## 五、思考题

1. 酶除了具有底物专一性外,还具有什么其他的特性?

2. 在食用面食时,长时间的咀嚼后嘴里会有甜味,为什么?

3. 观察酶的专一性为什么要设计这几组实验?每组各有什么意义?各组中的蒸馏水分别起什么作用?

4. 请回忆淀粉类型、结构及蔗糖的结构式。

## 六、注意事项

1. 煮沸稀唾液和煮沸蔗糖酶溶液需要在100 ℃水浴中煮沸10 min。

2. 制备唾液的时候,一定要注意在漏斗中垫小块棉花,防止残余食物污染唾液。

3. 6号试管出现砖红沉淀说明煮沸不完全。5号试管出现砖红色沉淀,可能是酶失活,也可能是恒温浴温度过高。

4. 保证蔗糖的纯度和新鲜程度是做好实验的关键。

# 实验 35 底物浓度对酶促反应速度的影响——米氏常数的测定

## 一、实验目的

1. 了解底物浓度对酶促反应的影响。
2. 掌握测定米氏常数 $K_m$ 的原理和方法。

## 二、实验原理

酶促反应速度与底物浓度的关系可用米氏方程来表示：

$$V=\frac{V_{max}[S]}{K_m+[S]}$$

式中：$V$ 为反应初速度（微摩尔浓度变化/min）；$V_{max}$ 为最大反应速度（微摩尔浓度变化/min）；$[S]$ 为底物浓度（mol/L）；$K_m$ 为米氏常数（mol/L）。

这个方程表明酶反应速度与底物浓度之间存在定量关系。$K_m$ 值等于酶促反应速度达到最大反应速度一半时所对应的底物浓度，是酶的特征常数之一（图 1）。不同的酶 $K_m$ 值不同，同一种酶与不同底物反应 $K_m$ 值也不同。$K_m$ 值可近似地反映酶与底物的亲和力大小，$K_m$ 值大，表明亲和力小；$K_m$ 值小，表明亲合力大。测 $K_m$ 值是酶学研究的一个重要方法。大多数纯酶的 $K_m$ 值在 0.01～100 mmol/L。Lineweaver-Burk 作图法（双倒数作图法）是用实验方法测 $K_m$ 值的最常用的简便方法，见图 2。

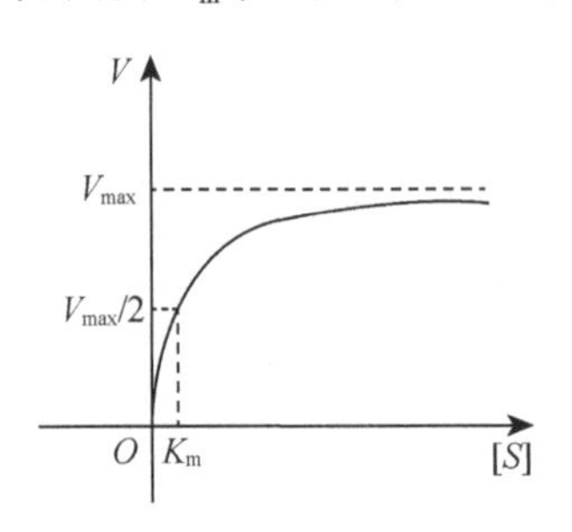


**图 1　米氏方程模拟**

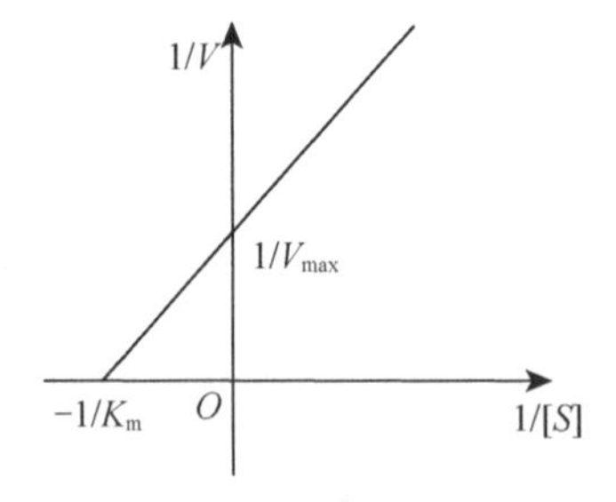


**图 2　方程式变换**

方程式变换如下：

$$\frac{1}{V}=\frac{K_m+[S]}{V_{max}[S]}=\frac{K_m}{V_{max}}\times\frac{1}{[S]}+\frac{1}{V_{max}}$$

## 三、实验材料

1. 仪器与用具

50 mL 及 150 mL 三角瓶、25 mL 碱式滴定管、滴定台、蝴蝶夹、10 mL 及 5 mL 称液管、100 mL 量筒。

2. 试剂

甲醛溶液、标准 NaOH 溶液(0.1 mol/L)。

酪蛋白溶液(pH 8.5)　① 4%酪蛋白：称 80 g 酪蛋白置于 1 800 mL 水中，再加 40 mL 1 mol/L 的 NaOH，连续振荡此悬浊液，微热至溶解，调 pH 至 8.5，并加水定容至 2 000 mL；② 3%酪蛋白。

4%膜蛋白酶溶液　2 g 胰蛋白酶溶于 50 mL 水中，浓度即为 4%。

0.25%酚酞试剂　1.25 g 酚酞溶于 500 mL 70%的乙醇中。

1 mol/L 的 HCl 溶液　41.67 mL 浓 HCl，加水定容至 500 mL。

1 mol/L 的 NaOH 溶液　20 g 固体 NaOH 溶于水，并定容至 500 mL。

## 四、实验步骤

1. 配制不同浓度的酪蛋白溶液，每组各 100 mL，装入 150 mL 三角瓶，按编号每次配制一瓶，进行完后续操作后，再配制下一瓶。

2. 取 6 个 50 mL 三角瓶，编号，分别加入 5 mL 甲醛溶液和 1 滴酚酞试剂，并滴加 0.1 mol/L 的标准 NaOH 溶液至混合液呈微粉红色，保证所有锥形瓶中的颜色一致。

3. 取 100 mL 酪蛋白溶液加入 150 mL 三角瓶中，37 ℃保温 10 min；然后准确量取 10 mL37 ℃保温 10 min 的胰蛋白酶液，加入酪蛋白溶液中。充分混匀后，立即取出 10 mL 反应液，加入到 1 号三角瓶中，并开始计时(操作要尽量迅速，否则结果误差较大)。对 1 号三角瓶进行滴定，先加入 10 滴酚酞，用 0.1 mol/L 的标准 NaOH 溶液测定至呈微粉红色并可保持，在接近滴定终点前，再加入指示剂(1 mL 标准 NaOH 对应加入 1 滴酚酞试剂)，然后继续滴定至终点，记下所用标准 NaOH 溶液的体积。

4. 分别在 2、4、6、8、10 min 各取出 10 mL 反应液，按上述方法分别在 2～6 号三角瓶中滴定，并记下所用标准 NaOH 的体积。

5. 以反应时间为横轴，以滴定所得标准 NaOH 体积为纵轴作图，得出直线的斜率即反应的初速度(实际上是初始一段时间的平均速度)。

6. 重复步骤 3～5 的操作，配制不同浓度酪蛋白(7.5、10、15、20、30)测定不同底物浓度时的活力。

7. 以实验测得的各底物浓度下的反应初速度($V_{7.5}$—$V_{30}$)的倒数为纵轴，以底物浓度的倒数为横轴，即以 $1/V$ 对 $1/[S]$ 作图，求出 $V_{max}$ 和 $K_m$ 的数值。

## 五、思考题

1. 试说明为什么操作过程要尽量迅速完成?

2. 为何测定时需加甲醛溶液?

3. 在什么条件下，测定酶的 $K_m$ 值可以作为鉴定酶的一种手段，为什么?

4. 米氏方程中的 $K_m$ 值有何实际应用?

## 六、注意事项

1. 实验表明,反应速度只在最初一段时间内保持恒定,随着反应时间的延长,酶促反应速度逐渐下降。其原因有多种,如底物浓度降低、产物浓度增加而对反应产生抑制作用并加速逆反应的进行、酶在一定 pH 及温度下部分失活等。因此,研究酶的活力以酶促反应的初速度为准。

2. 本实验是一个定量测定方法,为获得准确的实验结果,应尽量减少实验操作中的误差。因此配制各种底物溶液时应用同一母液进行稀释,保证底物浓度的准确性。

3. 各种试剂的加量应准确,并严格控制酶促反应时间。

4. 米氏常数测定时,要求沸水浴 1 min 终止反应,而后再加入 NaOH。

# 实验 36　乳酸脱氢酶活力的测定

## 一、实验目的

1. 掌握乳酸脱氢酶活力的测定原理。
2. 学习比色法测定酶活力的方法。

## 二、实验原理

乳酸脱氢酶(lactate dehydrogenase,简称 LDH,EC. 1. 1. 1. 27,L-乳酸-$NAD^+$氧化还原酶)广泛存在于生物细胞内,是糖代谢酵解途径的关键酶之一,可催化一系列可逆反应。

LDH 可溶于水或稀盐溶液。组织中 LDH 含量测定方法很多,其中紫外分光光度法更为简单、快速。鉴于 NADH、$NAD^+$在波长 340 nm 及 260 nm 处有各自的最大吸收峰,因此以 $NAD^+$为辅酶的各种脱氢酶类都可通过 340 nm 光吸收值的改变定量测定酶的含量。本实验测定 LDH 活力,基质液中含丙酮酸及 NADH,在一定条件下,加入一定量酶液,观察 NADH 在反应过程中在波长 340 nm 处光吸收减少值,减少越多,则 LDH 活力越高。其活力单位定义是:在 25 ℃、pH 7.5 条件下每分钟 $A_{340}$ 下降值为 1.0 的酶量为 1 个单位。可定量测定每克湿重组织中 LDH 单位。定量测定蛋白质含量即可计算比活力(U/mg)。

利用上述原理,使用不同底物即可测定相应脱氢酶反应过程中波长 340 nm 处光吸收值的改变,定量测定酶活力,如苹果酸脱氢酶、醇脱氢酶、醛脱氢酶、甘油-3-3 磷酸脱氢酶等,适用范围很广。

## 三、实验材料

1. 材料

动物肌肉、肝、心、肾等组织。

2. 仪器与用具

组织捣碎机、紫外分光光度计、恒温水浴、移液管(5 mL、0.1 mL)、微量注射器(10 μL)。

3. 试剂

(1) 50 mmol/L 磷酸氢二钾-磷酸二氢钾缓冲液母液(pH 6.5)

① 50 mmol/L $K_2HPO_4$　称取 $K_2HPO_4$ 1.74 g,加蒸馏水溶解后定容至 200 mL。

② 50 mmol/L $KH_2PO_4$　称取 $KH_2PO_4$ 3.40 g,加蒸馏水溶解后定容至 500 mL。

取①溶液 31.5 mL 和②溶液 68.5 mL 混匀,调节 pH 至 6.5。置 4 ℃冰箱备用。

(2) 10 mmol/L 磷酸氢二钾-磷酸二氢钾缓冲液(pH 6.5)　用上述母液稀释得到,现用现配。

(3) 0.1 mol/L 磷酸氢二钾-磷酸二氢钾缓冲液(pH 7.5)　用上述母液稀释得到,现用现配。

(4) NADH 溶液　称取纯 NADH 3.5 mg 置试管中,加 0.1 mol/L 磷酸缓冲液(pH 7.5)1 mL 摇匀。现用现配。

(5) 丙酮酸溶液　称取丙酮酸钠 2.5 mg,加 0.1 mol/L 磷酸缓冲液(pH 7.5)29 mL,使其完全溶解。现用现配。

## 四、实验步骤

1. 制备肌肉匀浆

称取 20 g 兔肉,按 W/V 为 1/4 的比例加入 4 ℃预冷的 10 mmol/L 磷酸氢二钾-磷酸二氢钾缓冲液(pH 6.5),用组织捣碎机捣碎,每次 10 s,连续 3 次。将匀浆液倒入烧杯中,置 4 ℃冰箱中提取过夜,过滤后得到组织提取液。

2. LDH 活力测定

实验时预先将丙酮酸溶液及 NADH 溶液放在 25 ℃水浴中预热。取 2 个石英比色杯,在 1 个比色杯中加入 0.1 mmol/L 磷酸氢二钾-磷酸二氢钾缓冲液(pH 7.5)3 mL,置于紫外分光光度计中,在 340 nm 处将光吸收调节至零;另一个比色杯用于测定 LDH 活力,依次加入丙酮酸钠溶液 2.9 mL,NADH 溶液 0.1 mL,加盖摇匀后,测定 340 nm 处光吸收值($A$),取出比色杯加入经稀释的酶液 10 μL,立即计时,摇匀后,每隔 0.5 min 测定 340 nm 处光吸收值($A_{340}$),连续测定 3 min,以 A 对时间作图,取反应最初线性部分,计算 340 nm 处光吸收减少值。加入酶液的稀释度(或加入量)应控制 340 nm 处光吸收下降值在 0.1～0.2。

3. 数据处理

计算每毫升组织提取液中 LDH 活力单位:

LDH 活力单位(U)/mL 提取液=($A_{340}$ nm/min×稀释倍数)/(酶液加入量(10 μL)×$10^{-1}$)

提取液中 LDH 总活力单位=LDH 活力(U)/mL×总体积

## 五、思考题

1. 乳酸脱氢酶活力的高低对生物体有什么影响？
2. 简述用紫外分光光度法测定以 $NAD^{+}$ 为辅酶的各种脱氢酶活力的原理。
3. 简述酶活力的基本原理。
4. 测定酶活力的时候，为什么要严格控制试剂配制、试剂用量、血清用量、温度和作用时间？

## 六、注意事项

1. 实验材料应尽量新鲜，如取材后不立即使用，则应贮存在－20 ℃冰箱内。
2. 酶液的稀释度及加入量应控制 $A_{340}$ 每分钟下降值在 0.1～0.2，以减少实验误差，加入酶液后应立即计时，准确记录每隔 0.5 min $A_{340}$ 下降值。
3. NADH 溶液应在临用前配制。
4. 加液前 NADH $A_{340}$ 控制在 0.8 左右。

# 实验 37　过氧化氢酶活力的测定

## 一、实验目的

1. 了解过氧化氢酶的作用。
2. 掌握碘量法测定过氧化氢酶活力的原理和方法。

## 二、实验原理

过氧化氢酶普遍存在于动物、植物和微生物中，在植物中，其活力大小与植物的代谢强度、抗寒和抗病能力有一定的联系，因此它可以作为衡量植物抗逆性的指标。

过氧化氢酶能够把过氧化氢分解成水和氧，其活力大小以一定时间内一定量的酶所分解的过氧化氢量来表示。被分解的过氧化氢量可用碘量法间接测量。当酶促反应进行一段时间后，终止反应，然后以钼酸铵作催化剂，使未被分解的过氧化氢与碘化钾反应释放出游离的碘，再用硫代硫酸钠测定碘。反应完成后，以样品溶液和空白溶液的滴定值之差求出被分解的过氧化氢量，即可计算出酶的活力。

## 三、实验材料

1. 材料

新鲜小麦叶片。

2. 仪器与用具

天平、研钵、容量瓶、恒温水浴锅、移液管、三角瓶、滴定管。

3. 试剂

0.01 mol/L 的过氧化氢溶液、1.8 mol/L 的硫酸溶液、10%钼酸铵溶液、0.02 mol/L 的硫代硫酸钠溶液、1%的淀粉溶液、20%的碘化钾溶液、碳酸钙粉末。

## 四、实验步骤

1. 酶液提取　称取新鲜小麦叶片 0.25 g，剪碎至研钵中，加入约 0.1 g 碳酸钙和 2 mL 水研磨成匀浆，用漏斗转移至 50 mL 的容量瓶中，研钵用少量水冲洗，将洗涤液转移至容量瓶中，加水定容，摇匀后备用。

2. 取 3 个 100 mL 容量瓶编号，向各瓶准确加入稀释后的酶液 10.0 mL，随即在 3 号瓶中加入 1.8 mol/L 硫酸 5.0 mL 以终止酶的活力，作为空白溶液。向各瓶中加入 5.0 mL 0.01 mol/L 过氧化氢溶液，每加一瓶即摇匀并开始计时，5 min 后立即向 1、2 号瓶加入 5 mL 1.8 mol/L 的硫酸溶液。

3. 各瓶分别加入 1.0 mL 20%的碘化钾溶液和 3 滴钼酸铵溶液，摇匀静置几分钟，再依次加入 0.02 mol/L 的硫代硫酸钠滴定，滴定至溶液呈淡黄色后加入 5 滴 1%的淀粉溶液，再继续滴定至蓝色消失为止。记录各瓶消耗的硫代硫酸钠体积。

4. 酶活力的计算

被分解的过氧化氢量(μmol)＝1/2×$V_{Na_2S_2O_3}$(空白滴定值-样品滴定值)(mL)×0.02×$10^3$

过氧化氢活力(IU)＝[被分解的过氧化氢量(μmol)×酶液稀释倍数]/[时间(min)×样品质量(g)]

## 五、思考题

1. 植物中过氧化氢酶活力的高低对植物有什么影响？
2. 过氧化氢酶的活力测定还有什么其他的方法？
3. 过氧化氢酶与哪些生化过程有关？
4. 测定过氧化氢酶活力的原理是什么？

## 六、注意事项

1. 实验所用的植物材料必须是新鲜的，否则会影响实验结果。
2. 过氧化氢溶液具有一定的腐蚀性，在配制时须注意个人安全防护。
3. 凡对 240 nm 波长的光有较强吸收能力的物质对本实验均有影响。
4. 采用紫外分光光度法进行比色测定时，要尽可能测定反应的初速度，因此加入过氧化氢溶液后应立即进行比色读数。

# 实验38　淀粉酶活力的测定

## 一、实验目的

1. 了解α-淀粉酶和β-淀粉酶的不同性质及其活力测定的意义。
2. 掌握测定淀粉酶活力的原理和方法。
3. 学会比色法测定淀粉酶活力的原理及操作要点。

## 二、实验原理

淀粉是植物最主要的贮藏多糖,也是人和动物的重要食物和发酵工业的基本原料。淀粉经淀粉酶作用后生成葡萄糖、麦芽糖等小分子物质而被机体利用。淀粉酶主要包括α-淀粉酶和β-淀粉酶两种。α-淀粉酶可随机地作用于淀粉中的α-1,4-糖苷键,生成葡萄糖、麦芽糖、麦芽三糖、糊精等还原糖,同时使淀粉的黏度降低,因此又被称为液化酶。β-淀粉酶可从淀粉的非还原性末端进行水解,每次水解下一分子麦芽糖,又被称为糖化酶。淀粉酶催化产生的这些还原糖能使3,5-二硝基水杨酸还原,生成棕红色的3-氨基-5-硝基水杨酸。

淀粉酶活力的大小与产生的还原糖的量成正比。用标准浓度的麦芽糖溶液制作标准曲线,用比色法测定淀粉酶作用于淀粉后生成的还原糖的量,以单位重量样品在一定时间内生成的麦芽糖的量表示酶活力。

淀粉酶存在于几乎所有植物中,特别是萌发后的禾谷类种子,淀粉酶活力最强,其中主要是α-淀粉酶和β-淀粉酶。两种淀粉酶特性不同,α-淀粉酶不耐酸,在pH 3.6以下迅速钝化;β-淀粉酶不耐热,在70 ℃ 15 min钝化。根据它们的这种特性,在测定活力时钝化其中之一,就可测出另一种淀粉酶的活力。本实验采用加热的方法钝化β-淀粉酶,测出α-淀粉酶的活力。在非钝化条件下测定淀粉酶总活力(α-淀粉酶活力+β-淀粉酶活力),再减去α-淀粉酶的活力,就可求出β-淀粉酶的活力。

## 三、实验材料

1. 材料

萌发的小麦种子。

2. 仪器与用具

离心机、离心管、研钵、电炉、容量瓶、恒温水浴、20 mL具塞刻度试管×13、试管架、刻度吸管、分光光度计。

3. 试剂

(1) 标准麦芽糖溶液(1 mg/mL)

精确称取100 mg麦芽糖,用蒸馏水溶解并定容至100 mL。

（2）3,5-二硝基水杨酸试剂

精确称取3,5-二硝基水杨酸1 g,溶于20 mL 2 mol/L NaOH溶液中,加入50 mL蒸馏水,再加入30 g酒石酸钾钠,待溶解后用蒸馏水定容至100 mL。盖紧瓶塞,勿使$CO_2$进入。若溶液混浊可过滤后使用。

（3）0.1 mol/L柠檬酸缓冲液(pH 5.6)

A液(0.1 mol/L柠檬酸)　称取$C_6H_8O_7 \cdot H_2O$ 21.01 g,用蒸馏水溶解并定容至1 L。

B液(0.1 mol/L柠檬酸钠)　称取$Na_3C_6H_5O_7 \cdot 2H_2O$ 29.41 g,用蒸馏水溶解并定容至1 L。

取A液55 mL与B液145 mL混匀,即为0.1 mol/L柠檬酸缓冲液(pH 5.6)。

（4）1%淀粉溶液

称取1 g淀粉溶于100 mL 0.1 mol/L柠檬酸缓冲液(pH 5.6)中。

## 四、实验步骤

1. 麦芽糖标准曲线的制作

取7支干净的具塞刻度试管,编号,按下表加入试剂:

| 编号 | 麦芽糖标准液(1 mg/mL) | 蒸馏水(mL) | 3,5-二硝基水杨酸(mL) | 麦芽糖浓度(mg/mL) |
|---|---|---|---|---|
| 1 | 0 | 2.0 | 2.0 | 0 |
| 2 | 0.2 | 1.8 | 2.0 | 0.2 |
| 3 | 0.6 | 1.4 | 2.0 | 0.6 |
| 4 | 1.0 | 1.0 | 2.0 | 1.0 |
| 5 | 1.4 | 0.6 | 2.0 | 1.4 |
| 6 | 1.8 | 0.2 | 2.0 | 1.8 |
| 7 | 2.0 | 0 | 2.0 | 2.0 |

将试管中溶液摇匀,置沸水浴中煮沸5 min。取出后流水冷却,加蒸馏水定容至20 mL。以1号管作为空白调零点,在540 nm波长下比色测定光密度。以麦芽糖含量为横坐标、光密度为纵坐标,绘制标准曲线。

2. 淀粉酶液的制备

称取1 g萌发3天的小麦种子(芽长约1 cm),置于研钵中,加入少量石英砂和2 mL蒸馏水,研磨匀浆;将匀浆倒入离心管中,用6 mL蒸馏水分次将残渣洗入离心管,将提取液在室温下放置提取15～20 min,每隔数分钟搅动1次,使其充分提取;然后在3 000 r/min转速下离心10 min,将上清液倒入100 mL容量瓶中,加蒸馏水定容至100 mL,摇匀,即为淀粉酶原液,用于α-淀粉酶活力测定。

吸取上述淀粉酶原液10 mL,放入50 mL容量瓶中,用蒸馏水定容至50 mL,摇匀,即为淀粉酶稀释液，用于淀粉酶总活力的测定。

3. 酶活力的测定

取 6 支干净的试管，编号，按下表进行操作。

<table>
<tr><th>编号</th><th>淀粉酶原液（mL）</th><th>处理 1</th><th>淀粉酶稀释液（mL）</th><th>3,5-二硝基水杨酸（mL）</th><th>处理 2</th><th>1%淀粉溶液（mL）</th><th>3,5-二硝基水杨酸（mL）</th><th>处理 3</th></tr>
<tr><td>1-1</td><td>1.0</td><td rowspan="6">置 70 ℃水浴中 15 min，取出后流水中冷却，钝化 β-淀粉酶</td><td>0</td><td>2.0</td><td rowspan="6">40 ℃恒温水浴中保温 10 min</td><td>1.0</td><td>0</td><td rowspan="6">40 ℃恒温水浴中保温 5 min</td></tr>
<tr><td>1-2</td><td>1.0</td><td>0</td><td>0</td><td>1.0</td><td>2.0</td></tr>
<tr><td>1-3</td><td>1.0</td><td>0</td><td>0</td><td>1.0</td><td>2.0</td></tr>
<tr><td>2-1</td><td>0</td><td>1.0</td><td>2.0</td><td>1.0</td><td>0</td></tr>
<tr><td>2-2</td><td>0</td><td>1.0</td><td>0</td><td>1.0</td><td>2.0</td></tr>
<tr><td>2-3</td><td>0</td><td>1.0</td><td>0</td><td>1.0</td><td>2.0</td></tr>
</table>

将试管中溶液摇匀，置于沸水浴中 5 min，取出后流水冷却，加蒸馏水定容至 20 mL。使用分光光度计测定吸光值 $A_{540}$。

4. 酶活力计算

计算 1-2、1-3 光密度平均值与 1-1 之差，在标准曲线上查出相应的麦芽糖含量（mg），按下列公式计算 α-淀粉酶的活力：

$$\alpha\text{-淀粉酶活力[麦芽糖毫克数/样品鲜重(g)}\cdot 5\ \text{min]} = \frac{\text{麦芽糖含量(mg)}\times\text{淀粉酶原液总体积(mL)}}{\text{样品重(g)}}$$

计算 2-2、2-3 光密度平均值与 2-1 之差，在标准曲线上查出相应的麦芽糖含量（mg），按下式计算（α+β）淀粉酶总活力和 β 淀粉酶的活力：

$$(\alpha+\beta)\text{淀粉酶总活力[麦芽糖毫克数/样品鲜重(g)}\cdot 5\ \text{min]} = \frac{\text{麦芽糖含量(mg)}\times\text{淀粉酶原液总体积(mL)}\times\text{稀释倍数}}{\text{样品重(g)}}$$

$$\beta\text{-淀粉酶活力} = (\alpha+\beta)\text{淀粉酶总活力} - \alpha\text{-淀粉酶活力}$$

## 五、思考题

1. 淀粉酶活力的测定还有什么其他方法？
2. 为什么 3,5-二硝基水杨酸与还原糖的反应要先沸水浴然后稀释？
3. 酶的最适反应温度和最适保存温度为什么不一样？
4. 从酶活力测定的相关结果判断本次实验设计的酶活测定样品稀释倍数是否合理，为什么？

## 六、注意事项

1. 样品提取液的定容体积和酶液稀释倍数可根据不同材料酶活性的大小而定。

2. 为了确保酶促反应时间的准确性，在进行保温这一步骤时，可以将各试管每隔一定时间依次放入恒温水浴，准确记录时间，到达 5 min 时取出试管，立即加入 3,5-二硝基水杨酸以终止酶反应，以便尽量减小因各试管保温时间不同而引起的误差。同时恒温水浴温度变化应不超过±0.5 ℃。

3. 如果条件允许，各实验小组可采用不同材料，例如萌发 1 d、2 d、3 d、4 d 的小麦种子进行实验，比较测定结果，以了解萌发过程中这两种淀粉酶活性的变化。

4. 酶活力测定实验中，必须提供足够的底物，使所有的酶处于饱和状态。

# 实验 39　大蒜细胞 SOD 的提取与活力的测定

## 一、实验目的

1. 掌握大蒜 SOD 的提取方法。
2. 掌握 SOD 活力测定的方法。

## 二、实验原理

超氧化物歧化酶(Superoxide dismutase，简称 SOD)是广泛存在于生物体内的含 Cu、Zn、Mn、Fe 的金属类酶。它作为生物体内重要的自由基清除剂，可以清除体内多余的超氧阴离子，在防御生物体氧化损伤方面起着重要作用。超氧阴离子($O^{2-}$)是人体氧代谢产物，它在体内过量积累会引起炎症、肿瘤、色斑沉淀、衰老等疾病，与生物体内许多疾病的发生和形成有关。SOD 能专一消除 $O^{2-}$ 而起到保护细胞的作用，其作为一种药用酶，具有广阔的应用前景，并引起了国内外医药界、生物界和食品界的极大关注。

SOD 的活力测定方法很多，常见的有化学法、免疫法和等电点聚焦法。其中化学法应用最普遍，其原理主要是利用有些化合物在自氧化过程中会产生有色中间物和 $O^{2-}$，利用 SOD 分解而间接推算酶活力。在化学法中，常用的有黄嘌呤氧化酶法、邻苯三酚自氧化法、化学发光法、肾上腺素法、NBT-还原法、光化学扩增法、Cyte 还原法等，其中改良的邻苯三酚自氧化法简单易行，较为实用。在一般情况下，SOD 酶活力测定只能应用间接活力测定法。本实验采用邻苯三酚自氧化法。邻苯三酚在碱性条件下能迅速自氧化，释放出 $O^{2-}$，生成带色的中间产物，中间物的积累在滞留 30～45 s 后，与时间成线性关系，一般线性时间维持在 4 min 的范围内，中间物在 420 nm 波长处有强烈光吸收。当有 SOD 存在时，由于它能催化 $O^{2-}$ 与 $H^+$ 结合生成 $O_2$ 和 $H_2O_2$，从而阻止了中间产物的积累，因此，通过测定光吸收即可求出 SOD 的酶活力。

## 三、实验材料

1. 材料

大蒜。

2. 仪器与用具

天平、研钵、冷冻离心机、离心管、分光光度计、三角瓶、玻璃棒、烧杯、带胶塞试管、移液管。

3. 试剂

冷丙酮、0.05 mol/L 磷酸缓冲液(pH 7.8)、氯仿-乙醇混合液[3∶5 (V/V)]、邻苯三酚、浓盐酸。

## 四、操作方法

1. SOD 提取

称取 5 g 大蒜蒜瓣,加入石英砂研磨破碎细胞,加入 15 mL 0.05 mol/L 的磷酸缓冲液(pH 7.8),研磨搅拌 20 min,使 SOD 充分溶解,6 000 r/min 离心,弃去沉淀,得上清液,留出 1 mL 备用,准确量取剩余上清液体积,记录。

2. 除杂蛋白

提取液加入 1/4 体积的氯仿-乙醇混合液搅拌 10 min,6 000 r/min 离心 15 min 去沉淀,得粗酶液。取 1 mL 粗酶液备用,精确测量剩余粗酶液体积。

3. SOD 酶的沉淀分离

剩余的粗酶液中加入等体积的冷丙酮,搅拌 15 min,6 000 r/min 离心 15 min,得到 SOD 酶沉淀。向沉淀中加入 2 mL 磷酸缓冲液,溶解后再加 3 mL,混匀,6 000 r/min 离心 15 min,取上清得到 SOD 酶液。取 1 mL 备用,其余量取体积。

4. SOD 酶活力测定

1) 将上述提取液、粗酶液、酶液分别取样,测定各自的 SOD 活力。SOD 活力测定加样程序见下表。

| 试管 | 缓冲液(pH 8.3,mL) | SOD 提取液(mL) | 蒸馏水(mL) | 处理 | 邻苯三酚(mL) |
|---|---|---|---|---|---|
| 空白管 | 3 | 0 | 2 | 室温放置 20 min | 0 |
| 对照管 $OD_1$ | 3 | 0 | 1.8 | | 0.2 |
| 提取液 $OD_2$ | 3 | 0.1 | 1.7 | | 0.2 |
| 粗酶液 $OD_3$ | 3 | 0.1 | 1.7 | | 0.2 |
| 酶液 $OD_4$ | 3 | 0.1 | 1.7 | | 0.2 |

2) 加入邻苯三酚后迅速混匀,准确计时 4 min,加一滴浓盐酸停止反应,420 nm 测吸光值。

5. 溶液中可溶性蛋白含量测定

分别从 1 mL 备用的提取液、粗酶液、酶液中各取 0.3 mL，按提取液 50 倍、粗酶液 20 倍和酶液 10 倍数稀释，测定 260 nm、280 nm 吸光值，按公式计算蛋白质浓度。

6. 记录实验结果，如下表。

| 比较项目 | 对照管（$OD_1$） | 提取液（$OD_2$） | 粗酶液（$OD_3$） | 酶液（$OD_4$） |
|---|---|---|---|---|
| 总体积（mL） | | | | |
| 260 nm 吸光度值 | | | | |
| 280 nm 吸光度值 | | | | |
| 公式 | 蛋白质浓度（mg/mL）=（$1.45A_{280}-0.74A_{260}$）×稀释倍数 | | | |
| 蛋白质浓度（mg/mL） | | | | |
| 420 nm 吸光值 | | | | |

7. 实验结果处理

提取液酶活力单位 $=2(OD_1-OD_2)\times5/0.1$

粗酶活力单位 $=2(OD_1-OD_3)\times5/0.1$

酶液活力单位 $=2(OD_1-OD_4)\times5/0.1$

总活力=活力单位×总体积

比活力=活力单位/蛋白浓度

## 五、思考题

1. 人体中除了 SOD 能发挥清除 $O^{2-}$ 的作用，还有哪些酶具有类似的功能？
2. SOD 的应用有哪些？
3. 酶活力单位的定义是什么？

## 六、注意事项

1. 磷酸缓冲液要现配现用，以免影响实验结果。
2. 实验中所用的部分试剂具有腐蚀性和毒性，在操作中须注意个人安全的防护。
3. 酶液提取时，为了尽可能保持酶的活性，应在冰浴中研磨，在低温中离心。

# 实验 40　胰蛋白酶的结晶及活力的测定

## 一、实验目的

1. 掌握胰蛋白酶提取的方法。

2. 掌握胰蛋白酶活力测定的方法。

## 二、实验原理

胰蛋白酶(Trypsin,EC. 3. 4. 21. 4)通常是以无活性的胰蛋白酶原(Trypsinogen)的形式存在于动物的胰脏中。在生理条件下,胰蛋白酶原随胰液分泌到十二指肠后,在小肠上腔有钙离子的环境中被肠激酶(Enterokinase)或胰蛋白酶所激活,其肽链 N 端的赖氨酸与异亮氨酸之间的一个肽键被水解而失去一个酸性 6 肽,分子构象发生改变,转变成有生物活性的胰蛋白酶。

胰蛋白酶原的相对分子质量($M_r$)约为 24 000,其等电点为 pH 8. 9。胰蛋白酶的 $M_r$ 为 23 400,等电点为 pH 10. 8。胰蛋白酶在酸性条件下稳定。通常在 pH 3. 0 的溶液内,在 4 ℃的冰箱内储存数月乃至 2 年其活性无显著变化。当溶液的 pH 值小于 2. 5 时,胰蛋白酶易变性;pH 值大于 5. 0 时,容易发生自溶;pH 值处于 7. 6～8. 0 时,其催化水解的活性最佳。

重金属离子、有机磷化合物和某些反应产物均可抑制胰蛋白酶的活性。在胰脏、卵清和大豆中含有一些对胰蛋白酶活性具有抑制作用的天然抑制剂。

胰蛋白酶催化水解蛋白质的能力,表现在它对碱性氨基酸(如精氨酸、赖氨酸)的羧基与其他氨基酸所形成的肽键具有高度的专一性。此外,胰蛋白酶还能催化水解碱性氨基酸所形成的酰胺键和酯键,其对这些化学键催化水解活性的敏感性依次是酯键>酰胺键>肽键。因此,可以利用含有这些化学键的人工合成的化合物为底物来研究胰蛋白酶的专一性催化活性。

在动物的胰脏中除了存在胰蛋白酶外,还有另外两种与胰蛋白酶的性质相似的蛋白水解酶,即胰凝乳蛋白酶(Chymotrypsin,亦称糜蛋白酶)、弹性蛋白酶(Elastase)。在制备过程中,采用常规的方法往往很难将此三者彼此分离开,而采用具有高度专一性的亲合层析法才能将它们分开。

从胰脏中提取胰蛋白酶,一般是用稀酸将胰腺细胞中含有的胰蛋白酶原提取出来,然后根据等电点沉淀的原理将提取液的 pH 调至酸性(pH 3. 0 左右),使大量的酸性蛋白沉淀析出。经硫酸铵分级盐析将胰蛋白酶原、胰凝乳蛋白酶原和弹性蛋白酶原沉淀,抽滤后的沉淀物经水溶解并调至 pH 8. 0,用极少量的胰蛋白酶将胰蛋白酶原激活,同时溶液中的胰凝乳蛋白酶原、弹性蛋白酶原也被激活。

激活后的酶溶液,用硫酸铵分级盐析法初步将胰蛋白酶与胰凝乳蛋白酶和弹性蛋白酶分开,收集胰蛋白酶部分,通过结晶进一步纯化,使胰凝乳蛋白酶和弹性蛋白酶通过离子交换层析进一步分离。

胰蛋白酶能水解酯键、酰胺键和肽键,根据这一性质,可用人工合成的底物或天然的蛋白质(如酪蛋白)测定胰蛋白酶的活性。目前,用于检测胰蛋白酶活性的人工合成的底物主要是酰胺和酯两类。常用苯甲酰-L-精氨酰-对硝基苯胺(enzoyl-arginine p-nitroanilide,简称 BAPA)和苯甲酰-L-精氨酰-β-精氨酸乙酯(enzoyl-arginine naphthylamide,

简称 BANA）为底物测定酰胺酶的活力；用苯甲酰－L－精氨酸乙酯（enzoyl-arginine ethyl ester，简称 BAEE）和对甲苯磺酰－L－精氨酸甲酯（tosyl-L-arginine methyl ester，简称 TAME）为底物测定酯酶的活力。

## 三、实验材料

1. 材料

羊胰脏。

2. 仪器与用具

烧杯、布氏漏斗、分光光度计等。

3. 试剂

乙酸、硫酸、硫酸铵、1.0 mol/L N－苯甲酰－L－精氨酸乙酯。

## 四、实验步骤

1. 胰蛋白酶原的提取

称取 1 kg（净重）新鲜或速冻的动物胰脏，剥去脂肪及结缔组织，剪成小块，捣碎。加入 2～2.5 倍体积预冷的 pH 2.5～3.0 乙酸酸化水，在 5～10 ℃下提取 6 h 以上，并不时地轻轻搅拌。用 4 层纱布挤滤，拧挤出滤液；组织残渣再加入约 1/2 体积（500 mL 左右）的乙酸酸化水，提取 1～2 h，再次用纱布过滤。合并两次滤液，用 2.5 mol/L 的硫酸调至 pH 2.5～3.0，静置约 4 h，使提取液中的酸性蛋白沉淀析出。用折叠滤纸过滤，收集全部的滤液，加入固体硫酸铵至 0.75 饱和度（按每 1 000 mL 滤液加 492 g，5 ℃），放置过夜，使胰蛋白酶原完全析出。用布氏漏斗抽滤，压紧成滤饼，即可获得胰蛋白酶原粗制品。

2. 胰蛋白酶原的激活

将硫酸铵沉淀的胰蛋白酶原称重（湿重），加入约 10 倍体积的预冷蒸馏水（按滤饼重量计算），使滤饼完全溶解，一般情况滤饼中硫酸铵含量约占 1/4。用 5 mol/L 氢氧化钠将溶液调至 pH 8.0，慢慢加入固体无水氯化钙使钙离子的终浓度达到 0.1 mol/L（要减去一部分氯化钙和硫酸铵结合生成硫酸钙沉淀的钙离子），随加随搅拌均匀。取出 0.1 mL 溶液，稀释 200 倍测定激活前的蛋白含量及酶活性（一般情况下是无活性或活性极低）。加入 2～5 mg 该种动物的胰蛋白酶作为激活启动酶，轻轻搅匀，于 4 ℃激活 12～16 h 或 25 ℃激活 3～4 h。在激活期间每隔一段时间测定一次酶活性，观察酶原激活增长情况，直到酶激活速度由快变慢或停止增长，表明酶原已经全部被激活。一般比活可达到每毫克酶蛋白 3 500～4 500 BAEE 单位。酶原激活后，用 2.5 mol/L 的硫酸调至 pH 2.5～3.0，用滤纸过滤除去硫酸钙沉淀，置冰箱内保存备用。

3. 胰蛋白酶的分级分离

将已激活的胰蛋白酶溶液，慢慢加入固体硫酸铵至 0.4 饱和度（每 1 000 mL 溶液加入 240 g 硫酸铵），使胰凝乳蛋白酶沉淀出来。用布氏漏斗抽滤，收集滤液（滤饼留做制备胰凝乳蛋白酶），再加入固体硫酸铵至 0.75 饱和度（每 1 000 mL 溶液加入 250 g 硫酸铵),使胰蛋白酶析出。在 4 ℃放置约 4 h,待胰蛋白酶完全沉淀析出后,用布氏漏斗抽滤,收集滤饼,即可获得胰蛋白酶的粗制品。

4. 胰蛋白酶的活力测定

BAEE 在波长 253 nm 下的紫外吸收远远弱于 N－苯甲酰－L－精氨酸(Benzoyl-L-arginine,简称 BA)的紫外光吸收。在胰蛋白酶催化水解下,BAEE 随着酯键的被水解,水解产物 BA 逐渐增多,反应体系的紫外光吸收亦随之相应增加,据此可以 $\Delta A_{253}$ 计算胰蛋白酶的比活力。

取两个石英比色杯(带盖,光程为 1 cm),分别加入 2.8 mL 25 ℃预热过的 1.0 mmol/L 的 BAEE 底物溶液。向一个比色池内加入 0.2 mL 10 mmol/L 的盐酸,在波长 253 nm 下调整仪器零点;向另一个比色池内加入 0.2 mL 胰蛋白酶溶液(酶的用量一般为 5～10 μg 纯胰蛋白酶,若是粗制品应增加用量),立即盖上盖迅速颠倒几次混匀并计时,于 253 nm 处测定其光吸收值($A_{253}$),每隔 30 s 读数一次,反应持续 5～7 min。测得结果要使 $\Delta A_{253}$/min 控制在 0.05～0.1 为宜,若偏离此范围则要适当增减酶量。

以时间($t$)为横坐标、光吸收值($A_{253}$)为纵坐标做直线,在直线部分任选一个时间间隔($t$)与相应的光吸收值变化($\Delta A_{253}$)。按下列公式计算胰蛋白酶的活力单位和比活力:

酶的活力单位(BAEE 单位)＝($\Delta A_{253}$)/0.001

酶的比活力单位(BAEE 单位/mg 酶)＝($\Delta A_{253}$)×1 000/(ε×0.001)

式中:$\Delta A_{253}$ 为每分钟递增光吸收值(nm/min);ε 为测定时所用的胰蛋白酶量(μg);1 000 为酶蛋白单位 μg 转换成 mg 的转换值;0.001 为光吸收值每增加 0.001 定义为 1 个 BAEE 活力单位的常数。

## 五、思考题

1. 除了在动物胰脏中提取胰蛋白酶,还可以通过什么方法获得胰蛋白酶?
2. 还可以用什么方法测定胰蛋白酶的活性?
3. 调节 pH 值在制备中起到什么作用?
4. 哪些因素能直接影响晶体的形成?应该注意哪些条件?

## 六、注意事项

1. 动物的胰脏要新鲜,否则会影响胰蛋白酶的质量。
2. 过酸或过碱都会影响结晶的形成及酶活力的变化,必须严格控制 pH。
3. 第一次结晶时,3～5 天后仍然无结晶,应检查 pH,必要时调整 pH 或接种,促使结晶成形。重结晶时间要短些。
4. 酶蛋白溶液过稀难以形成结晶,过浓则容易形成无定型沉淀析出,故必须恰到好处,一般来说待结晶的溶液应略呈微浑浊状态。

# 实验 41　维生素 C 的含量测定

## 一、实验目的

1. 掌握用 2,6-二氯酚靛酚钠测定维生素 C 的原理和方法。
2. 熟悉容量仪器的正确操作。

## 二、实验原理

天然的抗坏血酸有还原型和脱氢型两种,还原型抗坏血酸分子结构中有烯醇(COH=COH)存在,故为一种极敏感的还原剂,它可失去两个氢原子而氧化为脱氢型抗坏血酸。染料 2,6-二氯酚靛酚钠($C_{12}H_6O_2NCl_2Na$)作为氧化剂,可以氧化抗坏血酸而其本身亦被还原成无色的衍生物。2,6-二氯酚靛酚钠盐易溶于水,在碱性或中性溶液中呈蓝色,在酸性溶液中呈桃红色,可据此来鉴别滴定的终点。由于抗坏血酸在许多因素影响下都易发生变化,因此,取样品时应尽量减少操作时间,并避免其与铜、铁等金属接触以防止氧化。

## 三、材料

1. 材料

果蔬样品。

2. 仪器与用具

滴定管、容量瓶、移液管、烧杯、研钵、漏斗、分析天平、滴管。

3. 试剂

维生素 C 标准溶液、抗坏血酸、1%草酸溶液、2,6-二氯酚靛酚钠、10% KI 溶液、淀粉液、0.001 N 标准 $KIO_3$ 溶液。

## 四、实验步骤

1. 标准抗坏血酸溶液制备　精确称取抗坏血酸 20 mg,用 1%草酸溶液溶解于 100 mL 容量瓶中,用 1%草酸溶液定容。用移液管移取 5 mL 溶液到 50 mL 容量瓶中,并加 1%草酸溶液定容。

2. 2,6-二氯酚靛酚钠溶液配制　称取 2,6-二氯酚靛酚钠 50 mg,溶于 200 mL 热水中(热水中溶解 52 mg $NaHCO_3$),冷却后加水 50 mL,过滤后盛于棕色药瓶内,避光保存。

3. 标定　吸取标准抗坏血酸溶液 5 mL,加 1%草酸溶液 5 mL、蒸馏水 20 mL,以 2,6-二氯酚靛酚钠溶液滴定,至桃红色 15 s 不褪即为终点。滴定结束时溶液的体积相当于 0.1 mg 维生素 C,计算出每一毫升染料溶液能氧化的抗坏血酸毫克数。

4. 待测液制备　取 10 g 磨碎的样品液,加 1%草酸溶液稀释后无损地移入 100 mL

容量瓶,加1%草酸溶液定容至2 500 mL,过滤,备用。

5. 计算,公式如下

$$V_C(mg/100\ g)=(V\times T\times 100)/W$$

式中:$V$为滴定样品所用的2,6-二氯酚靛酚钠体积-空白滴定所用的2,6-二氯酚靛酚钠体积(mL);$T$为1毫升2,6-二氯酚靛酚钠溶液相当的抗坏血酸毫克数(mg);$W$为滴定时吸取的样品重(g)。

## 五、思考题

1. 指出富含维生素C的物质,维生素C有何生理意义?
2. 维生素C的理化性质中最重要的是哪一点,为何用草酸来提取?
3. 为了准确测定维生素C的含量,实验过程中应该注意哪些操作步骤?
4. 分析本实验方法的优点和缺点。

## 六、注意事项

1. 量取液体一定要精确,注意读数时视线一定要与液体凹液面最低处相持平。

2. 滴定时一定要控制好滴定速度,不要一下子滴太多2,6-二氯酚靛酚钠溶液,导致滴定过量。若过量则需要重新滴定。

3. 滴定过程中要注意准确判断锥形瓶中溶液的颜色,以确定滴定终点,即桃红色能保持15 s不褪色为止。

4. 每次滴定终点的颜色要尽量采取相同的标准以减小实验误差。

# 实验42 碘值的测定方法

## 一、实验目的

1. 掌握测定碘值的原理及操作方法。
2. 了解测定碘值的意义。

## 二、实验原理

脂肪中的不饱和脂肪酸碳链上有不饱和键,可以吸收卤素($Cl_2$、$Br_2$或$I_2$),不饱和键数目越多,吸收的卤素也越多。每100 g脂肪,在一定条件下所吸收的碘的克数,称为该脂肪的碘值。碘值愈高,不饱和脂肪酸的含量愈高。

对于一个油脂产品,其碘值是处在一定范围内的。油脂工业中生产的油酸是橡胶合成工业的原料,亚油酸是医药上治疗高血压药物的重要原材料,它们都是不饱和脂

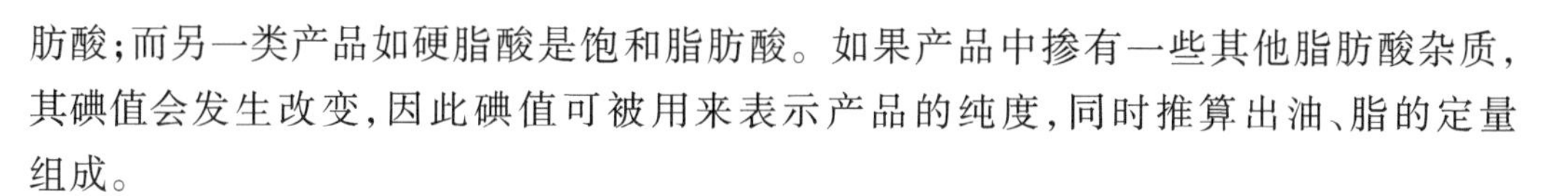

肪酸；而另一类产品如硬脂酸是饱和脂肪酸。如果产品中掺有一些其他脂肪酸杂质，其碘值会发生改变，因此碘值可被用来表示产品的纯度，同时推算出油、脂的定量组成。

本实验用硫代硫酸钠滴定过量的溴化钾与碘化钾反应放出的碘，以求出与脂肪加成的碘量。

## 三、实验材料

1. 材料

花生油或猪油。

2. 仪器与用具

碘值滴定瓶（250～300 mL，或用具塞锥形瓶代替）、量筒（10 mL、50 mL）、样品管（直径约 0.5 cm、长 2.5 cm）、滴定管（50 mL）、分析天平或扭力天平。

3. 试剂

纯四氯化碳、1%淀粉溶液（溶于饱和氯化钠溶液中）、10%碘化钾溶液。

汉诺斯（Hanus）溶液　称取 12.2 g 碘，放入 1 500 mL 锥形瓶内，徐徐加入 1 000 mL 冰醋酸（99.5%），边加边摇晃，同时略加温热，使碘溶解。冷却后，加溴约 3 mL。

0.05 mol/L 标准硫代硫酸钠溶液　将结晶硫代硫酸钠 50 g 放入经煮沸后冷却的蒸馏水中（无 $CO_2$ 存在），添加硼砂 7.6 g 或氢氧化钠 1.6 g（硫代硫酸钠溶液在 pH 9～10 最稳定）。量取 0.02 mol/L 碘酸钾溶液 20 mL、10%碘化钾溶液 10 mL 和 0.5 mol/L 硫酸 20 mL，混合均匀。以 1%淀粉溶液作指示剂，用硫代硫酸钠溶液进行标定。按下列反应式计算硫代硫酸钠溶液浓度后，用水稀释至 0.1 mol/L。

$$3H_2SO_4 + 5KI + KIO_3 \rightarrow 3K_2SO_4 + 3H_2O + 3I_2$$

$$I_2 + 2Na_2S_2O_3 \rightarrow 2NaI + Na_2S_4O_6$$

## 四、实验步骤

1. 用玻璃小管（约 0.5 cm×2.5 cm）准确称量 0.3～0.4 g 花生油（或约 0.5 g 猪油）2 份。将样品和小管一起放入两个干燥的碘值测定瓶内，切勿使油粘在瓶颈或壁上。各加四氯化碳 10 mL，轻轻摇动，使油全部溶解。

2. 用滴定管向每个碘值测定瓶内准确加入汉诺斯溶液 25 mL，勿使溶液接触瓶颈。塞好玻璃塞，在玻璃塞与瓶口之间加数滴 10%碘化钾溶液封闭缝隙，以防止碘升华溢出造成测定误差。然后，在 20～30 ℃暗处放置 30 min。

3. 放置 30 min 后，立刻小心打开玻璃塞，使塞旁碘化钾溶液流入瓶内，切勿丢失。用新配制的 10%碘化钾溶液 10 mL 和蒸馏水 50 mL 把玻璃塞上和瓶颈上的液体冲入瓶内，混匀。

4. 用 0.05 mol/L 硫代硫酸钠溶液迅速滴定至瓶内溶液呈浅黄色。

5. 加入 1%淀粉约 1 mL，继续滴定。

6. 将近终点时，用力振荡，使碘由四氯化碳层全部进入水溶液内。再滴至蓝色消失，即达到滴定终点。

7. 计算，碘值表示 100 g 脂肪所能吸收的碘的克数，因此样品的碘值计算如下：

$$\text{碘值}=(A-B)T\times 10/C$$

式中：$A$ 为滴定空白用去的硫代硫酸钠溶液平均毫升数（mL）；$B$ 为滴定样品用去的硫代硫酸钠溶液平均毫升数（mL）；$C$ 为样品重量（mg）；$T$ 为与 1 mL 0.05 mol/L 硫代硫酸钠溶液相当的碘的克数（mg）。

## 五、思考题

1. 碘值表现出脂肪具有什么理化性质？
2. 碘值的定义是什么？
3. 滴定完毕放置一段时间后，滴定液应返回蓝色，否则表示滴定过量，这是为什么？
4. 为什么要排除冰醋酸中的还原物质？

## 六、注意事项

1. 所用冰醋酸不应含有还原物质。

2. 测定碘值在 110 以下的油脂时须放置 30 min，高于 110 则需放置 1 h。放置温度应保持 20 ℃以上，若温度过低，放置时间应增至 2 h。放置期间应不时摇动。

3. 卤素的加成反应是可逆反应，只有在卤素绝对过量时，该反应才能进行完全。所以油吸收的碘量不应超过汉诺斯溶液所含碘量的一半。若瓶内混合液的颜色很浅，表示油用量过多，应再称取较少量的油重做。

4. 用力振荡是滴定成败的关键之一，否则容易滴过头或不足。如果振荡不够，四氯化碳层呈现紫色或红色，此时需继续用力振荡使碘全部进入水层。

# 实验 43　卵磷脂的提取及鉴定

## 一、实验目的

1. 了解磷脂类物质的结构和性质。
2. 掌握卵磷脂的提取鉴定的原理和方法。

## 二、实验原理

磷脂是生物体组织细胞的重要成分，主要存在于大豆等植物组织以及动物的肝、脑、脾、心等组织中，尤其在蛋黄中含量较多(10%左右)。卵磷脂和脑磷脂均溶于乙醚而不溶于丙酮，利用此性质可将其与中性脂肪分离开。此外，卵磷脂能溶于乙醇而脑磷脂不溶，利用此性质又可将卵磷脂和脑磷脂分离。

新提取的卵磷脂为白色，当其与空气接触后，其所含不饱和脂肪酸会被氧化而使卵磷脂呈黄褐色。

卵磷脂被碱水解后可分解为脂肪酸盐、甘油、胆碱和磷酸盐。甘油与硫酸氢钾共热，可生成具有特殊臭味的丙烯醛；磷酸盐在酸性条件下与钼酸铵作用，生成黄色的磷钼酸沉淀；胆碱在碱的进一步作用下生成无色且具有氨和鱼腥气味的三甲胺。这样通过对分解产物的检验可以对卵磷脂进行鉴定。

## 三、实验材料

1. 材料

鸡蛋黄。

2. 仪器与用具

保鲜膜、蒸发皿、试管、烧杯、722 型分光光度计、石英比色皿。

3. 试剂

红色石蕊试纸、95%乙醇、10%氢氧化钠溶液、丙酮、乙醚、3%溴的四氯化碳溶液、硫酸氢钾。

钼酸铵试剂：将 6 g 钼酸铵溶于 15 mL 蒸馏水中，加入 5 mL 浓氨水，另外将 24 mL 浓硝酸溶于 46 mL 的蒸馏水中，两者混合静置一天后再用。

## 四、实验步骤

1. 称取约 10 g 蛋黄于小烧杯中，加入丙酮 50 mL 搅拌 30 min 过滤，所得滤渣加入温热的 95%乙醇 30 mL，边加边搅拌均匀，冷却后过滤。如滤液仍然混浊，可重新过滤直至完全透明。

2. 将滤液置于蒸发皿内，水浴锅中蒸干，所得干物即为卵磷脂。计算得率。

3. 取干燥试管，加入少许卵磷脂，再加入 5 mL 乙醚，用玻棒搅动使卵磷脂溶解，逐滴加入丙酮 3～5 mL，观察实验现象。

4. 取干燥试管一支，加入少量提取的卵磷脂以及 2～5 mL 10%氢氧化钠溶液，水浴加热 15 min，在管口放一片红色石蕊试纸，观察颜色有无变化，并嗅其气味。将加热过的溶液过滤，滤液备用。

5. 取干净试管一支，加入 10 滴上述滤液，再加入 1～2 滴 3%溴的四氯化碳溶液，振摇试管，观察实验现象(溴的颜色逐渐褪去，说明不饱和键也能与溴发生加成反应)。

6. 取干净试管一支，加入 10 滴上述滤液和 5～10 滴 95%乙醇溶液，然后再加入 5～10 滴钼酸铵试剂，观察实验现象；最后将试管放入热水浴中加热 5～10 min，观察实验现象(磷酸盐在酸性条件下与钼酸铵作用，生成黄色的磷钼酸沉淀)。

7. 取干净试管一支，加入少许卵磷脂和0.2 g 硫酸氢钾，用试管夹夹住，先在小火上略微加热，使卵磷脂和硫酸氢钾混熔，然后再集中加热，待有水蒸气放出时，嗅有何气味产生（甘油与硫酸氢钾共热，可生成具有特殊臭味的丙烯醛）。

8. 用分光光度计对卵磷脂标准溶液进行扫描，结果发现，在波长206 nm 和277 nm 处有吸收峰，本方法选择波长277 nm。

9. 分别取1.50 mg/mL 卵磷脂标准贮备液0、0.50 mL、1.00 mL、2.00 mL、4.00 mL、8.00 mL 置于6个10 mL 容量瓶中，加乙醇定容得到浓度为0、0.075 mg/mL、0.150 mg/mL、0.300 mg/mL、0.600 mg/mL、1.20 mg/mL 标准系列。分别测定吸光值并绘制 $A—C$ 曲线：

$$A=0.6C+0.004, r^2=0.9998$$

## 五、思考题

1. 简述卵磷脂的生物学功能。
2. 从蛋黄中分离卵磷脂根据的是什么原理？
3. 本实验中，丙酮的作用是什么？
4. 卵磷脂为什么可以做乳化剂？

## 六、注意事项

1. 本实验中的乙醚、丙酮及乙醇均为易燃药品，氯化锌具腐蚀性，操作时须注意安全。

2. 碱性溶液使红色石蕊试纸变蓝，酸性溶液使蓝色石蕊试纸变红。严格而言，在室温及1个大气压力情况下，pH 值高于8.3时红色石蕊试纸才会变蓝，而pH 值低于4.5时蓝色石蕊试纸才会变红。换句话说，pH 值介于4.5至8.3时红蓝石蕊试纸是不会变色的。所以用红蓝石蕊试纸测试接近中性的溶剂时常常不大准确。

3. 蒸去乙醇时，需搅动加速蒸发，务必使其蒸干。

4. 滤出物浑浊，放置后继续有沉淀析出，需合并滤液后，以布氏漏斗反复滤清。

# 第三章
# 发酵工程技术

## 实验 44　斜面培养基的配制、消毒与灭菌

### 一、实验目的

1. 掌握配制斜面培养基的原理。
2. 熟悉配制斜面培养基的一般方法和步骤。

### 二、实验原理

培养基是供微生物生长、繁殖和代谢的营养基质。斜面培养基中一般含有微生物所必需的碳源、氮源、能源、无机盐、生长因子及水分等。培养基还应具有适宜的 pH、一定的缓冲能力、一定的氧化还原电位及合适的渗透压。在液体培养基中加入 0.5%～1%的琼脂可配制为半固体培养基，加入 1%～2%的琼脂可配制为固体培养基。琼脂是从石花菜等海藻中提取的多糖，是应用最广的凝固剂。琼脂在 96～100 ℃融化，46 ℃以下凝固。培养基经灭菌后方可使用。

### 三、实验材料

1. 材料

牛肉膏、蛋白胨、琼脂、可溶性淀粉。

2. 仪器与用具

试管、三角瓶、烧杯、量筒、玻璃棒、天平、药匙、pH 试纸、称量纸、棉花、纱布、线绳、塑料试管盖、牛皮纸或报纸等。

3. 试剂

葡萄糖、孟加拉红、链霉素、1 mol/L NaOH、1 mol/L HCl、$KNO_3$、NaCl、$K_2HPO_4 \cdot 3H_2O$、$MgSO_4 \cdot 7H_2O$、$FeSO_4 \cdot 7H_2O$、$KH_2PO_4$。

## 四、实验步骤

1. 牛肉膏蛋白胨培养基的配制

(1) 配制 1 000 mL 牛肉膏蛋白胨培养基,具体比例如下:牛肉膏 3 g,蛋白胨 10 g,NaCl 5 g,琼脂 15～20 g,加水 1 000 mL,pH 值调至 7.4～7.6。

(2) 按所需量称取各种药品放入大烧杯中。牛肉膏可以放在小烧杯或表面皿中称量,用热水溶解后倒入大烧杯;也可以在称量纸上称量,随后放入热水中,待牛肉膏与称量纸分离立即取出称量纸。

(3) 向烧杯中加入少许水,然后隔石棉网小心加热,用玻棒搅拌;也可以在磁力搅拌器上(或电磁炉)加热溶解,待药品完全溶解后定容,补足水分。

(4) 待培养基冷却至室温时检测其 pH,若偏酸,滴加 1 mol/L NaOH,并不停搅拌,随时用 pH 试纸检测,直到达到所需的 pH 范围;若偏碱,则用 1 mol/L HCl 调节。

(5) 液体培养基用滤纸过滤,固体培养基用 4 层纱布趁热过滤,以利于结果的观察。

(6) 按照实验要求将配制的培养基分装入试管或三角瓶中。分装时可用漏斗,以免培养基沾在管口或瓶口上而造成污染。分装入试管的固体培养基约为试管高度的 1/5,灭菌后摆斜面(如图 1)。分装入三角瓶的培养基以不超过其容积的 1/2 为宜。分装入试管的半固体培养基以试管高度的 1/3 为宜,灭菌后垂直待凝。

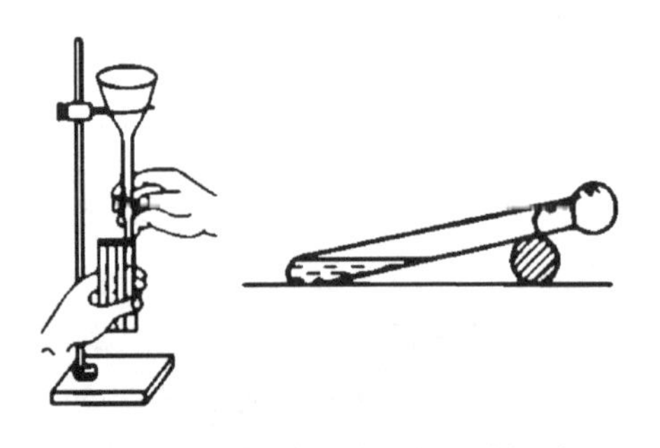

**图 1　培养基的分装和斜面的摆放**

(7) 试管口和三角瓶口塞上用普通棉花(非脱脂棉)制作的棉塞,制作方法如图 2 所示。棉塞的形状、大小和松紧度要合适,四周紧贴管壁,不留缝隙,才能起到防止杂菌侵入和有利通气的作用。要使棉塞总长约 3/5 塞入试管口或瓶口内,以防棉塞脱落。有些微生物需要更好地通气,则可用 8 层纱布制成通气塞。有时也可用试管帽或橡胶塞代替棉塞。

**图 2　试管棉塞的制作过程**

（8）加塞后，将三角瓶的棉塞外包一层牛皮纸或双层报纸，以防灭菌时冷凝水沾湿棉塞。若培养基分装于试管中，则应先把试管每 7 个扎成一捆后，再于棉塞外包一层牛皮纸，用绳、橡皮筋扎好。然后用记号笔注明培养基名称、组别及日期。

（9）将上述培养基于 121.0 ℃湿热灭菌 20 min。

（10）灭菌后，如制斜面，则需趁热将试管口端搁在一根长木条上，并调整斜度，使斜面的长度不超过试管总长的 1/2。

（11）将灭菌的培养基放入 37 ℃温箱中培养 24～48 h，无菌生长即可使用；可贮存于冰箱或清洁的橱内备用。

2. 高氏 1 号培养基的配制

（1）配制 1 000 mL 高氏 1 号培养基，具体比例如下：可溶性淀粉 20 g，$KNO_3$ 1 g，$K_2HPO_4$ 0.5 g，$MgSO_4 \cdot 7H_2O$ 0.5 g，NaCl 0.5 g，$FeSO_4 \cdot 7H_2O$ 0.01 g，琼脂 20 g，pH 值调至 7.4～7.6。

（2）先计算后称量，按用量先称取可溶性淀粉放入小烧杯中，并用少量冷水将其调成糊状，再加少于所需水量的水，继续加热，边加热边搅拌，至其完全溶解。加入其他成分依次溶解。对微量成分 $FeSO_4 \cdot 7H_2O$ 可先配成高浓度的贮备液后再加入，方法是先在 100 mL 水中加入 1 g 的 $FeSO_4 \cdot 7H_2O$，配成浓度为 0.01 g/mL 的贮备液，再在 1 000 mL 培养基中加入以上贮备液 1 mL 即可。待所有药品完全溶解后，补充水分到所需的总体积。如要配制固体培养基，其琼脂溶解过程同牛肉膏蛋白胨培养基配制。

（3）pH 调节、分装、包扎及无菌检查方法同牛肉膏蛋白胨培养基配制。

3. 马丁氏培养基的配制

（1）配制 1 000 mL 马丁氏培养基，具体比例如下：葡萄糖 10 g，蛋白胨 5 g，$KH_2PO_4 \cdot 3H_2O$ 1 g，$MgSO_4 \cdot 7H_2O$ 0.5 g，0.1%孟加拉红溶液 3.3 mL，琼脂 15～20 g，蒸馏水 1 000 mL，自然 pH，临用时每 100 mL 培养基中加 1%链霉素液 0.3 mL。

（2）先计算后称量，按用量称取各成分，并将其溶解在少于所需水量的水中。待各成分完全溶解后，补充水分到所需体积。再将孟加拉红配成 1%的水溶液，即在 1 000 mL 培养液中加入 0.1%孟加拉红溶液 3.3 mL 混匀，然后加入琼脂加热融化，方法同牛肉膏蛋白胨培养基配制。

（3）分装、包扎、灭菌及无菌检查方法同牛肉膏蛋白胨培养基配制。

（4）链霉素受热容易分解，所以须在培养基融化后待温度降至 45 ℃左右才能加入链霉素。可先将链霉素配成 1%的溶液（配好的链霉素溶液保存于－20 ℃），在 100 mL 培养基中加 1%链霉素 0.3 mL 使每毫升培养基中含链霉素 30 μg。

## 五、思考题

1. 配制斜面培养基过程中应注意什么问题？
2. 斜面培养基配制完成后为什么必须立即灭菌？
3. 已灭菌的斜面培养基如何进行无菌检查？

4. 在用马丁氏培养基分离真菌时发现有细菌生长,试分析原因。如何进一步分离纯化所要的真菌?

## 六、注意事项

1. 称药品用的牛角匙不要混用,称完药品应及时盖紧瓶盖。
2. 调 pH 时要小心操作,避免多次回调。不同斜面培养基各有配制特点,要注意具体操作。
3. 分装过程中注意不要使培养基沾在管(瓶)上,以免污染过的棉塞再引起试剂污染。
4. 标记好所制作的斜面培养基,放入恒温箱靠内恒温保藏。

# 实验 45　土壤微生物的分离、纯化与无菌操作技术

## 一、实验目的

1. 掌握从土壤中分离微生物的原理和方法。
2. 熟悉常用的分离、纯化微生物的操作技术。

## 二、实验原理

从混杂的微生物群体中获得只含有某一种或某株微生物的过程称为微生物的分离与纯化。常用的分离纯化方法有单细胞挑取法、平板划线法和稀释倒平板法。以用稀释倒平板法从土壤中分离细菌、放线菌和霉菌为例,其基本原理为:将含有各种微生物的土壤悬液进行稀释后涂布接种到各种选择培养基平板上,在不同条件下培养,从而使各类微生物在各自的培养基上形成单菌落。单菌落是由一个细胞繁殖而成的集合体,即为一个纯培养。

## 三、实验材料

1. 材料

土壤样品、金黄色葡萄球菌(*Staphylococcus aureus*)和普通变形菌(*Proteus vulgaris*)斜面菌种。

2. 仪器与用具

试管 6 支(含 9 mL 无菌水)、无菌培养皿、1 mL 无菌移液管、天平、称量纸、药匙、试管架、涂布器。

3. 试剂

99 mL 无菌水(带玻璃珠,玻璃珠用量以充满瓶底为最好)1 瓶、80%乳酸、10%酚液、95%乙醇,已灭菌的牛肉膏、高氏 1 号、土豆蔗糖固体培养基。

## 四、实验步骤

1. 土壤稀释分离法分离纯化细菌、放线菌和霉菌

(1) 取土壤　取表层以下 5～10 cm 处的土样，放入无菌的袋中备用，或放在 4 ℃冰箱中暂存。

(2) 制备土壤悬液　称取土样 1 g，迅速倒入装有 99 mL 无菌水的三角瓶中，振荡 5～10 min，使土样充分打散，即成为 $10^{-2}$ 的土壤悬液。

(3) 稀释　用无菌移液管吸 $10^{-2}$ 的土壤悬液 1 mL，放入 9 mL 无菌水中即为 $10^{-3}$ 稀释液，如此重复，可依次制成 $10^{-3}$～$10^{-7}$ 的稀释液（如图 1）。

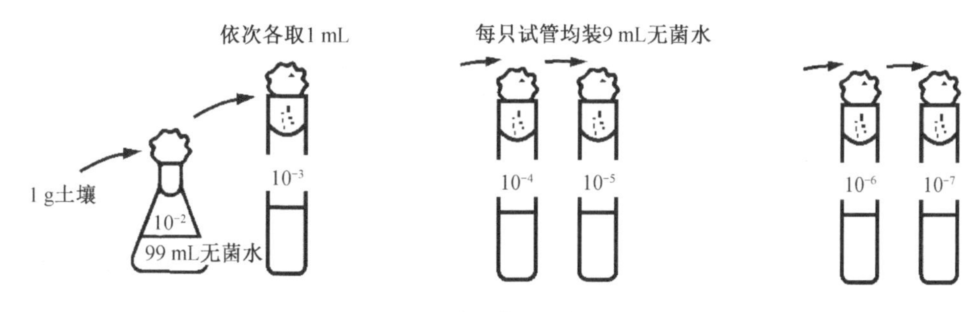


**图 1　制备、稀释土壤悬液**

(4) 倒平板　右手持盛有培养基的三角瓶于火焰旁，用左手将瓶塞轻轻拔出，用右手小指与无名指夹住瓶塞，瓶口保持对着火焰。左手中指和无名指托住培养皿底，用拇指和食指捏住盖将培养皿在火焰附近打开一个缝隙，迅速倒入培养基（装量以铺满皿底的 1/3 为宜），加盖后轻轻摇动培养皿使培养基均匀铺在培养皿底部，平置于桌面上，待其凝固后即成为平板（如图 2）。12 000 r/min 4 ℃离心 6 min，取上清液放入新的 EP 管中。

(5) 涂布平板　将 0.1～0.2 mL 菌悬液滴在平板表面中央位置，右手拿无菌涂布器平放于平板表面，将菌液先沿一条直线轻轻地来回推动，使之均匀分布，然后改变方向沿另一垂直线来回推动，平板边缘可改变方向用涂布器再涂布几次（如图 3）。

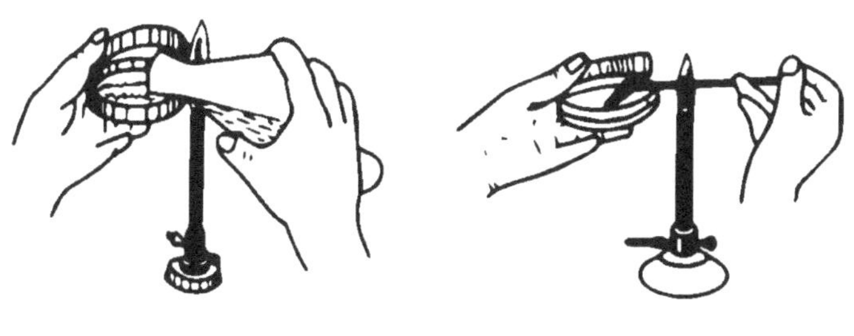

**图 2　倒平板的方法**　　**图 3　涂布平板**

(6) 接种培养基

① 细菌：取 $10^{-6}$、$10^{-7}$ 两管稀释液各 0.2 mL，分别接入两个牛肉膏蛋白胨琼脂平板

中,涂布均匀。

② 放线菌:取 $10^{-4}$、$10^{-5}$ 两管稀释液,在每管中加入 10%酚液 5～6 滴,摇匀,静置片刻,然后分别从两管中吸出 0.2 mL 加入高氏 1 号培养基平板中,涂布均匀。

③ 霉菌:取 $10^{-2}$、$10^{-3}$ 两管稀释液各 0.2 mL,分别接入土豆蔗糖培养基平板中(每 100 mL 培养基加入灭菌的乳酸 1 mL),涂布均匀。

(7) 培养　将接种好的细菌、放线菌、霉菌平板倒置,即皿盖朝下放置,于 28～30 ℃中恒温培养,细菌培养 1～2 d,放线菌培养 5～7 d,霉菌培养 3～5 d,观察生长的菌落,用于进一步纯化分离或直接转接斜面。

2. 划线分离方法

(1) 划线分离　用接种环从待纯化的菌落或待分离的斜面菌种中沾取少量菌样,在相应培养基平板中划线分离。划线的方法多样,目的是获得单个菌落。常用的划线方法有连续划线和分区划线(图 4)。

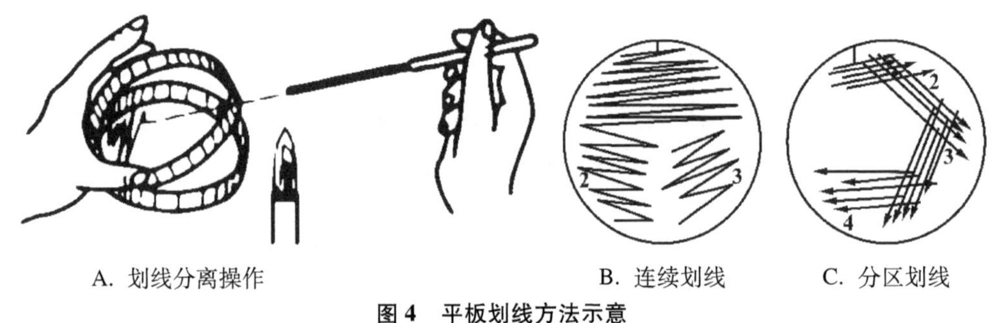


A. 划线分离操作　　B. 连续划线　　C. 分区划线

**图 4　平板划线方法示意**

(2) 培养　划线完毕后盖上培养皿盖,培养方法与涂布平板法测定菌落数的培养方法相同。

(3) 斜面接种　取新鲜固体斜面培养基,分别做好标记(标明菌名、接种日期、接种人等),用左手握住菌种试管和待接种的斜面试管,试管底部放在手掌内并将中指夹在两个试管之间,使斜面向上呈水平状态,在火焰边用右手松动试管塞以利于接种时拔出。右手拿接种环通过火焰灼烧灭菌,在火焰旁边用右手的小指和无名指夹住棉塞将其拔出,并迅速灼烧管口。待接种环冷却后挑取少量待接菌种并退出菌种试管,迅速伸入待接种的斜面试管,然后在新鲜斜面上"之"字形划线,方向是从下部开始,一直划至上部(如图 5)。注意划线要轻,不可把培养基划破。将接种环退出斜面试管并用火焰灼烧管口,在火焰边将试管塞上,将接种环逐渐接近火焰灼烧。接种后 30 ℃恒温培养,细菌培养 48 h,放线菌、霉菌培养至孢子成熟方可取出保存。

(4) 穿刺接种　取两支新鲜半固体牛肉膏蛋白胨柱状培养基,做好标记,分别接种金黄色葡萄球菌和变形杆菌。接种的方法是:用接种针沾取少量待接菌种,从柱状培养基的中心穿入其底部(但不要穿透),然后沿原刺入路线抽出接种针,注意接种针不要移动(如图 6)。接种后 30 ℃恒温培养 24 h 后观察,比较两种菌的生长结果。

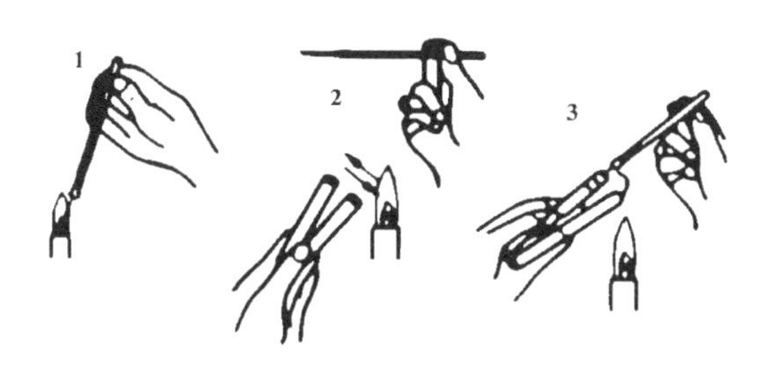


图5　斜面接种

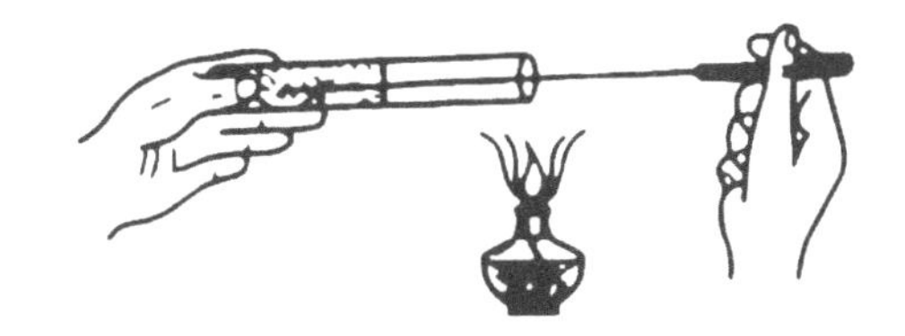

图6　穿刺接种

## 五、思考题

1. 为什么高氏1号培养基和土豆蔗糖固体培养基中要分别加入酚和乳酸?
2. 试设计实验,从土壤中分离出酵母菌,并进行计数。
3. 划线分离时为什么每次都要将接种环上剩余物烧掉?
4. 在恒温箱中培养微生物时为何培养基均需倒置?

## 六、注意事项

1. 一般土壤中,细菌最多,放线菌及霉菌次之,而酵母菌主要见于果园及菜园土壤中。故从土壤中分离细菌时,要取较高的稀释度,否则菌落连成一片不能计数。

2. 在土壤稀释分离操作中,每稀释10倍,最好更换一次移液管,使计数准确。

3. 放线菌的培养时间较长,故制平板的培养基用量可适当增多。

4. 稀释操作时移液管尖不能接触稀释液面,每一个稀释度换用一支移液管。每次吸入土壤溶液时,要将移液管插入原液面,吹吸3次,每次吸上的液面要高于前一次,以减少稀释中的误差。

# 实验46　微生物的形态观察

## 一、实验目的

1. 识别细菌、酵母菌、放线菌和霉菌4类微生物的菌落特征。

2. 观察已知菌的菌落的形态、大小、色泽、透明度、致密度和边缘等特征。
3. 能够根据菌落的形态特征判断未知菌的类别。

## 二、实验原理

在适宜的培养条件下,单个微生物细胞或孢子在固体培养基表面生长繁殖,逐渐形成肉眼可见的、有一定形态特征的菌落。由于不同种类的微生物细胞的形态和结构存在差异,导致形成的菌落具有不同的特征。因此,微生物菌落是微生物分类鉴定的重要特征之一。

## 三、实验材料

1. 材料

大肠杆菌(*E. coli*)、金黄色葡萄球菌(*Staphylococcus aureus*)、枯草芽孢杆菌(*Bacillus subtilis*)、酿酒酵母(*Saccharomyces cerevisiae*)、粘红酵母(*Rhodotorula gracitis*)、热带假丝酵母(*Candida tropicalis*)、细黄链霉菌(*Streptomyces microflavus*,又称"5406菌")、灰色链霉菌(*Streptomyces griseus*)、黑曲霉(*Aspergillus niger*)、产黄青霉(*Penicillium chrysogenum*)、球孢白僵菌(*Beauveria bassiana*)等细菌的斜面菌种。

2. 仪器及用具

无菌水、接种环、接种针、酒精灯、无菌培养皿多套、电热恒温箱。

3. 试剂

牛肉膏蛋白胨培养基、马铃薯培养基、高氏1号培养基。

## 四、操作步骤

1. 制备已知菌的单菌落

(1) 制备平板　将已熔化的无菌培养基冷却至50 ℃左右,分别制备牛肉膏蛋白胨培养基平板、马铃薯蔗糖培养基平板和高氏1号培养基平板各一皿并作标记。

(2) 制备菌悬液或孢子悬液　在培养好的斜面菌种管内加入5 mL无菌水,制成菌悬液后备用。

(3) 制备单菌落　通过平板划线法获得细菌、酵母菌和放线菌的单菌落;用3点接种法获得霉菌的单菌落,即先在平板底部以等边三角形标上3点,然后用接种环在标记的这3点接种,经培养后,每皿形成3个菌落,菌落彼此相接近的边缘常留有一条空白带,此处菌丝生长稀疏,较透明,便于在低倍镜下观察。

(4) 培养　细菌于37 ℃培养24~48 h,酵母菌于28 ℃培养2~3 d,霉菌和放线菌于28 ℃培养5~7 d,待长成菌落后,仔细观察4大类微生物菌落的形态特征(参考表1),并将观察结果记录于表2中。

表 1　4 大类微生物菌落特征比较

| 菌落特征＼种类 | | 单细胞微生物 | | 丝状微生物 | |
|---|---|---|---|---|---|
| | | 细菌 | 酵母菌 | 放线菌 | 霉菌 |
| 主要特征 | 含水状态 | 很湿或较湿 | 很湿 | 干燥或较干燥 | 干燥 |
| | 外观形状 | 小而突起或大而平坦 | 大而突起 | 小而紧密 | 大而疏松或大而紧密 |
| 参考特征 | 菌落透明度 | 透明或稍透明 | 稍透明 | 不透明 | 粗而分化 |
| | 菌落与培养基结合程度 | 不结合 | 不结合 | 牢固结合 | 较牢固结合 |
| | 菌落颜色 | 多样 | 单调，一般呈乳脂或矿烛色，少数呈红色或黑色 | 多样 | 多样 |
| | 菌落正反面颜色 | 相同 | 相同 | 不同 | 不同 |
| | 菌落边缘 | 一般看不见细胞 | 可见球状、卵圆状或假丝状细胞 | 有时可见细丝状细胞 | 可见粗丝状细胞 |
| | 生长速度 | 很快 | 较快 | 慢 | 较快 |
| | 气味 | 一般有臭味 | 多带酒香味 | 带有泥腥味 | 往往有霉味 |

2. 制备未知菌落

（1）倒平板。

（2）接种　可用弹土法接种，其要点为：采集土壤样本，待风干磨碎后，将细土撒在无菌的硬板纸表面，先弹去纸面浮土，然后打开皿盖，使含土的纸面对着平板培养基的表面，用手指在硬板纸背面轻轻一弹即可接种上各种微生物。

（3）培养　将牛肉膏蛋白胨培养基平板倒置于 37 ℃培养箱中恒温培养 2～3 d；将马铃薯蔗糖培养基倒置于 28 ℃培养箱中恒温培养 3～5 d，即可获得未知菌的单菌落。

（4）编号　从培养好的未知平板中，挑选 8 个不同的单菌落，逐个编号，根据菌落识别要点区分未知菌落类群，并将判断结果填入表 3 中。

3. 直接观察菌落

可以直接用实验 45 中获得的单菌落进行观察识别，并将结果填入表 3 中。

## 五、思考题

1. 比较细菌、放线菌、酵母菌和霉菌菌落形态的差异，分析形成差异的原因。
2. 设计一个实验，检验实验室空气中微生物的种类。

## 六、注意事项

1. 观察菌落特点时,要选择分离得很好的单个较大菌落。
2. 已知菌落和未知菌落要编好号,切勿随意移动开盖,以免搞混编号。

**附:实验内容**

将已知菌落的形态特征记录于表 2 中,将未知菌落的辨别结果记录于表 3 中。

**表 2　已知菌落的形态**

| 微生物类别 | 菌名 | 辨别要点 | | | | 表面 | 边缘 | 隆起形状 | 菌落描述 | | | |
|---|---|---|---|---|---|---|---|---|---|---|---|---|
| | | 湿 | | 干 | | | | | 颜色 | | | 透明度 |
| | | 厚薄 | 大小 | 松密 | 大小 | | | | 正面 | 反面 | 水溶性色素 | |
| 细菌 | 大肠杆菌 | | | | | | | | | | | |
| | 金黄色葡萄球菌 | | | | | | | | | | | |
| | 枯草芽孢杆菌 | | | | | | | | | | | |
| 酵母菌 | 酿酒酵母 | | | | | | | | | | | |
| | 粘红酵母 | | | | | | | | | | | |
| | 热带假丝酵母 | | | | | | | | | | | |

**表 3　未知菌落的形态**

| 菌落号 | 辨别要点 | | | | 表面 | 边缘 | 隆起形状 | 菌落描述 | | | | 判断结果 | |
|---|---|---|---|---|---|---|---|---|---|---|---|---|---|
| | 湿 | | 干 | | | | | 颜色 | | | 透明度 | 1 | 2 |
| | 厚薄 | 大小 | 松密 | 大小 | | | | 正面 | 反面 | 水溶性色素 | | | |
| 1 | | | | | | | | | | | | | |
| 2 | | | | | | | | | | | | | |
| 3 | | | | | | | | | | | | | |
| 4 | | | | | | | | | | | | | |
| 5 | | | | | | | | | | | | | |
| 6 | | | | | | | | | | | | | |
| 7 | | | | | | | | | | | | | |
| 8 | | | | | | | | | | | | | |

# 实验 47　放线菌的形态观察

## 一、实验目的

1. 辨认放线菌的营养菌丝、气生菌丝、孢子丝、孢子的形态。
2. 学习放线菌形态的观察方法。
3. 用插片法、搭片法、玻璃纸法、印片法观察放线菌的形态特征。

## 二、实验原理

放线菌是一类主要呈菌丝状生长和以孢子繁殖的革兰氏阳性细菌。其孢子在固体培养基上萌发后不断伸长、分支，在基质表面和内层形成大量颜色较浅、直径较细的基内菌丝，同时又不断向空气中分化出颜色较深、直径较粗的气生菌丝。气生菌丝进一步分化成由分生孢子组成的孢子丝。通过设计各种培养和观察方法如插片法、搭片法、玻璃纸法、印片法等，可保持放线菌自然生长状态下的形态特征，便于观察上述 3 种菌丝和孢子。

## 三、实验材料

1. 材料

细黄链霉菌（*Streptomyces microflavus*，又称“5406 菌”）的培养平皿、棘孢小单孢菌（*Micromonospora echinospora*）的玻璃纸培养平皿。

2. 仪器与用具

盖玻片、载玻片、镊子、接种环、显微镜、油镜、涂布器、玻璃纸、打孔器。

3. 试剂

0.1%美蓝染色液、石碳酸复红染色液、灭过菌的高氏 1 号培养基。

## 四、实验步骤

1. 插片法

（1）倒平板　用熔化并冷却至 50 ℃的高氏 1 号琼脂培养基倒平板（每皿约 20 mL）。

（2）接种及插片　可用两种方法：① 先接种后插片。用无菌接种环挑取少量斜面上的 5406 菌孢子划线接种，然后用无菌镊子取无菌盖玻片在已接种平板上以 45°斜插入培养基内（深度约占盖玻片 1/2 长度）。② 先插片后接种。以方法①中同样的方式插片，然后接种少量 5406 菌孢子到盖玻片一侧的基部，且仅接种于其中央约占盖玻片宽度 1/2 左右的位置，以免菌丝蔓延到盖玻片的另一侧（如图 1）。

（3）培养　将插片平板倒置，28 ℃培养 3～7 d。

（4）镜检　用镊子小心取出一张盖玻片，擦去背面附着物，然后将有菌的一面向上

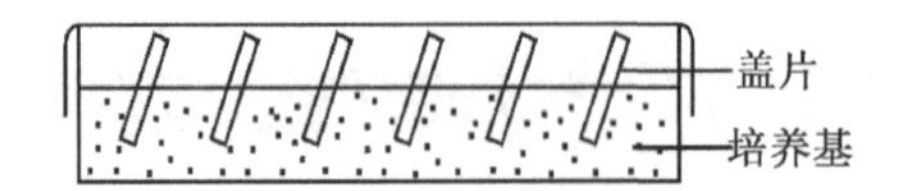


图1　放线菌的插片培养示意

放在载玻片上，分别用低倍镜、高倍镜观察其基内菌丝、气生菌丝的粗细和色泽差异及分生孢子，并绘图。

2. 搭片法

（1）开槽及接种　用无菌打孔器在凝固后的平板培养基上打洞数个，并将棘孢小单孢菌孢子划线接种至洞内边缘。

（2）搭片及培养　在接种后的洞面上放一片无菌盖玻片，平板倒置，于 28 ℃培养 3～7 d。

（3）镜检　取一滴美蓝染色液置于载玻片中央，将用搭片法培养棘孢小单孢菌的培养皿中的盖玻片取出，并将有菌面朝下放在载玻片上，浸在染色液中，制成水封片，用高倍镜观察其单个分生孢子及基内菌丝，并绘图。

3. 玻璃纸法

（1）玻璃纸灭菌　将玻璃纸剪成比培养皿直径略小的片状，将滤纸剪成培养皿大小的圆形纸片并稍润湿，然后把滤纸和玻璃纸交互重叠地放在培养皿中，借滤纸将玻璃纸隔开。然后进行湿热灭菌，也可以 155～160 ℃干热灭菌 2 h，备用。

（2）制平板　同插片法。

（3）铺玻璃纸　用无菌镊子将预先灭菌的玻璃纸平铺至平板培养表面，用无菌涂布器将玻璃纸与培养基之间的气泡除去。

（4）涂布菌液　分别取 0.1 mL 5406 菌或棘孢小单孢菌的孢子悬液涂布在玻璃纸表面。

（5）培养　将平板倒置，28 ℃培养 5～7 d。

（6）镜检　在载玻片上滴一小滴蒸馏水，将含菌玻璃纸片小心剪下一小块，移至载玻片上，并使有菌面向上（在玻璃纸与载玻片间不能有气泡）。先用低倍镜观察菌的自然生长状况，再用高倍镜仔细观察，并绘图。

4. 印片染色法观察

（1）印片　用镊子取洁净载玻片并微微加热，将其盖在长有 5406 菌或棘孢小单孢菌的平皿上，轻轻压一下，反转有印痕的载玻片通过火焰 2～3 次固定。

（2）染色　用石碳酸复红染色液覆盖印迹染色 1 min，水洗。

（3）镜检　干后用油镜观察。

## 五、思考题

1. 在高倍镜或油镜下如何区分放线菌的基内菌丝和气生菌丝？

2. 比较4种培养和观察放线菌的方法的优缺点。
3. 试用玻璃纸覆盖法设计一个观察青霉菌形态的实验。
4. 放线菌与细菌菌落有何差异?

## 六、注意事项

1. 培养放线菌中要注意,放线菌的生长速度较慢,培养期较长,在操作中应特别注意无菌操作,严防杂菌污染。

2. 用显微镜观察时最好用略暗光线,先用低倍镜找到适当视野再换高倍镜观察。

3. 玻璃纸法培养接种时玻璃纸与平板琼脂培养基间不宜有气泡,以免影响其表面放线菌的生长。

4. 印片时注意将载玻片垂直放下和取出,以防载玻片水平移动而破坏放线菌的自然形态。

# 实验48　酵母菌的形态观察

## 一、实验目的

1. 观察酵母菌的形态结构及出芽生殖方式。
2. 学习用染色方法观察酵母细胞的死活、液泡与肝糖粒。
3. 掌握酵母菌产生子囊孢子的培养条件并观察子囊孢子的形态特征。

## 二、实验原理

酵母菌细胞多呈圆形、卵圆形,有的呈分支的菌丝状。无性繁殖以出芽生殖为主,少数以分裂方式繁殖;有性繁殖是通过不同遗传性的细胞接合产生子囊孢子的方式进行。子囊孢子可用孔雀绿染色进行观察。观察细胞形态和内部结构也可采用染色的方法。美蓝是无毒性染料,新陈代谢旺盛的细胞具有较强的还原能力,使美蓝从蓝色的氧化型还原为无色的还原型;而死亡细胞无此还原力,故被染成蓝色。此外,中性红可将细胞中的液泡染成红色;碘液可将细胞中的肝糖粒染成淡红色。

## 三、实验材料

1. 材料

酿酒酵母(*Saccharomyces cerevisiae*)、热带假丝酵母(*Candida tropicalis*)斜面菌种。

2. 仪器与用具

显微镜、载玻片、盖玻片、擦镜纸、酒精灯、火柴、接种环、V形玻璃棒、滴管、镊子、吸水纸、放置一个三角形玻璃棒支架的培养皿。

3. 试剂

0.05%美蓝染色液(以 pH 6.0 的 0.02 mol/L 磷酸缓冲液配制)、碘液、0.04%的中性红染色液、5%孔雀绿染色液、0.5%沙黄染色液、95%乙醇、PDA 培养基、麦氏(McClary)培养基(醋酸钠培养基)。

## 四、实验步骤

1. 酵母菌的活体染色观察及死亡率的测定

(1) 取 28 ℃培养 2～3 d 的酿酒酵母 PDA 斜面,以无菌水洗下菌苔制成菌悬液。

(2) 取洁净载玻片一张,滴加 0.05%美蓝染色液 1 滴于载玻片中央,用接种环取酵母菌悬液与染色液混匀,染色 2～3 min。加盖玻片,在高倍镜下观察酵母菌个体形态。观察时注意区分母细胞与芽体、衰老死亡的细胞(蓝色)与活细胞(不着色)。

(3) 在一个视野里计数死亡细胞与活细胞,共计数 5～6 个视野。酵母菌死亡率一般用百分数来表示,以下式来计算:

$$死亡率(\%)=\frac{死细胞总数}{死细胞和活细胞总数}\times 100\%$$

2. 酵母菌液泡的活体染色

于洁净载玻片中央加一滴中性红染色液,取少许上述酵母菌悬液与之混合,染色 5 min,加盖玻片在显微镜下观察。细胞无色,液泡呈红色。

3. 酵母菌细胞中肝糖粒的观察

将 1 滴碘液滴于载玻片中央,滴入少许上述酵母菌悬液,混匀,盖上盖玻片,于显微镜下观察。细胞内的肝糖颗粒呈红色。

4. 酵母菌子囊孢子的观察

(1) 酿酒酵母的菌种活化　将酿酒酵母接种于新鲜的 PDA 培养基上,置 28 ℃培养 2～3 d。然后再移种 2～3 次。

(2) 接种于产孢子培养基　将活化的酿酒酵母接种于醋酸钠培养基上,置 30 ℃培养 14 d。

(3) 观察　从上述产孢子培养基上挑取少许菌苔置于载玻片中央的水滴中,经过涂片、干燥和热固定后,加数滴孔雀绿染色液染色 1 min,水洗去孔雀绿染液;加 95%乙醇脱色 30 s,水洗去乙醇溶液;最后用 0.5%沙黄染色液复染 30 s,水洗去沙黄染色液,用吸水纸吸去载玻片上的水分;待制片干燥后镜检。子囊孢子为绿色,子囊为粉红色。注意观察子囊孢子的形状及单个子囊中子囊孢子数。

(4) 计算子囊形成率　计数时随机取 3 个视野,分别计数产子囊孢子的子囊数、不产孢子的细胞数。子囊形成率按下列公式计算:

$$子囊形成率(\%)=\frac{3个视野中形成子囊的总数}{3个视野中形成子囊的总数+3个视野中不产孢子的细胞总数}\times 100\%$$

5. 酵母菌假菌丝的培养与观察

取一无菌载玻片，浸于熔化的 PDA 培养基中，取出放在湿室的 U 形支架上；待培养基凝固后，挑取热带假丝酵母菌苔，划线接种于载玻片上（如图 1），28 ℃培养 2～3 d；取出载玻片，擦去载玻片下面的培养基，在显微镜下观察。芽殖酵母可形成藕节状假菌丝，裂殖酵母可形成竹节状假菌丝（如图 2）。

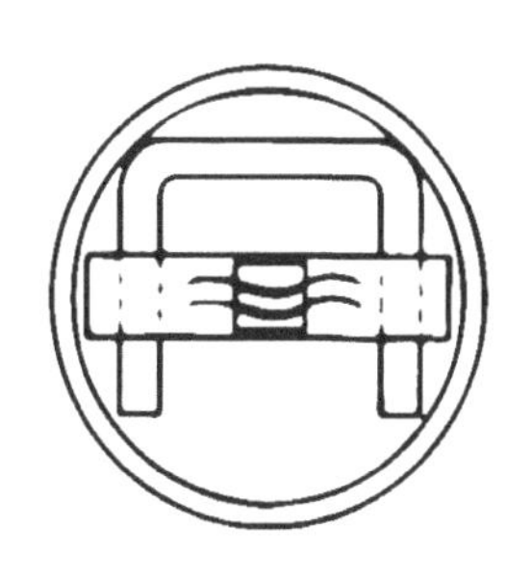

**图 1　酵母菌假菌丝的培养**

藕节状假菌丝　　竹节状假菌丝

**图 2　酵母菌假菌丝的形态**

6. 自然状态下的酵母菌观察

滴一滴美蓝染色液于载玻片中央，春、夏、秋季取酱油或腌菜上的白膜，冬季取腌酸菜汤上的白膜，置于载玻片上的染色液中，盖上盖玻片，显微镜下观察酵母菌的形态、出芽生殖和假菌丝等。

## 五、思考题

1. 酵母菌的假菌丝是怎样形成的？它与霉菌和真菌丝有何区别？

2. 如何区别营养细胞和释放出的子囊孢子？

3. 试设计一个从子囊中分离子囊孢子的实验方案。

4. 在进行酵母菌死亡率统计时，随着时间的延长，统计结果会有什么变化？试分析其中的原因。

5. 在酵母菌子囊孢子的观察实验中，经过复合染色，子囊和子囊孢子被染成了不同的颜色，请分析形成这种结果可能的原因。

## 六、注意事项

1. 用于活化酵母菌的培养基要新鲜、表面湿润。

2. 滴加染液需适中，否则在覆盖盖玻片时，染液过多菌液会溢出，过少会产生大量气泡。

3. 在产孢子培养基上加大接种量，可提高子囊形成率。

4. 通过微加热增加酵母的死亡率，易于观察死亡细胞。

# 实验49 霉菌的形态观察

## 一、实验目的

1. 观察霉菌的基本形态特征。
2. 掌握载片湿室法培养和观察丝状微生物的方法。

## 二、实验原理

霉菌菌丝体由分支或不分支的菌丝构成,根据其形态可分为无隔菌丝和有隔菌丝。根据菌丝的生理功能及位置可分为营养菌丝、气生菌丝和繁殖菌丝。霉菌的繁殖可以通过产生无性孢子和有性孢子进行,霉菌的孢子及产生孢子的结构是霉菌分类鉴定的重要依据。观察霉菌菌丝体及孢子的形态有多种方法,如制片观察法、载片培养观察法、插片培养观察法、粘片观察法等。

## 三、实验材料

1. 材料

产黄青霉、黑曲霉、黑根霉、总状毛霉等斜面菌种。

2. 仪器与用具

透明胶带、剪刀、培养皿、载玻片、U形玻棒搁架、盖玻片、圆形滤纸片、细口滴管、镊子、显微镜、接种环、酒精灯、火柴、擦镜纸、双层瓶。

3. 试剂

乳酸苯酚固定液、半固体PDA培养基、棉蓝染色液、20%甘油。

## 四、操作步骤

1. 霉菌的载片湿室培养

可四人合作,每人制作一种霉菌的载玻片;也可两人合作,每人在一个载玻片上接两种霉菌,如产黄青霉和黑曲霉。

(1) 湿室准备

在培养皿底铺一张直径与培养皿内径相当的圆形滤纸片,其上放一U形载玻片搁架、一张载玻片、两个盖玻片,盖上皿盖,用纸包扎后灭菌备用。接种前整理湿室,将载玻片放置于U形搁架上,盖玻片置于载玻片旁边位置,以便于后面加盖玻片时取拿。

(2) 加培养基

用无菌细口滴管取少量已熔化并冷却至60 ℃的PDA培养基,滴加一小滴培养基于载玻片中央(或两小滴培养基分别距载玻片两端1/3处)。培养基液滴应圆而薄,直径约为0.5 cm(滴加量一般以1/2小滴为宜)。

（3）接种

用接种环挑取少量的霉菌孢子，接种于载玻片的培养基上。接种时将带孢子的接种环轻轻在培养基表面涂抹即可。注意动作要轻缓，以免孢子飞散造成交叉污染，影响观察。另取两个 PDA 培养基无菌平板，分别划线接种产黄青霉和黑曲霉。

（4）加盖玻片

用无菌镊子将皿内盖玻片盖在琼脂块上，再用镊子轻压盖玻片，使盖玻片与载玻片之间形成相当接近的狭缝（不超过 1/4 mm 的缝隙），但又避免使盖玻片与载玻片相互紧贴在一起。

（5）加保湿剂

每皿加入 20%的甘油 3 mL 或者水棉球 2～4 个，使皿底滤纸湿润，防止培养期间小琼脂块干裂影响微生物的生长和发育。

（6）恒温培养

将制备好的湿室和接种好的 PDA 平板置于 28 ℃恒温箱中培养，可定时观察孢子的萌发、菌丝的生长及分生孢子的形成等情况。

2. 黑根霉的培养

将熔化的 PDA 培养基冷却至 50 ℃倒入无菌平皿，其量约为平皿高度的 1/2，待其冷却凝固后用接种环沾取黑根霉孢子，在平板表面划线接种。将接种好的平板倒置，用镊子在皿盖内放 1～2 个无菌载玻片，于 28 ℃恒温箱培养 2～3 d 后，可见黑根霉的气生菌丝倒挂成胡须状，有许多菌丝与载玻片接触，并在载玻片上分化出假根和匍匐菌丝等结构（如图 1）。

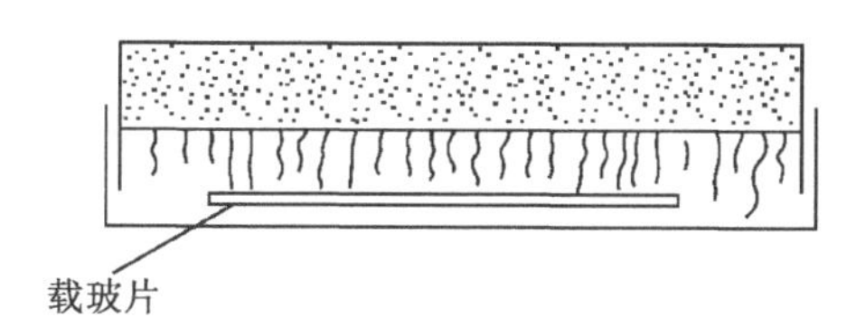


**图 1　黑根霉假根的培养**

3. 镜检观察

（1）湿室培养霉菌的镜检观察

从培养 16～20 h 开始，通过连续观察，可了解孢子的萌发、菌丝体的生长分化和子实体的形成过程。将湿室内的载玻片取出，直接置于低倍镜和高倍镜下观察曲霉、青霉、毛霉、根霉等霉菌的形态，重点观察菌丝是否分隔，曲霉和青霉的分生孢子形成特点，曲霉的足细胞，根霉和毛霉的孢子囊和孢囊孢子，并绘图。

（2）粘片观察

取一滴棉蓝染色液置于载玻片中央，取一段透明胶带，打开霉菌平板培养物，粘取菌体，粘面朝下放在染液上。镜检。

（3）假根观察

将培养黑根霉假根的平皿打开，取出皿盖内的载玻片标本，在附着菌丝体的一面盖上盖玻片，置显微镜下观察。用低倍镜观察假根及从根上分化出的孢子囊梗、孢子囊、孢囊孢子和两个假根间的匍匐菌丝，观察时注意调节焦距以看清各种构造。

(4) 永久装片制备

把观察到的霉菌形态较清晰、完整的片子，制成标本作较长期保存。制备方法是，轻轻揭去盖玻片，如果载玻片上有琼脂，仔细挑去，然后滴加少量乳酸苯酚固定液，盖上清洁盖玻片，在盖玻片四周滴加树胶封固。

## 五、思考题

1. 什么是载玻片湿室培养？它适用于观察什么样的微生物？有何优点？

2. 湿室培养时为何用 20%甘油作保湿剂？

3. 本实验中观察假根的设计原理是什么？此方法还适用于培养哪类微生物？

4. 根据本次实验的观察结果，请从菌丝形态和无性孢子的产生等方面分析青霉、曲霉、根霉、毛霉间的主要区别。

## 六、注意事项

1. 载玻片湿室培养时，盖玻片不能紧贴载玻片，要有极小缝隙，一是为了通气；二是为了使各部分结构平行排列，易于观察。

2. 载玻片培养观察中，注意须无菌操作，接种量要少，否则培养后菌丝过于稠密影响观察。

3. 盖盖玻片时必须斜着缓慢放下，否则在盖上易形成气泡。

# 实验 50　细菌的生理生化反应

## 一、实验目的

了解细菌鉴定中常用的主要生理生化反应试验法及其原理。

## 二、实验原理

通过测定微生物体内某些酶类的有无、对某些底物的利用能力、代谢产物的类型等来研究微生物代谢的多样性。某些细菌产生色氨酸酶，能分解培养基蛋白胨中的色氨酸，产生吲哚，吲哚与对二甲基氨基苯甲醛发生反应，形成红色的玫瑰吲哚，为吲哚反应阳性。微生物发酵葡萄糖成丙酮酸，2 分子丙酮酸缩合脱羧成乙酰甲基甲醇。乙酰甲基甲醇在碱性条件下与肌酸类物质反应，生成红色化合物为 V. P. 反应阳性。有些细菌发酵糖类产生有机酸较多，使发酵液的 pH 下降到 4.2 以下，当加入甲基红试剂后，发酵液变红色，为甲基红反应阳性。某种微生物能以某种糖类为碳源，产酸产气，则判断为发酵这种糖。

## 三、实验材料

1. 材料

大肠杆菌、产气肠杆菌、普通变形菌、枯草芽孢杆菌的斜面菌种。

2. 仪器与用具

超净工作台、恒温培养箱、高压蒸汽灭菌锅、试管、移液管、杜氏小管。

3. 试剂

葡萄糖蛋白胨水培养基、蛋白胨水培养基、糖发酵培养基(葡萄糖、乳糖或蔗糖)、40% NaOH 溶液、肌酸、甲基红试剂、吲哚试剂、乙醚、1.6%溴甲酚紫指示剂。

## 四、实验步骤

1. V. P. 反应

(1) 试管标记　取 5 支装有葡萄糖蛋白胨水培养基的试管,分别标记大肠杆菌、产气肠杆菌、普通变形菌、枯草芽孢杆菌和空白对照。

(2) 接种培养　以无菌操作分别接种少量菌苔至以上相应试管中,空白对照不接菌,置 37 ℃恒温箱中培养 24～48 h。

(3) 观察记录　取出以上试管,振荡 2 min。另取 5 支空试管相应标记菌名,分别加入 3～5 mL 以上对应管中的培养液,再加入 40% NaOH 溶液 10～20 滴,并用牙签挑入约 0.5～1 mg 微量肌酸,振荡试管,以使空气中的氧溶入,放在 37 ℃恒温箱中保温 15～30 min。此时,若培养液呈红色,记录为 V. P. 试验阳性反应(用"+"表示);若不呈红色,则记录为 V. P. 试验阴性反应(用"-"表示)。

2. 甲基红试验

于 V. P. 试验留下的培养液中,各加入 2～3 滴甲基红指示剂,注意沿管壁加入。仔细观察培养液上层,若培养液上层变成红色,即为阳性反应(用"+"表示);若仍呈黄色,则为阴性反应(用"-"表示)。

3. 吲哚试验

(1) 试管标记　取装有蛋白胨水培养基的试管 5 支,分别标记为大肠杆菌、产气肠杆菌、普通变形菌、枯草芽孢杆菌和空白对照。

(2) 接种培养　以无菌操作分别接种少量菌苔到以上相应试管中,空白对照不接种,置 37 ℃恒温箱中培养 24～48 h。

(3) 观察记录　在培养基中加入乙醚 1～2 mL,经充分振荡使吲哚萃取至乙醚中,静置片刻后乙醚层浮于培养液之上。此时沿管壁缓慢加入 5～10 滴吲哚试剂(加入吲哚试剂后切勿摇动试管,以防破坏乙醚层影响观察结果),如有吲哚存在,乙醚层呈现玫瑰红色,此为吲哚试验阳性反应(用"+"表示);否则为阴性反应(用"-"表示)。

4. 糖发酵试验

可根据细菌分解利用糖能力的差异，即是否产酸或产气作为鉴定菌种的依据。是否产酸，可在糖发酵培养基中加入指示剂溴甲酚紫（即B. C. P指示剂，其pH在5.2以下呈黄色，pH在6.8以上呈紫色），经培养后根据指示剂的颜色变化来判断。是否产气，可在发酵培养基中放入倒置杜氏小管观察（如图1）。

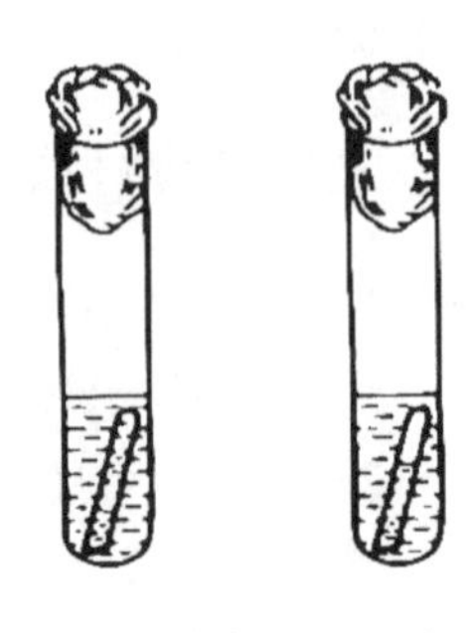

图1 产气反应示意

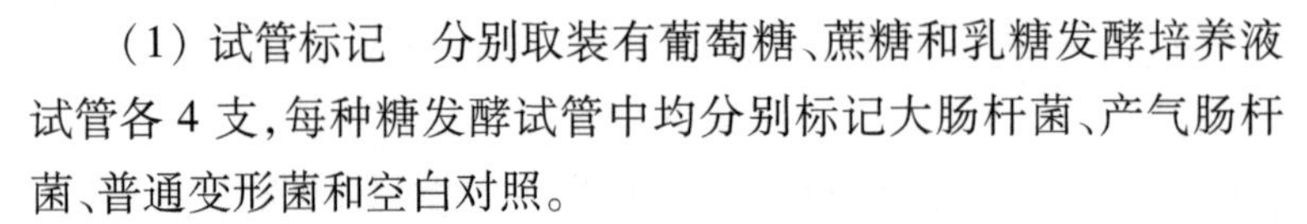

（1）试管标记 分别取装有葡萄糖、蔗糖和乳糖发酵培养液试管各4支，每种糖发酵试管中均分别标记大肠杆菌、产气肠杆菌、普通变形菌和空白对照。

（2）接种培养 以无菌操作分别接种少量菌苔至以上各相应试管中，每种糖发酵培养液的空白对照均不接种。将装有培养液的杜氏小管倒置放入试管中置37 ℃恒温箱中培养，分别在培养24 h、48 h和72 h观察结果。

（3）观察记录 与对照管比较，若接种培养液保持原有颜色，其反应结果为阴性，表明该菌不能利用该种糖，记录用“－”表示；如培养液呈黄色，反应结果为阳性，表明该菌能分解该种糖并产酸，记录用“＋”表示。培养液中的杜氏小管内有气泡为阳性反应，表明该菌分解糖能产酸并产气，记录用“⊕”表示；杜氏小管内没有气泡则为阴性反应，记录用“⊙”表示。

## 五、思考题

1. 以上生理生化反应能用于鉴别细菌，其原理是什么？
2. 细菌生理生化反应试验中为什么要设有空白对照？
3. 现分离到一株肠道细菌，试结合已学到的知识，设计一个试验方案进行鉴别。

## 六、注意事项

1. V. P. 反应中加入NaOH溶液和肌酸后要反复振荡试管，使空气中的氧溶入培养液中。

2. 甲基红试验中，不要过多滴加甲基红指示剂，以免出现假阳性反应。

3. 吲哚试验中宜选用色氨酸含量高的蛋白胨（用胰蛋白酶水解酪素，得到的蛋白胨中色氨酸含量较高）配制蛋白胨水培养基，否则将影响产吲哚的阳性率；加入吲哚试剂后切勿摇动试管，以免破坏乙醚层而影响结果。

4. 在糖发酵试验的培养管中装入倒置杜氏小管时，注意防止小管内有残留气泡。灭菌时适当延长煮沸时间可除去管内气泡。

# 实验51　细菌大小的测定

## 一、实验目的

1. 学习测微尺的使用方法。
2. 掌握用测微尺测量球菌和杆菌大小的方法。
3. 测定金黄色葡萄球菌和大肠杆菌菌体的大小。

## 二、实验原理

微生物大小的描述是个体特征的重要数据。微生物个体微小,其大小的测定要在显微镜下借助测微尺来进行。测微尺有镜台测微尺和目镜测微尺两种。镜台测微尺是一个在其中央刻有精确等分线的载玻片(图1A),一般将1 mm的直线等分成100小格,每格长0.01 mm,即10 μm。目镜测微尺(图1B)是一块圆形玻璃片,其中有精确的等分刻度,将5 mm分50等份。测量前先用镜台测微尺校正目镜测微尺每格所代表的长度(图1C),然后用目镜测微尺直接测量微生物细胞的大小。

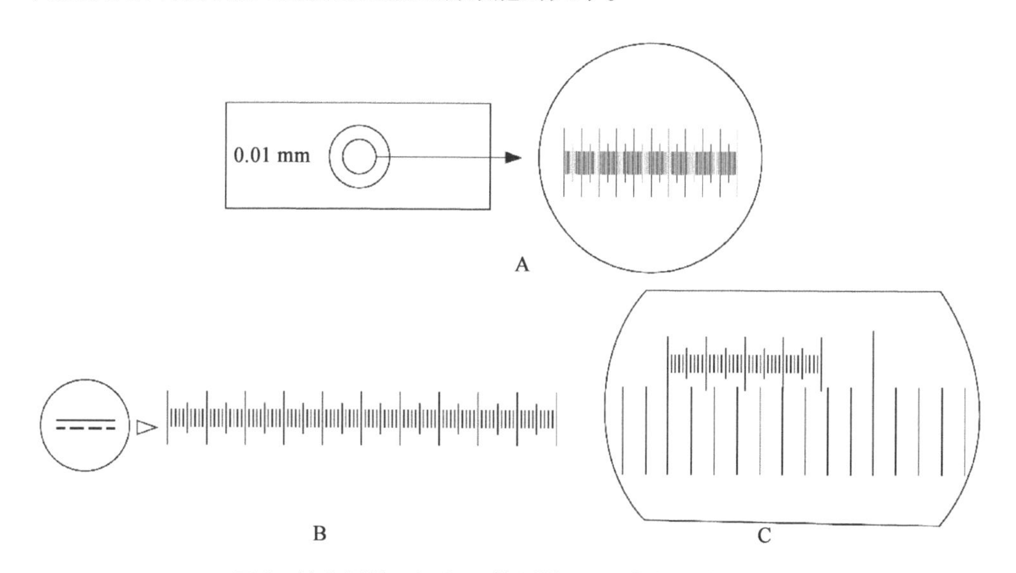


**图1　镜台测微尺(A)、目镜测微尺(B)与标定方法(C)**

## 三、实验材料

1. 材料

金黄色葡萄球菌(*Staphylococcus aureus*)、大肠杆菌(*Escherichia. coli*)的玻片标木。

2. 仪器与用具

目镜测微尺、镜台测微尺、载玻片、显微镜、镜头纸、双层瓶等。

3. 试剂

二甲苯、香柏油。

## 四、实验步骤

1. 放置目镜测微尺

取出目镜，旋开接目透镜，将目镜测微尺放在目镜的镜筒内的隔板上（有刻度一面向下），然后旋上接目透镜，将目镜放回显微镜镜筒。

2. 目镜测微尺的标定

将镜台测微尺放置于载玻片上，有刻度面向上。先用低倍镜观察，调节焦距，看清镜台测微尺的刻度。转动目镜，使目镜测微尺的刻度与镜台测微尺的刻度平行，并使两尺最左边的一条线重合，向右寻找另外一条两尺刻度重合的刻度线。然后分别数出两重合线之间镜台测微尺和目镜测微尺的小格数。

3. 计算方法

$$\text{目镜测微尺每格长度}(\mu\text{m})=\frac{\text{两条重合线间镜台测微尺的格数}\times 10}{\text{两条重合线间目镜测微尺的格数}}$$

例如，目镜测微尺 20 个小格等于镜台测微尺的 3 个小格，已知镜台测微尺每格为 10 μm，则 3 小格的长度为 3×10＝30 μm，那么相应的在目镜测微尺上每小格长度为 3×10÷20＝1.5 μm。用以上计算方法分别计算低倍镜、高倍镜及油镜下目镜测微尺每格所代表的实际长度。

4. 菌体大小的测定

将镜台测微尺取下，分别换上大肠杆菌及金黄色葡萄球菌玻片标本，先在低倍镜和高倍镜下找到目的物，然后在油镜下用目镜测微尺测量菌体的大小。先量出菌体的长和宽占据目镜测微尺的格数，再以目镜测微尺每格所代表的实际长度计算出菌体的长和宽。将结果详细记录于“菌体大小测定结果表”中。

例如，目镜测微尺每格相当于 1.5 μm，测量的结果，若菌体的平均长度相当于目镜测微尺的 2 格，则菌体长度应为 2×1.5＝3.0 μm。

一般测量菌体的大小，应测定 10～20 个菌体，求出平均值，才能代表该菌的大小。

## 五、思考题

1. 为什么更换不同放大倍数的目镜和物镜时必须用镜台测微尺对目镜测微尺进行标定？

2. 若目镜不变，目镜测微尺也不变，只改变物镜，那么目镜测微尺每格所测量的镜台上的菌体细胞的实际长度（或宽度）是否相同？为什么？

3. 当测定了一定数量的菌体细胞大小后，可以从这些数据中发现什么样的规律？如何根据上述数据计算出细胞的大小？

4. 如果在显微镜中观察到标本在左上方，应往哪个方向移动玻片，才能将其移到视野中心？

## 六、注意事项

1. 镜台测微尺的玻片很薄，在标定油镜头时，要格外注意，以免压碎镜台测微尺或损坏镜头。

2. 标定目镜测微尺时要注意准确对正目镜测微尺与镜台测微尺的重合线。

3. 使用显微镜时要注意持镜时必须是右手握臂、左手托座的姿势，不可单手提取，以免零件脱落或碰撞到其他地方；轻拿轻放，不可把显微镜放置在实验台的边缘，应放在距边缘 10 cm 处，以免碰翻落地。

4. 放置玻片标本时要对准通光孔中央，不能放反玻片，防止压坏玻片或碰坏物镜。

**附：实验内容**

1. 目镜测微尺标定结果

低倍镜下________倍目镜测微尺每格长度是______μm。

高倍镜下________倍目镜测微尺每格长度是______μm。

油镜下__________倍目镜测微尺每格长度是______μm。

2. 菌体大小测定结果表

<table>
<tr><th rowspan="3">菌号</th><th colspan="4">大肠杆菌测定结果</th><th colspan="2">金黄色葡萄球菌测定结果</th></tr>
<tr><th colspan="2">目镜测微尺格数</th><th colspan="2">实际长度(μm)</th><th rowspan="2">目镜测微尺格数</th><th rowspan="2">实际直径(μm)</th></tr>
<tr><th>宽</th><th>长</th><th>宽</th><th>长</th></tr>
<tr><td>1</td><td></td><td></td><td></td><td></td><td></td><td></td></tr>
<tr><td>2</td><td></td><td></td><td></td><td></td><td></td><td></td></tr>
<tr><td>3</td><td></td><td></td><td></td><td></td><td></td><td></td></tr>
<tr><td>4</td><td></td><td></td><td></td><td></td><td></td><td></td></tr>
<tr><td>5</td><td></td><td></td><td></td><td></td><td></td><td></td></tr>
<tr><td>6</td><td></td><td></td><td></td><td></td><td></td><td></td></tr>
<tr><td>7</td><td></td><td></td><td></td><td></td><td></td><td></td></tr>
<tr><td>8</td><td></td><td></td><td></td><td></td><td></td><td></td></tr>
<tr><td>9</td><td></td><td></td><td></td><td></td><td></td><td></td></tr>
<tr><td>10</td><td></td><td></td><td></td><td></td><td></td><td></td></tr>
<tr><td>均值</td><td></td><td></td><td></td><td></td><td></td><td></td></tr>
</table>

# 实验52　细菌数量的测定

## 一、实验目的

1. 学习微生物数量测定中常用方法的基本原理。
2. 了解比浊计数法的原理。
3. 掌握比浊计数法的操作方法。
4. 掌握平板菌落计数的原理和方法。

## 二、实验原理

在科学研究与生产中，常以细胞数目的增多或细胞体积的增大作为单细胞微生物生长的指标。测定细胞数目的方法有显微镜直接计数法、平板菌落计数法、比浊法等。本实验中学习通过比浊计数和平板菌落计数测定微生物数量的方法。比浊法是根据菌悬液的透光量间接地测定细菌的数量。细菌悬浮液的浓度在一定范围内与透光度成反比，与光密度成正比，所以，可用光电比色计测定，用光密度(OD值)表示样品菌液浓度。平板菌落计数法是将菌悬液或孢子悬液经过适当稀释，取一定体积的稀释液涂布接种在固体培养基平板上，根据平板上出现的菌落数进行计数的方法，其突出优点是能够测出样品中活菌的数量。

## 三、实验材料

1. 材料

培养24 h的酿酒酵母菌悬液。

2. 仪器与用具

722分光光度计、显微镜、手动计数器、酒精灯、无菌吸管、滤纸条、载玻片、盖玻片、无菌微量移液管、接种环、擦镜纸、无菌试管、涂布器、无菌培养皿、记号笔。

3. 试剂

牛肉膏蛋白胨培养基、无菌水、无菌生理盐水。

## 四、实验步骤

1. 比浊法计数

(1) 标准曲线制作

① 编号　取无菌试管6支，分别编号为1、2、3、4、5、6。

② 调整菌液浓度　用血细胞计数板计数培养24 h的酿酒酵母菌悬液，并用无菌生理盐水分别稀释调整为每毫升$1\times10^6$、$2\times10^6$、$4\times10^6$、$6\times10^6$、$8\times10^6$、$10\times10^6$菌量的悬液。分装入编号的无菌试管中。

③ 测 OD 值　以无菌生理盐水作空白对照，不同浓度的菌悬液摇匀后于 560 nm 波长测定 OD 值。

④ 绘图　以 OD 值为纵坐标，以每毫升细胞数为横坐标，绘制标准曲线。

（2）样品测定　待测样品用无菌生理盐水适当稀释，摇匀，560 nm 波长测定 OD 值。测定时用无菌生理盐水作空白对照。

（3）计数　根据所测得的 OD 值，从标准曲线中查得每毫升菌悬液的含菌数。

2. 平板菌落计数

（1）培养皿和试管编号　取无菌培养皿 9 套，分别用记号笔标明 $10^{-4}$、$10^{-5}$、$10^{-6}$，每个稀释度 3 个重复；另取 6 支盛有 4.5 mL 无菌水的试管，排列于试管架上，依次标明 $10^{-1}$、$10^{-2}$、$10^{-3}$、$10^{-4}$、$10^{-5}$、$10^{-6}$。

（2）样品稀释　用无菌刻度吸管精确吸取 0.5 mL 大肠杆菌培养液加入 $10^{-1}$ 标号的试管中；另取 1 支无菌吸管将 $10^{-1}$ 标号试管中的菌悬液吹吸均匀（反复吹吸 3 次），再准确量取 0.5 mL 悬液加入 $10^{-2}$ 标号的试管中，依此类推进行 10 倍系列稀释，将菌悬液稀释到 $10^{-6}$。

（3）加样　用 3 支无菌吸管分别精确吸取 $10^{-4}$、$10^{-5}$、$10^{-6}$ 的稀释液各 0.2 mL，对号放入相应编号的无菌培养皿中。

（4）倒平板及培养　于上述加样的培养皿中倒入熔化后并冷却至 50 ℃牛肉膏蛋白胨培养基约 12～15 mL，使平皿在实验台上作前后左右摇动（注意勿用力过猛，以免培养基溅到皿盖与皿壁上），使样品和培养基混匀，待其凝固后，倒置于 37 ℃恒温培养箱中培养。

（5）统计菌落数　培养 24 h 后取出，数出每个平板上的菌落数。选择单个平板菌落数在 30 到 300 之间的稀释度，计算样品和菌浓度。如果 3 个稀释度的菌落数都不在此范围内，选择最接近此范围的稀释度进行计算。平板菌落计数法样品的稀释、加样和倒平板如图 1 所示。

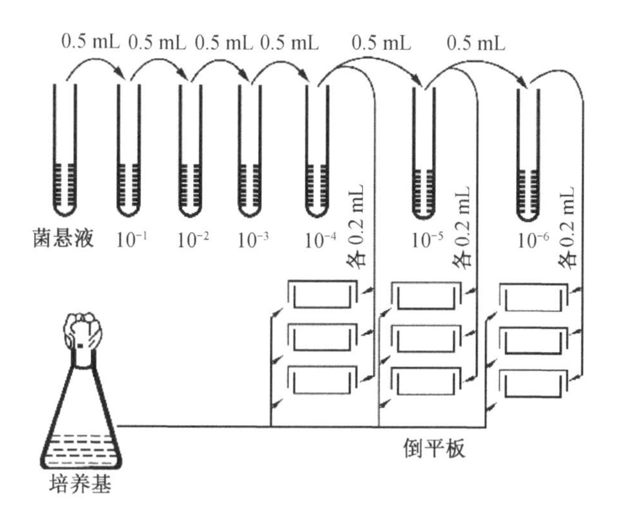


**图 1　平板菌落计数法**

## 五、思考题

1. 根据你的体会，血细胞计数板计算的误差主要来自哪些方面？应如何减少误差？

2. 设计一个方案，计数市售酸奶、某种口服液（活菌制剂）或菌肥制品的单位含菌数。

3. 比较不同计数方法所得的结果是否一致。如不一致，试分析造成差异的原因。

4. 根据你的实验结果，请分析一下平板菌落计数法与显微镜直接计数法的优劣。

## 六、注意事项

1. 比浊法简便快捷，但只能检测含有大量细菌的悬浮液，得出相对的细菌数目，颜色太深的样品不能用此法测定。

2. 由于实验时样品数量比较多，为了提高工作效率，保持操作的连续和方便实验，先将所有样品稀释后再倒平板。

**附录：实验内容**

**平板菌落计数结果**

| **稀释度** | **$10^{-4}$** | | | | **$10^{-5}$** | | | | **$10^{-6}$** | | | |
|---|---|---|---|---|---|---|---|---|---|---|---|---|
| 编号 | 1 | 2 | 3 | 平均 | 1 | 2 | 3 | 平均 | 1 | 2 | 3 | 平均 |
| 菌落计数结果 | | | | | | | | | | | | |
| 样品菌浓度（cfu/mL） | | | | | | | | | | | | |

样品菌浓度（cfu/mL）＝同一稀释度平均菌落数×稀释倍数×5

# 实验 53　细菌的革兰氏染色

## 一、实验目的

1. 掌握细菌的简单染色法和革兰氏染色法。

2. 熟悉简单染色法和革兰氏染色法的原理和操作步骤。

## 二、实验原理

用于生物染色的染料主要有碱性染料、酸性染料和中性染料三大类。碱性染料的离子带正电荷，能和带负电荷的物质结合。因细菌蛋白质等电点较低，当它生长于中性、碱性或弱酸性的溶液中时常带负电荷，所以通常采用碱性染料（如美蓝、结晶紫、碱性复红或孔雀绿等）使其着色。酸性染料的离子带负电荷，能与带正电荷的物质结合。当细菌分解糖类产酸使培养基 pH 下降时，细菌所带正电荷增加，因此易被伊红、酸性复红或刚果红等酸性染料着色。中性染料是前两者的结合物，又称复合染料，如伊红美蓝、伊红天青等。

简单染色法是只用一种染料使细菌着色以显示其形态，它不能辨别细菌细胞的构造。

革兰氏染色法是 1884 年由丹麦病理学家汉斯·克里斯蒂安·革兰（Hans Christian Gram）所发明的。革兰氏染色法可将所有的细菌区分为革兰氏阳性菌（$G^+$）和革兰氏阴性菌（$G^-$）两大类，是细菌学上最常用的鉴别染色法。

该染色法能将细菌分为 $G^+$菌和 $G^-$菌，是由这两类菌的细胞壁结构和成分的不同所决定的。$G^-$菌的细胞壁中含有较多易被乙醇溶解的类脂质，而且肽聚糖层较薄、交联度低，故用乙醇或丙酮脱色时溶解了类脂质，增加了细胞壁的通透性，使初染的结晶紫和碘的复合物易于渗出，结果细菌就被脱色，再经蕃红复染后就成红色。$G^+$菌细胞壁中肽聚糖层厚且交联度高，类脂质含量少，经脱色剂处理后反而使肽聚糖层的孔径缩小，通透性降低，因此细菌仍保留初染时的颜色。

## 三、实验材料

1. 材料

培养 12～16 h 的苏云金杆菌（*Bacillus thuringiensis*）或者枯草杆菌（*Bacillus subtilis*）、培养 24 h 的大肠杆菌（*Escherichia coli*）。

2. 仪器与用具

废液缸、洗瓶、载玻片、接种环、酒精灯、擦镜纸、显微镜。

3. 试剂

结晶紫、卢戈氏碘液、95%酒精、番红、复红、二甲苯、香柏油。

## 四、实验步骤

1. 简单染色

（1）涂片　取干净载玻片一块，在载玻片的左、右各加一滴蒸馏水，按无菌操作法取菌涂片，左边涂苏云金杆菌，右边涂大肠杆菌，做成浓菌液。再取干净载玻片一块将刚制成的苏云金杆菌浓菌液挑 2～3 环涂在左边制成薄涂面，将大肠杆菌的浓菌液取 2～3 环涂在右边制成薄涂面。亦可直接在载玻片上制薄涂面，注意取菌不要太多。

（2）晾干　让涂片自然晾干或者在酒精灯火焰上方文火烘干。

（3）固定　手执玻片一端，让菌膜朝上，通过火焰 2～3 次固定（以不烫手为宜）。

（4）染色　将固定过的涂片放在废液缸的搁架上，加复红染色 1～2 min。

（5）水洗　用水洗去涂片上的染色液。

（6）干燥　将洗过的涂片放在空气中晾干或用吸水纸吸干。

（7）镜检　先低倍镜下观察，再高倍镜下观察，在找出适当的视野后，将高倍镜转出,在涂片上加香柏油一滴,将油镜头浸入油滴中仔细调焦观察细菌的形态。

2. 革兰氏染色

(1) 涂片　与简单染色法相同。

(2) 晾干　与简单染色法相同。

(3) 固定　与简单染色法相同。

(4) 结晶紫色染色　将玻片置于废液缸玻片搁架上,加适量(盖满细菌涂面)的结晶紫染色液染色1 min。

(5) 水洗　倾去染色液,用水小心地冲洗。

(6) 媒染　滴加卢戈氏碘液,媒染1 min。

(7) 水洗　用水洗去碘液。

(8) 脱色　将玻片倾斜,连续滴加95%乙醇脱色20～25 s至流出液无色,立即水洗。

(9) 复染　滴加番红复染5 min。

(10) 水洗　用水洗去涂片上的番红染色液。

(11) 晾干　将染好的涂片放空气中晾干或者用吸水纸吸干。

(12) 镜检　镜检时先用低倍镜,再用高倍镜,最后用油镜观察,并判断菌体的革兰氏染色反应性。

(13) 实验完毕后的处理

① 将浸过油的镜头按下述方法擦拭干净:先用擦镜纸将油镜头上的油擦去;再用擦镜纸沾少许二甲苯将镜头擦2～3次;最后用干净的擦镜纸将镜头擦2～3次。注意擦镜头时向一个方向擦拭。

② 用废纸将染色玻片上的香柏油擦拭干净。

## 五、思考题

1. 试画出苏云金杆菌和大肠杆菌的形态图,并注明两菌的革兰氏染色的反应性。
2. 涂片后为什么要进行固定?固定时应注意什么?
3. 什么是革兰氏染色法?染色过程中应注意什么?
4. 试分析革兰氏染色法在细菌分类中的意义。

## 六、注意事项

1. 革兰氏染色成败的关键是酒精脱色。如脱色过度,革兰氏阳性菌也可被染成阴性菌;如脱色时间过短,革兰氏阴性菌也会被染成革兰氏阳性菌。脱色时间的长短还受涂片厚薄及乙醇用量等因素的影响,难以严格规定。

2. 染色过程中勿使染色液干涸。用水冲洗后,应吸去玻片上的残水,以免染色液被稀释而影响染色效果。

3. 选用幼龄的细菌。若菌龄太老,由于菌体死亡或自溶常使革兰氏阳性菌转呈阴性反应。

4. 加盖玻片时不可有气泡,否则会影响观察。

# 实验54　细菌鞭毛染色与细菌运动的观察

## 一、实验目的

1. 学习掌握鞭毛染色方法,观察鞭毛形态特征。
2. 巩固显微镜的使用和无菌操作技术。
3. 观察细菌的运动特征。

## 二、实验原理

在某些菌体上附有细长并呈波状弯曲的丝状物,少则1～2根,多则可达数百根。这些丝状物被称为鞭毛,是细菌的运动器官。鞭毛的长度常超过菌体长度若干倍。

细菌鞭毛极纤细,直径一般为0.01～0.02 μm,只有用电子显微镜才能观察到。但如采用特殊的染色法,则在普通光学显微镜下也能看到。

通常根据鞭毛的位置可以将鞭毛分为两大类:端生鞭毛和周生鞭毛,端生鞭毛又可以细分为端生单鞭毛、单端丛生鞭毛和两端丛生鞭毛。其形态如图1所示。

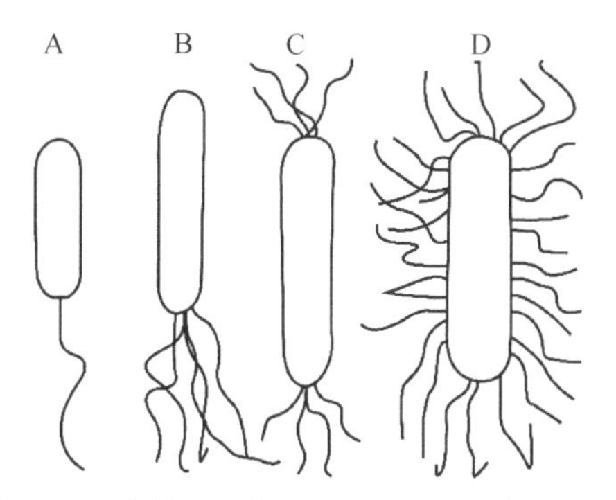


A. 端生单鞭毛;B. 单端丛生鞭毛;C. 两端丛生鞭毛;D. 周生鞭毛。

**图1　鞭毛的种类**

鞭毛染色法的基本原理是:在染色前先用媒染剂处理,让它沉积在鞭毛上,使鞭毛直径加粗,然后再进行染色。常用的媒染剂由丹宁酸和氯化高铁或钾明矾等配制而成。采用鞭毛染色法虽能观察到鞭毛的形态、着生位置和数目,但此法既费时又麻烦。如果仅须了解某菌是否有鞭毛,可采用悬滴法或压滴法直接在光学显微镜下检查活细菌是否有运动能力,以此来判断细菌是否有鞭毛。

悬滴法就是将菌液滴加在洁净的盖玻片中央,在其周边涂上凡士林,然后将它倒盖在有凹槽的载玻片中央,即可放置在普通光学显微镜下观察。

压滴法是将菌液滴在普通的载玻片上，然后盖上盖玻片，放置在显微镜下观察。

## 三、实验材料

1. 材料

本次实验采用的是具有不同鞭毛着生方式的细菌，具体见下表。

| 编码 | 菌株 | 鞭毛着生 | 培养条件 |
|---|---|---|---|
| 1 | 大肠杆菌(*Escherichia coli*) | 周生 | 菌株在牛肉膏蛋白胨培养基上反复活化5～7次，在0.6%琼脂的牛肉膏蛋白胨半固体培养基上37 ℃、培养14～16 h。 |
| 2 | 铜绿假单胞菌(*Pseudomonas aeruginosa*) | 端生 | |
| 3 | 枯草芽孢杆菌14255 | 周生 | |
| 4 | 梭状芽孢杆菌 | 周生 | |
| 5 | 球形芽孢杆菌 | 周生 | |
| 6 | 环状芽孢杆菌 | 周生 | |

每个人做三个菌株，为2+X模式，2为必须做的两个菌株，选择铜绿假单胞菌作为单生鞭毛的代表，大肠杆菌作为周生鞭毛的代表；X为枯草芽孢杆菌、球形芽孢杆菌、梭状芽孢杆菌和环状芽孢杆菌，4者任选一个，均为周生鞭毛的代表。

2. 仪器与用具

普通光学显微镜、吸水纸、擦镜纸、滤纸、载玻片、酒精灯、接种环、木夹、记号笔、镊子等。

3. 试剂

硝酸银染液、0.01%美蓝水溶液、蒸馏水/生理盐水、香柏油、二甲苯等。

## 四、实验步骤

1. 硝酸银染色法

(1) 清洗玻片

选择光滑无裂痕的玻片，置洗衣粉过滤液中(洗衣粉煮沸后用滤纸过滤，以除去粗颗粒)，煮沸20 min。取出用清水冲洗，沥干水后，置95%乙醇中浸泡，用时取出在火焰上烧去酒精。

(2) 菌液的制备

方法一：菌龄较老的细菌容易失落鞭毛，所以在染色前应将待染细菌在新配制的牛肉膏蛋白胨培养基斜面上连续移接3～5代，以增强细菌的运动力。最后一代菌种放恒温箱培养12～16 h。然后，用接种环挑取斜面与冷凝水交接处的菌液数环，移至盛有1～2 mL无菌水的试管中，使菌液呈轻度混浊。将该试管放在37 ℃恒温箱中静置10 min，让幼龄菌的鞭毛松展开。

方法二：菌株在牛肉膏蛋白胨培养基上反复活化5～7代，在0.6%琼脂的牛肉膏蛋白

白胨半固体培养基上 37 ℃、培养 14～16 h。滴加 1～2 mL 无菌水至培养平板上，轻轻摇动，制备成轻度混浊菌悬液，转移到 1.5 mL 离心管中，再将该管放在 37 ℃恒温箱中静置 10 min，让幼龄菌的鞭毛松展开。

（3）制片

用镊子取一 95%酒精浸泡的载玻片，在酒精灯火焰上灼烧使其干燥，待其冷却后，用记号笔做好标记。然后取一滴菌液，滴在载玻片一端，微微倾斜载玻片，使菌液流向另一端，接着用滤纸片吸去多余悬液，将涂片放空气中自然干燥。

（4）染色

首先滴加硝酸银鞭毛染液 A 覆盖涂片 3～5 min，到时间后，用蒸馏水细流水冲洗，将染液 A 冲洗干净，再用染液 B 冲洗残水，然后用染液 B 覆盖菌面数秒至 1 min，至菌面呈现褐色，立即用蒸馏水冲洗，然后自然干燥。

（5）镜检

先用低倍镜观察，再用高倍镜观察，最后用油镜观察。记录观察到的细菌鞭毛特征和形态，并绘图。

2. 压滴法

（1）制备菌液

从幼龄菌斜面上，挑数环菌放在装有 1～2 mL 无菌水的试管中，制成轻度混浊的菌悬液。

（2）加美蓝水溶液

取 2～3 环稀释菌液滴于洁净载玻片中央，再加入 1 环 0.01%美蓝水溶液，混匀。

（3）盖盖玻片

用镊子夹一洁净的盖玻片，先使其一端接触菌液，然后慢慢地放下盖玻片，防止产生气泡。

（4）镜检

将光线适当调暗，先用低倍镜找到观察部位，再用高倍镜观察。要区分细菌鞭毛运动和布朗运动，后者只是在原处左右摆动。只有细菌细胞间有明显位移者，才能判定为有运动性。观察，并记录结果。

## 五、思考题

1. 如何鉴别某种细菌是否能运动，是否有鞭毛，并观察其鞭毛的着生位置。
2. 绘制细菌的鞭毛染色形态图。
3. 说明所观察的各菌是否都有鞭毛？有鞭毛的作何运动，无鞭毛的又如何运动？
4. 如果发现鞭毛已与菌落分离，请解释原因。

## 六、注意事项

1. 该实验中，微生物的培养技术比较特殊，需要反复转接活化，在半固体培养基上培养增加其活动力。

2. 该实验中，制片技术与以往实验也有所不同。该实验使用的载玻片需要进行特殊处理：选择光滑无裂痕的玻片，置洗衣粉过滤液中（洗衣粉煮沸后用滤纸过滤，以除去粗颗粒）煮沸 20 min；取出用清水冲洗，沥干水后，置 95%乙醇中浸泡，用时取出在火焰上烧去酒精。其目的是使其洁净。另外，在涂片方法上也需要注意：一是滴加菌液后，微微倾斜载玻片，使菌液自动流下，不进行涂抹；二是涂片之后使其自然干燥，不加热；三是没有加热固定的步骤，目的是保护鞭毛不受损伤。

3. 鞭毛染色技术比较特殊，采用媒染叠加染料加粗鞭毛，方便光镜下可见。

4. 在制备菌液时，可将菌液放 37 ℃恒温箱中静置 10 min，让幼龄菌鞭毛松展开，但是放置时间不宜太长，太长则鞭毛会脱落。

5. 鞭毛染色法制片时，滴加菌液后，微微倾斜载玻片，使菌液流向另一端，这个过程中倾角应该小一点，使菌液缓慢流下，以利于鞭毛散开和观察。另外应使菌液流过的面积大一些，这样易于有视野。

6. 用硝酸银鞭毛染液 B 覆盖菌面时，可用微火加热，适当延长 B 液染色时间，有利于观察到鞭毛。

# 实验 55　细菌芽孢、荚膜染色及观察

## 一、实验目的

1. 学习细菌芽孢和荚膜染色技术，观察和分辨细菌的芽孢和荚膜形态。
2. 理解细菌细胞的特殊结构。
3. 了解细菌芽孢和荚膜染色的原理、意义。
4. 掌握芽孢和荚膜染色的方法。
5. 掌握水浸片的制作方法，学会观察细菌的运动。

## 二、实验原理

芽孢染色法：芽孢具有厚而致密的壁，通透性低，对各种不利因素如高温、冷冻、射线、干燥、化学药品和染料等具有很强的抵抗力。因此，当用一般染色方法染色时，只能使菌体着色，芽孢不易着色（芽孢呈透明）或仅显很淡的颜色。为使芽孢着色便于观察，需采用特殊染色法——芽孢染色法。先用一弱碱性染料，如孔雀绿或碱性品红在加热条件下进行长时间染色，此染料不仅可以进入菌体，也可以进入芽孢，进入菌体的染料可经水洗脱掉，而进入芽孢的染料则难以透出。再用复染液（如番红染液）或衬托染液（如黑色素液）处理，芽孢和菌体就呈现出不同的颜色，借此将芽孢与菌体区别开。

荚膜染色法：荚膜的主要成分是多糖，多糖与染料亲和力差，不易着色，但荚膜通透

性较好，某些染料可通过荚膜使菌体着色，正因如此，染色后呈浅色或无色的菌体上就形成了明显的色差。荚膜染色常采用负染法，即将背景染成淡蓝色，此法使菌体和背景显色以衬托无色的荚膜。

细菌的运动性观察：细菌是否具有鞭毛是细菌分类鉴定的主要特征之一，因鞭毛较细，在普通光学显微镜下不易观察，但有鞭毛的细菌在液体中能借助鞭毛的旋转和摆动使菌体定向运动，可以借此判断细菌是否有鞭毛。

## 三、实验材料

1. 材料

枯草芽孢杆菌(*Bacillus subtilis*)、胶质芽孢杆菌(*Bacillus mucilaginosus*)。

2. 仪器与用具

显微镜、载玻片、盖玻片、酒精灯、接种环、镊子、试管、凹玻片、擦镜纸、吸水纸。

3. 试剂

孔雀绿染液、番红染液、无菌水、6%的葡萄糖、黑色素液、甲醇、甲基紫染液、香柏油、二甲苯。

## 四、实验步骤

1. 细菌的芽孢染色法

取一支试管，滴一滴无菌水，用接种环取 2～3 环枯草芽孢杆菌充分混合成菌悬液，再滴加两滴孔雀绿，沸水浴 15～20 min 后用接种环取 3～5 环菌悬液涂抹在载玻片上，自然干燥，固定，冷却后水洗至水流无色，用吸水纸吸干后滴加番红染液复染 5 min，用吸水纸吸干多余染料，在显微镜下镜检。

2. 细菌的荚膜染色法

滴一滴 6%的葡萄糖溶液于洁净载玻片上，用接种环取 2～3 环胶质芽孢杆菌涂抹在葡萄糖溶液中，于涂片的一端滴少许黑色素液，用另外一张载玻片以 45°顺势将黑色素液向涂片一端滑动，使黑色素成为一均匀涂层后自然干燥。滴加甲醇固定 1 分钟后倾去多余甲醇，晾干，滴加甲基紫染液染色 1～2 min，水洗晾干，在显微镜下进行镜检。

3. 细菌的运动性观察

取一片干净的凹玻片，在凹室内滴加无菌水，用接种环取 2～3 环枯草芽孢杆菌涂抹在无菌水中，盖上盖玻片，将玻片置于显微镜下，在暗视野下用 40 倍物镜观察。

## 五、思考题

1. 绘图表示芽孢杆菌的形态特征(注意芽孢的形状、着生位置及芽孢囊的形状特征)。

2. 绘图说明观察到的细菌的菌体和荚膜的形态。

3. 通过荚膜染色法染色后，为什么被包在荚膜里面的菌体着色而荚膜不着色?

4. 芽孢染色中加热的目的是什么?

## 六、注意事项

1. 所有的细菌接种都必须在酒精灯的火焰上方完成。
2. 细菌芽孢染色实验中,进行沸水浴时,要注意不能让试管内的菌悬液干涸。
3. 使用油镜后要用擦镜纸蘸取二甲苯对物镜头进行清洗。
4. 脱色必须等玻片冷却后进行,否则骤然用冷水冲洗会导致玻片破裂。

# 实验 56　土壤微生物的分离、纯化和菌落计数

## 一、实验目的

1. 学习平板菌落计数的基本原理和方法。
2. 学会观察菌落特征。

## 二、实验原理

微生物在固体培养基上形成的一个菌落是由一个单细胞繁殖而成的,也就是说一个菌落即代表一个单细胞。采用平板菌落计数法计数时,先将待测样品作一系列稀释,再取一定量的稀释菌液接种到培养皿中,使其均匀分布于平皿中的培养基上,经培养后,单个细胞生长繁殖形成菌落,统计菌落数目,即可换算出样品中的含菌数。

这种计数法的优点是能测出样品中的活菌数,常用于某些成品检定(如杀虫菌剂)、生物制品检定以及食品、水源的污染程度的检定等。但平板菌落计数法的操作烦琐,而且测定值易受各种因素的影响而产生误差。

## 三、实验材料

1. 材料

大肠杆菌悬液。

2. 仪器与用具

无菌吸管、无菌平皿、试管、试管架和记号笔等。

3. 试剂

牛肉膏蛋白胨培养基、无菌水。

## 四、实验步骤

1. 稀释平板计数

(1) 编号　取无菌平皿 9 套,分别用记号笔标明 $10^{-4}$、$10^{-5}$、$10^{-6}$ 各 3 套。另取 6 支盛

有4.5 mL无菌水的试管，排列于试管架上，依次标明$10^{-1}$、$10^{-2}$、$10^{-3}$、$10^{-4}$、$10^{-5}$、$10^{-6}$。

（2）稀释　用1 mL无菌吸管精确地吸取0.5 mL大肠杆菌悬液放入标有$10^{-1}$的试管中，注意放入菌液时吸管尖端不要碰到液面，以免管内液体外溢。然后仍用此吸管将管内悬液来回吹吸三次，吸时伸入管底，吹时离开水面，使其混合均匀。另取一支吸管自标有$10^{-1}$的试管中吸0.5 mL放入标有$10^{-2}$的试管中，吹吸三次，其余依此类推。

（3）取样　用3支1 mL无菌吸管分别精确地吸取标有$10^{-4}$、$10^{-5}$、$10^{-6}$的试管中的稀释菌液0.2 mL，对号放入编好号的无菌培养皿中。

（4）倒平板　于上述盛有不同稀释度菌液的培养皿中，倒入溶化后冷却至45 ℃左右的牛肉膏蛋白胨琼脂培养基约10～15 mL，置水平位置，迅速旋动混匀，待凝固后，倒置于37 ℃温室中培养。

（5）计数　培养24 h后，取出培养皿，算出同一稀释度三个平皿上的菌落平均数，并按下列公式进行计算：

每毫升菌液中总活菌数＝同一稀释度三次重复的菌落平均数×稀释倍数×5

一般选择每个平板上长有30～300个菌落的稀释度计算每毫升菌液中的总活菌数最为合适。同一稀释度的三个重复的菌数不能相差很悬殊。由$10^{-4}$、$10^{-5}$、$10^{-6}$三个稀释度计算出的每毫升菌液中总活菌数也不能相差悬殊，如相差较大，表示试验不精确。

平板菌落计数法选择的倒平板的稀释度是很重要的，一般以三个稀释度中的第二稀释度倒平板所出现的平均菌落数在50个左右为最好。

平板菌落计数法的操作除上述以外，还可用涂布平板的方法进行。二者操作基本相同，所不同的是涂布平板法是先将牛肉膏蛋白胨琼脂培养基溶化后倒平板，待凝固后编号，并于37 ℃温室中烘烤30 min左右，使其干燥，然后用无菌吸管吸取0.2 mL菌液对号接种于不同稀释度编号的培养皿中的培养基上，再用无菌玻璃刮棒将菌液在平板上涂布均匀，平放于实验台上20～30 min，使菌液渗透入培养基内，然后再倒置于37 ℃的温室中培养。

2. 划线法分离

（1）倒平板　将加热熔化的牛肉膏蛋白胨培养基、高氏一号合成培养基和马铃薯蔗糖培养基分别倒平板，并标明培养基的名称。

（2）划线　在近火焰处，左手拿皿底，右手拿接种环，挑取一环经稀释10倍的土壤悬液在平板上划线。划线的方法很多，但无论哪种方法，其目的都是通过划线将样品在平板上进行稀释，使之形成单个菌落。常用的划线方法有下列两种：

① 用接种环以无菌操作挑取一环土壤悬液，先在平板培养基的一边作第一次平行划线3～4条，再转动培养皿约70°，并将接种环上剩余物烧掉，待冷却后通过第一次划线部分作第二次平行划线，再用同法通过第二次平行划线部分作第三次平行划线和通过第三次平行划线部分作第四次平行划线（如图1A）。划线完毕后，盖上皿盖，倒置，温室培养。

② 将挑取有样品的接种环在平板培养基上作连续划线（如图1B）。划线完毕后，盖上皿盖，倒置，温室培养。

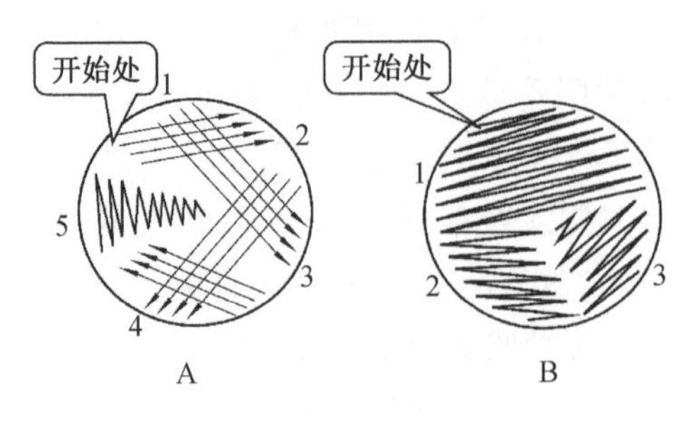


**图 1　平板划线示意**

3. 实验结果记录

将所检测土壤中三大类微生物的菌数填入下表。

| 稀释度 | | $10^{-3}$ | | | | $10^{-4}$ | | | | $10^{-5}$ | | | | $10^{-6}$ | | | |
|---|---|---|---|---|---|---|---|---|---|---|---|---|---|---|---|---|---|
| 编号 | | 1 | 2 | 3 | 平均 | 1 | 2 | 3 | 平均 | 1 | 2 | 3 | 平均 | 1 | 2 | 3 | 平均 |
| 菌落数 | 细　菌 | | | | | | | | | | | | | | | | |
| | 霉　菌 | | | | | | | | | | | | | | | | |
| | 放线菌 | | | | | | | | | | | | | | | | |
| 采集时间和地点 | | | | | | | | | | | | | | | | | |

## 五、思考题

1. 培养时为什么要将培养皿倒置？
2. 怎样对菌落计数？
3. 用平板划线法进行纯种分离的原理是什么？有何优点？
4. 试比较浇注平板法和涂布平板法的优点和应用范围。

## 六、注意事项

1. 平板划线时注意接种环的角度和力度，以免划破培养基。

2. 平板划线接种时注意挑取菌液的量，量大则不易形成单菌落，量少则形成单菌落的数量较少。

# 实验 57　微生物的显微直接计数法

## 一、实验目的

1. 了解血细胞计数板的构造、计数原理和计数方法。
2. 掌握显微镜下直接计数的技能。

## 二、实验原理

测定微生物细胞数量的方法有很多，通常采用显微直接计数法和平板计数法。

显微计数法适用于各种含单细胞菌体的纯培养悬浮液，如有杂菌或杂质，常不易分辨。菌体较大的酵母菌或霉菌孢子可采用血细胞计数板，一般细菌则采用彼得罗夫·霍泽（Petrof Hausser）细菌计数板。两种计数板的原理和部件相同，只是细菌计数板较薄，可以使用油镜观察；而血细胞计数板较厚，不能使用油镜，计数板下部的细菌不易看清。

血细胞计数板是一块特制的载玻片，其中有 4 条平行槽将载玻片分为 3 个平台，中间的平台较宽，其中间又被一短槽隔成两半，每边平台面上各有一个含 9 个大格的方格网，中间大格为计数室（图 1A）。计数室的长和宽各为 1 mm，中间平台比两边的平台低 0.1 mm，故盖上盖玻片后计数室的容积为 0.1 $mm^3$（图 1B）。

常见的血细胞计数板的计数室有两种规格。一种是 16×25 型，称为麦氏血细胞计数板，共有 16 个中方格，每个中方格分为 25 个小方格（图 1C）。另一种是 25×16 型，称为希里格式血细胞计数板，共有 25 个中方格，每个中方格又被分成 16 个小方格（图 1D）。但是不管哪种规格的血细胞计数板其计数室均由 400 个小方格组成。应用血细胞计数板在显微镜下直接计算微生物细胞的数量，其方法是先测定若干中方格中微生物细胞数量，再换算成每毫升菌液（或每克样品）中微生物细胞数量。

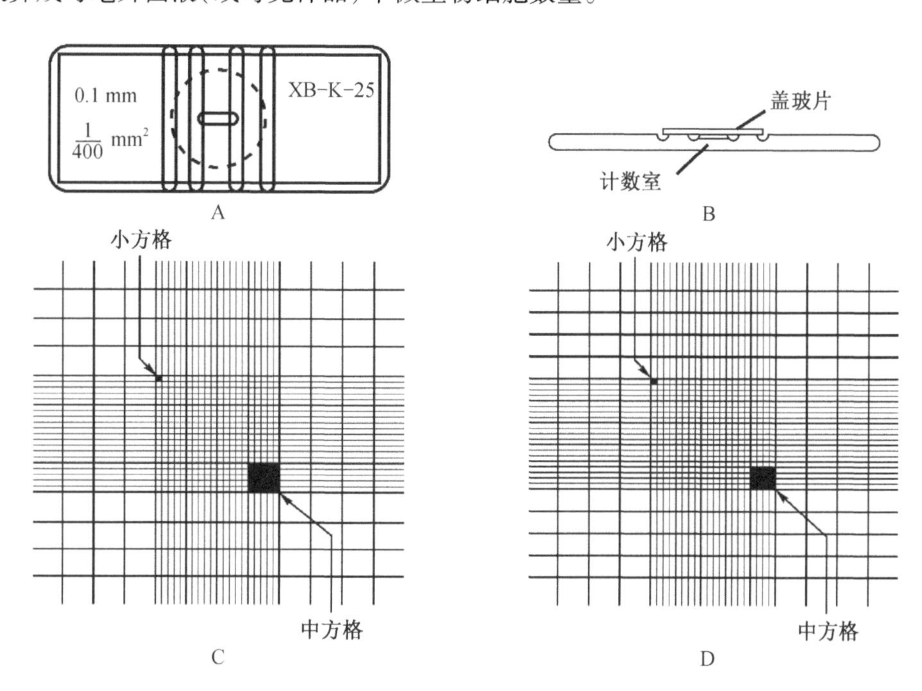


A. 血细胞计数板正面；B. 血细胞计数板侧面；C. 16×25 型计数板的计数室、中方格和小方格；D. 25×16 型计数板的计数室、中方格和小方格

**图 1　血细胞计数板构造**

以计数室有25个中方格的计数板(25×16型)为例进行计算:设5个中方格中的总菌数为$A$,菌液的稀释度为$B$,则计数室的总菌数为$(A/5)\times25\times B$。

因为$1\ mL=1\ 000\ mm^3$,计数室的容积为$0.1\ mm^3$,故:

$$菌液浓度(个/mL)=(A/5)\times25\times10\times1\ 000\times B=50\ 000\times A\times B$$

同样,16×25型计数板,一般计数4个中方格内细菌数,设为$A_1$则:

$$菌落浓度(个/mL)=(A_1/4)\times16\times10\times1\ 000\times B=40\ 000\times A_1\times B$$

## 三、实验材料

1. 材料

酿酒酵母(*Saccharomyces cerevisiae*)。

2. 仪器与用具

显微镜、血球计数板、盖玻片(22 mm×22 mm)、吸水纸、计数器、滴管、擦镜纸。

3. 试剂

酵母YPDA培养基。

## 四、实验步骤

1. 视待测菌悬液浓度,加无菌水适当稀释(斜面一般稀释到$10^{-2}$),以每小格的菌数可数为度。

2. 取洁净的血细胞计数板一块,在计数区上盖上一块盖玻片。

3. 将酵母菌悬液摇匀,用滴管吸取少许,从计数板中间平台两侧的沟槽内沿盖玻片的下边缘滴入一小滴(不宜过多),让菌悬液利用液体的表面张力充满计数区,勿使气泡产生,并用吸水纸吸去沟槽中流出的多余菌悬液。也可以将菌悬液直接滴加在计数区上,不要使计数区两边平台沾上菌悬液,以免加盖盖玻片后,造成计数区深度的升高,然后加盖盖玻片(勿产生气泡)。

4. 静置片刻,将血细胞计数板置载物台上夹稳,先在低倍镜下找到计数区后,再转换高倍镜观察并计数。由于活细胞的折光率和水的折光率相近,观察时应减弱光照的强度。

5. 计数时,如使用16×25型计数板,则按对角线方位选取左上、右上、左下、右下4个中方格(100个小方格),对方格内的细胞逐一进行计数;如使用25×16型的计数板,选取左上、右上、左下、右下和中央5个中方格(80个小方格),对其内细胞逐一进行计数。注意计数时将方格上方及左方线上的细胞统计在内,即"计上不计下,计左不计右"。将计得的细胞数填入结果表中,对每个样品重复计数三次,取平均值,按公式计算每毫升菌液中所含的细菌细胞数。

6. 计数完毕,取下盖玻片,用水将血细胞计数板冲洗干净,切勿用硬物洗刷或抹擦,以免损坏网格刻度。洗净后自行晾干或用吹风机吹干,放入盒内保存。

7. 将实验结果填入如下表格中。

| 计数次数 | 每个大方格菌数 | | | | | | 稀释倍数 | 试管斜面中的总菌数 | 平均值 |
|---|---|---|---|---|---|---|---|---|---|
| | 1 | 2 | 3 | 4 | 5 | …… | | | |
| 第一次 | | | | | | | | | |
| 第二次 | | | | | | | | | |

## 五、思考题

1. 哪些因素会造成血细胞计数板的计数误差？应该如何避免？
2. 采用血细胞计数板计数和平板菌落计数的差异主要在哪里？
3. 计数完毕后，血细胞计数板的清洗应该注意哪些问题？
4. 为什么高倍镜观察酵母细胞时要降低光照强度？

## 六、注意事项

1. 显微镜的操作要按照规定使用，避免操作失误导致显微镜损坏。

2. 加样前先摇匀菌液，计数室中不可有气泡产生。

3. 计数时，格线上的菌体只数上方和左边线上部分。如遇酵母出芽，芽体大小达到母细胞的一半时，即作为两个菌体计数。要用从两个以上计数室中计得的平均值来计算样品的含菌量。

4. 若计数病原微生物，则计数完成后先将计数板浸泡在50%的石碳酸溶液中进行消毒，然后再进行清洗。

5. 由于菌落数产生误差的最主要原因来源于实验者的经验水平，实验者选取平板进行计数就显得尤为重要，要尽量选择有30～300个菌落且菌落之间无蔓延、无片状菌落生长的平板进行计数，必要的时候要用放大镜进行观测。每次实验须做空白对照，如果空白对照上有菌落生长，则所得结果无效。

6. 计数完毕应在水龙头下用水柱冲洗血细胞计数板，切勿用硬物洗刷。洗完后自行晾干或用吹风机吹干。镜检，观察每小格内是否有残留菌体或其他沉淀物。若有残留，则必须重复洗涤至干净为止。

**附：**

1. 涂片直接镜检计数结果表

| 视野 | 1 | 2 | 3 | 4 | 5 | 6 | 7 | 8 | 9 | 10 | 平均值 |
|---|---|---|---|---|---|---|---|---|---|---|---|
| 菌数 | | | | | | | | | | | |

2. 计数板直接镜检计数结果表

| 计算次数 | 各中方格中细胞数 | | | | | 中方格中细胞总数 | 稀释倍数 | 菌浓度（个/mL） |
|---|---|---|---|---|---|---|---|---|
| | 左上 | 右上 | 左下 | 右下 | 中间 | | | |
| 第一次 | | | | | | | | |
| 第二次 | | | | | | | | |
| 第三次 | | | | | | | | |
| 第四次 | | | | | | | | |
| 平均值 | | | | | | | | |

# 实验 58　抗生素抗菌谱及抗生菌的抗药性测定

## 一、实验目的

1. 掌握抗生素抗菌谱的测定方法。
2. 了解常见抗生素的抗菌谱。

## 二、实验原理

抗生素是一类由微生物或其他生物在其生命活动中合成的次级代谢产物或其人工衍生物，在低浓度时就能抑制或干扰他种生物（包括病原菌、病毒、癌细胞等）的生命活动，可作为优良的化学治疗剂。各种抗生素有其不同的抑菌范围，即抗菌谱，如青霉素、红霉素抗 $G^+$；链霉素、新霉素抗 $G^-$；庆大霉素、万古霉素、头孢菌素兼抗 $G^+$ 和 $G^-$；氯霉素、四环素、金霉素、土霉素抗 $G^+$ 和 $G^-$ 以及支原体、衣原体和立克次氏体等。

耐药性即抗药性，指微生物、寄生虫或肿瘤细胞对于化学治疗药物作用的耐受性。耐药性一旦产生，药物的治疗作用就明显下降。

## 三、实验材料

1. 材料

金黄色葡萄球菌（*Staphylocuccus aureus*）、大肠杆菌（*Escherichia. coli*）（野生株及不同抗药程度的抗链霉素菌株 3 株）。

2. 仪器与用具

恒温培养箱、镊子、圆滤纸片（直径为 8.5 mm）或牛津杯、培养皿（直径 12 cm）。

3. 试剂

牛肉膏蛋白胨培养基斜面、氨苄青霉素、氯霉素、卡那霉素、链霉素和四环素。

## 四、实验步骤

1. 供试菌的培养与制备

将金黄色葡萄球菌(代表革兰氏阳性菌)和大肠杆菌(代表革兰氏阴性菌)接种在牛肉膏蛋白胨琼脂斜面上,于 37 ℃下培养 18～24 h,取出后用 5 mL 无菌水洗下,使成菌悬液备用。

2. 配制所需浓度的抗生素

将抗生素分别配制成以下浓度:氨苄青霉素 100 μg/mL(溶于水)、氯霉素 200 μg/mL(溶于乙醇)、卡那霉素 100 μg/mL(溶于水)、链霉素 100 μg/mL(溶于水)、四环素 100 μg/mL(溶于乙醇),配制好的溶液经 0. 45 μm 的滤膜无菌过滤后备用。

3. 抗生素抗菌谱的测定

采用液体扩散法,分别吸取供试菌悬液 0. 5 mL 加在牛肉膏蛋白胨琼脂平板上,用无菌涂布器涂布均匀(每个学生两个平板,一个涂布大肠杆菌,另一个涂布金黄色葡萄球菌),待平板表面液体渗干后,在皿底用蜡笔将其分成 6 等份,分别标注 5 种抗生素和无菌水,用滤纸片法或杯碟法测定。具体方法是:用无菌镊子将滤纸片浸入上述抗生素溶液中,取出,并在瓶内壁除去多余的药液,以无菌操作将纸片对号转放到接好供试菌的平板的小区内(或将牛津杯置于供试菌的平板上,加入一定量的抗生素溶液),置 37 ℃培养 18～24 h,测定抑菌圈的直径,用抑菌圈的大小来表示抗生素的抗菌谱。

4. 抗生素的抗药性测定

(1) 制备链霉素药物平板　取 4 套无菌培养皿,皿底标记编号,从链霉素溶液(100 μg/mL)中分别吸出 0. 2、0. 4、0. 6 和 0. 8 mL,加至以上培养皿中,倒入熔化并冷却至 50 ℃的牛肉膏蛋白胨培养基中,迅速混匀,制成药物平板,待凝后在每个平皿的皿底将其划分成 4 份,并注明 1～4 号,备用。

(2) 抗药性测定　在以上 1～3 号区域分别接上不同抗药程度的抗链霉素大肠杆菌菌株 3 株,在 4 号区域接入野生型菌株作为对照,37 ℃培养 24 h 后观察菌落生长情况,并记录,以“＋”表示生长,以“－”表示不生长。

5. 实验结果记录

(1) 将抗生素的抗菌结果填入下表中。

| 抗生素名称 | 抗菌谱(抑菌圈直径(mm)) | | 作用机制 |
|---|---|---|---|
| | 金黄色葡萄球菌 | 大肠杆菌 | |
| 氨苄青霉素 | | | |
| 链霉素 | | | |
| 卡那霉素 | | | |
| 氯霉素 | | | |
| 四环素 | | | |
| 对照(无菌水) | | | |

(2) 根据以上结果说明供试抗生素的抗菌谱。

(3) 记录不同大肠杆菌的抗药性测定结果。

### 五、思考题

1. 什么是抗生素？什么是抗菌谱？
2. 什么是耐药性？微生物产生耐药性的原因有哪些？
3. 为避免细菌产生耐药性，在使用抗生素时应该注意什么？
4. 抗生素对微生物的作用机制有哪几种？试举例说明。

### 六、注意事项

1. 供试菌液涂布平板后，待菌液稍干再加入滤纸片或牛津杯。
2. 制备药物平板时，注意把药物与培养基充分混匀。

## 实验 59　水中大肠菌群的检测

### 一、实验目的

1. 学习检测水中大肠菌群的方法。
2. 了解大肠菌群数量与水质状况的关系。

### 二、实验原理

大肠菌群是评价水质的一个重要的卫生指标，也是反映水体被生活污水污染情况的一项重要监测项目。大肠菌群是一群以大肠埃希氏菌为主的需氧及兼性厌氧的革兰氏阴性无芽孢杆菌，在 37 ℃生长时，能在 48 h 发酵乳糖并产酸产气。食品中大肠菌群数以每 100 mL(g)检样内大肠菌群最近似数(The most probable number，简称 MPN)表示。据此含义，所有食品卫生标准中所规定的大肠菌群均以 100 mL(g)食品内允许含有大肠菌群的实际数值为报告标准。检测大肠菌群数，一方面能表明食品中有无粪便污染；另一方面还可以根据其数量的多少，判定食品受污染的程度。我国生活饮用水卫生标准中规定一升水样中总大肠菌群数不得超过 3 个。检测水中大肠菌群数常采用多管发酵法，它包括初发酵试验、平板分离和复发酵试验三个部分。发酵管内装有乳糖蛋白胨液体培养基，并倒置一杜氏小套管。乳糖能起选择作用，因为很多细菌不能发酵乳糖，而大肠菌群能发酵乳糖而产酸产气。

### 三、实验材料

1. 材料

自然水。

2. 仪器与用具

微孔滤膜、滤器、抽气设备、镊子、发酵用试管、杜氏小管、培养皿、刻度吸管或移液管、接种环、酒精灯。

3. 试剂

复红亚硫酸钠培养基、乳糖蛋白胨半固体培养基、乳糖蛋白胨培养基、三倍浓乳糖蛋白胨培养液、伊红美蓝培养基。

## 四、实验步骤

1. 水样的采集

（1）自来水　将自来水龙头用火焰烧灼 3 min 灭菌，再拧开水龙头流水 5 min，以排除管道内积存的死水，随后用已灭菌的三角瓶接取水样，以供检测。

（2）池水、河水或湖水　将无菌的带玻塞的小口瓶浸入距水面 10～15 cm 深的水层中，瓶口朝上，除去瓶塞，待水流入瓶中装满后，盖好瓶塞，取出后立即进行检测，或临时存于冰箱，但不能超过 24 h。

2. 滤膜法检测大肠菌群

（1）用无菌镊子将一无菌滤膜置于滤器的承受器当中，将过滤杯装于滤膜承受器上，旋紧，使接口处能密封，将真空泵与滤器下部的抽气口连接。

（2）取水样 100 mL 放入滤杯中，启动真空泵，使水通过滤膜流到下部，水中的细菌细胞被截留在滤膜上。水样用量可适当增减以获得适量的细菌。

（3）用无菌镊子小心将截留有细菌的滤膜取出，平移贴于复红亚硫酸钠培养基上，37 ℃培养 16～18 h。挑选深红色或紫红色、带有或不带金属光泽的菌落，或淡红色、中心色较深的菌落进行涂片和革兰氏染色观察。

（4）将经染色证实为革兰氏阴性无芽孢杆菌者，接种在乳糖蛋白胨半固体培养基上，37 ℃培养 6～8 h 后观察，产气者证实为大肠菌群阳性。培养中应及时观察，时间过长则气泡可能消失。

（5）水样中总大肠菌群数的计算公式为：

$$水样中总大肠菌群数=\frac{滤膜上生长的菌落数}{过滤水样量}\times 1\,000$$

3. 多管发酵法检测大肠菌群

（1）取 5 支装有三倍浓乳糖蛋白胨培养基的初发酵管，每管分别加入水样 10 mL。另取 5 支装有乳糖蛋白胨培养基的初发酵管，每管分别加入水样 1 mL。再取 5 支装有乳糖蛋白胨培养基的初发酵管，每管分别加入按 1∶10 稀释的水样 1 mL，均贴好标签。此即为 15 管法，接种待测水样量共计 55.5 mL。各管摇匀后在 37 ℃恒温箱中培养 24 h。若待测水样污染严重，可按上述 3 种梯度将水样稀释 10 倍甚至 100 倍，以提高检测的精确度，此时，不必用三倍浓乳糖蛋白胨培养基，全用乳糖蛋白胨培养基。

（2）取出培养后的发酵管进行观察，管内发酵液颜色变为黄色者记录为产酸，杜氏小管内有气泡者记录为产气。将产酸产气和只产酸的两类发酵管内菌落分别划线接种于伊红美蓝培养基上，在37 ℃恒温箱中培养18～24 h，挑选深紫黑色和紫黑色带有或不带有金属光泽的菌落，或淡紫红色和中心色较深的菌落，对其分别取样进行涂布和革兰氏染色观察。

(3) 将经镜检证实为革兰氏阴性无芽孢杆菌，接种于装有倒置杜氏小管的乳糖蛋白胨培养液复发酵管中，每管可接种同一发酵管的典型菌落1～3个，37 ℃培养24 h，若为产酸产气者表明管内有大量大肠菌群菌存在，记录为阳性管。

(4) 根据三个梯度每五支管中出现的阳性管数，查《15管发酵法水中大肠菌群5次重复测数统计表》中的细菌最可能数，再乘以1 000即换算成1 L水样中的总大肠菌群数。

## 五、思考题

1. 什么是大肠菌群？
2. 为什么要选择大肠菌群作为水体安全评价的指标和对象？检查饮用水中的大肠菌群有何意义？
3. 伊红美蓝培养基含有哪几种主要成分？在检查大肠菌群时，各起什么作用？
4. 试设计一个监测某自来水厂水质卫生状况的方案。

## 六、注意事项

1. 认真配制不同类型培养基。
2. 检测中应合理控制所加的水样量。
3. 在滤膜法中每片滤膜的菌落数以20～60个为宜，多管发酵法中水样稀释比例要适宜。
4. 挑选菌落时认真选择大肠菌群典型菌落。

# 实验60 噬菌体的分离纯化及效价测定

## 一、实验目的

1. 学习从自然环境中分离、纯化噬菌体的基本原理和方法。
2. 学习并掌握双层琼脂平板法测定噬菌体效价的基本方法。
3. 掌握用双层琼脂平板法测定噬菌体效价的操作技能。

## 二、实验原理

噬菌体是一类专性寄生于细菌和放线菌等微生物的病毒，其个体形态极其微小，用常规微生物计数法无法测得其数量。当烈性噬菌体侵染细菌后会迅速引起敏感细菌裂解，释放出大量子代噬菌体，然后它们再扩散和侵染周围细胞，最终使含有敏感菌的悬液由混浊逐渐变清，或在含有敏感细菌的平板上出现肉眼可见的空斑——噬菌斑。了解噬菌体的特性，快速检查、分离，并进行效价测定，对在生产和科研工作中防止噬菌体的污染具有重要作用。

检样可以是发酵液、空气、污水、土壤等（至于无法采样而需检查的对象，可以用无菌水浸湿的棉花涂拭表面作为检样）。为了易于分离可先经增殖培养，使样品中的噬菌体数量增加。

采用生物测定法进行噬菌体检查约需 12 h 左右，因而不能及时判断是否有噬菌体污染。通过快速检查法可大致确定是否有噬菌体污染，以采取必要的防治措施。正常发酵（培养）液离心后菌体沉淀，上清液蛋白含量很少，加热后仍然清亮；而有噬菌体侵染的发酵（培养）液经离心后其上清液中因含有自裂解菌中逸出的活性蛋白，加热后发生蛋白质变性，因而在光线照射下出现丁达尔效应而不清亮。快速检查法简单、快速，对发酵液污染噬菌体的判断亦较准确，但不适于对溶源性细菌及温合噬菌体的诊断，对侵染噬菌体较少的一级种子培养液也往往不适用。

噬菌体的效价即 1 mL 样品中所含侵染性噬菌体的粒子数。效价的测定一般采用双层琼脂平板法。由于在含有特异宿主细菌的琼脂平板上，一般一个噬菌体产生一个噬菌斑，故可根据一定体积的噬菌体培养液所出现的噬菌斑数，计算出噬菌体的效价。但因噬菌斑计数方法其实际效率难以接近 100%，所以为了准确地表达噬菌体悬液含量（效价或滴度），一般不用噬菌体粒子的绝对数量而是用噬菌斑形成的单位（pfu）表示。此法所形成的噬菌斑的形态、大小较一致，且清晰度高，故计数比较准确，因而被广泛应用。

## 三、实验材料

1. 材料

敏感指示菌（大肠杆菌）、大肠杆菌噬菌体（从阴沟或粪池污水中分离）。

2. 仪器与用具

无菌试管、无菌培养皿、无菌三角瓶、无菌移液管（1、5 mL）、灭菌玻璃涂布棒、恒温水浴锅、离心机、无菌滤器（孔径 0.22 μm）、恒温培养箱、超净工作台、真空泵等。

3. 试剂

二倍浓缩肉膏蛋白胨培养液、三倍浓缩肉膏蛋白胨培养液、上层肉膏蛋白胨半固体琼脂培养基（含琼脂 0.7%，试管分装，每管 5 mL）、下层肉膏蛋白胨固体琼脂培养基（含琼脂 2%）、1%蛋白胨水培养基。

## 四、实验步骤

1. 样品采集

将 2～3 g 土样或 5 mL 水样（如阴沟污水）放入无菌三角瓶中，加入对数生长期的敏感指示菌(大肠杆菌)菌液 3～5 mL,再加 20 mL 二倍浓缩肉膏蛋白胨培养液。

2. 增殖培养

30 ℃振荡培养 12～18 h,使噬菌体增殖。

3. 噬菌体的分离

(1) 制备菌悬液　取大肠杆菌斜面一支,加 4 mL 无菌水洗下菌苔,制成菌悬液。

(2) 增殖培养　于放入 100 mL 三倍浓缩的肉膏蛋白胨液体培养基的三角烧瓶中,加入污水样品 200 mL 与大肠杆菌悬液 2 mL,37 ℃培养 12～24 h。

(3) 制备裂解液　将以上混合培养液 2500 r/min 离心 15 min。将已灭菌的蔡氏过滤器用无菌操作安装于灭菌抽滤瓶上,用橡皮管连接抽滤瓶与安全瓶,安全瓶再连接真空泵。将离心上清液倒入滤器,开动真空泵,过滤除菌。所得滤液倒入灭菌三角瓶内,37 ℃培养过夜,以作无菌检查。

(4) 确证试验　用经无菌检查没有细菌生长的滤液作进一步试验证明噬菌体的存在。牛肉膏蛋白胨琼脂平板上加一滴大肠杆菌悬液,再用灭菌玻璃涂布器将菌液涂布成均匀的一薄层。待平板菌液干后,分散滴加数小滴滤液于平板菌层上,于 37 ℃培养过夜。如果在滴加滤液处形成无菌生长的透明噬菌斑,便证明滤液中有大肠杆菌噬菌体。

4. 噬菌体的纯化

(1) 如果已证明确有噬菌体存在,便用接种环取一环菌液接种于液体培养基内,再加入 0.1 mL 大肠杆菌悬液,混合均匀。

(2) 取上层琼脂培养基,熔化并冷至 48 ℃(可预先熔化、冷却,放 48 ℃水浴锅内备用),加入以上噬菌体与细菌的混合液 0.2 mL,立即混匀。

(3) 将混合液立即倒入底层培养基上,混匀,置 37 ℃培养 12 h。

(4) 此时长出的分离的单个噬菌斑,其形态、大小常不一致,用接种针在单个噬菌斑中刺一下,小心采取噬菌体,接入含有大肠杆菌的液体培养基内,于 37 ℃培养。

(5) 等待管内菌液完全溶解后,过滤除菌,即得到纯化的噬菌体。

上述前三个步骤的目的是在平板上得到单个噬菌斑,能否达到目的取决于所分离得到的噬菌体滤液的浓度和所加滤液的量。最好在做无菌实验的同时,由教师先做预备试验,若平板上的噬菌体连成一片,则需减少接种量(少于一环)或增加液体培养基的量;若噬菌斑太少,则增加接种量,以免全班同学重做。

5. 噬菌体的生物测定

熔化下层培养基,倒平板(约 10 mL/皿)待用。熔化上层培养基,待熔化的上层培养基冷却至 50 ℃左右时,每管中加入敏感指示菌(大肠杆菌)菌液 0.2 mL,待检样液或上述噬菌体增殖液 0.2～0.5 mL,混合后立即倒入上层平板铺平,30 ℃恒温培养 6～12 h 观察结果。如有噬菌体,则在双层培养基的上层出现透亮无菌圆形空斑,即噬菌斑。

6. 噬菌体效价的测定

(1) 将熔化后冷却到 45 ℃左右的下层肉膏蛋白胨固体培养基倾倒于 11 个无菌培养皿中,每皿约 10 mL,平放,待冷凝后在培养皿底部注明噬菌体稀释度。

（2）按10倍稀释法，吸取0.5 mL大肠杆菌噬菌体稀释液，注入一支装有4.5 mL 1%蛋白胨水的试管中，即稀释到$10^{-1}$，并依次稀释到$10^{-6}$稀释度。

（3）将15支灭菌空试管分别标记$10^{-4}$、$10^{-5}$、$10^{-6}$、$10^{-7}$和对照，每个梯度设3次重复。用吸管从$10^{-3}$稀释管吸取0.1 mL大肠杆菌噬菌体稀释液加入$10^{-4}$空试管内，用另一支吸管从$10^{-4}$稀释管内吸0.1 mL加入$10^{-5}$空试管内（如图1），直至$10^{-7}$稀释管。在另外3支对照管中各加0.1 mL无菌水，并分别于各管中加入0.9 mL大肠杆菌菌悬液，振荡试管使菌液与噬菌体液混合均匀，置37 ℃水浴中保温5 min，让噬菌体粒子充分吸附并侵入菌体细胞。

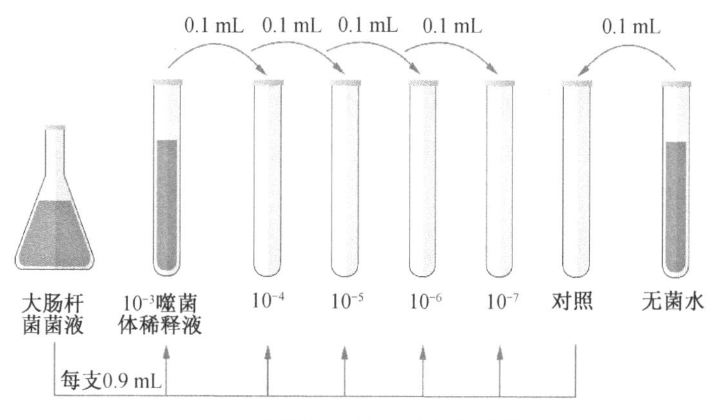


**图1 噬菌体与菌液混合的过程**

（4）将11支熔化并保温于45 ℃的上层肉膏蛋白胨半固体琼脂培养基5 mL分别加入到含有噬菌体和菌液的混合管中，迅速摇匀，立即倒入相应编号的下层培养基平板表面，边倒入边摇动平板使其迅速铺展。水平静置，凝固后置37 ℃培养。

7. 观察并计数

观察平板中的噬菌斑，并将结果记录于实验报告表格内，选取每皿有30～300个噬菌斑的平板计算噬菌体效价，计算公式为：

$$N=\frac{Y}{V\times X}$$

式中，$N$为效价值；$Y$为平均每皿噬菌斑数；$V$为取样量；$X$为稀释度。

例如：当稀释度为$10^{-6}$时，取样量为0.1 mL/皿，同一稀释度中3个平板上的噬菌斑的平均值为180个，则该样品的效价为：$N=180/(0.1\times10^{-6})=1.80\times10^{9}$。

8. 绘图并记录实验结果

（1）绘图表示平板上出现的噬菌斑。

（2）记录平板中每个稀释度的pfu数于下表中，并计算噬菌体效价。

| 噬菌体稀释度 | $10^{-4}$ | $10^{-5}$ | $10^{-6}$ | $10^{-7}$ | 对照 |
|---|---|---|---|---|---|
| 每皿的平均效价（$pfu\cdot mL^{-1}$） | | | | | |

### 五、思考题

1. 有哪些方法可以检测发酵液中噬菌体的存在？比较其优缺点。

2. 噬菌体效价的涵义是什么？有几种表示法？用哪一种方法测得的效价更准确？为什么？

3. 测定噬菌体效价的原理是什么？要提高测定的准确性应注意哪些操作？

4. 噬菌斑是如何产生的？

### 六、注意事项

1. 在实验中要注意无菌操作，严防杂菌污染对实验结果产生影响。

2. 纯化噬菌体时要注意噬菌斑形态、大小。

3. 效价测定时要注意双层琼脂平板法的使用技巧。

## 实验61 厌氧微生物培养

### 一、实验目的

掌握厌氧微生物培养的基本原理和方法。

### 二、实验原理

厌氧微生物在自然界分布广泛，种类繁多，作用也日益引起重视。培养厌氧微生物的技术关键是要使该类微生物处于去除氧气或氧化还原势低的环境中。焦性没食子酸与碱性溶液作用后，形成碱性没食子酸盐，此反应过程能吸收氧气而造成厌氧环境；牛肉渣内既含有不饱和脂肪酸能吸收氧，又含有谷胱甘肽能形成负氧化还原电位差；厌氧罐是采用某种方法除去其中的氧，例如将镁与氧化锌制成产氢气袋，放入罐中加水反应产生氢，以钯或铂作为催化剂，在常温下催化氢与氧化合成水，即可除去密封的厌氧罐中的氧。

### 三、实验材料

1. 材料

巴氏芽孢梭菌、荧光假单胞菌。

2. 仪器与用具

厌氧罐、催化剂袋、气体发生袋、试管、玻璃板、滴管、烧瓶、刀。

3. 试剂

焦性没食子酸、棉花、NaOH、指示剂、石蜡、凡士林、牛肉、蛋白胨、葡萄糖、NaCl、肉膏

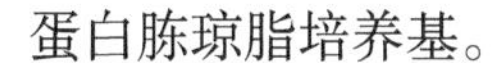
蛋白胨琼脂培养基。

## 四、实验步骤

1. 焦性没食子酸法

（1）大管套小管法　在大试管中放入少许棉花和焦性没食子酸，焦性没食子酸的用量按它在过量碱液中每克能吸收 100 mL 空气中的氧来估计，本实验用量约 0.5 g。接种巴氏芽孢梭菌于小试管肉膏蛋白胨琼脂斜面上，迅速滴入 10% 的 NaOH 于大试管中，使焦性没食子酸润湿，并立即放入除掉棉塞已接种菌的小试管斜面（小试管口朝上），塞上橡皮塞或拧上螺旋帽，置 30 ℃培养。

（2）培养皿法　取玻璃板一块或用培养皿盖，铺上一薄层灭菌脱脂棉，将 1 g 焦性没食子酸放于其上。用肉膏蛋白胨琼脂培养基倒平板，待凝固稍干燥后，在平板上一半划线接种巴氏芽孢梭菌，下一半划线接种荧光假单胞菌，并在皿底用记号笔作好标记。滴加 10% NaOH 溶液约 2 mL 于焦性没食子酸上，切勿使溶液溢出棉花，立即将已接种的平板覆盖于玻璃板上或培养皿盖上，必须将脱脂棉全部罩住，焦性没食子酸反应物切勿与培养基表面接触。以溶化的石蜡凡士林液密封皿底与玻璃板或皿盖的接触处，置 30 ℃温箱培养。

2. 疱肉培养基法

（1）取已除去筋膜、脂肪的牛肉 500 g，切成小方块，置 1 000 mL 蒸馏水中，以小火煮 1 h，用纱布过滤，挤干肉汁，将肉汁保留备用。再将肉渣用绞肉机绞碎，或用刀切碎，最好使其成细粒。

（2）将保留的肉汁加蒸馏水，使总体积为 2 000 mL，加入 20 g 蛋白胨、2 g 葡萄糖、5 g NaCl 和绞碎的肉渣。置烧瓶中摇匀，加热使蛋白胨溶化。

（3）取上层溶液调整 pH 为 8.0，在烧瓶壁上用记号笔标明瓶内液体高度，1.05 $kg/cm^2$、121.3 ℃灭菌 15 min 后补足蒸发的水量，重新调整 pH 为 8.0，再煮沸 10～20 min，补足水量，再调整 pH 为 7.4。

（4）把烧瓶内容物摇匀，将溶液和肉渣分装于小试管中，采用无菌操作加入已灭菌的石蜡凡士林，以隔绝外界氧气。

（5）接种前可将上述已做好的疱肉培养基煮沸 10 min，以除去溶入的氧，如果盖有一层石蜡凡士林，需将石蜡凡士林先在火焰边微加热，使其溶化。在培养基手感不烫时按液体接种法接入巴氏芽孢梭菌，然后将接种的试管垂直，使石蜡凡士林凝固而密封培养基。再置 30 ℃中培养。

3. 厌氧罐培养法

（1）用肉膏蛋白胨琼脂培养基倒平板，凝固干燥后，取两个平板，每个平板一半划线接种巴氏芽孢梭菌，另一半划线接种荧光假单胞菌，并标记好。取其中的一个已接种的平皿置于厌氧罐的培养皿支架上，而后放入厌氧培养罐内；另一个已接种的平皿置培养室 30 ℃培养。

(2) 剪开催化剂袋,将催化剂倒入厌氧罐盖下面的多孔催化剂盒内,拧紧催化剂盒盖。

(3) 剪开气体发生袋的切碎线处,并迅速将此气体发生袋置罐内金属架的夹上,再向袋中加入约 10 mL 水。同时,由另一人配合,剪开指示剂袋,将指示条暴露,立即放进罐内。

(4) 迅速盖好厌氧罐的盖,将固定梁旋紧,置 30 ℃培养。

### 五、思考题

1. 疱肉培养基法的原理是什么?
2. 请设计一个试验方案,从土壤中分离、纯化和培养厌氧菌。
3. 请举例说明研究厌氧菌的实际意义。
4. 在进行厌氧菌培养时,为什么每次都应同时接种一种严格好氧菌作为对照?

### 六、注意事项

1. 在实际操作过程中要严防杂菌的污染,操作厌氧罐时要注意仪器是否正常运转,注意生产安全。

2. 已制备灭菌的培养基在接种前应在沸水浴中煮沸 10 min,以消除溶解在培养基中的氧气。

3. 选用干燥器、厌氧罐或厌氧袋时,应事先仔细检查其密封性能,以防漏气。

4. 厌氧袋和厌氧罐中美蓝厌气度指示剂变成蓝色,表明除氧不够。

## 实验 62 环境因素对微生物生长的影响

### 一、实验目的

1. 掌握物理因素、化学因素、生物因素对微生物生长影响的原理。
2. 掌握微生物的接种方法。

### 二、实验原理

微生物的生命活动是由其细胞内外一系列物化环境系统统一体所构成的,除营养条件外,环境因素包括物理因素、化学因素和生物因素对微生物的生长繁殖、生理生化过程均能产生很大影响,一切不良的环境条件均能使微生物的生长受抑制,甚至导致菌体死亡。物理因素如温度、渗透压、紫外线等,对微生物的生长繁殖、新陈代谢过程产生重大影响,甚至导致菌体的死亡。不同的微生物生长繁殖所需要的最适温度不同,根据微生物生长的最适温度的范围,可将其分为高温菌、中温菌和低温菌。自然界中绝大多数微生物属于中温菌。不同的微生物对高温的抵抗力不同,如芽孢杆菌的芽孢对高温就有较强的抵抗能力。渗透压对微生物的生长有重大的影响。等渗溶液适合微生物的生长,高渗溶液可使微生物细胞脱水发生质壁分离,而低渗溶液则会使细胞吸水膨胀,甚至可能使细胞破裂。紫外线主要作用于细胞内的 DNA,使同一条链的 DNA 相邻嘧啶间形成腺嘧啶二聚体,引起双链结构的扭曲变形,阻碍碱基的正常配对,从而抑制 DNA 的复制,轻则使微生物发生突变,重则造成微生物的死亡。紫外线照射的量与所用紫外灯的功率、照射距离和照射时间有关,照射距离固定时,照射的时间越长,则照射剂量越高。紫外线透过物质的能力弱,一层黑纸足以挡住紫外线的透过。

环境因素中的化学因素和生物因素,如化学药品、pH、氧、微生物间的拮抗作用和噬菌体,对微生物的生长有不同的影响,化学药品中的抑菌剂或杀菌剂则具有抑菌作用或杀菌作用。本实验选取数种常用的药物,以检验其抑菌效能和同一药物对不同微生物的抑制效力。微生物作为一个群体,其生长的 pH 范围很广,但绝大多数种类适应的 pH 在 5～9,而每种微生物的生长都有最高、最低和最适 pH。根据微生物对氧的需求,可把微生物分为需氧微生物和厌氧微生物两大类。在半固体深层培养基管中,穿刺接种上述对氧需求不同的细菌,适温培养后,各类细菌的生长情况各有不同,需氧微生物生长在培养基的表面,厌氧微生物生长在培养基的底部,兼性微生物按照其好氧的程度生长在培养基的不同深度。

## 三、实验材料

1. 材料

大肠杆菌、枯草芽孢杆菌、金黄色葡萄球菌。

2. 仪器与用具

培养皿、移液管、紫外线灯、水浴恒温培养箱、试管、接种环、无菌滤纸、无菌滴管。

3. 试剂

肉膏蛋白胨培养基、无菌水、土霉素、新洁尔灭、复方新诺明、汞溴红、碘酒、结晶紫溶液。

## 四、实验步骤

1. 紫外线对微生物的影响

(1) 取无菌肉膏蛋白胨培养基平板 3 个,分别在培养皿底部作标记。

(2) 分别取培养 24 h 的大肠杆菌、枯草芽孢杆菌和金黄色葡萄球菌菌液 0.1 mL,加在相应的平板上,再用无菌涂棒涂布均匀,用无菌黑纸遮盖部分平板。

(3) 紫外线灯预热 15 min 后关灯,把盖有黑纸的平板置于紫外线灯光下,平板与紫外线灯距离 30 cm。打开培养皿盖,紫外线照射 20 min 关灯,移开黑纸,盖上皿盖。

(4) 37 ℃培养 24 h 后观察结果,比较并记录平板未盖黑纸部分的菌落数量,判断大肠杆菌、枯草芽孢杆菌、金黄色葡萄球菌对紫外线的抵抗能力。

2. 药物的抑菌作用实验

(1) 取培养 18～24 h 的大肠杆菌、枯草芽孢杆菌和金黄色葡萄球菌斜面菌种各一支,分别加入 4.5 mL 的无菌水,用接种环将菌苔轻轻刮下,振荡,制成均匀的菌悬液。

(2) 取 3 个无菌培养皿,每实验菌一个培养皿,标明菌种和试剂药品名称。

(3) 分别用无菌滴管加菌液 0.2 mL 于相应的无菌培养皿中。

(4) 将熔化并冷却至 45～50 ℃的肉膏蛋白胨培养基倾入培养皿中 15 mL,迅速与无菌液混匀,冷却,制成含菌平板。

(5) 用镊子分别取浸泡在土霉素、复方新诺明、新洁尔灭、汞溴红和结晶紫溶液中的圆形滤纸各一片,置于同一含菌平板上。

(6) 将平板倒置于 37 ℃的温箱中,培养 24 h 后观察结果,用卡尺或尺子测量并记录抑菌的直径(如下表)。根据其直径的大小,可初步确定测试药品的抑菌效能。

**物理因素对微生物的影响(紫外线)**

| 菌种 | |
|---|---|
| 大肠杆菌 | |
| 枯草芽孢杆菌 | |
| 金黄色葡萄球菌 | |

**药物对微生物生长的影响(抑菌)**

| 实验药品 | 大肠杆菌 | 枯草芽孢杆菌 | 金黄色葡萄球菌 |
|---|---|---|---|
| 复方新诺明 | | | |
| 新洁尔灭 | | | |
| 土霉素 | | | |
| 汞溴红 | | | |
| 结晶紫 | | | |

## 五、思考题

1. 影响抑(杀)菌圈大小的因素有哪些? 抑(杀)菌圈大小是否能准确地反映出化学消毒剂具有的是抑菌作用还是杀菌作用?

2. 在紫外线实验中为什么要用到黑纸?

3. 如果抑菌带内隔一段时间后又长出少数菌落,应如何解释这种现象?

4. 如何确定某一种理化因素的作用是抑菌、杀菌或是溶菌?

## 六、注意事项

1. 在实验操作过程中注意防护紫外线对皮肤的伤害,严禁使皮肤暴露于紫外线下。

2. 实验中所用的抗生素等药物要注意保质期，过期的药品可能会降低对微生物生长的抑制能力而影响实验结果。

3. 制备平板培养基时厚度要均匀，指示菌涂布也要均匀，使细菌分散、均匀。

4. 倒平板应在培养基温热且流动性很好时进行。培养基不要太薄也不要太厚。倒完以后冷却过程中要放平。整个过程需要无菌。

# 第四章

# 食品有害物质分析与检验

## 实验 63 食源性致病性大肠杆菌及毒力因子的检验

### 一、实验目的

1. 学习和掌握食品中大肠杆菌的检测方法。
2. 了解测定过程中每一步的基本原理。

### 二、实验原理

大肠杆菌主要来自人或温血动物粪便，食品中检出大肠杆菌则说明食品受到了人或动物粪便的污染，大肠杆菌数量越多则表明粪便污染越严重，由此推测该食品存在着被肠道致病菌污染的可能性，潜伏着食物中毒和流行病的威胁。故以此作为粪便污染指标来评价食品的卫生质量，具有广泛的卫生学意义。食品中大肠杆菌数系以每 100 mL(g)检样内大肠杆菌的最大可能数表示，即 MPN。大量实验证明，该方法的检测结果有可能大于试剂的数量，但只要适当增加每个稀释度试管的重复数目，就能减少这种误差。因此，在实际检测过程中，应根据所求数据的准确度来确定发酵实验的重复次数。

### 三、实验材料

1. 材料

大肠杆菌。

2. 仪器与用具

恒温培养箱、冰箱、恒温水浴锅、天平、均质器、振荡器、无菌吸管(1 mL，具 0.01 mL 刻度)、微量移液器、无菌锥形瓶(500 mL)、pH 计或 pH 比色管或精密 pH 试纸、菌落计数器等。

3. 试剂

月桂基硫酸盐胰蛋白胨肉汤（Lauryl Sulfate Tryptose Broth，LST）、煌绿乳糖胆盐肉汤（Brilliant Green Lactose Bile Broth，BGLB）；结晶紫中性红胆盐琼脂（VRBA）、磷酸盐缓冲液、无菌生理盐水、无菌 1 mol/L NaOH、无菌 1 mol/L HCl。

## 四、实验步骤

1. 大肠杆菌 MPN 计数法

（1）样品的稀释

① 固体和半固体样品。称取 25 g 样品，放入盛有 225 mL 磷酸盐缓冲液或生理盐水的无菌均质杯内，8 000～10 000 r/min 均质 1～2 min；或放入盛有 225 mL 磷酸盐缓冲液或生理盐水的无菌均质袋中，用拍击式均质器拍打 1～2 min，制成 1∶10 的样品匀液。

② 液体样品。以无菌吸管吸取 25 mL 样品，放入盛有 225 mL 磷酸盐缓冲液或生理盐水的无菌锥形瓶（瓶内预置适当数量的无菌玻璃珠）中，充分混匀，制成 1∶10 的样品匀液。

③ 样品匀液的 pH 值应在 6.5～7.5，可用 1 mol/L NaOH 或 1 mol/L HCl 调节。

④ 用无菌吸管或微量移液器吸取 1∶10 样品匀液 1 mL，沿管壁缓缓注入盛有 9 mL 磷酸盐缓冲液或生理盐水的无菌试管中（注意吸管或吸头尖端不要触及稀释液面），振摇试管或换用 1 支无菌吸管反复吹打，使其混合均匀，制成 1∶100 的样品匀液。

⑤ 根据对样品污染状况的估计，按上述操作，依次制成 10 倍递增系列稀释样品匀液。每递增稀释 1 次，换用 1 支无菌吸管或吸头。从制备样品匀液至样品接种完毕，全过程不得超过 15 min。

（2）初发酵试验

① 每个样品选择 3 个适宜的连续稀释度的样品匀液（液体样品可以选择原液），每个稀释度接种 3 管 LST，每管接种 1 mL（如接种量超过 1 mL，则用双料 LST），36 ℃±1 ℃培养 24 h±2 h，观察试管内是否有气泡产生，如未产气则继续培至 48 h±2 h。

②记录在 24 h 和 48 h 内产气的 LST 管数。未产气者为大肠杆菌阴性，产气者则进行复发酵试验。

（3）复发酵试验

用接种环从所有 48 h±2 h 内发酵产气的 LST 管中分别取培养物 1 环，移种于 BGLB 管中，（36±1）℃培养 48 h±2 h，观察产气情况。产气者计为大肠杆菌阳性。

2. 大肠杆菌平板计数法

（1）样品的稀释

按前法中的稀释方法进行。

（2）平板计数

① 选取 2～3 个适宜的连续稀释度，每个稀释度接种两个无菌平皿，每皿 1 mL。同时分别取 1 mL 生理盐水加入另外两个无菌平皿作为空白对照。

② 及时将15～20 mL冷却至46 ℃的VRBA倾注于每个平皿,小心旋转平皿,将培养基与样液充分混匀,待琼脂凝固后,再加3～4 mL VRBA覆盖平板表层。翻转平板,置于36 ℃±1 ℃培养18～24 h。

③ 平板菌落数的选择。选取菌落数在15～150 cfu的平板,分别计数平板上出现的典型菌落数和可疑大肠杆菌菌落数。典型菌落为紫红色,菌落周围有红色的胆盐沉淀环,菌落直径为0.5 mm或更大。

(3) 证实试验

从VRBA平板上挑取10个不同类型的典型菌落和可疑菌落,分别移种于BGLB管内,36 ℃±1 ℃培养24～48 h,观察产气情况。凡产气者,即可报告为大肠杆菌阳性。

## 五、思考题

1. 实际生活中经常会见到"超标"字眼,经本实验检测,你的样品中细菌、大肠杆菌是否超标?试举例5种食品微生物限量标准。
2. 列举几种快速准确的大肠杆菌检查方法并说明其生化原理。
3. 说明大肠杆菌菌落的计数方法。
4. 分别论述大肠杆菌MPN计数法和平板计数法的优缺点。

## 六、注意事项

1. 可疑菌落的选取,应是每个琼脂平板上分别取10～20个(10个以下的全选)乳糖发酵和不发酵的菌落。
2. 实验要在无菌环境下,即酒精灯周围,否则会染菌影响实验。

# 实验64　食源性金黄色葡萄球菌及毒素检验

## 一、实验目的

1. 了解食品的质量与金黄色葡萄球菌检验的意义。
2. 掌握金黄色葡萄球菌的生物学特性。
3. 掌握金黄色葡萄球菌检验的生化试验的操作方法和结果的判断。
4. 掌握食品中金黄色葡萄球菌检验的方法和技术。

## 二、实验原理

金黄色葡萄球菌进入人体内,可引起局部的痈疾和蜂窝组织炎,还可以引起肺炎、心肌炎、骨骼炎、肾盂肾炎等系统化脓性感染,进一步可发展成败血症。此外,食品中生长金黄色葡萄球菌是食品卫生中的一种潜在危险,因为金黄色葡萄球菌在食品中会产生肠毒素,食用后将引起食物中毒，其在我国引起的细菌性食物中毒事件仅次于沙门氏菌和副溶血性弧菌。因此，检验食品中金黄色葡萄球菌具有实际意义。绝大多数金黄色葡萄球菌在血琼脂平板上产生金黄色色素，菌落周围有透明的溶血圈，在厌氧条件下能分解甘露醇产酸，产生血浆凝固酶和耐热的 DNA 酶。

## 三、实验材料

1. 材料

金黄色葡萄球菌。

2. 仪器与用具

恒温培养箱、冰箱、恒温水浴箱、天平、均质器、振荡器、无菌吸管（1 mL，具 0.01 mL 刻度；10 mL，具 0.1 mL 刻度）或微量移液器及吸头、无菌锥形瓶（100 mL、500 mL）、无菌培养皿（直径 90 mm）、注射器（0.5 mL）、pH 计或 pH 比色管或精密 pH 试纸等。

3. 试剂

10%氯化钠胰酪胨大豆肉汤、7.5%氯化钠肉汤、血琼脂平板、Baird-Parker 琼脂平板、脑心浸出液肉汤（Brain Heart Influsion Broth，BHI）、兔血浆、磷酸盐缓冲液、营养琼脂小斜面、革兰染色液、无菌生理盐水等。

## 四、实验步骤

1. 金黄色葡萄球菌定性检验

（1）样品处理

称取 25 g 样品放入盛有 225 mL 7.5%氯化钠肉汤或 10%氯化钠胰酪胨大豆肉汤的无菌均质杯内，8 000～10 000 r/min 均质 1～2 min；或放入盛有 225 mL 7.5%氯化钠肉汤或 10%氯化钠胰酪胨大豆肉汤的无菌均质袋中，用拍击式均质器拍打 1～2 min。若样品为液态，吸取 25 mL 样品放入盛有 225 mL7.5%氯化钠肉汤或 10%氯化钠胰酪陈大豆肉汤的无菌锥形瓶（瓶内可预置适当数量的无菌玻璃珠）中，振荡混匀。

（2）增菌和分离培养

将上述样品匀液于 36 ℃±1 ℃培养 18～24 h。金黄色葡萄球菌在 7.5%氯化钠肉汤中呈浑浊生长，污染严重时在 10%氯化钠胰酪胨大豆肉汤内呈浑浊生长。

将上述培养物分别划线接种到血平板和 Baird-Parker 平板，血平板 36 ℃±1 ℃培养 18～24 h；Baird-Parker 平板 36 ℃±1 ℃培养 18～24 h 或 45～48 h。

金黄色葡萄球菌在 Baird-Parker 平板上生长出的菌落直径为 2～3 mm，颜色呈灰色到黑色，边缘为淡色，周围为一浑浊带，在其外层有一透明圈，用接种针接触菌落有似奶油至树胶样的硬度；偶尔会遇到非脂肪溶解的类似菌落，但无浑浊带及透明圈。长期保存的冷冻或干燥食品中分离出的菌种培养出的菌落比典型菌落的黑色要淡些，外观可能粗糙并干燥。在血平板上形成的菌落较大，圆形、光滑凸起、湿润、金黄色（有时为白色），菌落周围可见完全透明溶血圈。挑取上述菌落进行革兰染色镜检及血浆凝固酶试验。

（3）鉴定

① 染色镜检。金黄色葡萄球菌为革兰阳性球菌，排列呈葡萄球状，无芽孢，无荚膜，直径约为0.5～1 pm。

② 血浆凝固酶试验。挑取Baird-Parker平板或血平板上可疑菌落1个或1个以上，分别接种到5 mL BHI和营养琼脂小斜面，36 ℃±1 ℃培养18～24 h。

取新鲜配制兔血浆0.5 mL放入小试管中，再加入BHI培养物0.2～0.3 mL，振荡摇匀，置36 ℃±1 ℃温箱或水浴箱内，每半小时观察一次，观察6 h，如呈现凝固（即将试管倾斜或倒置时，呈现凝块）或凝固体积大于原体积的一半，即判定为阳性结果。同时以血浆凝固酶试验阳性和阴性葡萄球菌菌株的肉汤培养物作为对照。也可用商品化的试剂，按说明书操作，进行血浆凝固酶试验。

结果如可疑，挑取营养琼脂小斜面的菌落到5 mL BHI，36 ℃±1 ℃培养18～48 h，重复试验。

（4）结果与报告

① 结果判定。血平板、Baird-Parker平板的菌落特征、镜检结果符合金黄色葡萄球菌的特征，及血浆凝固酶试验阳性的，可判为金黄色葡萄球菌阳性。

② 结果报告。在25 g（mL）样品中检出（或未检出）金黄色葡萄球菌。

2. 金黄色葡萄球菌Baird-Parker平板法检验

（1）样品的稀释

① 固体和半固体样品。称取25 g样品放入盛有225 mL磷酸盐缓冲液或生理盐水的无菌均质杯内，8 000～10 000 r/min均质1～2 min；或放入盛有225 mL磷酸盐缓冲液或生理盐水的无菌均质袋中，用拍击式均质器拍打1～2 min，制成1∶10的样品匀液。

② 液体样品。以无菌吸管吸取25 mL样品放入盛有225 mL磷酸盐缓冲液或生理盐水的无菌锥形瓶（瓶内预置适当数量的无菌玻璃珠）中，充分混匀，制成1∶10的样品匀液。

③ 用无菌吸管或微量移液器吸取1∶10样品匀液1 mL，沿管壁缓慢注于盛有9 mL磷酸盐缓冲液的无菌试管中，振摇试管或换用1支无菌吸管反复吹打使其混合均匀，制成1∶100的样品匀液。

④ 按③操作程序，制备10倍系列稀释样品匀液。每递增稀释一次，换用1支无菌吸管或微量移液器吸头。

（2）样品的接种

根据对样品污染状况的估计，选择2～3个适宜稀释度的样品匀液（液体样品可包括原液），每个稀释度分别吸取1 mL样品匀液分别接入三块Baird-Parker平板，然后用无菌棒涂布整个平板，注意不要触及平板边缘。使用前，如Baird-Parker平板表面有水珠，可放在25～50 ℃的培养箱里干燥，直到平板表面的水珠消失。

（3）培养

在通常情况下，涂布后将平板静置10 min，如样液不易吸收，可将平板放在培养箱36 ℃±1 ℃培养1 h；等样品匀液吸收后翻转平皿，倒置于培养箱，36 ℃±1 ℃培养45～48 h。

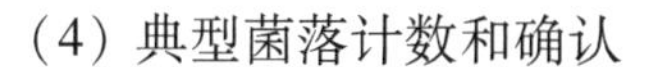

（4）典型菌落计数和确认

① 金黄色葡萄球菌在 Baird-Parker 平板上生长出的菌落直径为 2～3 mm，颜色呈灰色到黑色，边缘为淡色，周围为一浑浊带，在其外层有一透明圈，用接种针接触菌落有似奶油至树胶样的硬度；偶尔会遇到非脂肪溶解的类似菌落，但无浑浊带及透明圈。长期保存的冷冻或干燥食品中分离出的菌种培养出的菌落比典型菌落的黑色要淡些，外观可能粗糙并干燥。

② 选择典型金黄色葡萄球菌菌落中同一稀释度 3 个平板菌落数皆在 20～200 cfu 的平板，计数典型菌落数。

a. 只有一个稀释度平板的菌落数在 20～200 cfu 且有典型菌落，计数该稀释度平板上的典型菌落。

b. 最低稀释度平板的菌落数小于 20 cfu 且有典型菌落，计数该稀释度平板上的典型菌落。

c. 某一稀释度平板的菌落数大于 200 cfu 且有典型菌落，但下一稀释度平板上没有典型菌落，应计数该稀释度平板上的典型菌落。

d. 某一稀释度平板的菌落数大于 200 cfu 且有典型菌落，下一稀释度平板上有典型菌落，但其平板上的菌落数不在 20～200 cfu，则应计数该稀释度平板上的典型菌落。

以上按下式计算：

$$T=\frac{AB}{CD}$$

式中：$T$ 为样品中金黄色葡萄球菌菌落数；$A$ 为某一稀释度典型菌落的总数；$B$ 为某一稀释度血浆凝固酶阳性的菌落数；$C$ 为某一稀释度用于血浆凝固酶试验的菌落数；$D$ 为稀释因子。

e. 2 个连续稀释度的平板菌落数均在 20～200 cfu，则按下式计算：

$$T=\frac{\frac{A_1B_1}{C_1}+\frac{A_2B_2}{C_2}}{1.1D}$$

式中：$T$ 为样品中金黄色葡萄球菌菌落数；$A_1$ 为第一稀释度（低稀释倍数）典型菌落的总数；$A_2$ 为第二稀释度（高稀释倍数）典型菌落的总数；$B_1$ 为第一稀释度（低稀释倍数）血浆凝固酶阳性的菌落数；$B_2$ 为第二稀释度（高稀释倍数）血浆凝固酶阳性的菌落数；$C_1$ 为第一稀释度（低稀释倍数）用于血浆凝固酶试验的菌落数；$C_2$ 为第二稀释度（高稀释倍数）用于血浆凝固酶试验的菌落数；1.1 为计算系数；$D$ 为稀释因子（第一稀释度）。

③ 从典型菌落中任选 5 个菌落（典型菌落小于 5 个则全选），分别按前一法相应步骤做血浆凝固酶试验。

（5）结果与报告

根据 Baird-Parker 平板上金黄色葡萄球菌的典型菌落数，按上述公式计算报告每 1 g（mL）样品中金黄色葡萄球菌数，以 cfu/g（mL）表示；如 $T$ 值为 0，则以小于 1 乘以最低稀释倍数报告。

(6) 毒力检测

采用菌丝生长速率法进行毒力测定。根据预试验结果，将药品配制成试验母液，按照系列稀释的方法，通过浓度初筛试验确定适宜的浓度比范围，并以此浓度加入到熔化好的 PDA 培养基中。

$$\text{菌丝生长抑制率}=\frac{(\text{对照菌落直径}-\text{菌饼直径})-(\text{处理菌落直径}-\text{菌饼直径})}{\text{对照菌落直径}-\text{菌饼直径}}\times 100\%$$

用 DPSv 和 Excel 进行数据统计，计算出有效抑制中浓度 EC50 值，以此值来表示供试杀菌剂对两种病菌的抑制作用强弱。

## 五、思考题

1. 金黄色葡萄球菌在血平板 Baird-Parker 平板上的菌落特征如何？为什么？
2. 食品中能否允许有个别金黄色葡萄球菌存在？为什么？
3. 鉴定致病性金黄色葡萄球菌的重要指标是什么？
4. 为什么采用血浆凝固酶试验来判断葡萄球菌是否致病？

## 六、注意事项

1. 配制 Baird-Parker 琼脂基础培养基时，一定要注意加入亚硫酸钾卵黄乳液时，培养基的温度不能太高，以免影响亚硫酸钾的作用，或者导致卵黄絮凝。

2. 在观察 Baird-Parker 平板上的菌落特征时，一定要注意金黄色葡萄球菌具有“双环”，即一圈浑浊带，外侧有一透明环。只有单环浑浊带的一般是变形杆菌。

3. 在进行血浆凝固试验时要注意：可疑菌落需同时接种在 5 mL 的 BHI 肉汤中和营养琼脂上；必须使用新鲜的 BHI 肉汤培养物；加入 BHI 肉汤培养物后，要轻轻转动瓶身至混合均匀；试验应每半小时观察一次，不可直接观察 6 h 后的结果，因为一些金黄色葡萄球菌能够产生蛋白酶来分解纤维蛋白，而出现先凝集而后消融的情况，每半小时观察一次，可防止因观察不及时而造成误判。

4. 观察凝固情况时，采用将试管缓慢倾斜或倒置的方式。当凝固体积大于原体积一半时，即可判为阳性。切记不要采用摇晃的方式进行观察。

# 实验 65　食源性沙门氏菌检验

## 一、实验目的

1. 了解食品的质量与沙门氏菌检验的意义。
2. 掌握沙门氏菌的生物学特性。

3. 掌握沙门氏菌检验的生化试验操作方法和结果的判断方法。

4. 掌握沙门氏菌属血清学检测方法。

5. 掌握食品中沙门氏菌的检验方法和技术。

## 二、实验原理

沙门氏菌属是一大群寄生于人类和动物肠道中的革兰氏阴性杆菌,其生化反应和抗原构造相似,需氧、无芽孢,周身鞭毛、能运动,不发酵侧金盏花醇、乳糖及蔗糖,不液化明胶,不产生靛基质,不分解尿素,能有规律地发酵葡萄糖并产酸产气。沙门氏菌属种类繁多,少数只对人致病,其他对动物致病,偶尔可传染给人,主要引起人类伤寒、副伤寒以及食物中毒或败血症。在发生于世界各地的食物中毒事件中,沙门氏菌引起的食物中毒常占首位或第二位。

食品中沙门氏菌的检验方法有五个基本步骤:①前增菌;②选择性增菌;③选择性平板分离沙门氏菌;④生化试验,鉴定到属;⑤血清学分型鉴定。目前检验食品中的沙门氏菌是以统计学取样方案为基础,以 25 g 食品为标准分析单位。

## 三、实验材料

1. 材料

沙门氏菌。

2. 仪器与用具

冰箱、恒温培养箱、均质器、振荡器、电子天平(感量 0.1 g)、无菌锥形瓶(容量 500 mL、250 mL)、无菌吸管(1 mL,具 0.01 mL 刻度;10 mL,具 0.1 mL 刻度)或微量移液器及吸头、无菌培养皿(直径 90 mm)、无菌试管(3 mm×50 mm、10 mm×75 mm)、无菌毛细管、pH 计或 pH 比色管或精密 pH 试纸、全自动微生物生化鉴定系统等。

3. 试剂

沙门氏菌属显色培养基、氰化钾(KCN)培养基、赖氨酸脱羧酶试验培养基、糖发酵管、邻硝基酚 β-D-半乳糖苷(O-Nitrophenyl-β-D-galactopyranoside,ONPG)培养基、丙二酸钠培养基、生化鉴定试剂盒、缓冲蛋白胨水(Buffered Peptone Water,BPW)、四硫磺酸钠煌绿增菌液(Tatrathionate Broth Base,TTB)、亚硒酸盐胱氨酸增菌液(Selenite Cystine Broth,SC)、亚硫酸铋(Bismuth Sulfite,BS)琼脂、HE(Hektoen Enteic)琼脂、木糖赖氨酸脱氧胆酸盐(Xylose Lysine Desoxycholate,XLD)琼脂、三糖铁(Trisaccharide Iron,TSI)琼脂、蛋白胨水、靛基质试剂、尿素琼脂(pH 7.2)、半固体琼脂、沙门氏菌 O 和 H 诊断血清。

## 四、实验步骤

1. 前增菌

称取 25 g(mL)样品放入盛有 225 mL BPW 的无菌均质杯中,以 8 000～10 000 r/min

均质 1～2 min；或置于盛有 225 mL BPW 的无菌均质袋中，用拍击式均质器拍打 1～2 min。若样品为液态，不需要均质，振荡混匀。如需测定 pH，用 1 mol/mL 无菌 NaOH 或 HCl 调 pH 至 6.8±0.2。无菌操作将样品转至 500 mL 锥形瓶中，如使用均质袋，可直接进行培养，于 36 ℃±1 ℃培养 8～18 h。

如样品为冷冻产品，应在 45 ℃以下不超过 15 min 或 2～5 ℃不超过 18 h 解冻。

2. 增菌

轻轻摇动培养过的样品混合物，移取 1 mL，转种于 10 mL TTB 内，于 42 ℃±1 ℃培养 18～24 h。同时，另取 1 mL，转种于 10 mL SC 内，于 36 ℃±1 ℃培养 18～24 h。

3. 分离

分别用接种环取增菌液 1 环，划线接种于一个 BS 琼脂平板和一个 XLD 琼脂平板（或 HE 琼脂平板或沙门氏菌属显色培养基平板），于 36 ℃±1 ℃分别培养 18～24 h（XLD 琼脂平板、HE 琼脂平板、沙门氏菌属显色培养基平板）或 40～48 h（BS 琼脂平板），观察各个平板上菌落的生长。各个平板上的菌落特征见下表：

| 选择性琼脂平板 | 沙门氏菌 |
|---|---|
| BS 琼脂 | 菌落为黑色有金属光泽、棕褐色或灰色，菌落周围培养基可呈黑色或棕色；有些菌株形成灰绿色的菌落，周围培养基不变 |
| HE 琼脂 | 多数菌落为蓝绿色或蓝色，中心黑色或几乎全黑色；有些菌落为黄色，中心黑色或几乎全黑色 |
| XLD 琼脂 | 菌落呈粉红色，带或不带黑色中心，有些菌落可呈现大的带光泽的黑色中心或呈现全部黑色；有些菌落为黄色，带或不带黑色中心 |
| 沙门氏菌属显色培养基 | 按照显色培养基的说明进行判定 |

4. 生化试验

自选择性琼脂平板上分别挑取 2 个以上典型或可疑菌落，接种到 TSI 琼脂，先在斜面划线，再于底层穿刺；接种针不要灭菌，直接接种到赖氨酸脱羧酶试验培养基和营养琼脂平板，于 36 ℃±1 ℃培养 18～24 h，必要时可延长至 48 h。在 TSI 琼脂和赖氨酸脱羧酶试验培养基内，沙门氏菌属的反应结果如下表所示：

| 三糖铁琼脂 | | | | 赖氨酸脱羧酶试验培养基 | 初步判断 |
|---|---|---|---|---|---|
| 斜面 | 底层 | 产气 | 硫化氢 | | |
| K | A | +(－) | +(－) | + | 可疑沙门氏菌 |
| K | A | +(－) | +(－) | － | 可疑沙门氏菌 |
| A | A | +(－) | +(－) | + | 可疑沙门氏菌 |
| A | A | +/－ | +/－ | － | 非沙门氏菌 |
| K | K | +/－ | +/－ | +/－ | 非沙门氏菌 |

注：K 为产碱，A 为产酸；+为阴性，－为阴性；+(－)为多数阳性，少数阴性；+/－为阳性或阴性。

如果为 K/K 模式，说明斜面、底层产碱，没有发酵葡萄糖，而沙门氏菌是可以发酵葡萄糖的，所以无论赖氨酸脱羧酶试验结果如何，均为非沙门氏菌。

沙门氏菌可发酵葡萄糖，不发酵乳糖和蔗糖，底层产酸，由于葡萄糖量少，发酵完后利用蛋白胨产碱，碱量大于酸，中和后变为碱性。若沙门氏菌试验为 K/A 模式，判定为可疑。

如果赖氨酸脱羧酶试验为阳性，而 TSI 为 A/A 模式，即利用了赖氨酸产碱，但量不够，在底层、斜面产酸量较大，说明利用了乳糖或者蔗糖，部分沙门氏菌具有这样的性质，判定为可疑。

如果赖氨酸脱羧酶试验为阴性，而 TSI 为 A/A 模式，说明底层、斜面产酸，没有一种沙门氏菌属具有这样的性质，故判定为非沙门氏菌。

可以在接种到 TSI 琼脂和赖氨酸脱羧酶试验培养基的同时，直接接种到蛋白胨水（供做靛基质试验）、尿素琼脂（pH 7.2）、氰化钾（KCN）培养基；也可在得到初步判断结果后从营养琼脂平板上挑取可疑菌落接种，于 36 ℃±1 ℃培养 18～24 h，必要时可延长至 48 h，按下表判定结果。将已挑菌落的平板贮存于 2～5 ℃或室温至少保留 24 h，以备必要时复查。

| 反应序号 | 硫化氢（$H_2S$） | 靛基质 | pH 7.2 尿素 | 氰化钾（KCN） | 赖氨酸脱羧酶 |
|---|---|---|---|---|---|
| A1 | + | − | − | − | + |
| A2 | + | + | − | − | + |
| A3 | − | − | − | − | +/− |

注：+为阳性；−为阴性；+/−为阳性或阴性。

反应序号 Al 为典型反应，判定为沙门氏菌。如尿素、氰化钾和赖氨酸脱羧酶三项中有一项异常，按照下表可判定为沙门氏菌；如有两项异常则为非沙门氏菌。

| pH 7.2 尿素 | 氰化钾（KCN） | 赖氨酸脱羧酶 | 判定结果 |
|---|---|---|---|
| − | − | − | 甲型副伤寒沙门氏菌（要求血清学鉴定结果） |
| − | + | + | 沙门氏菌 IV 或 V（要求符合本群生化特征） |
| + | − | + | 沙门氏菌个别变体（要求血清学鉴定结果） |

注：+为阳性；−为阴性。

5. 血清学分型鉴定

抗原的准备：一般采用 1.5%琼脂斜面培养物作为玻片凝集试验用的抗原。

（1）O 血清不凝集时，将菌株接种在琼脂量较高（如 2.5%～3%）的培养基上再检查；如果是由于 Vi 抗原的存在而阻止了 O 凝集反应，可挑取菌苔于 1 mL 生理盐水中做成浓菌液，于酒精灯火焰上煮沸后再检查。H 抗原发育不良时，将菌株接种在 0.7%～0.8%半固体琼脂平板的中央，待菌落蔓延生长时，在其边缘部分取菌检查；或将菌株通过装有 0.3%～0.4%半固体琼脂的小玻管 1～2 次，自远端取菌培养后再检查。

(2) O 抗原的鉴定操作:用 A～F 多价 O 血清做玻片凝集试验,同时用生理盐水做对照(图 1)。在生理盐水中自凝者为粗糙形菌株,不能分型。

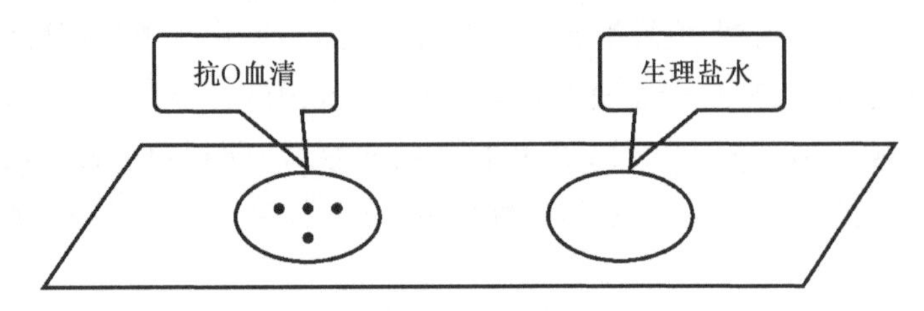


**图 1　片凝集试验**

被 A～F 多价 O 血清凝集者,依次用 O4;O3;O10;O7;O8;O9;O2 和 O11 因子血清做凝集试验,根据试验结果,判定 O 群。被 O3,O10 血清凝集的菌株,再用 O10、O15、O34、O19 单因子血清做凝集试验,判定 E1、E2、E3、E4 各亚群。每一个 O 抗原成分的最后确定均应根据 O 单因子血清的检查结果,没有 O 单因子血清的要用两个 O 复合因子血清进行核对。

不被 A～F 多价 O 血清凝集者,先用 57 种或 163 种沙门氏菌因子血清中的 9 种多价 O 血清检查,如有其中一种血清凝集,则用这种血清所包括的 O 群血清逐一检查,以确定 O 群。每种多价 O 血清所包括的 O 因子如下表所示:

| O 多价 1 | A, B, C, D, E, F 群(并包括 6,14 群) |
|---|---|
| O 多价 2 | 3,16,17,18,21 群 |
| O 多价 3 | 28,30,35,38,39 群 |
| O 多价 4 | 40,41,42,43 群 |
| O 多价 5 | 44,45,47,48 群 |
| O 多价 6 | 50,51,52,53 群 |
| O 多价 7 | 55,56,57,58 群 |
| O 多价 8 | 59,60,61,62 群 |
| O 多价 9 | 63,65,66,67 群 |

## 五、思考题

1. 如何提高沙门氏菌的检出率?
2. 沙门氏菌在三糖铁培养基上的反应结果如何? 请解释这些现象。
3. 沙门氏菌检验有哪 5 个基本步骤?
4. 食品中能否允许有个别沙门氏菌存在? 为什么?

## 六、注意事项

1. 标准中选用了两种培养基进行选择性增菌培养,目的是为了适应多种沙门氏菌的生长,降低漏检率。两种培养基必须同时使用。

2. SC 培养温度是 36 ℃±1 ℃,而 TTB 的培养温度是 42 ℃±1 ℃,必须严格按照参考标准中规定的温度进行培养。

3. BS 平板成分较不稳定，按照标准应第一天配制、第二天使用，放置时间不超过 48 h，存放时间过长会影响培养基使用效果。

4. 样品处理、增菌、分离培养时，需严格进行无菌操作，防止外来污染。

# 实验 66　单核细胞增生李斯特氏菌检验

## 一、实验目的

食品中存在的单核细胞增生李斯特氏菌危害人类的生命健康，该菌在 4 ℃的环境中仍可生长繁殖，是冷藏食品中威胁人类健康的主要病原菌之一，因此，在食品卫生微生物检验中必须对其加以重视。

## 二、实验原理

该菌营养要求不高，兼性厌氧，最适在含有 $CO_2$ 的微需氧环境中生长，生长温度范围 1.5～45 ℃，最适温度为 30～37 ℃，能在普通冰箱冷藏室生长，是一种典型的耐冷性细菌，同时还具有耐盐性。

## 三、实验材料

1. 材料

单核细胞增生李斯特氏菌。

2. 仪器与用具

冰箱、恒温培养箱、均质器、显微镜、电子天平（感量 0.1 g）、锥形瓶（100 mL、500 mL）、无菌吸管（1 mL，具 0.01 mL 刻度；10 mL，具 0.1 mL 刻度）或微量移液器及吸头、无菌平皿（直径 90 mm）、无菌试管（16 mm×160 mm）、离心管（30 mm×100 mm）、无菌注射器（1 mL）。

3. 试剂

含 0.6%酵母浸膏的胰酪胨大豆肉汤（TSB-YE）、含 0.6%酵母浸膏的胰酪胨大豆琼脂（TSA-YE）、李氏增菌肉汤（LB1、LB2）、1%盐酸吖啶黄（Acriflavine HCl）溶液、1%萘啶酮酸钠盐（Naladixic acid）溶液、李斯特氏菌显色培养基、半固体或 SIM 动力培养基、羊血琼脂平板、PALCAM 琼脂平板、生化鉴定试剂盒或全自动微生物鉴定系统。

## 四、实验步骤

1. 增菌

以无菌操作取样品 25 g（mL）加入到含有 225 mL LB1 增菌液的均质袋中，用拍击式均质器连续均质 1～2 min；或放入盛有 225 mL LB1 增菌液的均质杯中，以 8 000～10 000 r/min 均质 1～2 min，于 30 ℃±1 ℃培养 24 h±2 h。移取 0.1 mL，转种于 10 mL LB2 增菌液内，于 30 ℃±1 ℃培养 24 h±2 h。

分别取 LB2 二次增菌液划线接种于李斯特氏菌显色平板和 PALCAM 琼脂平板，于 36 ℃±1 ℃培养 24～48 h，观察各个平板上生长的菌落。典型菌落在 PALCAM 琼脂平板上为小的圆形灰绿色菌落，周围有棕黑色水解圈，有些菌落有黑色凹陷；在李斯特氏菌显色平板上的菌落特征，参照产品说明进行判定。

2. 初筛

自选择性琼脂平板上分别挑取 3～5 个典型或可疑菌落，分别接种到木糖、鼠李糖发酵管，于 36 ℃±1 ℃培养 24 h±2 h；同时在 TSA-YE 平板上划线接种，于 36 ℃±1 ℃培养 18～24 h；最后选择木糖阴性、鼠李糖阳性的纯培养物继续进行鉴定。

3. 鉴定(亦可选择生化鉴定试剂盒或全自动微生物鉴定系统等进行鉴定)

(1) 染色镜检　李斯特氏菌为革兰氏阳性短杆菌，大小为(0.4～0.5 μm)×(0.5～2.0 μm)；用生理盐水制成菌悬液，在油镜或相差显微镜下观察，该菌出现轻微旋转或翻滚样的运动。

(2) 动力试验　挑取纯培养的单个可疑菌落穿刺半固体或 SIM 动力培养基，于 25～30 ℃培养 48 h，李斯特氏菌有动力，在半固体或 SIM 培养基上呈伞状生长，如伞状生长不明显，可继续培养 5 d，再观察结果。

(3) 生化鉴定　挑取纯培养的单个可疑菌落，进行过氧化氢酶试验；过氧化氢酶阳性反应的菌落继续进行糖发酵试验和 MR-VP 试验。单核细胞增生李斯特氏菌的主要生化特征见表 1。

(4) 溶血试验　将新鲜的羊血琼脂平板底面划分为 20～25 个小格，挑取纯培养的单个可疑菌落刺种到血平板上，每格刺种一个菌落，并刺种阳性对照菌(单增李斯特氏菌、伊氏李斯特氏菌和斯氏李斯特氏菌)和阴性对照菌(英诺克李斯特氏菌)，穿刺时尽量接近底部，但不要触到底面，同时避免琼脂破裂，36 ℃±1 ℃培养 24～48 h，于明亮处观察。单增李斯特氏菌呈现狭窄、清晰、明亮的溶血圈，斯氏李斯特氏菌在刺种点周围产生弱的透明溶血圈，英诺克李斯特氏菌无溶血圈，伊氏李斯特氏菌产生宽的、轮廓清晰的 β-溶血区域。若结果不明显，可置 4 ℃冰箱 24～48 h 再观察。也可用划线接种法。

(5) 协同溶血试验　在羊血琼脂平板上平行划线接种金黄色葡萄球菌和马红球菌，挑取纯培养的单个可疑菌落垂直划线接种于平行线之间，垂直线两端不要触及平行线，距离 1～2 mm，同时接种单核增生李斯特氏菌、英诺克李斯特氏菌、伊氏李斯特氏菌和斯氏李斯特氏菌，于 36 ℃±1 ℃培养 24～48 h。单核细胞增生李斯特氏菌在靠近金黄色葡萄球菌处出现约 2 mm 的 β-溶血增强区域，斯氏李斯特氏菌也出现微弱的溶血增强区域，伊氏李斯特氏菌在靠近马红球菌处出现约 5～10 mm 的“箭头状”β-溶血增强区域，英诺克李斯特氏菌不产生溶血现象。若结果不明显，可置 4 ℃冰箱 24～48 h 再观察。另外，要注意 5%～8%的单核细胞增生李斯特氏菌在马红球菌一端有溶血增强现象。

(6) 细菌培养法　单核细胞增生李斯特氏菌在普通琼脂平板上呈直径约 0.2～0.4 μm、半透明露水样菌落，在血琼脂平板上有 β-溶血环，在显色培养基上呈蓝绿色。食品中李斯特氏菌的传统检验方法是进行前增菌或选择性增菌，以分离培养得到的可疑菌落做生化反应实验、溶血实验、协同溶血实验等免疫学检测，确定为李斯特氏菌后进一步进行血清分型。该方法中增菌和选择性增菌是不可缺少的步骤。增菌的方法主要包括冷增菌法和常温培养法。冷增菌法是在 4 ℃培养 30 d，有时甚至长达一年；常温增菌需培养 24 h 至 7 d，故传统检测方法需要 7～11 d 才能分离鉴定出李斯特氏菌，检测周期较长。

**表 1　单核细胞增生李斯特氏菌生化特征与其他李斯特氏菌的区别**

| 菌种 | 溶血 | 葡萄糖 | 麦芽糖 | MR-VP | 甘露醇 | 鼠李糖 | 木糖 | 七叶苷 |
|---|---|---|---|---|---|---|---|---|
| 单增李斯特氏菌 *L. monocytogenes* | + | + | + | +/+ | − | + | − | + |
| 格氏李斯特氏菌 *L. grayi* | − | + | + | +/+ | + | − | − | + |
| 斯氏李斯特氏菌 *L. seeligeri* | + | + | + | +/+ | − | − | + | + |
| 威氏李斯特氏菌 *L. welshimeri* | − | + | + | +/+ | − | v | + | + |
| 伊氏李斯特氏菌 *L. ivanovii* | + | + | + | +/+ | − | − | + | + |
| 英诺克李斯特氏菌 *L. innocua* | − | + | + | +/+ | − | v | − | + |

注：+为阳性；−为阴性；v 为反应不定。

(7) 血清凝集法　根据菌体抗原和鞭毛抗原，LM 分为 16 个血清型：1/2a、1/2b、1/2c、3a、3b、3c、4a、4ab、4b、4c、4d、4e、5、6a、6b、7。抗原结构与毒力无关，对人致病的主要为血清型 1/2a、1/2b、4b，占全球本病病例约 90%。

(8) 分子生物学检测方法　随着核酸探针杂交技术的应用，对单核细胞增生性李斯特氏菌的检测进入了分子水平。

① 探针检测技术

这一技术是最早应用于李斯特氏菌检测的分子生物学技术。早在 1988 年，Atin 等就克隆出李斯特氏菌 β 溶血素基因的一个 500 bp DNA 片段并测序，以此序列合成 4 种寡核苷酸探针，以 $^{32}P$ 标记该探针，经斑点杂交实验证实，该探针只与单核李斯特氏菌反应，与其他种的李斯特氏菌和属外的细菌均呈阴性，表现出很好的特异性。但探针杂交无法分辨死菌和活菌，尽管通过增菌可使死菌比例减少，相对地减少假阳性，但并不能完全杜绝假阳性结果。随着探针技术的逐渐成熟，人们开始关注将多个 DNA 特异性探针固定到芯片上，制成基因芯片。基因芯片的特点是可同时检测多种菌，减少实验次数，并且检测所需的引物较少。

② 聚合酶链式反应(Polymerase Chain Reaction，PCR)检测技术

PCR的发展已经相当成熟,已被广泛应用于李斯特氏菌的检测。PCR扩增特异性引物中,一种是依据李斯特氏菌的特异毒力基因序列而设计,另一种是依据李斯特氏菌基因组中特异序列而设计。常用的靶序列为hly A、iap、inl、Dth-18等毒力基因。利用PCR方法来检测李斯特氏菌的优点是特异性好,不足之处是灵敏度较低。将样品培养物经化学抽提后再进行扩增,提高了样品的检出率,并且可以检测到传统增菌方法不能检出的"活的非可培养"的李斯特氏菌。PCR技术还可对李斯特氏菌进行定量检测。例如Nogva等运用5′-核酸酶PCR对单增李斯特氏菌进行定量检测;Choia等运用cPCR对李斯特氏菌进行定量检测;Long等以hly为靶基因,采用PCRELISA联合检测技术对李斯特菌进行定量检测。

## 五、思考题

1. 单核细胞增生李斯特氏菌的主要生化特征有哪些?与英诺克李斯特氏菌有何区别?
2. 如果前增菌或选择性增菌结束后,肉汤中未见微生物生长,是否可以终止实验?
3. 单核细胞增生李斯特氏菌可能存在于哪些食品中?冷藏食品中是否有可能存在?
4. 单核细胞增生李斯特氏菌有哪些危害?日常生活中应如何进行防控?

## 六、注意事项

1. 单核细胞增生李斯特氏菌分离纯化及保菌操作应在生物安全柜内进行。
2. 单核细胞增生李斯特氏菌标准菌株的使用、保存须严格按照《菌(毒)种管理规程》要求进行操作,严格实行双人双锁保管,严防菌株被恶意使用而造成的生物危害。
3. 在单核细胞增生李斯特氏菌阳性菌株上送过程中严格执行B类运输包装(同"样品采集"),携带"可感染人类的高致病性病原微生物菌(毒)种或样本运输许可证",由专车运送、专业人员全程护送。

# 实验67 动物源性猪瘟病毒检验

## 一、实验目的

1. 学习并掌握猪瘟病毒(CSFV)常用检验方法和技术。
2. 熟练运用检验操作。

## 二、实验原理

利用微孔滤膜的渗滤浓缩和毛细层析作用,使抗原抗体在固相膜上反应,由胶体金标记的抗体显色,阳性反应在膜上呈现红色,阴性反应则不显色。已经报道的猪瘟

(CSF)胶体金诊断技术,主要基于 CSFV 抗体定量检测和病原定性检测,对猪感染 CSFV 野毒或接种免疫弱毒疫苗不能进行鉴别诊断。根据 CSFV 野毒和弱毒核酸序列差异建立的套式 PCR 技术和荧光定量 PCR 技术,能区分 CSFV 野毒和弱毒株,但主要用于实验室诊断,不适用于现地检测。

猪瘟病毒是 ssRNA 病毒,黄病毒科瘟病毒属,其 RNA 为单股正链。病毒粒子呈圆形,大小为 38～44 nm,核衣壳是立体对称二十面体,氯化铯中浮密度 1. 15～1. 17 g/mL,有包膜。猪瘟病毒在细胞质内复制,不能凝集红血球,与牛腹泻病毒有相关抗原。该病毒对乙醚敏感,对温度、紫外线、化学消毒剂等抵抗力较强。

根据 GenBank 上登录的现有 CSFV 基因组全序列,选择高度保守区设计了一对 CSFV 通用引物,并在该对引物跨越区域的内部设计了猪瘟兔化弱毒疫苗和强毒特异性引物,建立了一种能区分猪瘟强毒和弱毒的 RT-nPCR 鉴别诊断方法,即复合反转录-套式聚合酶链式反应。

## 三、实验材料

1. 材料

临床上疑似猪瘟的病料(血液)、猪睾丸细胞系-ST 细胞。

2. 仪器与用具

显微镜、基因扩增仪、凝胶成像分析系统、离心管、猪瘟胶体金快速诊断试纸、酶标板条、温箱、分光光度计等。

3. 试剂

总 RNA 提取剂、CSFV 冻干活疫苗、圆克清 10% FBS、1% PS、无菌 PBS 缓冲液、DMEM 培养基、4%多聚甲醛、1% BSA、5%Triton X－100、兔抗猪 CSFV 多克隆抗体、兔抗猪 IgG、猪瘟抗体检测试剂盒、动物全血、显色液 A、显色液 B、终止液等。

## 四、实验步骤

1. 细胞培养

本实验所使用的细胞为实验室保存的猪睾丸细胞系-ST 细胞。从液氮中取出保存的 ST 细胞,于 37 ℃水中快速解冻,将解冻后的细胞冻存液转移至 15 mL 离心管,1 000 r/min 室温离心 5 min,弃上清,加入适量的 10% FBS 和 1% PS,将细胞悬浮均匀,于细胞培养箱培养。复苏的细胞培养 24 h 后进行传代,连续传代 2～5 代,细胞活性状态恢复至最佳生长状态。

2. 联合免疫疫苗的制备

按照 1 头份圆克清(2 mL)稀释 1 头份 CSFV 冻干活疫苗的比例制备联合免疫疫苗,根据 CSFV 冻干活疫苗份数进行等比例放大;同时,按照相同的比例,使用无菌 PBS 缓冲液稀释 CSFV 冻干活疫苗,作为感染细胞的对照,稀释的疫苗暂时置于 4 ℃保存备用。

3. 细胞感染试验

ST 细胞用胰酶消化,用 DMEM 悬浮均匀,并稀释至 $2\times10^5$ cells/mL,分别取 0.9 mL 细胞悬浮液放入无菌的离心管并将 PBS 稀释的 CSFV 疫苗和圆克清稀释的 CSFV 疫苗各取 0.1 mL,分别加入 2 管细胞悬浮液,即为 10 稀释度。分别取 10 稀释度的 2 种细胞/疫苗混合液 0.1 mL 加入 0.9 mL 细胞悬浮液,混合均匀后依次稀释至 10 稀释度;将 PB 疫苗和圆克清-CSFV 疫苗的梯度稀释液接种于 96 孔板(0.1 mL/孔),每个稀释度做 8 个重复,同时,设置未加疫苗的对照孔(接种 0.1 mL ST 细胞悬浮液);CSFV 冻干疫苗稀释 1 h 和 2 h 后,将疫苗稀释液按照以上方法重复感染,分别为稀释后 1 h 和 2 h 的感染组,所有感染后的细胞放入培养箱培养 96 h。

检测 CSFV 疫苗稀释后病毒的滴度。上述感染 96 h 后的细胞,弃上清,用无菌的 PBS 洗 2 次,加入 4%多聚甲醛,室温固定 20 min;弃甲醛,用 PBS 洗 3 次,甩干后加入 0.5% Triton X－100,室温作用 10 min;弃 0.5% Triton X－100,用 PBS 洗 3 次,加入 1% BSA,室温作用 30 min;弃 1% BSA,用 PBS 洗 3 次,加入 1∶400 稀释的兔抗猪 CSFV 多克隆抗体,室温孵育 1 h;弃一抗,用 PBS 洗 3 次,加入 1∶200 稀释的兔抗猪 IgG(FITC 标记),室温孵育 1 h,用 PBS 洗 3 次后,通过荧光显微镜观察结果。

4. 酶联免疫吸附试验

酶分子与抗体或抗抗体分子共价结合,滴加底物溶液后,底物可在酶作用下使其所含的供氢体由无色的还原型变成有色的氧化型,出现颜色反应。因此,可通过底物的颜色反应来判定有无相应的免疫反应,从而检测相应的病毒。

(1) 样品准备

① 取动物全血按常规方法制备血清,要求血清清亮,无溶血、无污染。样品 1 周内可于 2～8 ℃保存,长期需置-20 ℃保存。

② 根据样本数量准备对应数量的小刻度 EP 管或血清稀释盘,用样品稀释液将待检血清按 50 倍稀释(如 4 μL 血清加入 196 μL 样品稀释液中,混匀)。阴性、阳性对照不用稀释。

③ 浓缩洗涤液使用前应恢复至室温使沉淀溶解,然后用蒸馏水或去离子水作 20 倍稀释,得到工作洗涤液(如 19 份蒸馏水或去离子水加 1 份浓缩洗涤液)。

(2)检验方法

① 使用前将试剂盒置室温 30 min,恢复至室温。

② 取所需用量酶标板条,设阴性、阳性对照各 1 孔,未用的板条尽快密封,2～8 ℃保存。

③ 阴性、阳性对照孔分别加入阴性、阳性对照 100 μL;样品孔每孔加入稀释后的样品 100 μL。

④ 混匀,盖好盖板膜,置 37 ℃温箱孵育 30 min。

⑤ 甩去孔内液体,每孔加 250 μL 工作洗涤液,用振荡混匀的方式洗涤 60 s 后弃洗涤液,重复洗涤 5 次,每次洗涤后需拍干液体。

⑥ 每孔加酶标记物 100 μL，置 37 ℃避光反应 30 min。

⑦ 甩去孔内液体，每孔加 250 μL 工作洗涤液，用振荡混匀的方式洗涤 60 s 后弃洗涤液，重复洗涤 5 次，每次洗涤后需拍干液体。

⑧ 根据样本数量将显色液 A 与显色液 B 按等体积比例混匀配制为底物工作液，现配现用，每孔加 100 μL，置 37 ℃避光反应 10 min。

⑨ 每孔加终止液 100 μL，混匀，于 450 nm 测定各孔吸光值（OD 值），实验正常的情况下，阳性对照 OD－阴性对照 OD>0. 2。

## 五、思考题

1. 病毒分离培养与鉴定方法的优点是什么？
2. 常用的猪瘟检验方法有哪些？
3. 直接荧光抗体检查诊断方法的优缺点是什么？
4. 间接血凝实验测定的猪瘟抗体效价对于猪瘟的预防、诊断与控制有何意义？

## 六、注意事项

1. 操作前佩戴一次性口罩、手套，穿专用工作服。手套和生物安全柜内喷洒核酸祛除剂或 5%的 84 消毒液。

2. 装有移液器吸头的吸头盒必须保持关闭状态，绝对避免吸完阳性对照的吸头经过打开的吸头盒。

3. 最先加阴性对照，并盖上盖子，然后加 PCR 待检核酸，最后加阳性对照。必要时设置试验后阴性对照以验证实验操作假阳性。

4. 整个操作过程都要戴手套进行，一旦发现有污染风险必须更换手套并喷洒核酸祛除剂或 20%的 84 消毒剂。操作过程中产生的废吸头、废弃物品、被污染物品集中放入装有 20%的 84 消毒液的废液缸内，且物品要浸泡于液体中。

# 实验 68　食品中铅的测定

## 一、实验目的

1. 学习并掌握食品中铅的测定原理和方法。
2. 学会相关实验现象的观察与分析。

## 二、实验原理

原子吸收光谱法：样品经消化后，导入原子吸收分光光度计中，经火焰原子化后，吸收波长为 283. 3 nm 的共振线，其吸收量与铅含量成正比，与标准系列比较定量。

分光光度法(二硫腙比色法):样品经消化后,在 pH 为 8.5～9.0 时,铅离子与二硫腙生成红色络合物,溶于三氯甲烷,加入柠檬酸铵、氰化钾和盐酸羟胺等,防止铜、铁、锌等离子干扰,与标准系列比较定量。

## 三、实验材料

1. 材料

粮食、豆类、蔬菜、水果、鱼类、肉类及蛋类等。

2. 仪器与用具

原子吸收分光光度计(带铅空心阴极灯)、锥形瓶、玻璃珠、电热板、刻度试管、瓷坩埚、电炉、马弗炉、容量瓶。

3. 试剂

混合酸　硝酸+高氯酸(5+1)。

0.5 mol/L 硝酸、50%硝酸溶液、氨水(1+1)、盐酸(1+1)、酚红指示液(1 g/L)、氰化钾溶液(100 g/L)、三氯甲烷(不应含氧化物)、硝酸(1+99)、硝酸-硫酸混合液(4+1)。

铅标准储备液　精确称取 1.000 g 金属铅(纯度大于 99.99%)或 1.598 g 的硝酸铅(优级纯),加适量 50%硝酸溶液使之溶解,移入 1 000 mL 容量瓶中,用 0.5 mol/L 硝酸定容至刻度,储存于聚乙烯瓶内,在冰箱内保存。此溶液每毫升相当于 1 mg 铅。

铅标准使用液　吸取铅标准储备液 10.0 mL,置于 100 mL 的容量瓶中,用 0.5 mol/L 的硝酸溶液稀释至刻度,该溶液每毫升相当于 100 μg 铅。

盐酸羟胺溶液(200 g/L)　称取 20 g 盐酸羟胺,加水溶解至 50 mL,加 2 滴酚红指示液,加氨水(1+1)调 pH 至 8.5～9.0(由黄变红,再多加 2 滴);用二硫腙-三氯甲烷溶液提取至三氯甲烷层绿色不变为止,再用三氯甲烷洗两次,弃三氯甲烷层,水层加盐酸(1+1)呈酸性,加水至 100 mL。

柠檬酸铵溶液(200 g/L)　称取 50 g 柠檬酸铵,溶于 100 mL 水中,加 2 滴酚红指示液,加氨水(1+1)调 pH 至 8.5～9.0;用二硫腙-三氯甲烷溶液提取数次,每次 10～20 mL,至三氯甲烷层绿色不变为止,弃三氯甲烷层;再用三氯甲烷洗两次,每次 5 mL,弃三氯甲烷层,加水稀释至 250 mL。

淀粉指示液　称取 0.5 g 可溶性淀粉,加 5 mL 水摇匀后,慢慢倒入 100 mL 沸水中,随倒随搅拌,煮沸,放冷备用。临用时配制。

二硫腙-三氯甲烷溶液(0.5 g/L)　称取精制过的二硫腙 0.5 g,加 1 L 三氯甲烷溶解,保存于冰箱中。

二硫腙使用液　吸取 1.0 mL 二硫腙溶液,加三氯甲烷至 10 mL,混匀。用 1 cm 比色皿,以三氯甲烷调节零点,于波长 510 nm 处测吸光度($A$),用下式算出配制 100 mL 二硫腙使用液(70%透光度)所需二硫腙溶液的体积($V$)。

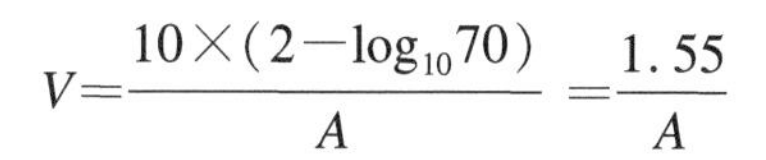

$$V=\frac{10\times(2-\log_{10}70)}{A}=\frac{1.55}{A}$$

## 四、实验步骤

1. 原子吸收光谱法

（1）样品湿法消化

吸取均匀样品 10～20 mL 放入 150 mL 锥形瓶中，再放入几粒玻璃珠。酒类和碳酸类饮品先于电热板上小火加热除去酒精和二氧化碳，然后加入 20 mL 的混合酸，于电热板上加热至颜色由深变浅，至无色透明冒白烟时取下，放冷后加入 10 mL 水继续加热赶酸至冒白烟为止。冷却后用去离子水洗至 25 mL 的刻度试管中。同时做试剂空白对照。

（2）样品干法灰化

称取制备好的均匀样品 5.0～10.0 g 置于瓷坩埚中，于电炉上小火炭化至无烟后移入马弗炉中，500 ℃灰化约 8 h 后取出，放冷后再加入少量混合酸，小火加热至无炭粒，待坩埚稍凉，加 10 mL 0.5 mol/L 的硝酸，溶解残渣并移入 50 mL 的容量瓶中，再用 0.5 mol/L 的硝酸反复洗涤坩埚，洗液并入容量瓶中，并稀释至刻度，混匀备用。

（3）标准曲线的制备

吸取 0 mL、0.50 mL、1.0 mL、2.5 mL、5.0 mL 铅标准使用液，分别置于 50 mL 容量瓶中，以硝酸（0.5 mol/L）稀释至刻度，混匀，此标准系列每毫升含铅分别为 0 μg、1.0 μg、2.0 μg、5.0 μg、10.0 μg。

（4）仪器条件

波长 283.3 nm，灯电流、狭缝、空气乙炔流量及灯头高度均按仪器说明调至最佳状态。

（5）样品测定

将铅标准溶液、试剂空白液和处理好的样品溶液分别导入火焰原子化器进行测定。记录其对应的吸光度值，与标准曲线比较定量。

2. 分光光度法（二硫腙比色法）

（1）样品预处理

在采样和制备过程中，应注意不使样品污染。

粮食、豆类去杂物后，磨碎，过 20 目筛，储于塑料瓶中，保存备用。

蔬菜、水果、鱼类、肉类及蛋类等水分含量高的鲜样，用食品加工机或匀浆机打成匀浆，储于塑料瓶中，保存备用。

（2）样品消化（灰化法）

① 粮食及其他含水分少的食品：称取 5.00 g 样品，置于石英或瓷坩埚中，加热至炭化；然后移入马弗炉中，500 ℃灰化 3 h，放冷，取出坩埚；加硝酸（1+1），润湿灰分，用小火蒸干，在 500 ℃灼烧 1 h，放冷，取出坩埚；加 1 mL 硝酸（1+1），加热，使灰分溶解，移入 50 mL 容量瓶中，用水洗涤坩埚，洗液并入容量瓶中，加水至刻度，混匀备用。

② 含水分多的食品或液体样品：称取 5.0 g 或吸取 5.00 mL 样品，置于蒸发皿中，先在水浴上蒸干，再按前述方法操作。

(3) 测定

吸取 10.0 mL 消化后的定容溶液和等量的试剂空白液，分别置于 125 mL 分液漏斗中，各加水至 20 mL。

吸取 0 mL、0.10 mL、0.20 mL、0.30 mL、0.40 mL、0.50 mL 铅标准使用液（相当于 0 μg、1 μg、2 μg、3 μg、4 μg、5 μg 铅），分别置于 125 mL 分液漏斗中，各加硝酸（1+99）至 20 mL。

于样品消化液、试剂空白液和铅标准液中各加 2 mL 柠檬酸铵溶液（20 g/L）、1 mL 盐酸羟胺溶液（200 g/L）和 2 滴酚红指示液，用氨水（1+1）调至红色，再各加 2 mL 氰化钾溶液（100 g/L），混匀。各加 5.0 mL 二硫腙使用液，剧烈振摇 1 min，静置分层后，将三氯甲烷层经脱脂棉滤入 1 cm 比色皿中，以三氯甲烷调节零点，于波长 510 nm 处测吸光度，各点减去空白液管吸光度值后，绘制标准曲线或计算一元回归方程，将样品曲线与标准曲线比较。

(4) 据下式计算结果

$$w=\frac{(m_1-m_0)\times10^{-6}}{m\times(V_2/V_1)}$$

式中：$w$ 为样品中铅的质量分数；$m_1$ 为测定用样品消化液中铅的质量（μg）；$m_0$ 为试剂空白液中铅的质量（μg）；$m$ 为样品质量（g）；$V_1$ 为样品消化液的总体积（mL）；$V_2$ 为测定用样品消化液体积（mL）。

## 五、思考题

1. 在消化后是否用 NaOH 中和，对铅含量的测定是否有影响？
2. 试对膨化食品铅污染情况作一分析。
3. 如何消除样品的背景干扰？
4. 共存金属离子含量较高时，如何消除干扰？

## 六、注意事项

1. 原子吸收法不适用于测定金属中铅含量非常高的样品，因为过高的铅含量需要进行大量稀释，这可能会导致测定结果的误差增加。

2. 铅的检测容易产生污染，限量低，空白越低，准确度越高。

3. 对选用的试剂、器具以不能污染待测元素为原则。

4. 取样时要均匀和无污染。铅元素在自然中广泛分布，岩石中也存在，所以在制样过程中蔬菜等食品不要带泥土沙石，植物中的铅很大部分都是从土壤中吸收而来的，一定要引起注意。新国标采用磷酸二氢铵-硝酸钯溶液作为基体改进剂，但应注意不要使用钯的氯化物。

# 实验 69 食品中镉的测定

## 一、实验目的

熟悉并掌握石墨炉原子吸收光谱法检测样品中镉含量的原理和方法。

## 二、实验原理

样品经灰化或酸消解后，注入原子吸收分光光度计石墨炉中，电热原子化后吸收 228.8 nm 共振线，在一定浓度范围内，其吸收值与镉含量成正比，与标准系列比较定量。

## 三、实验材料

1. 材料

粮食、豆类、蔬菜、水果、鱼类、肉类及蛋类等。

2. 仪器与用具

食品匀浆机、压力消解罐、石墨炉原子吸收分光光度计、恒温箱、分析天平、研钵、瓷坩埚、马弗炉、可调式电热板、可调式电炉、滴管、容量瓶、三角瓶、高脚烧杯、玻璃珠、漏斗。

3. 试剂

硝酸、过硫酸铵、过氧化氢(30%)、高氯酸。

硝酸溶液(1+1) 取 50 mL 硝酸，慢慢加入 50 mL 水中。

硝酸溶液(0.5 mol/L) 取 3.2 mL 硝酸，加入 50 mL 水中，稀释至 100 mL。

盐酸溶液(1+1) 取 50 mL 盐酸，慢慢加入 50 mL 水中。

磷酸铵溶液(20 g/L) 称取 2.0 g 磷酸铵以水溶解稀释至 100 mL。

混合酸 硝酸+高氯酸(4+1)，取 4 份硝酸与 1 份高氯酸混合。

镉标准储备液 准确称取 1.000 g 金属镉(99.99%)，分次加 20 mL 盐酸(1+1)溶解，加 2 滴硝酸，移入 1 000 mL 容量瓶，加水至刻度，混均。此溶液每毫升含 1.0 mg 镉。

镉标准使用液 吸取镉标准储备液 10.0 mL 于 100 mL 容量瓶中，加硝酸(0.5 mol/L)至刻度。如此重复操作，直至稀释成每毫升含 100.0 ng 镉的标准使用液。

## 四、实验步骤

1. 样品预处理

粮食、豆类去杂质后，磨碎，过 20 目筛，储于塑料瓶中备用。蔬菜、水果、鱼类、肉类及蛋类等水分含量高的鲜样，用食品匀浆机打成匀浆，储于塑料瓶中备用。

2. 样品消解(可根据实验室条件选用以下任何一种消解方法)

(1) 压力消解罐消解法 称取 1～2 g 样品(干样、含脂肪高的样品少于 1 g，鲜样少于2 g或按压力消解罐使用说明书称取样品）放入聚四氟乙烯内罐，加硝酸2～4 mL浸泡过夜。再加过氧化氢（30%）2～3 mL（总量不能超过罐容积的1/3），盖好内盖，旋紧不锈钢外套，放入恒温干燥箱，120～140 ℃保持3～4 h，在箱内自然冷却至室温。用滴管将消化液洗入或过滤入（视消化后样品的盐分而定）10～25 mL容量瓶中，用水少量多次洗涤罐，洗液合并于容量瓶中并定容至刻度，混匀备用。同时做试剂空白。

（2）干法灰化　称取1～5 g（根据镉含量而定）样品放入瓷坩埚，先小火在可调式电热板上炭化至无烟，移入马弗炉500 ℃灰化6～8 h，冷却。若个别样品灰化不彻底，则加1 mL混合酸在可调式电炉上小火加热，反复多次直到消化完全，放冷。用硝酸（0.5 mol/L）将灰分溶解，用滴管将样品消化液洗入或过滤入（视消化后样品的盐分而定）10～25 mL容量瓶中，用水少量多次洗涤瓷坩埚，洗液合并于容量瓶中并定容至刻度，混匀备用。同时做试剂空白。

（3）过硫酸铵灰化法　称取1～5 g样品放入瓷坩埚，加2～4 mL硝酸浸泡1 h以上，先小火炭化，冷却后加2～3 g过硫酸铵盖于上面，继续炭化至不冒烟，转入马弗炉，500 ℃恒温2 h，再升至800 ℃，保持20 min，冷却。加2～3 mL硝酸（1.0 mol/L），用滴管将样品消化液洗入或过滤入（视消化后样品的盐分而定）10～25 mL容量瓶中，用水少量多次洗涤瓷坩埚，洗液合并于容量瓶中并定容至刻度，混匀备用。同时做试剂空白。

（4）湿式消解法　称取样品1～5 g放入三角瓶或高脚烧杯中，再放数粒玻璃珠，加10 mL混合酸（或再加1～2 mL硝酸），加盖浸泡过夜，加一小漏斗并在电炉上消解，若变棕黑色，再加混合酸，直至冒白烟，消化液呈无色透明或略带黄色。放冷，用滴管将样品消化液洗入或过滤入（视消化后样品的盐分而定）10～25 mL容量瓶中，用水少量多次洗涤三角瓶或高脚烧杯，洗液合并于容量瓶中并定容至刻度，混匀备用。同时做试剂空白。

3. 测定

（1）标准曲线绘制　吸取上面配制的镉标准使用液0 mL、1.0 mL、2.0 mL、3.0 mL、5.0 mL、7.0 mL、10.0 mL于100 mL容量瓶中稀释至刻度，相当于0 ng/mL、1.0 ng/mL、2.0 ng/mL、3.0 ng/mL、5.0 ng/mL、7.0 ng/mL、10.0 ng/mL，各吸取10 μL注入石墨炉，测得其吸光值并求得吸光值与浓度关系的一元线性回归方程。

（2）样品测定　分别吸取样液和试剂空白液各10 μL注入石墨炉，测得其吸光值，代入标准系列的一元线性回归方程中求得样液中镉含量。

（3）基体改进剂的使用　对有干扰样品，则注入适量的基体改进剂磷酸铵溶液（20 g/L）（一般为少于5 μL）消除干扰。绘制镉标准曲线时也要加入与样品测定时等量的基体改进剂磷酸铵溶液。

4. 根据下式计算结果

$$X=(A_1-A_2)\times\left(\frac{V_2}{V_1}\right)\times\left(\frac{V_3}{m}\right)$$

式中：$X$ 为样品中镉含量（μg/kg，μg/L）；$A_1$ 为测定消化液中镉含量（ng/mL）；$A_2$ 为空白中镉含量（ng/mL）；$V_1$ 为实际进样消化液体积（mL）；$V_2$ 为进样体积（mL）；$V_3$ 为样品消化液总体积（mL）；$m$ 为样品质量或体积（g 或 mL）。

## 五、思考题

1. 食品中镉的来源有哪些？
2. 食品中隔含量超标会带来什么危害？
3. 哪些因素会影响石墨炉原子吸收的准确度和精密度？
4. 用原子吸收法测定重金属有什么优点？

## 六、注意事项

1. 镉是非常容易造成污染的元素，在一些细小的环节稍加不注意就会造成空白和样品的污染，而且样品的不均也会引起平行样品的差异。

2. 所用玻璃仪器均需以硝酸（1+5）浸泡过夜，用水反复冲洗，最后用去离子水冲洗干净。

3. 分析过程中全部用水均为去离子水，所使用的化学试剂均为优级纯以上。

4. 仪器条件须根据仪器各自性能调至最佳状态。参考条件为：波长 228.8 nm；狭缝 0.5～1.0 nm；灯电流 8～10 mA；干燥温度 120 ℃，20 s；灰化温度 350 ℃，15～20 s；原子化温度 1 700～2 300 ℃，4～5 s；背景校正为氘灯或塞曼效应。

# 实验 70　食品中有机磷农药残留的测定

## 一、实验目的

1. 掌握气相色谱仪的工作原理及使用方法。
2. 学习食品中有机磷农药残留的气相色谱测定方法。

## 二、实验原理

含有机磷的试样在富氢焰上燃烧，以 HPO 碎片的形式放射出波长 526 nm 的特性光，这种光通过滤光片选择后，由光电倍增管接收，转换成电信号，经微电流放大器放大后被记录下来。将样品的峰高与标准品的峰高相比较，可计算出样品含量。

## 三、实验材料

1. 材料

蔬菜、稻谷、小麦、玉米、植物油。

2. 仪器与用具

气相色谱仪(具有火焰光度检测器)、电动振荡器、组织捣碎机、旋转蒸发仪、粉碎机、具塞锥形瓶、具塞刻度试管、滴管、滤纸、分液漏斗、天平、蒸发皿、具塞量筒、移液器。

3. 试剂

二氯甲烷、丙酮。

无水硫酸钠　650 ℃灼烧 4 h,贮于密封容器中备用。

5%硫酸钠溶液　称取 5.0 g 无水硫酸钠,用水溶解,定容至 100 mL。

中性氧化铝　层析用,经 300 ℃活化 4 h 后备用。

活性炭　称取 20 g 活性炭用 3N 盐胶浸泡过夜,抽滤后,用水洗至无氯离子,120 ℃烘干备用。

农药标准储备液　精密称取适量有机磷农药标准品,用苯(或三氯甲烷)配制成储备液,放在冰箱中保存。

农药标准使用液　临用时用二氯甲烷稀释为使用液,使其浓度为敌敌畏、乐果、马拉硫磷、对硫磷和甲拌磷每毫升各相当于 1 μg 磷;稻瘟净、倍硫磷、杀螟硫磷和虫蟠磷每毫升各相当于 2 μg 磷。

## 四、实验步骤

1. 提取和净化

(1) 蔬菜:将蔬菜切碎混匀,称取 10 g 混匀的样品,置于 250 mL 具塞锥形瓶中,加 30～100 g 无水硫酸钠(根据蔬菜含水量)脱水,剧烈振摇后如有固体硫酸钠存在,说明所加无水硫酸钠已够。加 0.2～0.8 g 活性炭(根据蔬菜色素含量)脱色。加 70 mL 二氯甲烷,在振荡器上振摇 0.5 h,经滤纸过滤。量取 35 mL 滤液,在通风柜中室温下自然挥发至近干,用二氯甲烷少量多次研洗残渣,移入 10 mL(或 5 mL)具塞刻度试管中,并定容至 2 mL,备用。

(2) 稻谷:脱壳、磨粉,过 20 目筛、混匀,称取 10 g 置于具塞锥形瓶中,加入 0.5 g 中性氧化铝及 20 mL 二氯甲烷,振摇 0.5 h,过滤,滤液直接进样。如农药残留量过低,则加 30 mL 二氯甲烷,振摇过滤,量取 15 mL 滤液浓缩并定容至 2 mL 进样。

(3) 小麦、玉米:将样品磨粉过 20 目筛,混匀,称取 10 g 置于具塞锥形瓶中,加入 0.5 g 中性氧化铝、0.2 g 活性炭及 20 mL 二氮甲烷,振摇 0.5 h,过滤,滤液直接进样。如农药残留量过低,则加 30 mL 二氯甲烷,振摇过滤,量取 15 mL 滤液浓缩,并定容至 2 mL 进样。

(4) 植物油:称取 5 g 混匀的样品,用 50 mL 丙酮分次溶解并洗入分液漏斗中,摇匀后,加 10 mL 水,轻轻旋转振摇 1 min。静置 1 h 以上,除去下面析出的油层,上层溶液自分液漏斗上口倾入另一分液漏斗中,当心尽量不使剩余的油滴倒入(如乳化严重,分层不清,则放入 50 mL 离心管中,以 2 500 rmp 离心 0.5 h,用滴管吸出上层溶液)。加 30 mL 二氯甲烷、5%硫酸钠溶液 100 mL 振摇 1 分钟。静置分层后,将二氯甲烷提取液移至蒸发皿中。丙酮水溶液再用 10 mL 二氯甲烷提取一次,分层后,合并至蒸发皿中。自然挥发后，如无水，可用二氯甲烷少量多次研洗蒸发皿中残液入具塞量筒中，并定容至 5 mL。加 2 g 无水硫酸钠振摇脱水，再加 1 g 中性氧化铝、0.2 g 活性炭（毛油可加 0.5 g）振摇脱油和脱色，过滤，滤液直接进样。二氯甲烷提取液自然挥发后如有少量水，可用 5 mL 二氯甲烷分次将挥发后的残液洗入小分液漏斗内提取 1 分钟，静置分层后将二氯甲烷层移入具塞量筒内，再以 5 mL 二氮甲烷提取一次，合并入具塞量筒内，定容至 10 mL。加 5 g 无水硫酸钠振摇脱水，再加 1 g 中性氧化铝、0.2 g 活性炭振摇脱油和脱色，过滤，滤液直接进样。或将二氯甲烷和水一起倒入具塞量筒中，用二氯甲烷少量多次研洗蒸发皿，洗液并入具塞量筒中，以二氯甲烷层为准定容至 5 mL，加 3 g 无水硫酸钠，然后如上加中性氧化铝和活性炭依法操作。

2. 色谱条件

（1）色谱柱：玻璃柱内径 3 mm，长 1.5～2.0 m。

① 分离测定敌敌畏、乐果、马拉硫磷和对硫磷的色谱柱：内装涂以 2.5% SE-30 和 3% QF-1 混合固定液的 60～80 目 Chromosorb W AW DMCS；或内装涂以 1.5% OV-17 和 2% QF-1 混合固定液的 60～80 目 Chfomosorb W AW DMCS；或内装涂以 2% OV-101 和 2% QF-1 混合固定液的 60～80 目 Chromosorb W AW DMCS。

② 分离测定甲拌磷、虫螨磷、稻瘟净、倍硫磷和杀螟硫磷的色谱柱：内装涂以 3% PEGA 和 5% QF-1 混合固定液的 60～80 目 Chromosorb W AW DMCS；或内装涂以 2% NPGA 和 3%QF-1 混合固定液的 60～80 目 Chromosorb W AW DMCS。

（2）气流速度：载气为氮气 80 mL/min、空气 50 mL/min、氢气 180 mL/min（氮气和空气、氢气之比按各仪器型号不同选择各自的最佳比例条件）。

（3）温度：进样口 220 ℃；检测器 240 ℃；柱混 180 ℃，但测定敌敌畏为 130 ℃。

3. 测定

根据仪器灵敏度配制一系列不同浓度的标准溶液。

将各浓度的标准溶液 2～5 μL 分别注入气相色谱仪中，可测得不同浓度有机磷标准溶液的峰高，绘制有机磷标准曲线。同时取样品溶液 2～5 μL 注入气相色谱仪中，按照测得的峰高从标准曲线图中查出相应的含量。

4. 据下式计算结果

$$X=\frac{A\times 1\,000}{m\times 1\,000\times 1\,000}$$

式中：$X$ 为样品中有机磷农药含量（mg/kg）；$A$ 为进样体积中有机磷农药的含量（ng）；$m$ 为进样体积（μL）相当于样品的质量（g）。

## 五、思考题

1. 食品中有机磷农药的来源有哪些？

2. 有机磷农药的毒性机理是什么？

3. 火焰光度检测器的原理及适用范围是什么？

4. 如何提高检测结果的准确度？

## 六、注意事项

1. 火焰光度检测器对含磷化合物具有高选择性和高灵敏度，最小检测量可达10～11 g，有机磷检测限比碳氢化合物高1 000倍，因此排除了大量溶剂和其他碳氢化合物的干扰，有利于痕量磷化物的分析。

2. 提取净化，国际上惯用乙腈作为提取溶剂，但其毒性大、价格昂贵且不易购买，因此改用二氯甲烷提取，并在提取时加适量的中性氧化铝和活性炭，基本上可以一次完成提取净化。

3. 油样的提取净化系加5∶1的丙酮水，使油脂中的有机磷农药溶入丙酮中，而油样自然析出，沉在下层。除去油层后，加5%硫酸钠溶液，用二氯甲烷提取，使农药尽量转移到二氯甲烷层中而去除大量的水和部分丙酮，以及水溶性杂质。二氯甲烷提取液经无水硫酸钠、中性氧化铝和活性炭脱水并除去色素和油脂，滤液便可直接进样。

4. 有些有机磷农药如敌敌畏因稳定性差且易被色谱柱中的载体吸附，可采用降低操作温度的方法来克服；另外，也可采用缩短色谱柱至1～1.3 m或减少固定液涂渍的厚度等措施来克服。

# 实验71　食品中有机氯农药残留的测定

## 一、实验目的

1. 掌握气相色谱仪的工作原理及使用方法。

2. 学习食品中有机氯农药残留的气相色谱测定方法。

## 二、实验原理

样品中六六六、滴滴涕经提取、净化后用气相色谱法测定，与标准比较定量。

电子捕获检测器对于负电性强的化合物具有较高的灵敏度，利用这一特点，可分别测出微量的六六六和滴滴涕。不同异构体和代谢物可同时分别测定。

出峰顺序：α-六六六、γ-六六六、β-六六六、δ-六六六、P，P′-DDE、O，P′-DDT、P，P′-DDD、P，P′-DDT

## 三、实验材料

1. 材料

粮食、蔬菜、水果、动物油、植物油、乳与乳制品、蛋与蛋制品、各种肉类及其他动物组织。

2. 仪器与用具

小型粉碎机、小型绞肉机、分样筛、组织捣碎机、电动振荡器、恒温水浴锅、气相色谱仪(具有电子捕获检测器)、容量瓶、具塞锥形瓶、分液漏斗、漏斗滤纸。

3. 试剂

丙酮、乙醚、95%乙醇、石油醚(沸程 30～60 ℃)、苯、无水硫酸钠、草酸钾、硫酸、2%硫酸钠溶液、过氯酸—冰乙酸混合液(1∶1)。

六六六、滴滴涕标准溶液 精密称取甲、乙、丙、丁六六六四种异构体和 α-六六六、β-六六六、γ-六六六、δ-六六六、P, P′-DDE、O, P′-DDT、P, P-DDD、P, P′-DDT 各 10 mg,溶于苯,分别移入 100 mL 容量瓶中,加苯至刻度,混匀、每毫升含农药 100 μg,作为储备液存于冰箱中。

六六六、滴滴涕标准使用液 临用时吸取各标准溶液 2 mL,分别移入 10 mL 容量瓶中,加苯至刻度,混匀。每毫克相当于含农药 20 μg,此浓度适用于薄层色谱法。采用气相色谱法时,根据仪器的灵敏度还需以己烷稀释至适宜浓度,一般为 0.01 μg/mL。

载体 硅藻土(80～100 目),气相色谱用。

固定液 OV—17 及 QF—1。

## 四、实验步骤

1. 提取

(1) 粮食:称取 20 g 粉碎后并通过 20 目筛的样品,置于 250 mL 具塞锥形瓶中,加 100 mL 石油醚,于电动振荡器上振荡 30 min,滤入 150 mL 分液漏斗中,以 20～30 mL 石油醚分数次洗涤残渣,洗液并入分液漏斗中,以石油醚稀释至 100 mL。

(2) 蔬菜、水果:称取 200 g 样品,置于捣碎机中捣碎 1～2 min(若样品中含水分少,可加一定量的水)。称取相当于原样 50 g 的匀浆,加 100 mL 丙酮,振荡 1 min,浸泡 1 h,过滤。残渣用丙酮洗涤三次,每次 10 mL。洗液并入滤液,置于 500 mL 分液漏斗中,加 80 mL 石油醚振摇 1 min。加 200 mL 2%硫酸钠溶液,振摇 1 min。静置分层,弃下层。将上层石油醚液经盛有约 15 g 无水硫酸钠的漏斗滤入另一分液漏斗中,再以少量石油醚分数次洗涤漏斗及其内容物,洗液并入滤液中,以石油醚稀释至 100 mL。

(3) 动物油:称取 5 g 炼过的样品,溶于 250 mL 石油醚,移入 500 mL 分液漏斗中。

(4) 植物油:称取 10 g 样品以 250 mL 石油醚溶解,移入 500 mL 分液漏斗中。

(5) 乳与乳制品:称取 100 g 鲜乳(乳制品取样按鲜乳折算),移入 500 mL 分液漏斗中,加 100 mL 乙醇,1 g 草酸钾,猛摇 1 min,加 100 mL 乙醚摇匀,加 100 mL 石油醚,猛摇 2 min。静置 10 min,弃下层。将有机溶剂层经盛 20 g 无水硫酸钠的漏斗小心缓慢地滤入 250 mL 锥形瓶中,再用少量石油醚分数次洗涤漏斗及其内容物,洗液并入滤液中,以脂肪提取器或浓缩器蒸除有机溶剂,残渣为黄色透明油状物,再以少量石油醚溶解,移入 150 mL 分液漏斗中,以石油醚稀释至 100 mL。

(6) 蛋与蛋制品:取鲜蛋10个,去壳,全部混匀。称取10 g(蛋制品取样量按鲜蛋折算)置于250 mL具塞锥形瓶中,加100 mL丙酮,在电动振荡器上振荡30 min,过滤。用丙酮洗残渣数次,洗液并入滤液中,用脂肪提取器或浓缩器将丙酮蒸除。在浓缩过程中,溶液变黏稠,常出现泡沫,应注意不使其溢出。将残渣用50 mL石油醚溶解,移入分液漏斗中,振摇、静置分层。将下层残渣倒入另一分液漏斗中,加20 mL石油醚,振摇、静置分层。弃去残渣,合并石油醚,经盛约15 g无水硫酸钠的漏斗滤入分液漏斗中,再用少量石油醚分数次洗涤漏斗及其内容物,洗液并入滤液中,以石油醚稀释至100 mL。

(7) 各种肉类及其他动物组织

方法一:称取绞碎混匀的20 g样品,置于钵中,加约80 g无水硫酸钠研磨,无水硫酸钠用量以样品研磨后呈干粉状为宜。将研磨后的样品和硫酸钠一并移入250 mL具塞锥形瓶中,加100 mL石油醚,于电动振荡器上振摇30 min。抽滤,残渣用约100 mL石油醚分数次洗涤,洗液并入滤液中。将全部滤液用脂肪提取器或浓缩器蒸除石油醚,残渣为油状物。以石油醚溶解残渣,移入150 mL分液漏斗中,以石油醚稀释至100 mL。

方法二:称取绞碎混匀的20 g样品,置于烧杯中,加入1:1过氯酸-冰乙酸混合液40 mL,上面覆盖表面皿于80 ℃的水浴消化4～5 h。将上述消化液移入500 mL分液漏斗中,以40 mL水洗烧杯,洗液并入分液漏斗。以30 mL、20 mL、20 mL、200 mL石油醚(或环己烷)分四次从消化液中提取农药。合并石油醚(或环己烷)并使之通过高约4～5 cm的无水硫酸钠小柱,滤入100 mL容量瓶中。以少量石油醚(或环己烷)洗小柱,洗液并入容量瓶中,然后以石油醚稀释至刻度、混匀。

2. 净化

(1) 在100 mL样品石油醚提取液(动、植物油样品除外)中加10 mL硫酸(提取液与硫酸体积比为10:1),振摇数下后,将分液漏斗倒置,打开活塞放气,然后振摇0.5 min,静置分层。弃下层溶液,上层溶液由分液漏斗上口倒至另一250 mL分液漏斗中,用少许石油醚洗原分液漏斗后,并入250 mL分液漏斗中。加2%硫酸钠溶液100 mL,振摇后静置分层。弃下层溶液,用滤纸吸除分液漏斗颈内外的水。然后将石油醚经盛有约15 g无水硫酸钠的漏斗过滤,并以石油醚洗涤盛有无水硫酸钠的漏斗数次,洗液并入滤液中,以石油醚稀释至一定体积,供气相色谱法用。或将全部溶液浓缩至1 mL进行薄层色谱测定。经上述净化步骤处理过的样液,在测定时如出现干扰,可再以硫酸处理。

(2) 在250 mL动、植物油样品石油醚提取液中加25 mL硫酸,振摇数下后,将分液漏斗倒置,打开活塞放气,然后振摇0.5 min,静置分层。弃下层溶液,再加25 mL硫酸,振摇30 s,静置分层。弃下层溶液,上层溶液由分液漏斗上口倒于另一500 mL分液漏斗中,用少许石油醚洗原分液漏斗,洗液并入分液漏斗中。加2%的硫酸钠溶液250 mL,摇匀,静置分层。之后按(1)操作。

3. 色谱条件

(1) 氚源电子捕获检测器

汽化室温度:190 ℃;色谱柱温度:160 ℃;检测器温度:165 ℃;载气(氮气)流速:

60 mL/min;极化电比:30 V。

(2) Ni63 电子捕获检测器

气化空温度:215 ℃;色谱柱温度:195 ℃;检测器温度:225 ℃;载气(氮气)流速:90 mL/min。

(3) 色谱柱

内径 3～4 mm,长 1.2～2 m 的玻璃柱,内装涂以 1.5% OV-17 和 2% QF-1 的混合固定液的 80～100 目硅藻土。

4. 测量和计算

电子捕获检测器的线性范围狭窄,为了便于定量,应使样品进样量适合各组分的线性范围。根据样品中六六六、滴滴涕存在形式,相应地制备各组分的标准曲线,从而计算样品中的含量。

六六六、滴滴涕及其异构体或代谢物含量按下式计算:

$$X=\frac{A\times 1\,000}{m\times\frac{V_1}{V_2}\times 1\,000}$$

式中:$X$ 为样品中六六六、滴滴涕及其异构体或代谢物的单一含量(mg/kg);$A$ 为被测定用样液中六六六或滴滴涕及其异构体或代谢物的单一含量(ng);$V_1$ 为样品净化液体积(mL);$V_2$ 为样液进样体积(mL);$m$ 为样品质量(g)。

## 五、思考题

1. 食品中有机氯农药的来源有哪些?
2. 有机氯农药的毒性机理是什么?
3. 如何检验该实验方法的准确度?

## 六、注意事项

1. 在测定有机氯农药残留量的工作中,气相色谱法是使用较为广泛的技术。样品测定前需要进行样品提取液的净化,以除去脂肪、色素等杂质。一般多采用柱层析、液-液分配等步骤。但这类净化步骤繁琐,有机溶剂用量大,农药也容易损失。本法采用硫酸净化法,操作简便,并可用于植物油及动物性食物中六六六、滴滴涕残留量的测定。

2. 果、蔬样品,如采用下法提取可节省试剂,改善操作人员工作环境:在 200 g 果、蔬样品匀浆中准确称取相当于 5 g 样品的匀浆,放入 50 mL 具塞三角瓶中,加丙酮 10 mL,摇混 1 min,浸泡 1 h,过滤于 50 mL 具塞量瓶中。残渣用丙酮洗涤 3 次,每次 5 mL,合并滤液。加石油醚 8 mL,摇混 1 min,加 2%硫酸钠溶液 20 mL,振摇 1 min,静置分层。取上层石油醚液经无水硫酸钠滤于试管中。

3. 均匀的乳品样品也可以按以下方法提取:称取 2 g 乳品样品,加丙酮 4 mL,振摇

1 min，再加石油醚4 mL，振摇1分钟，静置分层，取出上层液，如此重复2次。合并3次的上层液，加等体积2%硫酸钠溶液，摇混后静置分层，取上层液经无水硫酸钠滤于试管中。

4. 测定时，各类食物样品提取液中主要干扰物质是脂质，去除脂质的净化条件如下：花生油、豆油、猪油、羊油、牛油、鸡油等油脂溶于不同体积石油醚中，按1∶1进行硫酸处理，以每100 mL石油醚溶解植物油4 g或动物油2 g进行硫酸处理较为适宜。如果油脂超过上述量，与硫酸作用后不易分层。

观察油脂的石油醚溶液硫酸净化脂质效果，可将4 g花生油或豆油溶于100 mL石油醚，或2 g猪油或鸡油溶于100 mL石油醚，各用10 mL浓硫酸处理，观察石油醚中残留油脂的重量。花生油、豆油的石油醚溶液用硫酸处理一次后，脂肪残渣在10 mg左右，薄层层析时原点处有油迹，有时干扰α-六六六的测定。花生油、豆油、猪油、鸡油的石油醚溶液经硫酸处理二次的净化效果与处理三次相当，对薄层层析及气相色谱测定未见干扰。因此确定油脂样品需经硫酸处理二次。

# 实验72　食品中兽药残留的测定

## Ⅰ　抗生素残留量的测定

### 一、实验目的

1. 学习并掌握兽药的分类。
2. 熟练抗生素残留量的测定操作。

### 二、实验原理

样品经提取孔滤膜过滤后直接进样，用反相色谱分离，紫外检测器检测，与标准比较定量，出峰顺序为土霉素、四环素、金霉素等。

### 三、实验材料

1. 材料

肉类。

2. 仪器与用具

天平、锥形瓶、振荡器、离心机、离心管、高效液相色谱仪、真空过滤器。

3. 试剂

混合标准溶液：分别吸取1.0 mg/mL土霉素、四环素的0.01 mol/L盐酸溶液各1 mL，1.0 mg/mL金霉素水溶液2 mL，共同置于10 mL容量瓶中，加蒸馏水至刻度。此溶液每毫升含土霉素、四环素各 0.1 mg，金霉素 0.2 mg，临用时现配。

5%高氯酸、乙腈-0.01 mol/L 磷酸二氢钠溶液。

## 四、实验步骤

1. 样品制取

称取 5.00 g（±0.01 g）切碎的肉样（直径小于 5 mm）置于 50 mL 锥形瓶中，加入 5%高氯酸 25.0 mL，于振荡器上振荡提取 10 min，移入离心管中，以 2 000 r/min 离心 3 min，取上清液经 0.45 μm 滤膜过滤，备用。

2. 色谱条件

（1）检测器：紫外检测器，波长为 355 nm，灵敏度为 0.002AUFS。

（2）色谱柱：ODS-$C_{18}$ 5 μm×6.2 mm×15 cm。

（3）流动相：乙腈-0.01 mol/L 磷酸二氢钠溶液（用 30%硝酸溶液调节 pH 至 2.5；35+65 体积比）。

（4）柱温：室温。

（5）流速：1.0 mL/min。

（6）进样量：10 pL。

3. 工作曲线绘制

称取 7 份切碎的肉样，每份 5.00 g（±0.01 g）放入 50 mL 锥形瓶中，分别加入混合标准溶液 0 μL、25 μL、50 μL、100 μL、150 μL、200 μL、250 μL（含土霉素、四环素各为 0 μg、2.5 μg、5.0 μg、10.0 μg、15.0 μg、20.0 μg、25.0 μg，含金霉素 0 μg、5.0 μg、10.0 μg、20.0 μg、30.0 μg、40.0 μg、50.0 μg），再加入 5%高氯酸 25.0 mL，于振荡器上振荡提取 10 min，移入离心管中，以 2 000 r/min 离心 3 min，取上清液经 0.45 μm 滤膜过滤，取 10 μL 滤液进样。以峰高为纵坐标，以抗生素含量为横坐标，绘制标准曲线。

4. 结果计算

$$\text{抗生素含量(mg/kg)} = \frac{A \times 1\,000}{m}$$

式中：$A$ 为样品溶液测得抗生素质量（mg）；$m$ 为样品质量（g）。

## 五、思考题

1. 药物残留的三致指的是什么？
2. 兽药残留的种类有哪些？
3. 兽药残留的危害有哪些？

# Ⅱ　己烯雌酚残留量的测定

## 一、实验目的

1. 学习并掌握兽药的分类。
2. 熟练己烯雌酚残留量的测定操作。

## 二、实验原理

样品匀浆后，经甲醇提取过滤，注入HPLC柱中，经紫外检测器于波长230 nm处测定吸光度，同条件下绘制工作曲线。己烯雌酚（DES）含量与吸光度值在一定浓度范围内呈正比，将样品与工作曲线比较定量。本标准适用于新鲜鸡肉、牛肉、猪肉、羊肉中己烯雌酚残留量的测定，最小检出限为1.25 ng（取样5 g时，最小检出浓度为0.25 mg/kg）。

## 三、试剂与仪器

1. 材料

肉类。

2. 仪器与用具

高效液相色谱仪（具紫外检测器）、小型绞肉机、小型粉碎机、电动振荡机、离心机、具塞离心管、真空过滤器、容量瓶。

3. 试剂

使用的试剂一般要求分析纯，有机溶剂需过0.5 μm滤膜，无机试剂需过0.45 μm滤膜。

甲醇、0.043 mol/L磷酸二氢钠（$NaH_2PO_4 \cdot 2H_2O$）、磷酸。

己烯雌酚标准储备液　精密称取100 mg己烯雌酚溶于甲醇，移入100 mL容量瓶中，加甲醇至刻度，混匀，每毫升含DES 1 mg，储于冰箱中。

己烯雌酚标准使用液　吸取10.0 mL DES储备液，移入100 mL容量瓶中，加甲醇至刻度，混匀，每毫升含DES 100 μg。

## 四、实验步骤

1. 提取及净化

称取5 g（±0.1 g）绞碎肉样品（直径小于5 mm），放入50 mL具塞离心管中，加10 mL甲醇，充分搅拌，振荡20 min，于3 000 r/min离心10 min，将上清液移出；残渣中再加10 mL甲醇，混匀后振荡20 min，于3 000 r/min离心10 min，将上清液移出；合并上清液，此时出现浑浊，需再离心10 min，取上清液过0.5 μm滤膜，备用。

2. 色谱条件

（1）检测器：紫外检测器，检测波长230 nm。

（2）灵敏度：0.04AUFS。

（3）流动相：甲醇-0.043 mol/L 磷酸二氢钠（70+30），用磷酸调 pH 至 5.0。其中 $NaH_2PO_4 \cdot 2H_2O$ 水溶液需过 0.45 μm 滤膜。

（4）流速：1 mL/min。

（5）进样量：20 μL。

（6）色谱柱：CLC-ODS-$C_{18}$（5 μm）6.2 mm×150 mm 不锈钢柱。

（7）柱温：室温。

3. 标准曲线的绘制

称取 5 份（每份 5 g）绞碎的肉样品，分别放入 50 mL 具塞离心管中，加入不同浓度的标准液（6.0 μg/mL、12.0 μg/mL、18.0 μg/mL、24.0 μg/mL）各 1.0 mL，同时做空白。其中甲醇总量为 20 mL，使其测定浓度为 0 μg/mL、0.3 μg/mL、0.6 μg/mL、0.9 μg/mL、1.2 μg/mL，混匀后振荡 20 min，3 000 r/min 离心 10 min，取上清液，此时出现浑浊，需再离心 10 min，取上清液过 0.5 μm 滤膜，备用。

4. 测定与计算

分别取样 20 μL，注入 HPLC 柱中，可测得不同浓度 DES 标准溶液峰高，以 DES 浓度对峰高绘制工作曲线。同时取样液 20 μL，注入 HPLC 柱中，测得的峰高从工作曲线中查出相应含量，$R_t$=8.235。

$$X=\frac{A\times 1\,000}{m\times\frac{V_2}{V_1}}$$

式中：$X$ 为样品中己烯雌酚含量（μg/kg）；$A$ 为进样体积中己烯雌酚含量（ng）；$m$ 为样品的质量（g）；$V_2$ 为进样体积（μL）；$V_1$ 为样品甲醇提取液总体积（mL）。

## 五、思考题

1. 兽药残留的危害有哪些？
2. 兽药残留的原因有哪些？
3. 兽药残留的防护措施有哪些？
4. 兽药残留的测定方法有哪些？

## 六、注意事项

1. 样品要采用 0.22 μm 或 0.45 μm 滤膜过滤，流动相采用 0.45 μm 滤膜过滤并脱气。

2. 若流动相中用到离子对试剂，应该好好冲洗，且该色谱柱最好作为专用，不能再用于其他物质分析。

3. 实验结束后，一般先用水或低浓度甲醇水溶液冲洗整个管路 30 min 以上，再用甲醇冲洗。冲洗过程关闭D灯、W灯。

4. 关机时，先关闭泵、检测器等，再关闭工作站，然后关机，最后自下而上关闭色谱仪各组件。

# 实验73 食品中苯并芘的测定

## 一、实验目的

掌握食品中苯并芘含量的测定方法和操作。

## 二、实验原理

试样先用有机溶剂提取，或经皂化后提取，再将提取液经液-液分配或色谱柱净化，然后在乙酰化滤纸上分离苯并[α]芘（苯并[α]芘在紫外光照射下呈蓝紫色荧光斑点），将分离后有苯并[α]芘的滤纸部分剪下，用溶剂浸出后，以荧光分光光度计测荧光强度，与标准比较定量。

## 三、实验材料

1. 材料

粮食、植物油、鱼、肉。

2. 仪器与用具

脂肪提取器、色谱柱（内径10 mm，长350 mm，上端有内径25 mm，长80～100 mm内径漏斗，下端具有活塞）、展开槽、K-D全玻璃浓缩器、紫外灯（带有波长为365 nm或254 nm的滤光片）、回流皂化装置（锥形瓶磨口处连接冷凝管）、组织捣碎机、荧光分光光度计、天平、滤纸、分液漏斗、容量瓶、冰箱、漏斗、白瓷盘。

3. 试剂

苯　重蒸馏。

环己烷（或石油醚，沸程30～60 ℃）　重蒸馏或经氧化铝柱处理无荧光。

无水乙醇　重蒸馏。

丙酮　重蒸馏。

展开剂　乙醇（95%）-二氯甲烷（2∶1）。

二甲基甲酰胺或二甲基亚砜、乙醇（95%）、氢氧化钾、甲酸（88%～90%）。

硅镁型吸附剂　将60～100目筛孔的硅镁吸附剂经水洗四次（每次用水量为吸附剂质量的4倍）于垂熔漏斗上抽滤干后，再以等量的甲醇洗（甲醇与吸附剂质量相等），抽滤干后，吸附剂铺于干净瓷盘上，130 ℃干燥5 h后，装瓶贮存于干燥器内。临用前每100 g加5 g水减活，混匀并平衡4 h以上，最好放置过夜。

无水硫酸钠　120 ℃烤 2 h 以上。

色谱用氧化铝(中性)　120 ℃活化 4 h。

乙酰化滤纸　将中速色谱用滤纸裁成 30 cm×4 cm 的条状,逐条放入盛有乙酰化混合液(180 mL 苯、130 mL 乙酸酐、0.1 mL 硫酸)的 500 mL 烧杯中,使滤纸充分地接触溶液,保持溶液温度在 21 ℃以上,时时搅拌,反应 6 h,再放置过夜。取出滤纸条,在通风橱内吹干,再放入无水乙醇中浸泡 4 h,取出后放在垫有滤纸的干净白瓷盘上,在室温下风干压平备用。一次可处理滤纸条 15～18 条。

咖啡因甲酸溶液(150 g/L)　称取咖啡因(医用或试剂用)15 g,溶于适量甲酸中,再稀释至 100 mL。

苯并[α]芘标准溶液　精密称取 10 mg 苯并[α]芘,用苯溶解后移入 100 mL 棕色容量瓶中,并稀释至刻度。此溶液每毫升相当于苯并[α]芘 100 μg。放置于冰箱中保存。

苯并[α]芘标准使用液　吸取 1 mL 苯并[α]芘标准溶液置于 10 mL 容量瓶中,用苯稀释至刻度,同法再次用苯稀释,最后配成每毫升相当于 1.0 μg 及 0.1 μg 苯并[α]芘的两种标准使用液。放置于冰箱中保存。

## 四、实验步骤

1. 试样预处理

(1) 试样提取

① 粮食或水分少的食品

称取 40～60 g 粉碎过筛的试样,装入滤纸筒内,用 70 mL 环己烷润湿试样,接收瓶内装 6～8 g 氢氧化钾、100 mL 乙醇(95%)及 60～80 mL 环己烷,然后将脂肪提取器接好,于 90 ℃水浴上回流提取 6～8 h。将皂化液趁热倒入 500 mL 分液漏斗中,并将滤纸筒中的环己烷也从支管中倒入分液漏斗,用 50 mL 乙醇(95%)分两次洗接收瓶,将洗液合并于分液漏斗。加入 100 mL 水,振摇提取 3 min,静置分层(约需 20 min)。下层液放入第二分液漏斗,再用 70 mL 环己烷振摇提取一次,待分层后除去下层液,将环己烷层合并于第一分液漏斗中,并用 6～8 mL 环己烷淋洗第二分液漏斗,洗液合并。用水洗涤合并后的环己烷提取液三次,每次 100 mL,三次水洗液合并于原来的第二分液漏斗中,再用环己烷提取两次,每次 30 mL,振摇 0.5 min,分层后除去水层液,收集环己烷液并入第一分液漏斗中,于 50～60 ℃水浴上减压浓缩至 40 mL,加适量无水硫酸钠脱水。

② 油脂(植物油)

称取 20～25 g 的混匀油样,用 100 mL 环己烷分次洗入 250 mL 分液漏斗中,以环己烷饱和过的二甲基甲酰胺提取三次,每次 40 mL,振摇 1 min,合并二甲基甲酰胺提取液,用 40 mL 经二甲基甲酰胺饱和过的环己烷提取一次,除去环己烷液层。二甲基甲酰胺提取液合并于预先装有 240 mL 硫酸钠溶液(20 g/L)的 500 mL 分液漏斗中,混匀,静置数分钟后,用环己烷提取两次,每次 100 mL,振摇 3 min,环己烷提取液合并于第一个 500 mL 分液漏斗。也可用二甲基亚砜代替二甲基甲酰液。用 40～50 ℃温水洗涤环己烷提取液两次,每次 100 mL,振摇 0.5 min,分层后除去水层液,收集环己烷层,于 50～60 ℃水浴上减压浓缩至 40 mL,加适量无水硫酸钠脱水。

③ 鱼、肉及其制品

称取 50～60 g 切碎混匀的试样,用无水硫酸钠搅拌(试样与无水硫酸钠的比例为 1∶1 或 1∶2,如水分过多则需在 60 ℃左右先将试样烘干),装入滤纸筒内,然后将脂肪提取器接好,加入 100 mL 环己烷于 90 ℃水浴上回流提取 6～8 h。将提取液倒入 250 mL 分液漏斗中,再用 6～8 mL 环己烷淋洗滤纸筒,洗液合并于 250 mL 分液漏斗中,之后按②中自“以环己烷饱和过的二甲基甲酰胺提取三次”起依次操作。

④ 蔬菜

称取 100 g 洗净、晾干的可食部分的蔬菜,切碎放入组织捣碎机内,加 150 mL 丙酮,捣碎 2 min。在小漏斗上加少许脱脂棉过滤,滤液移入 500 mL 分液漏斗中。残渣用 50 mL 丙酮分数次洗涤,洗液与滤液合并,加 100 mL 水和 100 mL 环己烷,振摇提取 2 min,静置分层。环己烷层转入另一 500 mL 分液漏斗中,水层再用 100 mL 环己烷分两次提取,环己烷提取液合并于第一个分液漏斗中。再用 250 mL 水分两次振摇、洗涤,收集环己烷层,于 50～60 ℃水浴中减压浓缩至 25 mL,加适量无水硫酸钠脱水。

⑤ 饮料

吸取 50～100 mL 试样(如含二氧化碳先在温水浴上加温除去)放入 500 mL 分液漏斗中,加 2 g 氯化钠溶解,加 50 mL 环己烷振摇 1 min,静置分层。水层分于第二个分液漏斗中,再用 50 mL 环己烷提取一次,合并环己烷提取液,用 100 mL 水振摇、洗涤两次,收集环己烷层,于 50～60 ℃水浴上减压浓缩至 25 mL,加适量无水硫酸钠脱水。

⑥ 糕点类

称取 50～60 g 磨碎试样,装于滤纸筒内,之后按①中自“用 70 mL 环己烷润湿试样”起依次操作。

在以上食品的预处理当中,除了油脂外,均可用石油醚代替环己烷,但需将石油醚提取液蒸发至近干,残渣用 25 mL 环己烷溶解。

(2) 净化

于色谱柱下端填入少许玻璃棉,先装入高 5～6 cm 的氧化铝,轻轻敲管壁使氧化铝层填实、无空隙,顶面平齐,再同样装入高 5～6 cm 的硅镁型吸附剂,上面再装入高 5～6 cm 的无水硫酸钠,用 30 mL 环己烷淋洗装好的色谱柱,待环己烷液面流下至无水硫酸钠层时关闭活塞。

将试样环己烷提取液倒入色谱柱中,打开活塞,调节流速为 1 mL/min,必要时可用适当方法加压。待环己烷液面下降至无水硫酸钠层时,用 30 mL 苯洗脱,此时应在紫外灯下观察,以蓝紫色荧光物质完全从氧化铝层洗下为止。如 30 mL 苯不足,可适当增加苯量。收集苯液于 50～60 ℃水浴上减压浓缩至 0.1～0.5 mL(可根据试样中苯并[α]芘含量而定,应注意不可蒸干)。

(3) 分离

在乙酰化滤纸条上的一端 5 cm 处，用铅笔画一横线为起始线，吸取一定量净化后的浓缩液，点于滤纸条上，用电吹风从纸条背面吹冷风，使溶剂挥散。同时点 20 μL 苯并[α]芘的标准使用液(1 μg/mL)。点样时斑点的直径不超过 3 mm。展开槽内盛有展开剂，滤纸条下端浸入展开剂约 1 cm，待溶剂前沿上升约 20 cm 时取出阴干。

在 365 nm 或 254 nm 紫外灯下观察展开后的滤纸条，用铅笔画出标准苯并[α]芘及与其同一位置的试样产生的蓝紫色斑点，剪下此斑点分别放入小比色管中，各加 4 mL 苯，加盖，插入 50～60 ℃水浴中不时振摇，浸泡 15 min。

2. 测定

将试样及标准斑点的苯浸出液移入荧光分光光度计的石英杯中，以 365 nm 为激发光波长，以 365～460 nm 波长进行荧光扫描，将所得荧光光谱与标准苯并[α]芘的荧光光谱比较定性。

试样分析的同时做试剂空白，分别读取试样、标准及试剂空白于波长 406 nm、(406+5)nm、(406－5)nm 处的荧光强度，按基线法由下式计算所得的 $F$ 值即为定量计算的荧光强度。

$$F=F_{406}-\frac{F_{401}+F_{411}}{2}$$

亦可采用目测法，操作方法如下：吸取 5 μL、10 μL、15 μL、20 μL、50 μL 试样浓缩液(可根据试样中苯并[α]芘含量而定)，10 μL、20 μL 苯并[α]芘标准使用液(0.1 μg/mL)，点于同一条乙酰化滤纸上，按试样提取①进行操作，取出阴干。于暗室紫外灯下目测比较，找出相当于标准斑点荧光强度的试样浓缩液体积。如试样中苯并[α]芘含量太高，可稀释后再重新点样，尽量使试样浓度在两个标准斑点之间。

3. 结果计算

$$X=\frac{m_1\dfrac{F_1-F_2}{F}\times 1\,000}{m_2\dfrac{V_2}{V_1}}$$

式中：$X$ 为试样中苯并[α]芘的含量(μg/kg)；$m_1$ 为苯并[α]芘标准斑点的质量(μg)；$F$ 为标准的斑点浸出液荧光强度(mm)；$F_1$ 为试样斑点浸出液荧光强度(mm)；$F_2$ 为试剂空白浸出液荧光强度(mm)；$V_1$ 为试样浓缩液体积(mL)；$V_2$ 为点样体积(mL)；$m_2$ 为试样质量(g)。

目测法的计算公式如下：

$$X=\frac{m_3\times 1\,000}{m_2\dfrac{V_2}{V_1}}$$

式中：$X$ 为试样中苯并[α]芘的含量（μg/kg）；$m_2$ 为试样质量（g）；$m_3$ 为试样斑点相当于苯并[α]芘的质量（μg）；$V_1$ 为试样浓缩总体积（mL）；$V_2$ 为点样体积（mL）。

## 五、思考题

1. 在测定过程中若不慎导致苯并[α]芘污染了皮肤，采用什么样的处理措施能有效减少其对人体的伤害？
2. 食品中苯并[α]芘的主要来源是什么？
3. 食品中苯并[α]芘的主要检测方式有哪些？
4. 实验室中新购买的试剂为什么要先做空白？

## 六、注意事项

1. 在重复性条件下获得的两次独立测定结果的绝对差值不超过算术平均值的20%。
2. 结果表述：报告测定结果保留至小数点后一位。
3. 苯并[α]芘是一种已知的致癌物质，测定时一定要特别注意安全防护。测定时应在通风柜中进行并戴手套，尽量减少身体暴露。
4. 当检测结果在标准规定的临界值附近，或离散数据容易造成误判，或检测过程中发生异常情况（如环境变化、仪器故障、停电、停水等）有可能会影响检测结果时，都需要进行复测。

# 实验74 食品中N-硝基化合物的测定

## 一、实验目的

掌握镉柱法测定食品中硝酸盐含量的操作方法。

## 二、实验原理

试样经沉淀蛋白质、除去脂肪后，溶液通过镉柱，使其中的硝酸根离子还原成亚硝酸根离子，在弱酸性条件下，亚硝酸根与对氨基苯磺酸重氮化，再与盐酸萘乙二胺偶合形成紫红色染料，即可测得亚硝酸盐总量，由总量减去亚硝酸盐含量即得硝酸盐含量。

## 三、实验材料

1. 材料

肉制品。

2. 仪器与用具

分光光度计、水浴锅、镉柱、贮液漏斗、容量瓶、具塞比色管、滴定管。

3. 试剂

pH 9.6～9.7 氨缓冲溶液 量取 20 mL 盐酸加入 50 mL 水中,混匀后加 50 mL 氨水,再加水稀释至 1 000 mL。

稀氨缓冲溶液 量取 50 mL 氨缓冲溶液,加水稀释至 500 mL。

0.1 mol/L 盐酸溶液 吸取 5 mL 盐酸,加水稀释至 600 mL。

硝酸钠标准溶液 准确称取 0.123 2 g 于 110～120 ℃干燥恒重的硝酸钠,加水溶解,移入 500 mL 容量瓶中定容,此标准溶液硝酸钠浓度为 200 μg/mL。

硝酸钠标准使用液 临用时吸取硝酸钠标准溶液 2.5 mL,置于 100 mL 容量瓶中,加水定容,此溶液硝酸钠浓度为 5 μg/mL。

亚硝酸钠标准溶液 亚硝酸钠在硅胶干燥器中干燥 24 h 后精确称取 0.1 g 加水溶解,移入 500 mL 容量瓶并定容,临用前吸取 5 mL 放入 200 mL 容量瓶中,加水定容,此溶液亚硝酸钠浓度为 5 μg/mL。

亚铁氰化钾溶液 称取 106 g 亚铁氰化钾[$K_4Fe(CN)_6 \cdot 3H_2O$],用水溶解并稀释至 1 000 mL。

乙酸锌溶液 称取 220 g 乙酸锌[$Zn(CH_3COO)_2 \cdot 2H_2O$],加 30 mL 冰醋酸并用水稀释至 1 000 mL。

饱和硼砂溶液。

4 g/L 对氨基苯磺酸溶液 0.4 g 对氨基苯磺酸溶解于 100 mL 体积分数为 20%的盐酸中,避光保存。

2 g/L 盐酸萘乙二胺溶液 0.2 g 盐酸萘乙二胺溶解于 100 mL 水中,避光保存。

200 mg/L 硫酸钠溶液 200 g 硫酸钠溶于 800 mL 水中,定容至 1000 mL。

## 四、实验步骤

1. 试样处理

称取 5 g 经绞碎混匀的试样置于 50 mL 烧杯中,加 12.5 mL 硼砂饱和溶液,搅拌均匀,以 70 ℃左右的水约 300 mL 将试样洗入 500 mL 容量瓶中,于沸水浴中加热 15 min,取出后冷却至室温,然后边转动边加入 5 mL 亚铁氰化钾溶液,再加入 5 mL 乙酸锌溶液,以沉淀蛋白质。加水定容,放置 0.5 h,除去上层脂肪,清液用滤纸过滤,弃初滤液,滤液备用。

2. 镉柱处理

(1) 海绵状镉的制备:将足量的锌皮或锌棒投入 500 mL 200 g/L 硫酸镉溶液中,经 3～4 h,当其中的镉全部被锌置换后,用玻璃棒轻轻刮下,取出残余锌皮或锌棒,使镉沉淀。倾去上层清液,用水以倾泻法多次洗涤,然后移入组织捣碎机中,加 500 mL 水,捣碎约 2 s,用水将金属细粒洗至标准筛上,取 20～40 目部分。

(2) 镉柱的装填:用水装满镉柱玻璃管,并装入 2 cm 高的玻璃棉做垫,将玻璃棉压向柱底时,应将其中所包含的空气全部排出。轻轻敲击下加入海绵状镉高 8～10 cm,上面用 1 cm 高的玻璃棉覆盖。上置一贮液漏斗,末端要穿过橡皮塞与镉柱玻璃管紧密连接。如果无镉柱玻璃管时,也可以 25 mL 酸式滴定管代用。当镉柱填装好后,先用 25 mL 0.1 mol/L 盐酸溶液洗涤,再以水洗两次,每次 25 mL。镉柱不用时用水封盖,随时都要保持水平面在镉层之上,不得使镉层夹有气泡。

(3) 镉柱每次使用完毕后,应先以 0.1 mol/L 盐酸溶液 25 mL 洗涤,再水洗两次,每次 25 mL,最后用水覆盖镉柱。

(4) 镉柱还原效率的测定:吸取 20 mL 硝酸钠标准使用液,加入 5 mL 氨缓冲液的稀释液,混匀后注入贮液漏斗,使其流经镉柱还原,用 100 mL 的容量瓶收集洗提液。洗提液的流量不应超过 6 mL/min,在贮液杯将要排空时,用约 15 mL 水冲洗杯壁。冲洗水流尽后,再用 15 mL 水重复冲洗,第 2 次冲洗水也流尽后,将贮液杯灌满水,并使其以最大流量流过柱子。当容量瓶中的洗提液接近 100 mL 时,从柱子下取出容量瓶,用水定容至刻度,混匀。取 10 mL 还原后的溶液(相当 10 μg 亚硝酸钠)放入 50 mL 比色管中。

吸取 40 mL 上述滤液放入 50 mL 带塞比色管中,另吸取 0 mL、0.2 mL、0.4 mL、0.6 mL、0.8 mL、1.0 mL、1.5 mL、2.0 mL、2.5 mL 亚硝酸钠标准使用液(相当于 0 μg、1.0 μg、2.0 μg、3.0 μg、4.0 μg、5.0 μg、7.5 μg、10.0 μg、12.5 μg 亚硝酸钠),分别置于 50 mL 带塞比色管中。于标准管与试样管中分别加入 2 mL 4g/L 对氨基苯磺酸溶液,混匀,静置 3~5 min 后各加入 1 mL 2 g/L 盐酸萘乙二胺溶液,加水至刻度,混匀,静置 15 min,用 1 cm 比色杯,以零管调节零点,于波长 538 nm 处测吸光度,绘制标准曲线并比较。

还原效率计算按下式计算:

$$\eta=\frac{m}{10.00}\times 100\%$$

式中:$\eta$ 为还原效率;$m$ 为测得亚硝酸钠的质量(μg);10.00 为测定用溶液相当亚硝酸钠的质量(μg)。

3. 样品测定

(1) 先以 25 mL 稀氨缓冲溶液冲洗镉柱,流速控制在 3~5 mL/min。以滴定管代替的可控制在 2~3 mL/min。

(2) 吸取 20 mL 处理过的样液放入 50 mL 烧杯中,加 5 mL 氨缓冲溶液,混合后注入贮液漏斗,使其流经镉柱还原,以原烧杯收集流出液。当贮液漏斗中的样液流完后,再加 5 mL 水置换柱内留存的样液。

(3) 将全部收集液如前再经镉柱还原一次,第二次流出液收集于 100 mL 容量瓶中。继以水流经镉柱洗涤三次,每次 20 mL,洗液一并收集于同一容量瓶中,加水定容。

(4) 亚硝酸钠总量的测定:吸取 10~20 mL 还原后的样液放入 50 mL 具塞比色管中,另吸取 0 mL、0.2 mL、0.4 mL、0.8 mL、1.0 mL、1.5 mL、2.0 mL、2.5 mL 亚硝酸钠标准使用液(相当于 0 μg、1.0 μg、2.0 μg、4.0 μg、5.0 μg、7.5 μg、10.0 μg、12.5 μg 亚硝酸

钠）分别放入 50 mL 具塞比色管中，于标准管与试样管中分别加入 4 g/L 对氨基苯磺酸溶液 2 mL，混匀后静置 3～5 min，各加入 2 g/L 盐酸萘乙二胺溶液 1 mL，加水至刻度，混匀，静置 15 min。用 2 cm 比色杯，以零管为参比，于 538 nm 处测吸光度，绘制标准曲线并比较。

（5）亚硝酸钠的测定：吸取 40 mL 经处理的样液放入 50 mL 具塞比色管中，之后操作与（4）中操作相同。

4. 结果计算

试样中硝酸盐的含量按下式进行计算，结果保留两位有效数字。

$$w=\left[\frac{m_1\times V_2\times V_3}{V_1\times V_4\times m}-\frac{m_2\times V_5}{m\times V_6}\right]\times 1.232$$

式中：$w$ 为试样中硝酸钠的质量分数（mg/kg）；$m$ 为试样的质量（g）；$m_1$ 为经镉粉还原后测得亚硝酸钠的质量（μg）；$m_2$ 为直接测得亚硝酸钠的质量（μg）；1.232 为亚硝酸钠换算成硝酸钠的系数；$V_1$ 为测总亚硝酸钠的试样处理液总体积（mL）；$V_2$ 为测总亚硝酸钠的测定用样液体积（mL）；$V_3$ 为经镉柱还原后样液总体积（mL）；$V_4$ 为经镉柱还原后样液的测定用样液体积（mL）；$V_5$ 为直接测亚硝酸钠的试样处理液总体积（mL）；$V_6$ 为直接测亚硝酸钠的试样处理液的测定用样液体积（mL）。

## 五、思考题

1. 若从标准曲线上查不到滤液所相当的亚硝酸钠量，能否采用回归方程直接计算亚硝酸钠的含量？为什么？

2. 为什么要用试剂空白作参比溶液？

3. 镉柱法测定硝酸盐时，如何防止镉柱被氧化？

4. 在制取海绵状镉和装填镉柱时为什么最好在水中进行？镉柱使用完如何做能有效延长镉柱使用寿命？

## 六、注意事项

1. 在重复性条件下获得的两次独立测定结果的绝对差值不得超过算术平均值的 10%。

2. 本方法适用于食品中硝酸盐的测定，最低检出限为 1.40 mg/kg。

3. 为保证硝酸盐测定结果准确，镉柱还原效率应当经常检查。如镉柱维护得当，使用一年效能尚无显著变化。

4. 镉是有害元素，在制作海绵状镉或处理镉柱时，其废弃液中含有大量的镉，不能将这些有害的含镉废液直接排入下水道，要经过处理之后再排放。另外，不要用手直接接触镉，也不要弄到皮肤上，一旦接触，应立即用水冲洗。

# 综合篇

# 实验1　基因工程大肠杆菌发酵生产重组人胰岛素

基因工程是指按照人们的意愿设计，通过改造基因或基因组而改变生物的遗传特性。例如使用重组 DNA 技术，将外源基因转入大肠杆菌中表达，使大肠杆菌能够生产人所需要的产品；将外源基因转入动物，构建具有新遗传特性的转基因动物；用基因敲除手段，获得有遗传缺陷的动物等。目前随着生物技术的飞速发展，基因工程及其产品开始广泛应用于生活中。

基因工程包括上游技术和下游技术两大组成部分。上游技术指的是基因重组、克隆和表达的设计与构建（即重组 DNA 技术）；而下游技术则涉及基因工程菌或细胞的大规模培养以及基因产物的分离纯化过程。一个完整的、用于生产目的的基因工程技术程序包括的基本内容有：(1)外源目标基因的分离、克隆以及目标基因的结构与功能研究，这一部分的工作是整个基因工程的基础，因此又称为基因工程的上游部分；(2)适合转移、表达的载体的构建或目标基因的表达调控结构重组；(3)外源基因的导入；(4)外源基因在宿主基因组上的整合、表达及检测与转基因生物的筛选；(5)外源基因表达产物的生理功能的核实；(6)转基因新品系的选育和建立，以及转基因新品系的效益分析；(7)生态与进化安全保障机制的建立；(8)消费安全评价。基因工程的基本流程如图 1 所示。

糖尿病是由遗传因素、免疫功能紊乱、微生物感染及其毒素、自由基毒素、精神因素等各种致病因子作用于机体导致胰岛功能减退、胰岛素抵抗等而引发的糖、蛋白质、脂肪、水和电解质等一系列代谢紊乱综合征。临床上以高血糖为主要特点，典型病例可出现多尿、多饮、多食、消瘦等表现，即“三多一少”症状，糖尿病（血糖）一旦控制不好会引发并发症，导致肾、眼、足等部位的衰竭病变，严重者会造成尿毒症。

胰岛素是胰腺朗格汉斯小岛所分泌的蛋白质激素，由 A、B 链组成，共含 51 个氨基酸残基。它能增强细胞对葡萄糖的摄取利用，对蛋白质及脂质代谢有促进合成的作用。胰岛素是糖尿病的特效药物，用药量大且用药时间长，胰岛素依赖型糖尿病患者通常需要终生使用。然而，在 1982 年以前，人类应用的胰岛素全部来源于动物。从猪、牛等动物中提取的胰岛素受到来源的限制，产量远远小于需求量，同时，动物胰岛素和人胰岛素一级结构的差异带来的免疫原性问题也导致了一系列副作用的产生。

1982 年，世界上第一个重组药物人胰岛素问世。由于重组人胰岛素在一级结构上与人体分泌的胰岛素完全相同，具有较好的疗效，因此动物胰岛素逐渐被基因工程人胰岛素所取代，重组人胰岛素占据了胰岛素市场的绝大部分份额。目前，重组人胰岛素生产所用的表达系统主要有大肠杆菌和酵母菌。用大肠杆菌表达胰岛素有两个优点：一是表达量高，表达产物可达到大肠杆菌总蛋白的 20%～30%；二是表达产物为不溶解的包涵体，经过洗涤后即可显著提高表达产物的纯度，进而有利于下游的纯化工作。其缺点在于：利用大肠杆菌表达出来的胰岛素不具有生物活性，需要进行复性。

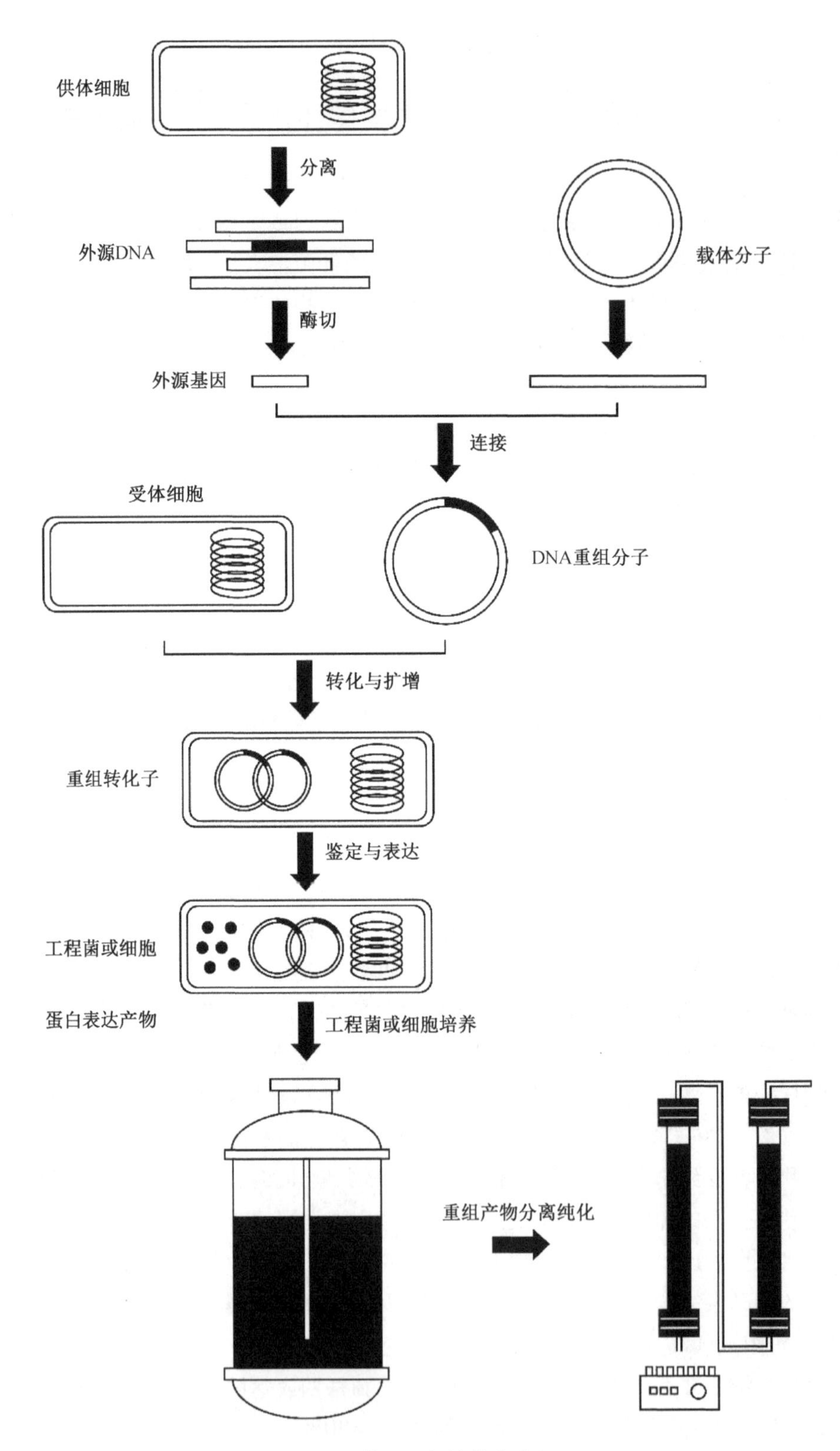


**图 1　基因工程的基本流程**

本实验首先获得人胰腺细胞的总 cDNA,并对其中胰岛素基因进行克隆,通过构建表达载体在大肠杆菌中表达人胰岛素基因,进而诱导胰岛素蛋白的表达。

# I 人胰岛细胞总 RNA 的提取

## 一、实验目的

1. 掌握从人胰岛细胞中提取总 RNA 的方法。

2. 熟悉紫外吸收法检测 RNA 浓度与纯度的原理及测定方法;掌握 RNA 琼脂糖凝胶电泳方法并分析总 RNA 的电泳图谱。

## 二、实验原理

研究基因的表达和调控时常常要从组织和细胞中分离和纯化 RNA。RNA 质量的高低常常影响 cDNA 库、RT-PCR 和 Northern Blot 等分子生物学实验的成败。TransZol 是一种新型总 RNA 抽提试剂,内含异硫氰酸胍等物质,能迅速破碎细胞,抑制细胞释放出的核酸酶。

## 三、实验材料

1. 材料

贴壁培养的人胰岛细胞。

2. 仪器与用具

移液枪、枪头、低温高速离心机、涡旋振荡器。

3. 试剂

氯仿、1×PBS、75%乙醇(DEPC 处理过的 $ddH_2O$ 配制)、RNase 水、Trans® TransZol Up RNA 提取试剂盒。

## 四、实验步骤

1. 倒出细胞培养液,用 1×PBS 清洗一次。

2. 每 10 $cm^2$ 生长的培养细胞中加入 1 mL 的 TransZol Up,水平放置片刻,使裂解液均匀地分布于细胞表面并裂解细胞,然后使用移液枪吹打细胞使其脱落。

3. 将含细胞的裂解液转移到离心管中,用移液枪反复吹打直至裂解液中无明显的沉淀。

4. 室温静置 5 min。

5. 每使用 1 mL TransZol Up,加入 0.2 mL 氯仿,剧烈振荡 30 s,室温孵育 3 min。

6. 10 000×g 2～8 ℃离心 15 min。此时样品分为 3 层:无色的水相(上层)、中间层、粉红色的有机层(下层)。RNA 主要在水相中,水相的体积约为所用 TransZol Up 试剂的

50%。

7. 将无色的水相转移到新的离心管中,每使用 1 mL TransZol Up 加入 0.5 mL 异丙醇,颠倒混匀,室温孵育 10 min。

8. 10 000×g 2～8 ℃离心 10 min。弃上清,在管侧和管底形成胶状的沉淀。

9. 加 1 mL 75%乙醇,剧烈涡旋。

10. 7 500×g 2～8 ℃离心 5 min。

11. 弃上清,室温晾干沉淀(大约 5 min 左右)。

12. 沉淀溶于 50～100 μL RNA 溶解液中。

13. 55～60 ℃孵育 10 min,保存样品于−70 ℃以备长期使用。

14. 琼脂糖凝胶电泳检查 RNA 的质量,通过分光光度计测定所提取 RNA 的浓度。

## 五、注意事项

1. 加入氯仿后一定要振荡充分,确保抽提的效果。

2. 实验所用有机试剂和使用的耗材要确保无 RNase 污染。

3. 将含细胞的裂解液转移到离心管后,要用移液枪反复吹打直至裂解液中无明显的沉淀。

4. 将无色的水相转移到新的离心管中,加入异丙醇后颠倒混匀。

# Ⅱ 逆转录获得人胰岛细胞的 cDNA

## 一、实验目的

1. 熟悉逆转录的原理和方法。

2. 通过逆转录获得人胰岛细胞的 cDNA。

## 二、实验原理

合成的单链 cDNA 3′端能够形成一短的发夹结构,这就为第二链的合成提供了现成的引物,当第一链合成反应产物的 DNA-RNA 杂交链变性后,利用大肠杆菌 DNA 聚合酶 Klenow 片段或反转录酶合成 cDNA 第二链,最后用对单链特异性的 S1 核酸酶消化该环,即可进一步克隆。

## 三、实验材料

1. 材料

实验Ⅰ中提取的人胰岛细胞的总 RNA。

2. 仪器与用具

移液枪、枪头、低速离心机、PCR 仪。

3. 试剂

TransScript® Ⅱ One-Step gDNA Removal and cDNA Synthesis SuperMix 试剂盒。

## 四、实验步骤

1. 使用前将试剂盒中各组分点甩离心。
2. 按照如下体系向 PCR 管中加入组分：

| 组分 | 体积 |
|---|---|
| RNA | 1 μg(体积为 $V_1$) |
| Anchored Oligo(dT)$_{20}$ Primer | 1 μL |
| 2×TS Ⅱ Reaction Mix | 10 μL |
| TransScript® Ⅱ RT/RI Enzyme Mix | 1 μL |
| gDNA Remover | 1 μL |
| RNase-free Warter | (7−$V_1$)μL |
| 总计 | 20 μL |

3. 轻轻混匀，低速点甩离心。
4. 将 PCR 管置于 PCR 仪中，50 ℃孵育 30 min，85 ℃加热 5 s。
5. 将所获得的 cDNA 置于－70 ℃冰箱中保存备用。

## 五、注意事项

1. 避免 RNase 污染。
2. 为了保证逆转录成功，须使用高质量的 RNA 模板。

# Ⅲ PCR 法扩增人胰岛素基因

## 一、实验目的

1. 熟悉 PCR 法扩增人胰岛素基因的原理。
2. 掌握 PCR 法扩增人胰岛素基因的方法与步骤。

## 二、实验原理

以人基因组 DNA 为模板，经 PCR 扩增直接获得包括 A 肽、B 肽与 C 肽信号肽编码序列及其两个内含子在内的完整的天然人胰岛素原基因，并将它克隆到载体上，经内切酶鉴定和序列分析，证实 PCR 扩增得到的人胰岛素原基因序列与已知序列完全一致。

## 三、实验材料

1. 材料

实验Ⅱ中获得的cDNA。

2. 仪器与设备

移液枪、PCR管、枪头、低速离心机、PCR仪。

3. 试剂

基因特异性引物、TransFast® Taq DNA Polymerase PCR试剂盒。

## 四、实验步骤

1. 通过测序公司对克隆胰岛素基因的特异性引物进行合成,引物的序列如下:

FW(5′-3′):GGTTCCGGATCTGGTTCTGGTTCTCTGGTCCCCCGCGGTAGTCACC ACCACCAC CACCACCGTTTTGTGAACCAACACCTGTGCGGC

RV(5′-3′):AGTGTCGACTTAGTTGCAGTAGTTCTCCAGCTGGTA

使用 $ddH_2O$ 将引物稀释至10 μM备用。

2. 按照如下体系向PCR管中加入组分:

| 组分 | 体积(μL) |
|---|---|
| cDNA | 1 |
| FW引物 | 1 |
| RV引物 | 1 |
| 10×TransFast® Taq Buffer | 5 |
| 2.5 mM dNTPs | 4 |
| TransFast® Taq DNA Polymerase | 1 |
| Nuclease-free water | 37 |
| 总计 | 50 |

3. 轻轻混匀,低速点甩离心。

4. 将PCR管放入PCR仪中,94 ℃,5 min;94 ℃,30 s,60 ℃,30 s,72 ℃,1 min,35个循环;72 ℃,6 min。

5. PCR结束后将PCR管取出,抽取5 μL产物与Loading Buffer按照规定比例混合,采用琼脂糖凝胶电泳方法对PCR产物进行检测。

## 五、注意事项

1. PCR反应十分灵敏,操作时应注意避免痕量DNA污染对结果造成影响。

2. 根据PCR的结果可以适当调节退火温度及循环数。

# Ⅳ 人胰岛素基因 PCR 产物的胶回收纯化

## 一、实验目的

1. 掌握人胰岛素基因 PCR 产物的胶回收纯化的原理与方法。
2. 熟悉胶回收的常规操作。
3. 了解胶回收 PCR 产物的目的。

## 二、实验原理

利用胶回收试剂盒纯化 PCR 产物。本试剂盒提供一个简单、快速、有效地从 TBE 或 TAE 电泳缓冲液配制的琼脂糖凝胶中提取高质量 DNA 的技术，适合从浓度不高于 3%，高、低熔点琼脂糖凝胶中回收长度为 60 bp～23 kb 的 DNA 片段，小于 100 bp DNA 片段回收率为 10%～55%，0. 1～10 kb DNA 片段回收率最大为 99%，大于 10 kb DNA 片段回收率为 20%～70%。回收的基因组 DNA 可以应用到克隆、测序、限制性酶切等各类下游分子生物学实验。

## 三、实验材料

1. 材料

实验Ⅲ中含有人胰岛素基因的琼脂糖凝胶。

2. 仪器与用具

微量可调移液器、吸头、高速离心机、离心管、手术刀、水浴锅。

3. 试剂

EasyPure® Quick Gel Extraction Kit 胶回收试剂盒。

## 四、实验步骤

1. 切取琼脂糖凝胶中人胰岛素基因的条带，放入干净的 EP 管中称重，如果凝胶重 100 mg，可视其体积为 100 μL，以此类推。

2. 加入 3 倍体积 GSB 溶液，55 ℃水浴融胶 6～10 min，间断（2～3 min）混合，确保胶块完全融化。

3. 待融化的凝胶溶液降至室温，加入离心柱中静置 1 min，10 000×g 离心 1 min，弃流出液。

4. 加入 650 μL WB 溶液，10 000×g 离心 1 min，弃流出液。

5. 10 000×g 离心 1～2 min，彻底去除残留的 WB 溶液。

6. 将离心柱置于一个干净的离心管中，开盖静置 1 min，使残留的乙醇挥发干净，在柱的中央加入 30～50 μL EB 溶液或去离子水，室温静置 1 min。

7. 10 000×g 离心 1 min，洗脱 DNA，将洗脱出的 DNA 于－20 ℃保存。

## 五、注意事项

1. 为了保证回收效果，在电泳时应尽量使用新鲜的电泳缓冲液。

2. 在切胶时，胶块应尽量小；融胶时，应确保胶块完全消融。

3. 为了避免紫外照射对 DNA 造成损伤，影响下游的实验，紫外照射的时间应尽量缩短。

# V　人胰岛素表达载体的构建

## 一、实验目的

掌握构建人胰岛素表达载体的实验方法。

## 二、实验原理

将外源基因片段与载体连接，将重组的载体转染受体细胞，使之整合入宿主基因组或者稳定存在于胞质内，使宿主细胞能够表达载体上的外源基因，从而获得新性状或者新产物。

## 三、实验材料

1. 材料

pQE-30 质粒、纯化的人胰岛素基因 PCR 产物。

2. 仪器与设备

恒温水浴锅、微量可调移液器、吸头、手术刀、无菌 PCR 管、高速离心机。

3. 试剂

10×CutSmart® Buffer、NEB® 10×T4 DNA 连接酶缓冲液、6×Loading Buffer、1.0% 琼脂糖凝胶、NEB® *Hind*Ⅲ限制性内切酶、NEB® *BamH* Ⅰ限制性内切酶、NEB® T4 DNA 连接酶、EasyPure® Quick Gel Extraction Kit 胶回收试剂盒。

## 四、实验步骤

1. 向无菌 PCR 管中按照如下体系分别加入各组分：

| 组分 | 体积 |
| --- | --- |
| pQE-30 质粒/纯化的人胰岛素基因 PCR 产物 | 1 μg(体积为 $V_1$) |
| 10×CutSmart® Buffer | 2 μL |
| *Hind* Ⅲ限制性内切酶 | 1 μL |

（续表）

| 组分 | 体积 |
| --- | --- |
| *BamH* Ⅰ限制性内切酶 | 1 μL |
| $ddH_2O$ | ［20－(4＋$V_1$)］μL |
| 总计 | 20 μL |

2. 将分别装有 pQE-30 质粒和纯化的人胰岛素基因 PCR 产物的 PCR 管置于 37 ℃水浴锅中孵育 3 h。

3. 分别向各个 PCR 管中加入 6×Loading Buffer，1.0%琼脂糖凝胶电泳检测。

4. 对琼脂糖凝胶中 pQE-30 质粒/纯化的人胰岛素基因 PCR 产物的双酶切产物进行胶回收纯化，方法和步骤与实验Ⅳ相同。

5. 按照以下体系分别在 PCR 管中依次加入组分：

| 组分 | 体积 |
| --- | --- |
| 经 *Hind* Ⅲ和 *BamH* Ⅰ双酶切并纯化的 pQE-30 质粒 | 1 μg(体积为 $V_1$) |
| 经 *Hind* Ⅲ和 *BamH* Ⅰ双酶切并纯化的人胰岛素基因 PCR 产物 | 1 μg(体积为 $V_2$) |
| NEB® 10×T4 DNA 连接酶缓冲液 | 2 μL |
| NEB® T4 DNA 连接酶 | 1 μL |
| $ddH_2O$ | ［20－(3＋$V_1$＋$V_2$)］μL |
| 总计 | 20 μL |

6. 将加入上述组分的 PCR 管振荡混匀，点甩离心后于 16 ℃水浴锅中孵育 8～12 h。

## 五、注意事项

1. 双酶切时须注意酶切的时间及两种限制性内切酶是否具有星号活性。
2. 在酶切和连接操作过程中须注意更换枪头，以免造成试剂污染。

# Ⅵ 重组人胰岛素的大肠杆菌工程菌的构建

## 一、实验目的

了解重组人胰岛素的大肠杆菌工程菌的构建原理与方法。

## 二、实验材料

1. 材料

实验Ⅴ中构建好的重组表达载体、Trans® BL21 Chemically Competent Cell 感受态大肠杆菌细胞。

2. 仪器与用具

移液枪、枪头、超净工作台、恒温摇床、电热恒温培养箱、台式高速离心机、低温冰箱、恒温水浴锅、制冰机、EP管、玻璃平皿。

3. 试剂

LB液体培养基、LB固体培养基、100 mg/mL Amp(储存液)、人胰岛素基因克隆引物、DNA Taq聚合酶、$ddH_2O$、10×PCR Buffer、25 mmol/L $MgCl_2$、10 mmol/L dNTP、Loading Buffer、Marker。

## 三、方法与步骤

1. 将配好的LB固体培养基高压灭菌后冷却至60 ℃左右,加入Amp,使终浓度为100 μg/mL,摇匀后倒平板。

2. 从−80 ℃冰箱内取出Trans® BL21感受态细胞,在冰水浴中解冻。

3. 取1 μg构建好的重组表达载体,加入到50 μL Trans® BL21感受态细胞中,使用移液枪轻轻吹打混匀,于冰水浴中孵育20 min。

4. 42 ℃热激35 s,再冰浴2 min。

5. 加入250 μL平衡至室温的LB液体培养基,200 r/min、37 ℃培养1 h。

6. 取200 μL菌液均匀地涂布在平板上,在37 ℃培养箱中过夜培养(为得到较多的克隆,可以将菌液1500×g离心1 min,弃掉部分上清,保留100~150 μL,轻弹悬浮菌体,取全部菌液涂板)。

7. 挑选单克隆菌落至10 μL的无菌水中,涡旋混合。

8. 向PCR管中依次加入下述组分:

| 加样顺序 | 反应物 | 体积(μL) | 终浓度 |
|---|---|---|---|
| 1 | $ddH_2O$ | 17.3 | — |
| 2 | 10×PCR Buffer | 2.5 | 1× |
| 3 | 25 mmol/L $MgCl_2$ | 1.5 | 1.5 mmol/L |
| 4 | 10 mmol/L dNTP | 0.5 | 200 μmol/L |
| 5 | 10 μM 上游引物(克隆人胰岛素基因) | 1 | 0.4 μmol/L |
| 6 | 10 μM 下游引物(克隆人胰岛素基因) | 1 | 0.4 μmol/L |
| 7 | DNA Taq聚合酶 | 0.2 | 1 U |
| 8 | 菌落混合液 | 1 | — |

9. 将反应液混合,低速短暂离心(4 000 r/min,4 s)。

10. 将PCR管放入PCR仪中,94 ℃,5 min;94 ℃,30 s,60 ℃,30 s,72 ℃,1 min,35个循环;72 ℃,6 min。

11. PCR结束后将PCR管取出,抽取5 μL产物与Loading Buffer按照规定比例混合,采用琼脂糖凝胶电泳方法对 PCR 产物进行检测。

12. 向 LB 液体培养基中加入 Amp 母液,使培养基中 Amp 的终浓度为 100 μg/mL。

13. 将鉴定为阳性的单克隆菌液加入到含 25 mL 的 Amp 终浓度为 100 μg/mL 的 LB 液体培养基中进行扩大培养,37 ℃,200 r/min 培养 12 h。

14. 向培养好的菌液中添加 50%的甘油,菌液和甘油的体积比为 1∶1,振荡混匀,分装后于−80 ℃条件下保存备用。

## 四、注意事项

1. Amp 筛选阳性转化菌落时可能存在假阳性现象,必须通过 PCR 再次鉴定。
2. PCR 鉴定过程中须注意避免环境中的痕量 DNA 污染。

# Ⅶ SDS-聚丙烯酰胺凝胶电泳检测胰岛素蛋白的表达

## 一、实验目的

1. 学会 SDS-聚丙烯酰胺凝胶电泳法原理。
2. 掌握用 SDS-聚丙烯酰胺凝胶电泳法测定蛋白质相对分子质量的操作技术。

## 二、实验原理

SDS-聚丙烯酰胺凝胶电泳(SDS-PAGE)是蛋白分析中最经常使用的一种方法。它是将蛋白样品同离子型去垢剂十二烷基硫酸钠(SDS)以及巯基乙醇一起加热,使蛋白变性,多肽链内部和肽链之间的二硫键被还原,肽链被打开。打开的肽链靠疏水作用与 SDS 结合而带负电荷,电泳时在电场作用下,肽链在凝胶中向正极迁移。不同大小的肽链由于在迁移时受到的阻力不同,在迁移过程中逐渐分开,其相对迁移率与分子量的对数成线性关系。

## 三、实验材料

1. 材料

实验Ⅵ中构建好的工程菌菌液。

2. 仪器与用具

移液枪、枪头、烧杯、垂直电泳槽、电泳仪、高速离心机、低温超声仪。

3. 试剂

贝博®细菌蛋白提取试剂盒、分离胶缓冲液(Tris-Hcl,pH 8.8)、浓缩胶缓冲液(Tris-Hcl,pH 6.8)、30%丙烯酰胺/N,N′-亚甲基双丙烯酰胺(Acr/Bis)、10%过硫酸铵(W/V)、2 倍上样缓冲液(pH 8.0)、电极缓冲液(pH 8.0)、染色液、脱色液、封底胶。

## 四、实验步骤

1. 工程菌总蛋白的提取

（1）裂解液的准备：根据所需提取样本量，每 500 μL 裂解液中加入 2μL 蛋白酶抑制剂 Mix、2 μL 磷酸酶抑制剂 Mix 和 5 μL 蛋白稳定液，充分混匀后置于冰上备用。

（2）在 4 ℃ 12 000 ×g 下将菌液离心 5 min，弃上清，尽量吸干剩余的液体，收集菌体，用 PBS 洗菌体 2 次。

（3）按照 20 mg 失重菌体样本加入 500 μL 裂解液，吹打混匀，冰上放置 20～30 min。

（4）300 W、10 s 超声/10 s 间隔条件下冰浴超声至菌液变清。

（5）在 4 ℃ 12 000 ×g 下将菌液离心 5 min，将上清液移入冷的干净离心管中，即得到总蛋白样品。

2. SDS-聚丙烯酰胺凝胶电泳检测胰岛素蛋白

（1）向提取的大肠杆菌总蛋白中加入等体积的 2 倍上样缓冲液，在沸水中煮沸 5 min。

（2）电泳槽安装：将成套的两个玻璃板使用夹子夹紧，正确放入硅胶条中，使用 1% 的琼脂糖凝胶封底。

（3）制胶：选择合适的胶浓度，按照下表配制分离胶和浓缩胶，将分离胶灌入两块玻璃板间，注意速度要慢以免产生气泡，至玻璃板顶端 3 cm 处，使用 1 cm 厚的去离子水覆盖，当胶与水之间出现明显的界面时表明胶已聚合。使用吸水纸将水层充分吸取，立即加入浓缩胶，插入梳子，待胶聚合后拔出梳子。

| 试剂 | 12.5%分离胶(mL) | 浓缩胶(mL) |
|---|---|---|
| 分离胶缓冲液 | 4.0 | — |
| 浓缩胶缓冲液 | — | 1.25 |
| Acr/Bis | 6.7 | 0.75 |
| $H_2O$ | 5.3 | 3.0 |
| 10% AP | 0.3 | 0.15 |
| TEMED | 0.008 | 0.005 |

（4）点样：将制好的胶放入电泳槽中，倒入电极缓冲液，淹没玻璃板，使用微量进液器在点样孔中加入样品和蛋白标准分子量。

（5）电泳：接通电源，调节电流为 1～2 mA，待样品进入分离胶后调节电流至 2～3 mA，保持电流强度，待指示剂完全移出凝胶后停止电泳。

（6）染色：取出凝胶，加入染色液，在水平摇床上染色 2 h。

（7）脱色：去除染色液后，使用蒸馏水冲洗残留的染色液，加入脱色液在水平摇床上振荡脱色 2 h，倒掉脱色液并加入新的脱色液，脱色过夜至能清晰地看出蛋白质条带。

(8) 对蛋白胶进行观察,根据 Marker 和胰岛素蛋白的分子量大小观察胰岛素蛋白是否表达。

## 五、注意事项

1. 在提取工程菌总蛋白时应尽量选择处于对数生长期的菌液。
2. 在进行 SDS-聚丙烯酰胺凝胶电泳时必须注意个人安全防护,并且防止触电。

## 六、思考题

1. 通过基因工程生产人胰岛素除了通过大肠杆菌之外是否可以选择其他的生物,如植物或动物的组织或细胞?
2. 通过大肠杆菌生产的人胰岛素是否具有体外活性?
3. 如何检验大肠杆菌生产的人胰岛素具有胰岛素的功能?

# 实验 2　基因工程大肠杆菌发酵生产人干扰素 α-2b

## I　感染新城疫病毒的人血红白细胞总 RNA 的提取

### 一、实验目的

1. 掌握从人血红白细胞中提取总 RNA 的方法。
2. 熟悉紫外吸收法检测 RNA 浓度与纯度的原理及测定方法。
3. 掌握 RNA 琼脂糖凝胶电泳方法并分析总 RNA 的电泳图谱。

### 二、实验原理

研究基因的表达和调控时常常要从组织和细胞中分离和纯化 RNA。RNA 质量的高低常常影响 cDNA 库、RT-PCR 和 Northern Blot 等分子生物学实验的成败。TransZol 是一种新型总 RNA 抽提试剂,内含异硫氰酸胍等物质,能迅速破碎细胞,抑制细胞释放出的核酸酶。

### 三、实验材料

1. 材料

感染新城疫病毒的人血红白细胞。

2. 仪器与用具

移液枪、枪头、低温高速离心机、涡旋振荡器。

3. 试剂

氯仿、1×PBS、75%乙醇(DEPC 处理过的 $ddH_2O$ 配制)、RNase 水、Trans® TransZol Up RNA 提取试剂盒。

## 四、实验步骤

1. 每 0.5 mL 人血红白细胞中加入 1 mL 的 TransZol Up,用移液枪反复吹打直至裂解液中无明显的沉淀。

2. 室温静置 5 min。

3. 每使用 1 mL TransZol Up,加入 0.2 mL 氯仿,剧烈振荡 30 s,室温孵育 3 min。

4. 10 000×g 2～8 ℃离心 15 min。此时样品分为 3 层:无色的水相(上层)、中间层、粉红色的有机层(下层)。RNA 主要在水相中,水相的体积约为所用 TransZol Up 试剂的 50%。

5. 将无色的水相转移到新的离心管中,每使用 1 mL Transzol Up 加入 0.5 mL 异丙醇,颠倒混匀,室温孵育 10 min。

6. 10 000×g 2～8 ℃离心 10 min。弃上清,在管侧和管底形成胶状的沉淀。

7. 加 1 mL 75%乙醇,剧烈涡旋。

8. 7500×g 2～8 ℃离心 5 min。

9. 弃上清,室温晾干沉淀(5 min 左右)。

10. 沉淀溶于 50～100 μL RNA 溶解液中。

11. 55～60 ℃孵育 10 min,保存样品于－70 ℃以备长期使用。

12. 琼脂糖凝胶电泳检查 RNA 的质量,通过分光光度计测定所提取 RNA 的浓度。

## 五、注意事项

1. 加入氯仿后一定要振荡充分,确保抽提的效果。

2. 实验所用有机试剂和所用的耗材要确保无 RNase 污染。

# Ⅱ　mRNA 转录合成 cDNA 第一链

## 一、实验目的

1. 学习反转录 cDNA 第一链的原理。

2. 通过反转录合成目的基因的 cDNA 第一链。

## 二、实验原理

1. 反转录酶的特性包括:(1) 具有 RNA 指导的 DNA 聚合酶活性,即以 RNA 为模板、脱氧核苷三磷酸为底物,从 5′-到 3′-合成 DNA,反应需要引物;(2) 具有 DNA 指导的

DNA 聚合酶活性;(3) 有 RNase H 活性,即降解 RNA-DNA 杂交分子的单链 RNA 的活性;(4) 不具有 3′到 5′校正功能。

2. 常用的反转录酶主要有莫洛尼氏小鼠白血病病毒(Moloney Murine Leukemia Virus, MMLV)反转录酶;禽成髓细胞瘤病毒(Avian Myeloblastosis Virus, AMV)反转录酶;嗜热微生物的耐高温病毒反转录酶。

3. PrimeScript RTase:TaKaRa 公司开发的 RNase H-型反转录酶,具极强的延伸能力,可合成 12kb 的 cDNA 第一链,即使对具有复杂二级结构的 RNA,在 42 ℃条件下也能得到良好的反转录效果。

4. cDNA 第一链可用于 cDNA 第二链的合成、杂交、PCR 扩增、Real Time PCR 等反应。

## 三、实验材料

1. 材料

实验Ⅰ中提取的感染新城疫病毒的人血红白细胞的总 RNA。

2. 仪器与用具

移液枪、枪头、低速离心机、PCR 仪。

3. 试剂

TransScript® Ⅱ One-Step gDNA Removal and cDNA Synthesis SuperMix 试剂盒。

## 四、实验步骤

1. 使用前将试剂盒中各组分点甩离心。

2. 按照如下体系向 PCR 管中加入组分:

| 组分 | 体积 |
| --- | --- |
| RNA | 1 μg(体积为 $V_1$) |
| Anchored Oligo(dT)$_{20}$ Primer | 1 μL |
| 2×TS Ⅱ Reaction Mix | 10 μL |
| TransScript® Ⅱ RT/RI Enzyme Mix | 1 μL |
| gDNA Remover | 1 μL |
| RNase-free Warter | (7-$V_1$)μL |
| 总计 | 20 μL |

3. 轻轻混匀,低速点甩离心。

4. 将 PCR 管置于 PCR 仪中,50 ℃孵育 30 min,85 ℃加热 5 s。

5. 将所获得的 cDNA 置于-70 ℃冰箱中保存备用。

## 五、注意事项

1. 避免 RNase 污染。
2. 为了保证反转录成功,须使用高质量的 RNA 模板。

# Ⅲ PCR 法克隆人干扰素 α-2b 基因

## 一、实验目的

1. 掌握 PCR 反应的基本原理与实验技术方法。
2. 熟悉基因克隆的基本操作过程。
3. 进一步巩固 PCR 扩增和电泳检测技术。

## 二、实验原理

类似于 DNA 的天然复制过程,其特异性依赖于与靶序列两端互补的寡核苷酸引物。PCR 由变性、退火、延伸三个基本反应步骤构成。(1)模板 DNA 的变性:将模板 DNA 加热至 93 ℃左右一定时间后,模板 DNA 双链或经 PCR 扩增形成的双链 DNA 解离成为单链,以便它与引物结合,为下轮反应作准备。(2)模板 DNA 与引物的退火(复性):模板 DNA 经加热变性成单链后,温度降至 55 ℃左右,引物与模板 DNA 单链的互补序列配对结合。(3)引物的延伸:DNA 模板—引物结合物在 TaqDNA 聚合酶的作用下,以 dNTP 为反应原料,靶序列为模板,按碱基配对与半保留复制原理,合成一条新的与模板 DNA 链互补的半保留复制链。重复循环变性、退火、延伸过程,就可获得更多的"半保留复制链",而且这种新链又可成为下次循环的模板。每完成一个循环需 2～4 min,2～3 h 就能将待扩目的基因扩增放大几百万倍。到达平台期所需循环次数取决于样品中模板的拷贝。

## 三、实验材料

1. 材料

实验Ⅱ中获得的 cDNA。

2. 仪器与设备

移液枪、PCR 管、枪头、低速离心机、PCR 仪。

3. 试剂

基因特异性引物、TransFast® Taq DNA Polymerase PCR 试剂盒。

## 四、实验步骤

1. 通过测序公司对克隆人干扰素 α-2b 基因的特异性引物进行合成,引物的序列如下：

FW(5′-3′)：TAATACGACTCACTATAGGG

RV(5′-3′)：TGCTAGTTATTGCTCAGCGG

使用 $ddH_2O$ 将引物稀释至 10 μM 备用。

2. 按照如下体系向 PCR 管中加入组分：

| 组分 | 体积(μL) |
| --- | --- |
| cDNA | 1 |
| FW 引物 | 1 |
| RV 引物 | 1 |
| 10×TransFast® Taq Buffer | 5 |
| 2.5 mM dNTPs | 4 |
| TransFast® Taq DNA Polymerase | 1 |
| Nuclease-free warter | 37 |
| 总计 | 50 |

3. 轻轻混匀，低速点甩离心。

4. 将 PCR 管放入 PCR 仪中，94 ℃，5 min；94 ℃，30 s，60 ℃，30 s，72 ℃，1.5 min，35 个循环；72 ℃，8 min。

5. PCR 结束后将 PCR 管取出，抽取 5 μL 产物与 Loading Buffer 按照规定比例混合，采用琼脂糖凝胶电泳方法对 PCR 产物进行检测。

## 五、注意事项

1. PCR 反应十分灵敏，操作时应注意避免痕量 DNA 污染对结果造成影响。
2. 根据 PCR 的结果可以适当调节退火温度及循环数。

# Ⅳ 人干扰素 α-2b 基因 PCR 产物的胶回收纯化

## 一、实验目的

1. 掌握胶回收的常规操作技术与方法。
2. 了解胶回收 PCR 产物的目的。

## 二、实验原理

利用胶回收试剂盒纯化 PCR 产物。本试剂盒提供一个简单、快速、有效地从 TBE 或 TAE 电泳缓冲液配制的琼脂糖凝胶中提取高质量 DNA 的技术，适合从浓度不高于 3%

的高、低熔点琼脂糖凝胶中回收长度为 60 bp～23 kb 的 DNA 片段，小于 100 bp DNA 片段回收率为 10%～55%，0.1～10 kb DNA 片段回收率最大为 99%，大于 10 kb DNA 片段回收率为 20%～70%。回收的基因组 DNA 可以应用到克隆、测序、限制性酶切等各类下游分子生物学实验。

## 三、实验材料

1. 材料

含有人干扰素 α-2b 基因的琼脂糖凝胶。

2. 仪器与用具

移液枪、枪头、高速离心机、离心管、手术刀、水浴锅。

3. 试剂

EasyPure® Quick Gel Extraction Kit 胶回收试剂盒。

## 四、实验步骤

1. 切取琼脂糖凝胶中人干扰素 α-2b 基因的条带，放入干净的 1.5 mL 离心管中称重，如果凝胶重 100 mg，可视其体积为 100 μL，以此类推。

2. 加入 3 倍体积 GSB 溶液，55 ℃水浴融胶 6～10 min，间断(2～3 min)混合，确保胶块完全融化。

3. 待融化的凝胶溶液降至室温，加入离心柱中静置 1 min，10 000 ×g 离心 1 min，弃流出液。

4. 加入 650 μL WB 溶液，10 000 ×g 离心 1 min，弃流出液。

5. 10 000×g 离心 1～2 min，彻底去除残留的 WB 溶液。

6. 将离心柱置于一个干净的离心管中，开盖静置 1 min，使残留的乙醇挥发干净，在柱的中央加入 30～50 μL EB 溶液或去离子水，室温静置 1 min。

7. 10 000×g 离心 1 min，洗脱 DNA，将洗脱出的 DNA 于－20 ℃保存。

## 五、注意事项

1. 为了保证回收效果，在电泳时应尽量使用新鲜的电泳缓冲液。

2. 在切胶时，胶块应尽量小；融胶时，应确保胶块完全消融。

3. 为了避免紫外照射对 DNA 造成损伤，影响下游的实验，紫外照射的时间应尽量缩短。

# V　人干扰素 α-2b 表达载体的构建

## 一、实验目的

能够综合运用 DNA 回收、酶切、连接、转化、质粒提取、酶切鉴定筛选重组质粒等分

子生物学技术。

## 二、实验原理

依赖于限制性核酸内切酶、DNA 连接酶和其他修饰酶的作用，分别对目的基因和载体 DNA 进行适当切割和修饰后，将二者连接在一起，再导入宿主细胞，实现目的基因在宿主细胞内的正确表达。

## 三、实验材料

1. 材料

实验Ⅳ中纯化的人干扰素 α-2b 基因 PCR 产物。

2. 仪器与用具

恒温水浴锅、移液枪、枪头、手术刀、无菌 PCR 管、高速离心机。

3. 试剂

NEB® *Hind*Ⅲ限制性内切酶、NEB® *EcoR* Ⅰ限制性内切酶、NEB® T4 DNA 连接酶、10×CutSmart® Buffer、pET－28a 质粒、NEB® 10×T4 DNA 连接酶缓冲液、Loading Buffer、1.0%琼脂糖凝胶、EasyPure® Quick Gel Extraction Kit 胶回收试剂盒。

## 四、实验步骤

1. 向无菌 PCR 管中按照如下体系分别加入各组分：

| 组分 | 体积 |
| --- | --- |
| pET-28a 质粒/纯化的人干扰素 α-2b 基因 PCR 产物 | 1 μg（体积为 $V_1$） |
| 10×CutSmart® Buffer | 2 μL |
| *Hind* Ⅲ限制性内切酶 | 1 μL |
| *EcoR* Ⅰ限制性内切酶 | 1 μL |
| $ddH_2O$ | ［20－(4＋$V_1$)］μL |
| 总计 | 20 μL |

2. 将分别装有 pET-28a 质粒和纯化的人干扰素 α-2b 基因 PCR 产物的 PCR 管置于 37 ℃水浴锅中孵育 3 h。

3. 分别向各个 PCR 管中加入 Loading Buffer，1.0%琼脂糖凝胶电泳检测。

4. 对琼脂糖凝胶中 pET-28a 质粒/纯化的人干扰素 α-2b 基因 PCR 产物的双酶切产物进行胶回收纯化，方法和步骤与实验Ⅳ相同。

5. 按照以下体系分别在 PCR 管中依次加入组分：

| 组分 | 体积 |
|---|---|
| 经 *Hind* Ⅲ和 *EcoR* Ⅰ双酶切并纯化的 pET-28a 质粒 | 1 μg(体积为 $V_1$) |
| 经 *Hind* Ⅲ和 *EcoR* Ⅰ双酶切并纯化的人干扰素 α-2b 基因 PCR 产物 | 1 μg(体积为 $V_2$) |
| NEB® 10×T4 DNA 连接酶缓冲液 | 2 μL |
| NEB® T4 DNA 连接酶 | 1 μL |
| $ddH_2O$ | [20-(3+$V_1$+$V_2$)] μL |
| 总计 | 20 μL |

6. 将加入上述组分的 PCR 管振荡混匀,点甩离心后于 16 ℃水浴锅中孵育 8～12 h。

## 五、注意事项

1. 双酶切时须注意酶切的时间及两种限制性内切酶是否具有星号活性。
2. 在酶切和连接操作过程中须注意更换枪头,以免造成试剂污染。

# Ⅵ 人干扰素 α-2b 大肠杆菌工程菌的构建

## 一、实验目的

1. 学习细菌质粒的提取与检测的原理和方法。
2. 学习制备感受态细胞并将质粒导入工程菌的原理和方法。

## 二、实验原理

1. 感受态细胞的制备

将快速生长的大肠杆菌置于经低温(0 ℃)预处理的低渗氯化钙溶液中,便会造成细胞膨胀,同时 $Ca^{2+}$ 会使细胞膜磷脂双分子层形成液晶结构,促使细胞外膜与内膜间隙中的部分核酸酶解离开来,离开所在区域,诱导细胞成为感受态细胞,细胞膜通透性发生变化,极易与外源 DNA 相黏附并在细胞表面形成抗脱氧核糖核酸酶的羟基-磷酸钙复合物。联合其他的二价金属离子(如 Mn、Co)、DMSO 或还原剂等物质处理细菌,可使转化率提高 100～1 000 倍。

2. 质粒的导入

在冰上融化感受态细胞,经过 42 ℃短暂热激后,由于细胞膜处于液晶态产生裂缝,外源 DNA 黏附于细胞表面,而后立即冰浴,促使细胞膜愈合。然后将菌体放入适宜的培养基中培养,以促进细胞的愈合恢复。

3. 阳性转化的培养基筛选方法

普通的大肠杆菌难以在含有 kan 的 LB 培养基上存活繁殖,而载体质粒含有 kan 的抗性基因,所以成功导入载体质粒的大肠杆菌能够在含有 kan 的 LB 培养基上形成菌落,即转化阳性。但是由于成功导入的质粒不一定携带目的基因,所以可能会出现伪阳性,故需要进行 PCR 鉴定。

## 三、实验材料

1. 材料

实验Ⅴ中构建好的重组表达载体、Trans® BL21 Chemically Competent Cell 感受态大肠杆菌细胞。

2. 仪器与用具

移液枪、枪头、超净工作台、恒温摇床、电热恒温培养箱、台式高速离心机、低温冰箱、恒温水浴锅、制冰机、EP 管、玻璃平皿。

3. 试剂

DNA Taq 聚合酶、LB 液体培养基、LB 固体培养基、50 mg/mL kan(储存液)、人干扰素 α-2b 基因克隆引物、$ddH_2O$、10×PCR Buffer、25 mmol/L $MgCl_2$、10 mmol/L dNTP、Loading Buffer、Marker。

## 四、实验步骤

1. 将配好的 LB 固体培养基高压灭菌后冷却至 60 ℃左右,加入 kan(储存液),使终浓度为 50 μg/mL,摇匀后倒平板。

2. 从−80 ℃冰箱内取出 Trans® BL21 感受态细胞,在冰水浴中解冻。

3. 取 1 μg 构建好的重组表达载体,加入到 50 μL Trans® BL21 感受态细胞中,使用移液枪轻轻吹打混匀,于冰水浴中孵育 20 min。

4. 42 ℃热激 35 s,再冰浴 2 min。

5. 加入 250 μL 平衡至室温的 LB 液体培养基,200 r/min、37 ℃培养 1 h。

6. 取 200 μL 菌液均匀地涂布在平板上,在 37 ℃培养箱中过夜培养(为得到较多的克隆,可以将菌液 1500×g 离心 1 min,弃掉部分上清,保留 100~150 μL,轻弹悬浮菌体,取全部菌液涂板)。

7. 挑选单克隆菌落至 10 μL 的无菌水中,涡旋混合。

8. 向 PCR 管中依次加入下述组分:

| 加样顺序 | 反应物 | 体积(μL) | 终浓度 |
|---|---|---|---|
| 1 | $ddH_2O$ | 17.3 | — |
| 2 | 10×PCR Buffer | 2.5 | 1× |
| 3 | 25 mmol/L $MgCl_2$ | 1.5 | 1.5 mmol/L |
| 4 | 10 mmol/L dNTP | 0.5 | 200 μmol/L |
| 5 | 10 μM 上游引物(克隆人干扰素 α-2b 基因) | 1 | 0.4 μmol/L |
| 6 | 10 μM 下游引物(克隆人干扰素 α-2b 基因) | 1 | 0.4 μmol/L |
| 7 | DNA Taq 聚合酶 | 0.2 | 1 U |
| 8 | 菌落混合液 | 1 | — |

9. 将反应液混合,低速短暂离心(4 000 r/min,4 s)。

10. 将 PCR 管放入 PCR 仪中,94 ℃,5 min;94 ℃,30 s,60 ℃,30 s,72 ℃,1.5 min,35 个循环;72 ℃,8 min。

11. PCR 结束后将 PCR 管取出,抽取 5 μL 产物与 Loading Buffer 按照规定比例混合,采用琼脂糖凝胶电泳方法对 PCR 产物进行检测。

12. 向 LB 液体培养基中加入 kan 母液,使培养基中 kan 的终浓度为 50 μg/mL。

13. 将鉴定为阳性的单克隆菌液加入到含 25 mL 的 kan 终浓度为 50 μg/mL 的 LB 液体培养基中进行扩大培养,37 ℃,200 r/min 培养 12 h。

14. 向培养好的菌液中添加 50%的甘油,菌液和甘油的体积比为 1∶1,振荡混匀,分装后于−80 ℃条件下保存备用。

## 五、注意事项

1. kan 筛选阳性转化菌落时可能存在假阳性现象,必须通过 PCR 再次鉴定。
2. PCR 鉴定过程中须注意避免环境中的痕量 DNA 污染。

# Ⅶ SDS-聚丙烯酰胺凝胶电泳检测人干扰素 α-2b 蛋白的表达

## 一、实验目的

1. 掌握 SDS-聚丙烯酰胺凝胶电泳检测蛋白的表达的实验原理。
2. 掌握制作 SDS-聚丙烯酰胺凝胶电泳检测蛋白的表达的操作步骤。

## 二、实验原理

细菌体中含有大量蛋白质,它们具有不同的电荷和分子量。强阴离子去污剂 SDS 与某一还原剂并用,通过加热使蛋白质解离,大量的 SDS 结合蛋白质,使其带相同密度的负电荷,在聚丙烯酰胺凝胶电泳(PAGE)上,不同蛋白质的迁移率仅取决于分子量。采用考马斯亮蓝快速染色,可及时观察电泳分离效果。因而根据预计表达蛋白的分子量,可筛选阳性表达的重组体。

## 三、实验材料

1. 材料

实验Ⅵ中构建好的工程菌菌液。

2. 仪器与用具

移液枪、枪头、烧杯、垂直电泳槽、电泳仪、高速离心机、低温超声仪。

3. 试剂

贝博®细菌蛋白提取试剂盒、分离胶缓冲液(Tris-HCl,pH 8.8)、浓缩胶缓冲液(Tris-

HCl，pH 6.8）、30％丙烯酰胺/N，N′-亚甲基双丙烯酰胺（Acr/Bis）、10％过硫酸铵（W/V）、2倍上样缓冲液（pH 8.0）、电极缓冲液（pH 8.0）、染色液、脱色液、封底胶。

## 四、实验步骤

1. 工程菌总蛋白的提取

（1）裂解液的准备：根据所需提取样本量，每500 μL裂解液中加入2 μL蛋白酶抑制剂Mix、2 μL磷酸酶抑制剂Mix和5 μL蛋白稳定液，充分混匀后置于冰上备用。

（2）在4 ℃ 12 000 ×g下将菌液离心5 min，弃上清，尽量吸干剩余的液体，收集菌体，用PBS洗菌体2次。

（3）按照20 mg失重菌体样本加入500 μL裂解液，吹打混匀，冰上放置20～30 min。

（4）300 W、10 s超声/10 s间隔条件下冰浴超声至菌液变清。

（5）在4 ℃ 12 000 ×g下将菌液离心5 min，将上清液移入冷的干净离心管中，即得到总蛋白样品。

2. SDS-聚丙烯酰胺凝胶电泳检测人干扰素α-2b蛋白

（1）向提取的大肠杆菌总蛋白中加入等体积的2倍上样缓冲液，在沸水中煮沸5 min。

（2）电泳槽安装：将成套的两个玻璃板使用夹子夹紧，正确放入硅胶条中，使用1％的琼脂糖凝胶封底。

（3）制胶：选择合适的胶浓度，按照下表配制分离胶和浓缩胶，将分离胶灌入两块玻璃板间，注意速度要慢以免产生气泡，至玻璃板顶端3 cm处，使用1 cm厚的去离子水覆盖，当胶与水之间出现明显的界面时表明胶已聚合。使用吸水纸将水层充分吸取，立即加入浓缩胶，插入梳子，待胶聚合后拔出梳子。

| 试剂 | 12.5％分离胶（mL） | 浓缩胶（mL） |
|---|---|---|
| 分离胶缓冲液 | 4.0 | — |
| 浓缩胶缓冲液 | — | 1.25 |
| Acr/Bis | 6.7 | 0.75 |
| $H_2O$ | 5.3 | 3.0 |
| 10％ AP | 0.3 | 0.15 |
| TEMED | 0.008 | 0.005 |

（4）点样：将制好的胶放入电泳槽中，倒入电极缓冲液，淹没玻璃板，使用微量进液器在点样孔中加入样品和蛋白标准分子量。

（5）电泳：接通电源，调节电流为1～2 mA，待样品进入分离胶后调节电流至2～3 mA，保持电流强度，待指示剂完全移出凝胶后停止电泳。

（6）染色：取出凝胶，加入染色液，在水平摇床上染色2 h。

(7) 脱色:去除染色液后,使用蒸馏水冲洗残留的染色液,加入脱色液在水平摇床上振荡脱色 2 h,倒掉脱色液并加入新的脱色液,脱色过夜至能清晰地看出蛋白质条带。

(8) 对蛋白胶进行观察,根据 Marker 和人干扰素 α-2b 蛋白的分子量大小观察人干扰素 α-2b 蛋白是否表达。

## 五、注意事项

1. 在提取工程菌总蛋白时应尽量选择处于对数生长期的菌液。
2. 在进行 SDS-聚丙烯酰胺凝胶电泳时必须注意个人安全防护,并且防止触电。

## 六、思考题

1. 通过基因工程生产人干扰素 α-2b 除了通过大肠杆菌之外是否可以选择其他的生物,如植物或动物的组织或细胞?
2. 通过大肠杆菌生产的人干扰素 α-2b 是否具有体外活性?
3. 如何检验大肠杆菌生产的人干扰素 α-2b 具有干扰素 α-2b 的功能?
4. 除了 SDS-聚丙烯酰胺凝胶电泳之外,还可以通过什么方法检测人干扰素 α-2b 的表达?

# 实验 3　酵母中蛋白的表达与检测

酵母是一种单细胞的真菌类高等级微生物,具有细胞核、细胞膜、细胞壁、线粒体、与真核细胞相同的酶和代谢途径。酵母表达系统是真核表达蛋白的常用系统之一,具有真核表达系统的许多优点,如蛋白加工折叠、翻译后修饰等,且酵母蛋白表达的操作较哺乳动物来说相对简单。同为酵母表达系统,毕赤酵母表达系统比酿酒酵母表达系统表达水平更高且可进行细胞的高密度培养。巴斯德毕赤酵母是近几年发展起来的较为完善的、被广泛用于表达外源蛋白的甲醇营养型酵母表达系统。

酵母蛋白表达与大肠杆菌表达部分不同,大肠杆菌表达只需将质粒/载体转入到宿主菌体内,其载体携带复制原点随着宿主染色体的复制而复制,可以稳定存在;而酵母表达相对复杂,设计的质粒/载体均不带有酵母自身复制原点,因此如果直接导入到宿主菌中,其不能稳定存在,所以必须将质粒/载体线性化,以同源重组的方式与宿主菌的染色体进行整合,这样外源基因才能够稳定存在。而同源重组一旦形成就会很稳定,再通过后期的筛选排除没有整合成功的质粒/载体和宿主菌,挑选整合成功并能够高表达的重组转化子,某种程度上其与哺乳动物稳定细胞系构建原理类似。

# I　毕赤酵母感受态的制备

## 一、实验目的

1. 了解毕赤酵母的生长特性。
2. 掌握制备感受态细胞的原理和步骤。

## 二、实验原理

GS115 是巴斯德毕赤酵母的一种酵母菌株,属于真核细胞。一般针对原核生物的抗生素例如氨苄和卡那对酵母是无效的,因此为了防止大肠杆菌等原核生物对酵母菌株的污染,往往向培养基中加入一些氨苄或卡那抗生素,来抑制细菌的污染或生长。毕赤酵母自身表型为 $Mut^{+}$,但 GS115 转化株既能够产生 $Mut^{+}$菌株也能够产生 $Mut^{s}$ 菌株,目的蛋白在这两种转化株中的表达可能不同,具有不可预测性,只有通过试验才能得到最好的酵母表达方案。

毕赤酵母适宜的生长温度是 28～30 ℃,超过 32 ℃对蛋白的表达是有害的,并可能导致细胞的死亡。GS115 毕赤酵母是组氨酸缺陷型(His4 基因型),如果表达载体上携带有组氨酸基因,可补偿宿主的组氨酸缺陷,因此可在不含组氨酸的培养基上筛选转化子。这些受体菌自发突变为野生型的概率为 $10^{-8}$。GS115 毕赤酵母可以在 YPD 培养基中生长,或者在补充有组氨酸的基本培养基中生长,但无法在单独的基本培养基中生长。

## 三、实验材料

1. 材料

GS115 酵母菌株。

2. 仪器与用具

高压灭菌锅、分析天平、滤膜、注射器、恒温烘箱、超低温冰箱、冰箱、制冰机、平皿、接种环、三角瓶、移液器、恒温摇床、EP 管、比色皿、超净工作台、滤膜(0.45 μm)。

3. 试剂

缓冲液 A　1.0 M 山梨醇,10 mM 甘氨酸,3%(V/V)乙二醇(pH 8.35),滤膜过滤,−20 ℃保存。

缓冲液 B　40%(W/V)PEG 1 000,0.2 M 甘氨酸,调 pH 至 8.35,滤膜过滤,−20 ℃保存。

缓冲液 C　0.15 M NaCl,10 mM 甘氨酸,调 pH 至 8.35,滤膜过滤,−20 ℃保存。

未污染的新鲜、试剂级 DMSO,−70 ℃保存。

酵母粉、胰蛋白胨、葡萄糖、液氮、蒸馏水、琼脂粉、酒精、YPD 培养基。

## 四、实验步骤

1. 称取 20 g 胰蛋白胨,加入 10 g 酵母粉,加入蒸馏水 950 mL 溶解,调 pH 至 6.5,

121 ℃高压灭菌 20 min，冷却到 55 ℃左右，加入 40%的过滤除菌的葡萄糖溶液。如需固体培养基，则加入琼脂粉 20 g。

2. 在超净工作台中将培养基倒入无菌的平皿中，冷却至固体。

3. −80 ℃冰箱取 GS115 酵母菌株，使用接种环按照下图进行划线(图 1)。

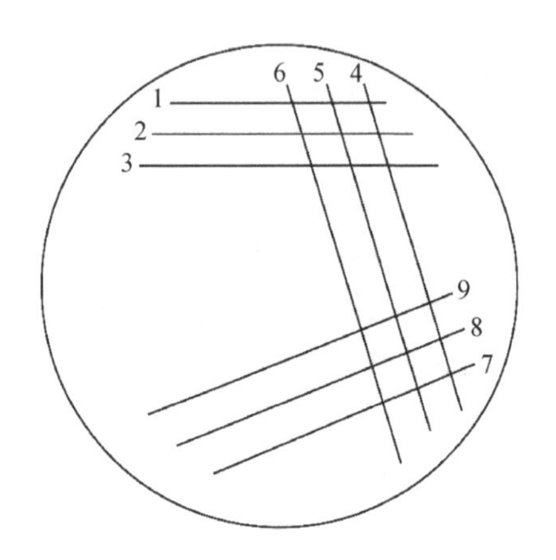


1～3 为第一次划线；4～6 为接种环灼烧后不蘸菌种第二次划线；7～9 为接种环灼烧后不蘸菌种第三次划线

**图 1　酵母划线示意**

4. 待菌落长至 0.5 mm 左右，使用 75%酒精喷施平板将平板彻底杀菌后放入超净工作台，在超净工作台中倒 10 mL 左右 YPD 培养基于 25 mL 三角瓶中，使用接种环挑取单菌落接种于 10 mL 的 YPD 液体培养基中，使用无菌封口膜密封，30 ℃恒温摇床振荡培养过夜。

5. 超净工作台中使用移液器取培养的细胞 5 μL、10 μL、20 μL 分别加入含有 200 mLYPD 的液体培养基中，无菌封口膜密封，300 r/min 30 ℃恒温摇床振荡过夜培养。

6. 将分光光度计的波长设定为 600 nm，在超净工作台取 3～5 mL 过夜培养的菌液于 5 mL 无菌离心管中，将离心管中的菌液倒入洁净的比色皿中，分光光度计测定 $OD_{600}$ 值。

7. 选取 $OD_{600}$ 值在 0.5～0.8 的菌液，在超净工作台中将其倒入 50 mL 无菌离心管中，室温 5 000 r/min 离心 5 min(如 $OD_{600}$ 未达到 0.5，可继续培养；如已超过 0.8，可将其 1∶4 稀释，再次培养 2～3 h，直到 $OD_{600}$ 到达 0.5～0.8)。

8. 在超净工作台中倒去离心管中的上清液，加入预冷 A 悬浮酵母细胞，并重悬于 4 mL 溶液 A 中。

9. 在超净工作台中将重悬菌液分装至无菌的 1.5 mL 离心管中，每管分装 0.2 mL 左右，每管加入 10 μL 预冷的 DMSO，混匀后迅速液氮冷冻。

## 五、注意事项

1. 菌种活化前，将冷冻管保存在低温、清洁、干燥的环境中，长时间室温下放置会导

致菌种衰退。

2. 每次放入超净台物品时都应当彻底消毒，防止污染感受态细胞；使用完毕清理超净台保证超净台的洁净。

3. 反复冻融甘油菌可能会影响酵母菌的活性，一段时间后可以选择复壮。

4. 制备的感受态细胞可以放入－80 ℃保存，但建议现做现用。

## Ⅱ　线性化载体转入毕赤酵母感受态细胞中

### 一、实验目的

1. 了解线性化载体同源重组的原理。
2. 掌握 PEG 转化的基本原理和操作方法。

### 二、实验原理

酵母表达产物有胞内表达和分泌到胞外表达两种方式，这取决于表达载体的选择和构建是否带有信号肽，可根据基因表达的定位及目的选择合适的酵母蛋白表达载体。

1. 胞内表达载体：主要包括 pPIC3、pPICZ、pPSC3K、pHIL-D2 等。该类载体将目的基因表达在胞内，可避免酵母的糖基化，适用于通常在胞浆表达或不含-S-S-的非糖基化蛋白，较胞外分泌表达水平高但纯化相对复杂。

2. 分泌到胞外表达的载体：主要包括 pPIC9、pHIL-S1、pYAM75P 等。酵母本身分泌的外源蛋白很少，将外源蛋白分泌到胞外，有利于目的蛋白的纯化和积累。常用的分泌信号序列主要是由 89 个氨基酸组成的 α 交配因子引导序列。

3. 多拷贝插入表达载体：pPIC9K、pPIC3.5K。某些情况下，重组基因的多拷贝整合能够增加蛋白的表达量。

毕赤酵母能够高效地表达外源基因，是因为其具有强启动子——乙醇氧化酶启动子（AOX1 和 AOX2）（图 2A）。AOX1 和 AOX2 及其产生的 $Mut^s$ 和 $Mut^+$ 表现型前文已经叙述过。AOX1 受甲醇的诱导和葡萄糖或甘油的抑制。毕赤酵母表达的外源基因位于酵母染色体上（图 2B），通过把构建的质粒/载体线性化（主要采用酶切），通过同源重组的方式整合到启动子 AOX 的下游，一般是插入到 5′AX 启动子和转录终止子信号之间的单克隆位点（图 3）。

在酵母宿主菌基因组的下游或者上游插入一个或多个质粒载体基因，如插入的质粒载体不破坏酵母宿主菌基因本身的 AOX1，重组转化子的表现型不变为 $Mut^+$；反之则变为 $Mut^s$。

我们采用 PEG/LiAc 法转化酵母。PEG 是一种高分子聚合物，只有分子量达到 3 000 左右的 PEG 才会发挥最大的转化促进作用。本文使用的 PEG 分子量为 3 350，实验结果表明促转化效果可以达到 $10^3$～$10^5$ cfu/μg。PEG 在酵母转化中起到在高浓度

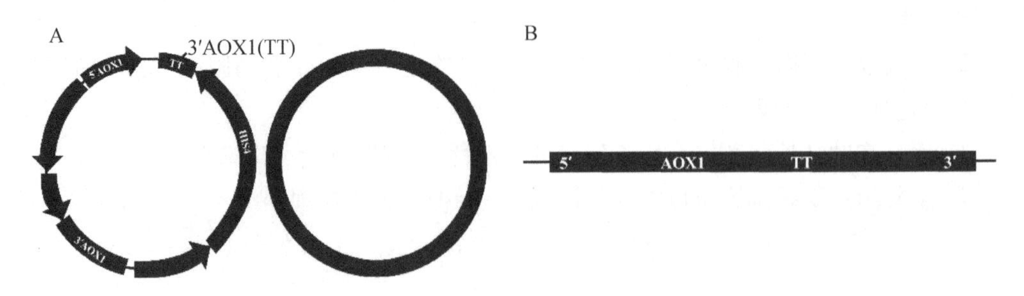


A. 载体图谱。B. 酵母宿主基因。5′ AOX1,启动子位点;3′ AOX1(TT),转录终止子 TT;3′ AOX1 位点

注:质粒载体上的 PAOX 位点或终止子 TT 或下游 3′ AOX1 三个位点与酵母宿主基因发生同源重组。

**图 2　载体图谱和酵母宿主基因**

**图 3　重组质粒插入 3′ AOX1**

LiAc 环境中保护细胞膜,减少 LiAc 对细胞膜结构的过度损伤,同时促进质粒与细胞膜接触更紧密的作用。PEG 的浓度务必适宜,这一点很重要。

LiAc 可使酵母细胞产生一种短暂的感受性状态,此时它们能够摄取外源性 DNA。鲑鱼精担体 DNA 为短的线形单链 DNA,在转化实验中主要是保护质粒免于被 DNA 酶降解;另外还可能在酵母细胞摄取外源性环形质粒 DNA 中发挥协助作用。在每次使用前务必进行热变性,使可能结合的双链 DNA 打开,保证鲑鱼精担体 DNA 在转化实验体系中以单链形式存在。

## 三、实验材料

1. 材料

鲑鱼精 DNA、线性化的质粒 DNA、实验 I 制备的毕赤酵母感受态细胞。

2. 仪器与设备

超净工作台、酒精灯、酒精喷壶、水浴锅、恒温培养箱、电磁炉、制冰机、离心机、移液器、EP 管、EP 管架。

3. 试剂

YPDA 培养基　分别称取 20 g 胰蛋白胨、10 g 酵母浸膏、20 g 琼脂、15 mL 0.2%腺嘌呤,用双蒸水溶解后,调 pH 到 7.5,定容至 1 L,121 ℃灭菌 15 min。

0.9% NaCl(W/V)　称取 NaCl 0.9 g,加入双蒸水,定容至 100 mL,121 ℃高压蒸汽灭菌 20 min。

100% DMSO　从试剂瓶中吸取 100% DMSO,0.45 μm 有机相滤头过滤除菌,分装至 EP 管中,每管 500 μL,室温保存。

10×TE(pH 7.5)　称取 Tris-HCl 1.211 g、EDTA 0.37 g,加入蒸馏水溶解,调 pH 到 7.5,定容到 100 mL,121 ℃高压蒸汽灭菌 20 min。

10×LiAc(pH 7.5)　称取 10.202 g LiAc(1 mol/L)加入蒸馏水溶解,定容至 100 mL。使用醋酸调节 pH 到 7.5,121 ℃灭菌 20 min。

1.1×TE/LiAc　吸取 11 mL 10×TE 溶液加入 11 mL 10×LiAc 溶液,加入蒸馏水定容至 100 mL,调节 pH 到 7.5,121 ℃高压蒸汽灭菌 20 min。

50% PEG3350　称取 50 g PEG3350,加入双蒸水定容至 100 mL。

PEG/LiAc　吸取 50% PEG3350 8 mL,加入 1 mL 10×TE,加入 1 mL 10×LiAc 混匀。

## 四、实验步骤

1. 将鲑鱼精 DNA 吸取至 EP 管中,沸水浴中煮沸 5 min,迅速放到冰上,对鲑鱼精 DNA 进行变性。

2. −80 ℃冰箱取出酵母感受态细胞,冰上融化后加入线性化的质粒 DNA 100～500 ng,加入 10 mg/mL 的鲑鱼精 DNA 5 μL,轻弹混匀。

3. 加入 PEG/LiAc 溶液 500 μL,轻弹混匀。

4. 30 ℃水浴 30 min,每 10～15 min 轻弹混匀。

5. 加入 DMSO 20 μL,轻弹混匀。

6. 42 ℃水浴 15 min,每 5～10 min 轻弹混匀。

7. 3 000×g 离心 3 min,弃上清,加入 1 mL 0.9%的 NaCl 溶液重悬,3 000×g 离心 3 min,弃上清。

8. 加入 200 μL 0.9%的 NaCl 溶液重悬,涂布于 YPDA(-His)的固体平板上,倒置培养 24～36 h。

## 五、注意事项

1. 转化效率与很多因素有关,酵母活力是一个重要因素,一般制备酵母感受态的细胞必须是没有经过 4 ℃保存的、活化过的、从培养箱中取出的新鲜酵母。

2. 酵母转化过程中没有抗生素,极易染菌,所有实验都在超净台中进行。超净台需提前一天用 70%酒精棉擦拭,将第二天用到的物品(如试剂、试管、架子等)都放入超净台,灭菌过夜。每次进入超净台操作时,需用 70%酒精棉擦手消毒。

3. 由于酵母生长周期较长,平板在培养箱中要放 3 d 左右,所以在倒平板时,不可吹得太干,小板晾干 10 min 左右、大板晾干 15 min 左右即可。

4. 有些筛选培养基需要加入 3-AT,但必须是在培养基冷却到 55 ℃以下才可加入。

## Ⅲ 阳性转化子的筛选与蛋白表达

### 一、实验目的

1. 了解酵母蛋白表达基本原理。
2. 掌握酵母蛋白诱导表达的操作方法。

### 二、实验原理

在毕赤酵母表达系统中，乙醇氧化酶有两种基因编码，即 AOX1 和 AOX2。细胞中绝大多数乙醇氧化酶活力由 AOX 提供，菌株利用甲醇的速度主要由 AOX1 基因表达的 AOX1 蛋白决定。当 AOX1 缺失、只存在 AOX2 时，大部分的乙醇氧化酶活力丧失，这种细胞利用甲醇能力低、在甲醇培养基上生长缓慢的菌株表现型为 $Mut^s$；存在 AOX1 时，细胞利用甲醇正常生长，在甲醇培养基上生长较快，这种菌株表现型为 $Mut^+$，这就是甲醇营养型毕赤酵母表达 $Mut^s$ 和 $Mut^+$ 产生的原理。

GS115 酵母菌株甲醇诱导型同时也是组氨酸缺陷型，如果表达载体上带有组氨酸基因，可以补偿宿主菌的组氨酸缺陷，所以可以在不含组氨酸的培养基上筛选重组转化子。在以葡萄糖或者甘油等为碳源的培养基上生长时，AOX1 基因的表达受到抑制，而在以甲醇为唯一碳源的培养基上，宿主菌的 AOX1 基因被强烈诱导，使目的基因大量表达。

毕赤酵母的最适生长温度为 28～30 ℃，诱导期间超过 32 ℃，不利于蛋白表达，并可能导致细胞死亡。$Mut^s$ 和 $Mut^+$ 菌株在没有甲醇存在的情况下生长速率相同，存在甲醇的情况下，AOX1 启动子被强烈诱导，$Mut^+$ 较 $Mut^s$ 生长更快(4～5 倍)。

### 三、实验材料

1. 材料

实验Ⅱ制备的线性化载体 PEG 转化子。

2. 仪器与用具

高压蒸汽灭菌锅、恒温烘箱、天平、超净台、电磁炉、电子天平、PCR 仪、水平电泳槽、垂直电泳槽、烧杯和量筒等。

3. 试剂

M9 母液　64 g $Na_2HPO_4$，15 g $KH_2O_4$，2. 5 g NaCl，5. 0 g $MgCl_2$，加双蒸水定容至 1 L。

MM 培养基　M9 母液 200 mL，加入 2 mL 1 mol/L 已灭菌的 $MgSO_4$，加入 100 μL 的 1 mol/L 的 $CaCl_2$，5 g 葡萄糖，加双蒸水定容至 1 L。如需固体培养基则再加入 20 g 琼脂粉。121 ℃灭菌 15 min。

MD 培养基　13. 4 g 酵母基本氮源，0. 4 mg 生物素，20 g 葡萄糖，加双蒸水定容至 1 L。如需固体培养基则再加入 20 g 琼脂粉。121 ℃灭菌 15 min。

MGY 培养基　将 800 mL 灭菌水、100 mL 的 10×YNB 母液、2 mL 的 500×B 母液和 100 mL 的 10×GY 母液混匀即可，4 ℃保存，保存期为 2 个月。

## 四、实验步骤

1. $Mut^+$和 $Mut^s$ 表型的判断

待转化子在平板上生长一段时间后，进行 $Mut^+$ 和 $Mut^s$ 的筛选。用牙签挑取单克隆，在 MM 及 MD 培养基上划线或点（先在 MM 平板上点，再在 MD 平板上点，一个克隆换一次牙签），30 ℃培养 2 d，观察。在 MD 培养基上生长而在 MM 培养基上不生长或长得很小即为 $Mut^s$ 表型，其余为 $Mut^+$表型。

2. 阳性转化子的 PCR 检测

吸取单克隆培养的酵母菌液 10 μL 放入 PCR 管中，放入沸水浴中煮沸 10 min，以完全破除酵母的细胞壁和细胞膜。使用目的基因的引物为 PCR 引物，以 1 μL 沸水浴处理后的菌液为底物，使用普通 Taq 酶进行 PCR 扩增，检测目的基因的整合情况。

3. 挑选阳性菌液，在 25 mL MGY（或 BMG 或 BMGY）培养基中 30 ℃ 300 r/min 培养至 $OD_{600}$ 为 2～6（培养 15～18 h 左右观察）。

4. 室温 200 r/min 离心 5 min，收集菌体，用 MGY 培养基重悬，使 $OD_{600}$ 为 1.0 左右；将菌液置于 1 L 摇瓶中 30 ℃ 300 r/min 培养，每 24 h 加入 100%甲醇至终浓度为 0.5%～1.0%。

5. 根据时间点取样（1 mL）置于 1.5 mL 离心管中，离心收集上清和菌体，分析蛋白表达量和最佳收获时间。

6. 参考大肠杆菌总蛋白的 SDS-PAGE 凝胶电泳，鉴定各时间点的蛋白表达情况。

## 五、注意事项

1. 在进行菌液 PCR 前一定要将菌液放入沸水浴中煮沸 10 min，以完全破除细胞壁。
2. 所有操作均须在无菌条件下，防止酵母培养液被杂菌污染。
3. 加入菌液中的甲醇应当为过滤除菌的甲醇。
4. 根据目标蛋白的分子量大小，选择合适的分离胶浓度进行 SDS-PAGE 凝胶电泳。

# 实验 4　血管生长抑素包涵体的变性和复性工艺研究

基因工程菌表达的产物一般都存在于细胞内部，是胞内可溶性表达，也可能是以包含体形式存在，利用大肠杆菌为宿主细胞的外源基因表达产物大多数属于包含体的表达形式。包含体是一种蛋白质的聚集体，处于细胞内部的固体颗粒，其成分中大部分是表达的目的基因产物，此外还有大肠杆菌菌体蛋白、质粒编码蛋白和其他污染成分等。包含体中存在的目标蛋白没有生物活性,因此必须在收集包含体后,将目标蛋白溶解出来并设法恢复其天然构型和活性。处于包含体内部的目标蛋白,通常的处理过程是:首先通过高速离心收集菌体细胞,用一定的细胞破碎方法破碎细胞,取得包含体;然后洗涤包含体,将混杂在包含体沉淀中的胞内其余杂质除去;接着进行的步骤是目标蛋白的变性溶解,再通过适当的方法使目标蛋白复性,取得具有生物活性的产物。

本实验以血管生长抑素为对象,通过实验学习包含体变性和复性的操作过程,并了解优化工艺条件的研究方法。

血管生长抑素是血管增殖抑制因子家族中的新成员,它能够抑制血管内皮细胞生成,从而能控制与肿瘤生长和转移相依赖的肿瘤细胞的血管形成,因此在治疗肿瘤过程中能发挥重要作用。研究表明,血管生长抑素是纤溶酶原的裂解片段,其 N 端始于纤溶酶原氨基酸残基 Va9,C 端是第 440 位氨基酸,包括纤溶酶原前 4 个称作 Kringle 的三维环状结构。它的相对分子质量约为 1 万。该蛋白由大肠杆菌表达,目标蛋白在包含体中。

## I 菌体的破碎和洗涤

### 一、实验目的

1. 了解细胞破碎的基本原理和实验方法。
2. 学会高压匀浆机的操作方法。
3. 了解包含体洗涤的原理和操作方法。

### 二、实验原理

本实验以基因工程构建菌的培养液为出发点进行分离提纯。首先将培养液离心后收集菌体等沉淀物,然后进行细胞破碎。目前,细胞破碎的主要方法是机械法、生物法和化学法,其中较常用的方法为高压匀浆法、球磨法、超声波破碎法、酶解法和化学渗透法等。本实验主要采用高压匀浆法,并采用超声波破碎法和酶解法与其协同作用,可以取得较好的破碎效果。因破碎后释放的包含体混杂在菌体蛋白、细胞碎片等固体杂质中,因此,必须对包含体进行洗涤。将沉淀悬浮于 pH 8.5 的 Tris-HCl、EDTA 缓冲液中,在低浓度尿素或表面活性剂存在下,使菌体蛋白溶解,经离心分离除去。

### 三、实验材料

1. 材料

血管生长抑素培养液(或菌体)。

2. 仪器与设备

高压匀浆机、超声波破碎仪、高速冷冻离心机、恒温水浴锅、电子天平、磁力搅拌器、烧杯和量筒等。

3. 试剂

PBS(0.1 mol/L,pH 7.5)缓冲液(A 缓冲液)　分别称取 11.7 g NaCl、6.02 g $Na_2HPO_4 \cdot 12H_2O$ 和 0.50 g $NaH_2PO_4 \cdot 2H_2O$,用双蒸水溶解后,定容至 2 L。

Tris-HCl(pH 8.5)缓冲液(B 缓冲液)　分别称取 24.2 g Tris-base 和 1.49 g $Na_2$-EDTA,用双蒸水溶解并加水至 1 800 mL 左右,用浓 HCl 调 pH 至 8.5,最后定容至 2 L。

C 缓冲液　称取 60 g Triton X－100 放入烧杯中,加上述已配好的 B 缓冲液少量,搅拌溶解,再用 B 缓冲液稀释至 2 L。

D 缓冲液　分别称取 24.2 g Tris-base 和 0.75 g $Na_2$-EDTA,用双蒸水溶解并加水至 1 800 mL 左右,用浓 HCl 调 pH 至 8.5,最后定容至 2 L。

溶菌酶、NaCl、HCl 等。

## 四、实验步骤

1. 基因工程大肠杆菌在 37 ℃、pH 7.5 的条件下进行高密度培养后,离心,收集菌体,将其悬浮于已配制的 A 缓冲液中,控制含量为每毫升缓冲液 0.1～0.25 g 湿菌体,搅拌,混合均匀,用高压匀浆机破碎细胞。将所得的细胞匀浆液用高速冷冻离心机 9 000～10 000 r/min 离心 30 min,取沉淀物。

2. 沉淀物悬浮于 C 缓冲液中,加入溶菌酶至终质量浓度为 1 mg/mL,不断搅拌下,在 37 ℃水浴中保温 30 min。

3. 混合液倒入塑料杯,并置于冰水浴中,用超声波破碎仪处理,控制条件:工作时间 2 s,间歇时间 2 s,次数 120 次(400 W)。

4. 在以上述方法处理后的溶液中加入固体 NaCl,使质量浓度达到 1 mg/mL,再加入一定量的 5%甘油水溶液,在上述相同工作时间下,用超声波破碎仪再处理 50 次。将所得匀浆用离心机 9 000～10 000 r/min 4 ℃高速离心 30 min,分别收集上清液和沉淀。

5. 将沉淀物悬浮于 C 缓冲液中,搅拌洗涤,并用相同方法离心分离。反复进行约 5 次,直至包含体洗涤干净。

6. 将包含体悬浮于 D 缓冲液中,搅拌洗涤,并用相同方法离心分离,即得到所需要的包含体,－20 ℃冰箱保存备用。

## 五、注意事项

1. 菌体沉淀一定要充分洗涤,防止培养基蛋白和工程菌分泌物对蛋白稳定性和纯化的不良影响。

2. 离心后工程菌的培养液不可随意丢弃,应当高压灭菌后倒入废液桶中,由专业机构处理。

3. 超声波破碎过程一定要在冰水浴中进行,以防止由于局部温度过高而造成的蛋白变性。

# Ⅱ 目标蛋白的变性溶解和凝胶层析纯化的工艺研究

## 一、实验目的

1. 了解目标蛋白变性溶解的基本原理和操作方法。
2. 掌握变性溶解的工艺条件与操作流程。
3. 了解 Sephadex G-75 凝胶柱层析的基本原理和操作技巧。

## 二、实验原理

包含体内部的目标蛋白必须通过变性的方法才能溶解至液相中。溶解包含体的主要试剂是高浓度的盐酸胍和尿素,还有表面活性剂如十二烷基硫酸钠(SDS)。在这些溶液中,蛋白质呈变性状态,其高级结构被破坏,即所有的氢键、疏水键都被破坏,疏水侧链完全暴露。

包含体中的蛋白质含有 2 个以上的二硫键,复性时可能发生错误的配对连接,导致复性失败,因此,还需用还原剂切断分子间的二硫键。变性增溶的影响因素主要包括作用时间、pH、离子强度、变性剂和还原剂的种类和浓度等。本实验研究变性剂浓度、还原剂种类和 pH 的影响。

目标蛋白变性溶解后,将其在变性状态下进行提纯,其优点是可以避免在活性状态下提纯时对蛋白活性的损害,而且操作可以在常温的环境下进行而无须低温。提纯方法为凝胶层析法,是利用溶液中各组分的相对分子质量不同而进行分离的技术。本实验选用 Sephadex G-75,将已充分溶胀的凝胶介质装在层析柱中作为固定相,变性液样品加在柱顶端,通入一定的缓冲液进行洗脱,收集相应的流出液,即可将变性液中的杂蛋白与目标蛋白分离。

## 三、实验材料

1. 材料

实验 I 制备的包含体。

2. 仪器与设备

紫外分光光度计、组合式自动液相色谱分离层析仪、层析柱(2.5 cm×100 cm)、磁力搅拌器、离心机、小试管、pH 计、秒表、小滴管和小玻棒等。

3. 试剂

0.1 mol/L Tris-HCl 缓冲液　分别称取一定量尿素,加入三羟甲基氨基甲烷(Tris-base)24.2 g,加入蒸馏水 1.8 L,热水浴中溶解,用浓盐酸调整溶液的 pH 至 8.5,蒸馏水定容至 2 L,滤纸过滤。

Sephadex G-75 凝胶、尿素、Tris-base、吐温-20、β-巯基乙醇、还原型谷胱甘肽(GSH)、二硫苏糖醇(DTT)、$Na_2HPO_4$ 和浓盐酸等。

## 四、实验步骤

1. 目标蛋白变性溶解

称取 2 g 包含体于烧杯中，加入上述含尿素的 Tris-HCl 缓冲液 25 mL，加入 25 μL 吐温-20，磁力搅拌成均匀的悬浮液，加入不同种类的还原剂，加量均为 100 μmol，室温搅拌 2 h。9 000 r/min 冷冻离心 30 min，收集上清液，取样稀释 100 倍后用紫外分光法测蛋白质浓度。不同工艺条件的比较如下。

（1）变性剂浓度不同对变性效果的影响：在配制 0.1 mol/L Tris-HCl（pH 8.5）缓冲液时，分别加入 240 g、480 g、720 g、960 g 尿素（2 L 溶液），使尿素的浓度为 2 mol/L、4 mol/L、6 mol/L、8 mol/L。分别用该缓冲液按其余相同的步骤进行变性操作（还原剂采用 DTT）。测定变性液的总蛋白质浓度，以尿素浓度为横坐标，对应的蛋白浓度为纵坐标，作曲线图。

（2）还原剂种类不同对变性效果的影响：在上述操作步骤中分别采用不加还原剂、加 β-巯基乙醇、加 GSH、加 DTT 4 种条件进行变性操作，尿素浓度采用（1）中所得出的最适浓度，其余步骤相同。测定变性液的总蛋白质浓度，以不同还原剂为横坐标，对应的蛋白质浓度为纵坐标，作矩形图。

（3）缓冲液 pH 不同对变性效果的影响：在配制 0.1 mol/L Tris-HCl 缓冲液时，尿素浓度采用（1）中所得出的最适浓度，用 HCl 调节溶液 pH 分别为 6.0、7.0、8.0、8.5、9.0，用不同 pH 的缓冲液按相同的其余步骤进行变性操作，还原剂采用（2）中所得出的最优还原剂。测定变性液的总蛋白质浓度，以溶液 pH 为横坐标，对应的蛋白质浓度为纵坐标，作曲线图。

2. Sephadex G-75 凝胶柱层析纯化变性蛋白

（1）称取 Sephadex G-75 干粉 20 g 放入烧杯，加蒸馏水浸泡，并漂洗除去上层悬浮的过细粒子，反复数次，直至上层澄清为止，然后浸泡 24 h，使其充分溶胀（也可在沸水浴上加热，缩短溶胀时间）。将凝胶真空抽滤排除水后，再用含 8 mol/L 尿素、0.1%吐温-20 的 0.1 mol/L Tris-HCl（pH 8.5）平衡缓冲液浸泡，并用倾析法换液数次，浸泡过夜。将凝胶放在真空干燥器中或抽滤瓶中抽真空脱除凝胶中空气。

（2）装柱：在 2.5 cm×100 cm 层析柱中，加入约 1/4 柱床体积的上述平衡缓冲液，边搅拌边将薄浆状的凝胶悬浮液沿着柱内壁连续倾入柱中，使其自然沉降，当凝胶沉降 2～3 cm 时，调节出水管高度，控制合适流速，继续加入凝胶悬浮液，直至充分沉降后的凝胶面达到 90 cm 高度时停止装柱，在凝胶面上保留一段液柱。新装好的柱要检查其均一性，不能有气泡，并要防止液体流干。如柱床层不均一，应重新装柱。

（3）层析柱的平衡：连接好整个层析装置的管线，通入上述平衡缓冲液，调节泵速至 0.6 mL/min 左右，平衡一夜，以使层析柱内条件和床体积稳定。将紫外检测仪的波长调至 280 nm，接通计算机，待基线走平即可上样。

（4）样品处理和上样：根据紫外分光光度法检测的变性液蛋白质量浓度（mg/mL）计

算上样液体积(mL),控制上样总蛋白量为250～260 mg。如果变性液浑浊,用台式离心机8 000 r/min离心10 min。样品上柱前,先检查基线是否走平,吸光度值$A$应为0。关闭恒流泵,打开顶盖,吸出柱中凝胶面上的液体,直至达到床层表面。吸取样品液,沿管壁小心加到凝胶面上(注意不要将床面凝胶冲起)。将样品液慢慢压入层析柱床内,当样品液流至凝胶表面时,再用相同方法沿管壁加入少量平衡缓冲液,将管壁上的样品液冲洗下来。当液面再次流至床层表面后,沿管壁加入上述平衡缓冲液,保持一段液柱。

(5) 洗脱(展层):将泵的进口管线插入平衡缓冲液瓶中,调节恒流泵,使流速保持在0.6 mL/min左右。检查紫外检测器的基线是否为0,同时打开自动部分收集器,设定首、末管数,每管收集时间为20 min。启动部分收集器后,将滴液杆对准第一支试管的中央,随即就会在各管中依次自动收集流出液。打开计算机层析软件,观察出峰情况(总共有4个峰),将同一个峰浓度较高的各管合并,量体积并测蛋白质浓度,计算收率。将各峰用SDS-聚丙烯酰胺凝胶电泳(SDS-PAGE)检测,确定含有目标蛋白的峰。采用低相对分子质量标准蛋白质(Mark)作为对照。由于血管生长抑素相对分子质量为10 000左右,故电泳后,根据组分斑点移动的位置可确定哪个峰含有目标蛋白,并可了解其纯度。用目标蛋白含量较高的峰进行复性实验。

3. 紫外分光光度法测定蛋白质浓度

取样品液适当稀释后,用紫外分光光度计分别在波长280 nm和260 nm处测定其吸光度值$A_{208}$和$A_{260}$,按下式计算蛋白质量浓度:

$$蛋白质量浓度(mg/mL)=(A_{260}\times 1.45-A_{240}\times 0.74)\times 稀释倍数$$

4. SDS-PAGE检测血管抑素电泳的条件

浓缩胶6%,分离胶15%,浓缩胶电压80 V,分离胶电压120 V,样品液适当稀释后,加样20 μL(3～5 μg),考马斯亮蓝染色。详细操作见实验24大肠杆菌总蛋白的SDS-PAGE凝胶电泳。

## 五、注意事项

1. 葡聚糖G后面的数字代表不同的交联度,数值越大交联度越小,吸水量越大,其数值大致为吸水量的10倍。Sephadex对碱和弱酸稳定(在0.1 mol/L盐酸中可以浸泡1～2 h),在中性时可以高压灭菌。不同型号中又有颗粒粗细之分。颗粒粗的分离效果差,但流速快;颗粒越细分离效果越好,但流速也越慢。交联葡聚糖工作时的pH稳定在2～11。葡聚糖G型凝胶分离的分子量分级范围为$700\sim 8\times 10^5$。

2. G系交联葡聚糖凝胶亲水性强,能在水中溶胀(也有少量的有机溶剂也可以使之溶胀),有机溶剂或含有有机溶剂较多的水溶液会改变其孔隙,使之收缩,失去或降低凝胶的分离能力。在水中溶胀时如在室温则需要较长时间才能达到充分溶胀的程度,可煮沸到100 ℃,以缩短其溶胀时间。

3. 新装好的柱要检查其均一性,不能有气泡,并要防止液体流干。如柱床层不均一,应重新装柱。

4. 洗脱至洗脱液的基线为0,将柱子里的缓冲液置换为去离子水,然后用20%的乙醇封存。

## Ⅲ 目标蛋白的复性工艺研究

### 一、实验目的

1. 了解目标蛋白复性的基本原理和操作方法。
2. 掌握目标蛋白复性的工艺流程和实施方案。

### 二、实验原理

在变性溶解过程中,由于变性剂的存在破坏了蛋白质的高级结构,但一级结构和共价键没有被破坏,因此,复性过程就是将部分变性剂除去(或浓度降低),使蛋白质重新折叠成具有活性的天然构型。传统的复性方法主要是稀释法,即在变性液中加入大量缓冲液,使变性剂和蛋白质浓度降低,使蛋白质复性。复性效果的好坏取决于蛋白质聚集和正确折叠的竞争,因此复性操作条件的选择和优化十分重要。变性剂浓度、重组蛋白浓度和纯度、温度、缓冲液 pH 和离子强度、氧化还原条件等都会影响复性效果。复性过程中变性剂浓度和目标蛋白浓度是很重要的因素,实践证明较低浓度的变性剂(如2～3 mol/L 尿素)可使变性蛋白重新折叠而达到复性目的。如果浓度过低,复性率会降低,因为变性剂的存在是促使蛋白质溶解分散的过程,若变性剂过稀,某些蛋白分子可能重新聚合,生成二聚体、三聚体或多聚体,甚至产生沉淀物。目标蛋白浓度过高,会因其分子间作用力增大而容易聚合。在复性过程中,不但变性剂的种类和浓度对复性率有很大影响,其浓度的变化速率也至关重要。变性剂稀释的速度太快,会使不溶性聚集物增多。为了减少聚集物的形成,可采取逐步稀释法,它不至于使蛋白分子的外环境发生突变,所以比一步稀释法容易控制复性的进程。由于目标蛋白含2个以上的二硫键,复性时有可能发生错误的配对连接。因此,可利用还原剂切断分子间的二硫键使其变成巯基,再加入氧化剂,使两个巯基形成正确的二硫键。本实验采用稀释法复性,主要对复性缓冲液的 pH、目标蛋白浓度和稀释方式进行研究。复性后血管生长抑素的活性由 MTT 法测得的内皮细胞生长抑制率来间接反映。

### 三、实验材料

1. 材料

实验Ⅱ制备的蛋白质变性溶液。

2. 仪器与设备

磁力搅拌器、恒流泵、离心机、可调式移液器、pH 计、烧杯和量筒等。

3. 试剂

复性液的组成　100 mmol/L Tris-Base＋0.8 mol/L L-精氨酸＋3 mmol/L 还原型谷胱甘肽(GSH)＋1.3 mmol/L 氧化型谷胱甘肽(GSSG)＋0.003 mmol/L $ZnCl_2$，一定的 pH。

复性液的配制方法(以 1 L 复性液为例)　称取 Tris-Base 12.1 g，L-精氨酸 139.4 g，GSH 0.922 g，GSSG 0.796 g，吸取 $ZnCl_2$ 溶液 400 μL(预先配制成 1.0 mg/mL 溶液)，加 800 mL 左右水，搅拌溶解，用盐酸调 pH 至实验要求的数值，用水定容至 1 L。

Tris-Base、L-精氨酸、GSH、GSSG、$ZnCl_2$ 和浓盐酸等。

## 四、实验步骤

1. 复性缓冲液 pH 对复性的影响

(1) 根据变性液体积，计算将变性液稀释 10 倍所需加入的复性缓冲液体积(注意：实际加入体积＝复性液总体积－变性液体积)。根据复性液总体积计算复性液中各成分的质量(g)，然后按实际加入体积进行配制。配制时，分别用盐酸调节复性缓冲液的 pH 为 7.0、8.0、8.2、8.6、8.8(其余配制条件均相同)。

(2) 用分段流加法进行稀释复性：将一定量的变性液放在烧杯中，磁力搅拌器搅拌，将计算量的复性缓冲液平分为 3 等份左右，用恒流泵逐次流加到变性液中，注意调节泵速以控制流速，使目标蛋白的质量浓度每分钟降低 0.03 mg/mL。加完一份后，停止流加(仍继续搅拌)，间隔 30 min 再重新流加，如此反复进行，直至全部加完。缓冲液加完后继续搅拌 12 h 左右，温度保持在 20 ℃以下。

(3) 日标蛋白的复性效果用 MTT 生物活性检测法进行检测。以 pH 为横坐标，复性蛋白对受检细胞 ECV-304 的抑制率 $\varphi$ 为纵坐标作曲线图，求最适复性 pH。

2. 目标蛋白浓度对复性的影响

(1) 根据层析分离后变性液的蛋白质质量浓度(mg/mL)和体积(mL)，计算将其稀释至 0.05 mg/mL、0.1 mg/mL、0.2 mg/mL、0.4 mg/mL、0.6 mg/mL、0.8 mg/mL 时，所需加入的复性缓冲液体积(注意：实际加入体积＝复性液总体积－变性液体积)。根据复性液总体积计算复性液中各成分的质量(g)，然后按实际加入体积进行配制。复性液的 pH 为已求得的最适 pH(其余配制条件均相同)。

(2) 按前述稀释操作方法进行复性。

(3) 目标蛋白的复性效果用 MTT 生物活性检测法进行检测。以复性液的蛋白质质量浓度(mg/mL)为横坐标，复性蛋白对受检细胞 ECV-304 的抑制率 $\varphi$ 为纵坐标作曲线图，求目标蛋白的最适复性浓度。

3. 不同稀释方式对复性的影响

(1) 分段流加

① 根据层析分离后变性液的蛋白质质量浓度(mg/mL)和体积(mL)，以及已求得的最适复性蛋白质浓度，计算所需加入的复性缓冲液体积(注意：实际加入体积＝复性液总

体积－变性液体积）。按复性液总体积计算复性液中各成分的质量(g)，然后按实际加入体积进行配制。复性缓冲液的 pH 为已求得的最适 pH（其余配制条件均相同）。

② 按前述稀释操作方法进行复性。

③ 按前述方法测定复性效果，计算复性蛋白对受检细胞 ECV-304 的抑制率 $\varphi$。

（2）将变性液加到复性缓冲液中

① 复性液的配制与上一种方式相同。

② 将计算量的复性缓冲液放在烧杯中，磁力搅拌器搅拌，用恒流泵将变性液流加到缓冲液中，控制流速，使目标蛋白的质量浓度每分钟升高 0.45 mg/mL。加完后继续搅拌 12 h 左右，温度保持在 20 ℃以下。

③ 按前述方法测定复性效果，计算复性蛋白对受检细胞 ECV-304 的抑制率 $\varphi$，将这两种复性方式作矩形图，进行比较。

以上的两种方式可以分组进行。

## 五、注意事项

1. 包含体溶解要彻底，一般应使溶解体量较大，不用怕蛋白被稀释，要有助溶过程。
2. 复性前后均要离心。
3. 复性不能太快。

# Ⅳ 四唑盐(MTT)比色法检测细胞活性

## 一、实验目的

1. 了解 MTT 法的基本原理和操作流程。
2. 掌握 MTT 法检测细胞活力。

## 二、实验原理

四唑盐(MTT)比色试验是检测细胞存活和生长的常用方法。显色剂四唑盐是一种能接受氢原子的染料，化学名为 3-(4,5-二甲基噻唑-2)-2,5-二苯基四氮唑溴盐，商品名为噻唑蓝，简称 MTT。活细胞线粒体中的琥珀酸脱氢酶能使外源性的 MTT 还原为难溶性的蓝紫色结晶物，并沉积在细胞中，而死细胞无此功能。二甲基亚砜(DMSO)能溶解细胞中的紫色结晶物，用酶联免疫检测仪在 490 nm 处测定其吸光度值，在一定细胞数范围内，MTT 结晶物形成的量与活细胞数成正比，因此，吸光度值的大小可间接反映活细胞数量。该法的特点为灵敏度高、重复性好、操作简便、经济、快速、易自动化、无放射性污染，与其他检测细胞活力的方法(如细胞计数法、软琼脂克隆形成试验和 3H-TJR 掺入等)有良好的相关性。

本实验采用的受检细胞为人脐静脉内皮细胞(ECV-304)，将其在 10%胎牛血清

DMEM 培养液中培养，加入复性后的血管生长抑素样品，由于其对细胞的抑制作用，继续培养后，用酶联免疫检测仪测得的吸光度值就比不加样的空白对照小，受检细胞的存活率可按下式计算：

$$存活率=\frac{A_e}{A_0}\times 100\%$$

式中：$A_e$ 为加入血管生长抑素样品的吸光度值；$A_0$ 为不加样品的空白吸光度值。

血管生长抑素对受检细胞生长的抑制率为：

$$抑制率\ \varphi=\left(1-\frac{A_e}{A_0}\right)\times 100\%$$

血管生长抑素的复性率越高，则对受检细胞生长的抑制率 $\varphi$ 值越大，故可用抑制率来间接表示复性的效果。

## 三、实验材料

1. 材料

人脐静脉内皮细胞（ECV-304）。

2. 仪器与设备

$CO_2$ 孵箱、显微镜、血细胞计数板（或电子细胞计数仪）、磁力搅拌器、酶联免疫检测仪、96 孔培养板（平底型）、超净工作台、可调移液器、吸管、离心管、微孔滤器和锥形瓶等。

3. 试剂

MTT 溶液　称取 250 mg MTT，放入小烧杯中，加 50 mL PBS（0.01 mol/L，pH 7.4）缓冲液，在磁力搅拌器上搅拌 30 min，用 0.22 μm 的微孔滤膜过滤除菌，分装，4 ℃保存。2 周内有效。

无钙镁离子平衡盐溶液　称取 8 g NaCl、0.20 g KCl、0.02 g $KH_2PO_4$、0.073 g $Na_2HPO_4$、2.00 g 葡萄糖、0.02 g 酚红，使用双蒸水溶解定容至 1 L。

0.25%胰蛋白酶消化液　称取 0.25 g 胰蛋白酶，加入 100 mL 上述的无钙镁离子平衡盐溶液，搅拌混匀使其完全溶解，使用 0.22 μm 的微孔滤膜过滤除菌，分装，4 ℃保存。

（胰蛋白酶消化液的主要作用是使细胞间的蛋白质水解，促使细胞分散，贴壁的细胞容易脱落而形成单个细胞悬浮液。由于钙、镁离子和血清对胰蛋白酶活性有抑制作用，故消化液应不含这些离子及血清。）

含 10%胎牛血清 DMEM 培养液　将市售的 DMEM 培养基干粉溶于蒸馏水中，按包装袋上所写的要求进行配制。加抗生素青霉素和链霉素，使终质量浓度分别为 100 U/mL。用 0.45 μm（上层）和 0.22 μm（下层）的微孔滤膜过滤除菌。使用前加入 10%胎牛血清。

胎牛血清、DMEM 培养基、胰蛋白酶、MTT（四唑盐）、二甲基亚砜（DMSO，分析纯）、PBS 缓冲液（0.01 mol/L，pH 7.4）、酚红、葡萄糖、NaCl 和 KCl 等。

## 四、实验步骤

1. 受检细胞的传代和培养

将人脐静脉内皮细胞（ECV-304）在 37 ℃的 $CO_2$ 孵箱中，以含 10%胎牛血清 DMEM 培养液培养并传代，取对数生长期的单层细胞接种。

2. 细胞的消化

倒掉培养瓶中旧的培养液，加入 1～2 mL 胰蛋白酶消化液，轻轻摇动培养瓶，使消化液流遍所有细胞表面，在 25～37 ℃环境下消化约 2 min，发现胞质回缩、细胞间隙增大时停止消化，即吸除或倒掉消化液，加入含 10%胎牛血清 DMEM 培养液（血清既具培养作用，又具停止消化作用）。用吸管或可调式移液器吸取瓶内培养液，反复吹打瓶壁细胞，使细胞脱落，形成悬浮液。

3. 接种细胞

用血细胞计数板（或电子细胞计数仪）在显微镜下计数细胞个数。控制悬浮液中细胞含量，以每孔 $10^3$～$10^4$ 个细胞接种于 96 孔培养板中，每孔体积 200 μL。

4. 培养细胞

将培养板移入 $CO_2$ 孵箱中，在 37 ℃、5% $CO_2$ 及饱和湿度条件下，培养 24 h。

5. 加药

在待检孔中加入等量的复性蛋白液样品，继续在上述条件下培养。空白对照孔不加药。

6. 呈色

当细胞成熟后，每孔加入 MTT 溶液（5 mg/mL）20 μL，37 ℃，继续孵育 4 h，然后终止培养，小心吸弃孔内培养上清液。每孔加入 150 μL DMSO，小心振荡 10 min，使结晶物充分溶解。

7. 比色

选择 490 nm 波长，在酶联免疫检测仪上测定各孔吸光度值 $A$。计算血管生长抑素对受检细胞生长的抑制率。

## 五、注意事项

1. 接种和培养细胞均须在无菌的环境中进行。

2. MTT 试剂最好现用现配，过滤后避光保存两周内有效，或以 100 μL 分装小管长期保存，避免反复冻融，最好小剂量分装，用避光袋或是黑纸、锡箔纸包住避光以免分解，若变为灰绿色时就绝对不能再用。

3. 二甲基亚砜可以直接溶解，无需配制，使用方便，但对人体毒性较大。在去除培养液的过程中，可能会把结晶去掉，导致结果不稳定。

4. 该溶解液因含有 SDS，在低温保存的时候易产生结晶，因此用之前必须提前几小时拿至室温，待 SDS 结晶全部溶解后再使用。

# 实验5 α-淀粉酶的发酵生产

α-淀粉酶广泛分布于动物、植物和微生物中，能水解淀粉产生糊精、麦芽糖、低聚糖和葡萄糖等，是工业生产中应用最为广泛的酶制剂之一。目前，α-淀粉酶已广泛应用于变性淀粉及淀粉糖、焙烤工业、啤酒酿造、酒精工业、发酵以及纺织等许多领域。

在筛选培养基平板上，可溶性淀粉被目的菌株产生的淀粉酶水解，形成透明圈。不同种类的微生物产生的淀粉酶的种类和活力各不相同，对可溶性淀粉的水解能力各不相同，所形成的水解圈与菌落大小比值不同，因而根据该比值可初步判断其对可溶性淀粉的水解能力。许多细菌和霉菌均可产生淀粉酶，特别是一些芽孢杆菌，因此，本实验将土壤样品加热处理后，将其接种到筛选培养基平板进行培养，根据平板的水解圈做初筛，从中筛选出产淀粉酶活性较好的菌株进行保藏。

α-淀粉酶容易溶解于水和较稀的缓冲液中，它能够切断淀粉分子中的α-1,4糖苷键，生成糊精及少量麦芽糖或葡萄糖，从而使淀粉遇碘变蓝的特异性颜色反应逐渐消失，由此颜色反应消失的速度即可测出该酶的活性。α-淀粉酶活力可用60 ℃时1 g酶制剂或1 mL酶液在1 h内液化可溶性淀粉的克数来表示，单位以g/g(mL)·h来表示。计算公式为：

$$\alpha\text{-淀粉酶活力}(\mathrm{U/mL})=(60/T\times 20\times 2\%\times N)/0.5$$

式中：60表示酶活定义中反应时间为60 min；$T$为反应时间(min)；20为可溶性淀粉的量(mL)；2%为可溶性淀粉浓度；$N$为酶液稀释倍数；0.5为测定时所用酶液量(mL)。

## Ⅰ α-淀粉酶产生菌的初筛

### 一、实验目的

从土壤中有效分离出α-淀粉酶产生菌。

### 二、实验原理

通过淀粉酶产生菌筛选培养基有效筛选出α-淀粉酶产生菌。

### 三、实验材料

1. 材料

土壤样品(或其他含淀粉酶丰富的食物)。

2. 仪器与用具

恒温培养箱、超净工作台、高压蒸汽灭菌锅、摇床、酒精灯、牙签、移液枪、试管、涂布

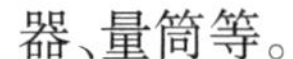

器、量筒等。

3. 试剂

淀粉酶产生菌筛选培养基、高氏一号培养基、牛肉膏蛋白胨培养基、卢戈氏碘液。

## 四、实验步骤

1. 菌种分离

（1）土壤采集

选取采集地点地表植被根系周围的土壤，去除地表浮土，挖取 2～5 cm 深的土壤样品，每个样品约取 20 g 土壤，装入塑料袋内，作好标记备用。

（2）制备菌悬液

取 5 g 土壤样品置于含 45 mL 无菌水的三角瓶中，用振荡器振荡 10 min，在 90 ℃水浴锅中处理 15 min。

（3）涂布平板培养与分离

吸取 100 μL 悬浮液，用涂布器涂布于筛选培养基平板，待液体充分被吸收后，置于 37 ℃培养箱中培养 48 h。每组做 2 个平板。

2. 菌种初步筛选

在平板中加入少量卢戈氏碘液，观察菌落形成透明水解圈情况，用无菌牙签挑取产生水解圈的菌落，转接到新的筛选培养基中，每个平板上接种 16 个菌种，每组接种 2 个平板，置于 37 ℃培养 24 h。在平板内加入卢戈氏碘液，根据单菌落透明圈直径与菌落直径比值（H/C）大小进行初筛，选择水解圈直径与菌落直径比值大的菌株，从中选取淀粉酶活力相对较高的菌株。

3. 菌种保藏

将筛选出来产淀粉酶活性较强的菌株转接到牛肉膏蛋白胨培养基平板上，37 ℃培养 24 h，然后置于 4 ℃冰箱保藏。

# Ⅱ　α-淀粉酶产生菌的复筛和酶活力的测定

## 一、实验目的

1. 熟悉筛选分离出 α-淀粉酶产生菌的原理和方法。
2. 掌握 α-淀粉酶产生菌活性测定。

## 二、实验原理

土壤中含有大量的微生物，将土壤稀释液涂在不同类型的培养基上，在适宜的环境中培养几天，细菌或者其他的微生物便能在平板上生长繁殖，形成菌落。将初次筛选得到的微生物接到淀粉培养基上培养，只有能够产生淀粉酶的细菌才能够利用培养基中的淀粉成分来完成自身的生命活动，才能够生存，因此在淀粉培养基上长出的菌便是淀粉产生菌。在培养基上滴碘液，淀粉被分解掉的部分不显现蓝色，出现透明圈，可以通过透明圈的大小来初步判断菌种产淀粉的能力。

## 三、实验材料

1. 材料

实验Ⅰ筛选出的菌种。

2. 仪器与用具

灭菌锅、平皿、接种环、三角瓶、恒温摇床、纱布、分光光度计、水浴锅、计时器。

3. 试剂

(1) 固体培养基

① 酵母浸膏0.2%、蛋白胨0.5%、氯化钠0.2%、淀粉1.0%、琼脂粉1.7%。

② 40%葡萄糖溶液。

③ 将①和②溶液分别在121 ℃灭菌20 min。

④ 将灭菌后的①和②溶液在60 ℃时混合，125 mL的②溶液加入875 mL的①溶液中，总体积为1 000 mL，葡萄糖浓度为5%，倒入平板（每一平板大约15～20 mL），冷却后使用。

(2) 种子培养基

牛肉膏0.15%、酵母膏0.15%、NaCl 0.3%、蛋白胨0.5%、葡萄糖0.1%、$K_2HPO_4$ 0.368%、$KH_2PO_4$ 0.132%。

(3) 摇瓶培养基

豆饼粉50 g/L、玉米粉70 g/L、$Na_2HPO_4$ 8 g/L、$(NH_4)_2SO_4$ 4 g/L、$NH_4Cl$ 1.5 g/L，自来水配制。

(4) 其他试剂

原碘液、标准稀碘液、比色稀碘液、标准糊精、2%可溶性淀粉溶液（现用现配）、磷酸氢二钠-柠檬酸缓冲液（pH 6.0）。

## 四、实验步骤

1. 平板种子的制备

挑取一环保藏的枯草芽孢杆菌菌体在平板培养基上划线，然后于32～33 ℃培养36～48 h。

2. 液体种子的制备

500 mL三角瓶装液150 mL种子培养基，接种一环菌体，200 r/min 34～35 ℃培养16～20 h。

3. 摇瓶发酵

每个摇瓶中接入1 mL液体种子，250 r/min 34～35 ℃培养60 h，中间每隔12 h取样测定酶活力、pH、残糖浓度。

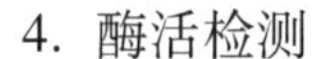

4. 酶活检测

（1）制备1%α-淀粉酶液：称取α-淀粉酶0.5 g，加磷酸氢二钠-柠檬酸缓冲液（pH 6.0）溶解后定容至50 mL。在40 ℃水浴中恒温20 min后，以4层纱布过滤，并将滤液收集在50 mL小三角瓶中，稀释4倍后使用。注意现测现配。

（2）在15 mm×150 mm试管中分别加入1 mL标准糊精溶液和3 mL标准稀碘液，充分混匀后，作为比较颜色的标准管，并取3滴加入到比色板的第1穴内。

（3）在比色板的每1穴内滴3滴比色稀碘液，备用。

（4）在25 mm×200 mm试管中，分别加入20 mL 2%可溶性淀粉液和5 mL磷酸氢二钠-柠檬酸缓冲液（pH 6.0），混合后于60 ℃水浴中保温10 min，再加入0.5 mL稀释酶液，充分混匀后即刻计时。每隔20 s取出1滴酶反应液于比色板中进行显色。当反应颜色由蓝色转为棕橙色，并与标准比色管颜色相同时，即为反应终点，记录此时间 $t$。注意测定液化时间应控制在2～3 min。

# Ⅲ α-淀粉酶产生菌发酵条件的优化

## 一、实验目的

1. 了解α-淀粉酶产生菌发酵条件优化的原理及思路。
2. 熟练掌握α-淀粉酶产生菌发酵条件优化的实验操作。

## 二、实验原理

根据单一变量原则，改变提供的pH值、温度、摇床速度，测定α-淀粉酶产生菌的生长情况，得出最优发酵条件。

## 三、实验材料

1. 材料

α-淀粉酶产生菌。

2. 仪器与用具

天平、灭菌锅、平皿、恒温培养箱、接种环、移液器、三角瓶、pH计、恒温摇床、分光光度计。

3. 试剂

种子培养基　豆饼粉50 g/L、玉米粉70 g/L、$Na_2HPO_4$ 8 g/L、$(NH_4)_2SO_4$ 4 g/L、$NH_4Cl$ 1.5 g/L、自来水配制。

基本发酵条件设定　pH 7.0，培养基装量10%（25 mL/250 mL三角瓶），37 ℃，180 r/min摇床培养48 h。

## 四、实验步骤

1. pH 对菌株生长的影响

（1）制配种子培养基和初始发酵培养基，121 ℃灭菌 30 min，备用。

（2）将受试菌种在斜面培养基上活化，培养成熟。

（3）从成熟斜面上挑取 5 环菌苔或孢子接入 7 mL 无菌水中，摇匀，吸取 0.5 mL 菌悬液接入发酵培养基中，共接种 11 瓶。

（4）将三角瓶放入摇床，在复筛确定的适合条件下培养，其中 pH 值分别为 4.0、4.5、5.0、5.5、6.0、6.5、7.0、7.5、8.0、8.5、9.0（根据初筛和复筛确定），30 ℃ 180 r/min 培养。

（5）在相同条件下培养 24 h 后，以不接种的培养基作对照，在 560 nm 处测吸光度值，填入下列表 1。

（6）以培养的 pH 值为横坐标，吸光度值为纵坐标，作曲线图。

**表 1　pH 值对菌株生长的影响**

| **pH 值** | 4.0 | 4.5 | 5.0 | 5.5 | 6.0 | 6.5 | 7.0 | 7.5 | 8.0 | 8.5 | 9.0 |
|---|---|---|---|---|---|---|---|---|---|---|---|
| **OD 值** | | | | | | | | | | | |

2. 温度对菌株生长的影响

（1）配制种子培养基和初始发酵培养基，121 ℃灭菌 30 min，备用。

（2）将受试菌种在斜面培养基上活化，培养成熟。

（3）从成熟斜面上挑取 5 环菌苔或孢子接入 7 mL 无菌水中，摇匀，吸取 0.5 mL 菌悬液接入发酵培养基中，一共接种 11 瓶。

（4）将三角瓶放入摇床，在复筛确定的适合条件下培养，其中温度分别为 20、22、24、26、28、30、32、34、36、38、40 ℃（根据初筛和复筛确定），180 r/min 培养。

（5）在相同条件下培养 24 h 后，以不接种的培养基作对照，在 560 nm 处测吸光度值，填入下列表 2。

（6）以培养温度为横坐标，吸光度值为纵坐标，作曲线图。

**表 2　培养温度对菌株生长的影响**

| **温度（℃）** | 20 | 22 | 24 | 26 | 28 | 30 | 32 | 34 | 36 | 38 | 40 |
|---|---|---|---|---|---|---|---|---|---|---|---|
| **OD 值** | | | | | | | | | | | |

3. 装液量对菌株生长的影响

（1）配制种子培养基和初始发酵培养基，0.1 MPa 灭菌 30 min，备用。

（2）将受试菌种在斜面培养基上活化，培养成熟。

（3）从成熟斜面上挑取 5 环菌苔或孢子接入 7 mL 无菌水中，摇匀，吸取 0.5 mL 菌悬液接入发酵培养基中，一共接种 11 瓶。

（4）将三角瓶放入摇床，在复筛确定的适合的条件下培养，其中装液量分别为每250 mL三角瓶中10、12、14、16、18、20、22、24、26、28、30 mL（根据初筛和复筛确定），30 ℃ 180 r/min培养。

（5）在相同条件下培养24 h后，以不接种的培养基作对照，在560 nm处测吸光度值，填入下列表3。

（6）以装液量为横坐标，吸光度值为纵坐标，作曲线图。

**表3　装液量对菌株生长的影响**

| 装液量(mL) | 10 | 12 | 14 | 16 | 18 | 20 | 22 | 24 | 26 | 28 | 30 |
|---|---|---|---|---|---|---|---|---|---|---|---|
| OD值 | | | | | | | | | | | |

4. 摇床转速对菌株生长的影响

（1）配制种子培养基和初始发酵培养基，0.1 MPa灭菌30 min，备用。

（2）将受试菌种在斜面培养基上活化，培养成熟。

（3）从成熟斜面上挑取5环菌苔或孢子接入7 mL无菌水中，摇匀，吸取0.5 mL菌悬液接入发酵培养基中，一共接种7瓶。

（4）将三角瓶放入摇床，在复筛确定的适合条件下培养，其中摇床转速分别为160、170、180、190、200、210、220 r/min（根据初筛和复筛确定），30 ℃培养。

（5）在相同条件下培养24 h后，以不接种的培养基作对照，在560 nm处测吸光度值，填入下列表4。

（6）以摇床转速为横坐标，吸光度值为纵坐标，作曲线图。

**表4　摇床转速对菌株生长的影响**

| 摇床转速(r/min) | 160 | 170 | 180 | 190 | 200 | 210 | 220 |
|---|---|---|---|---|---|---|---|
| OD值 | | | | | | | |

# Ⅳ　α-淀粉酶产生菌发酵培养基的优化

## 一、实验目的

1. 了解α-淀粉酶产生菌发酵培养基优化的原理及思路。
2. 熟练掌握α-淀粉酶产生菌发酵培养基优化的实验操作。

## 二、实验原理

根据单一变量原则，改变提供碳源、氮源的物质，测定α-淀粉酶产生菌的生长情况，选择最优碳源、氮源。

## 三、实验材料

1. 材料

α-淀粉酶产生菌。

2. 仪器与用具

恒温培养箱、三角瓶、滴定管。

3. 试剂

种子培养基：豆饼粉 50 g/L、玉米粉 70 g/L、$Na_2HPO_4$ 8 g/L、$(NH_4)_2SO_4$ 4 g/L、$NH_4Cl$ 1.5 g/L，自来水配制。

## 四、实验步骤

1. 最佳碳源的优化

以初始设计发酵培养基为基础，分别将碳源替换为葡萄糖、淀粉、酵母膏、麦芽糖、蔗糖、乳糖，30 ℃ 180 r/min 条件下摇瓶培养 16 h 后，用滴定法测酶活，以确定不同碳源对发酵产酶的影响。

2. 复合碳源的优化

以初始设计发酵培养基为基础，分别将碳源替换为淀粉和酵母膏（最佳碳源优化的结果），按不同成分比例混合后，以 1%的含量分别作为培养基中的碳源，30 ℃ 180 r/min 条件下摇瓶培养 16 h 后，用滴定法测酶活，以确定复合碳源对发酵产酶的影响。

3. 最佳氮源的优化

以初始设计发酵培养基和上述优化的条件为基础，分别将黄豆粉替换为豆饼粉和硫酸铵，按不同成分比例混合后，以 4%的含量分别作为培养基中的氮源，30 ℃ 180 r/min 条件下摇瓶培养 16 h 后，用滴定法测酶活，以确定不同氮源对发酵产酶的影响。

4. 复合氮源的优化

以初始设计发酵培养基和上述优化的条件为基础，分别将黄豆粉替换为豆饼粉和硫酸铵（最佳氮源优化的结果），30 ℃ 180 r/min 条件下摇瓶培养 16 h 后，用滴定法测酶活，以确定复合氮源对发酵产酶的影响。

5. 最佳无机盐的优化

以上述优化的初始设计发酵培养基条件为基础，分别将无机盐替换为硝酸钠、硫酸铵、磷酸氢二钠、氯化钾、硫酸镁、硫酸铁，接种体积分数均为 0.1%，30 ℃，180 r/min 条件下摇瓶培养 16 h 后，用滴定法测酶活，以确定不同无机盐对发酵产酶的影响。

6. 产脂肪酶培养基的正交试验

（1）按培养基设定三个因素（影响大的因素 A、B、C）：每一因素设定 3 个水平，按下表 5 配置 9 组培养基（W/V），分装于 250 mL 三角瓶中，每瓶 25 mL。用 8 层纱布包扎后于 0.1 MPa 灭菌 30 min。

表 5　产酶培养基的正交试验

| 水平 | 因素 | | |
|---|---|---|---|
| | A | B | C |
| 1 | $A_1$ | $B_1$ | $C_1$ |
| 2 | $A_1$ | $B_1$ | $C_1$ |
| 3 | $A_1$ | $B_1$ | $C_1$ |
| 4 | $A_2$ | $B_2$ | $C_2$ |
| 5 | $A_2$ | $B_2$ | $C_2$ |
| 6 | $A_2$ | $B_2$ | $C_2$ |
| 7 | $A_3$ | $B_3$ | $C_3$ |
| 8 | $A_3$ | $B_3$ | $C_3$ |
| 9 | $A_3$ | $B_3$ | $C_3$ |

（2）接种：挑取斜面菌苔 5 环接入 5 mL 无菌水中，摇匀后用无菌移液管吸取 0.5 mL 菌悬液，接到每一组培养基中（接种量要完全一样）。

（3）发酵：将三角瓶放于摇床上，30 ℃ 180 r/min 摇床培养 16 h。

（4）取下摇瓶，立即进行酶活力的测定，比较各组培养基配方的酶活力，确定最佳的培养基配方。

# V　生长曲线和产酶曲线的测定

## 一、实验目的

1. 了解 α-淀粉酶产生菌生长曲线测定方法的原理及特点。
2. 掌握测定 α-淀粉酶产生菌的测定方法。

## 二、实验原理

不同生长时间 α-淀粉酶产生菌的生长情况和产酶情况的不同，吸光度也不同，通过测定吸光度从而测得 α-淀粉酶产生菌的生长曲线和产酶曲线。

## 三、实验材料

1. 材料

α-淀粉酶产生菌的菌苔或孢子。

2. 仪器与设备

平皿、灭菌锅、三角瓶、恒温摇床、分光光度计等。

3. 试剂

斜面培养基、淀粉溶液、碘化钾。

## 四、实验步骤

1. 生长曲线的测定

(1) 配制种子培养基和初始发酵培养基,121 ℃灭菌 30 min,备用。

(2) 将受试菌种在斜面培养基上活化,培养成熟。

(3) 从成熟斜面上挑取 5 环菌苔或孢子接入 7 mL 无菌水中,摇匀,吸取 0.5 mL 菌悬液接入发酵培养基中,共接种 13 瓶。

(4) 将三角瓶放入摇床,在复筛确定的适合条件,即 30 ℃ 180 r/min 培养。

(5) 每隔 8 h 拿出一瓶(包括 0 h),以不接种的培养基作对照,在 560 nm 处测吸光度值,填入下列表 6。

(6) 以培养时间为横坐标,吸光度值为纵坐标,作生长曲线。

**表 6 生长曲线的测定**

| 时间(h) | 0 | 8 | 16 | 24 | 32 | 40 | 48 | 56 | 64 | 72 | 80 | 88 | 96 |
|---|---|---|---|---|---|---|---|---|---|---|---|---|---|
| OD 值 | | | | | | | | | | | | | |

2. 产酶曲线的测定

(1) 配制种子培养基和初始发酵培养基,121 ℃灭菌 30 min,备用。

(2) 将受试菌种在斜面培养基上活化,培养成熟。

(3) 从成熟斜面上挑取 5 环菌苔或孢子接入 7 mL 无菌水中,摇匀,吸取 0.5 mL 菌悬液接入发酵培养基中,共接种 13 瓶。

(4) 将三角瓶放入摇床,在复筛确定的适合条件,即 30 ℃ 80 r/min 培养。

(5) 每隔 4 h 取出一瓶(包括 0 h),进行酶活力的测定,并填入下列表 7。

(6) 以培养时间为横坐标,酶活力为纵坐标,绘制产酶曲线。

**表 7 产酶曲线的测定**

| 时间(h) | 0 | 4 | 8 | 12 | 16 | 20 | 24 | 28 | 32 | 36 | 40 | 44 | 48 |
|---|---|---|---|---|---|---|---|---|---|---|---|---|---|
| 酶活(U) | | | | | | | | | | | | | |

## 五、注意事项

1. 在微生物的培养过程中,须在超净台点燃酒精灯,在酒精灯附近操作。
2. 测定标准曲线时制备液体须准确吸取,以减小实验误差。

## 六、思考题

1. 如何筛选高活力的淀粉酶发酵菌株?

2. 在发酵罐中如何提高淀粉的发酵效率?

# 实验6　纤维素降解菌筛选与产酶条件优化

我国的纤维素资源十分丰富,它也是自然界中存在量最大的可再生能源。全世界每年产农作物秸秆近2 000亿吨,中国每年就有6亿吨以上,是人类活动中不可缺少的基本物质。它是葡萄糖以糖苷键连接的长链多聚体,具有高强度的网状结构,是一种难分解的物质,因此对它的开发利用十分有限,从而造成了资源的浪费。若能把废弃物中的纤维素转化为简单糖类,既可以解决环境污染问题,又可以为沼气发酵提供原料,有效缓解当前的能源危机,所以国内外对微生物分解转化农作物秸秆中纤维素的研究都极为重视。

目前生物纤维素酶的研究主要表现在降解纤维素菌株的筛选及反应条件优化、纯化、发酵工艺、生物炼制、应用等方面;实际应用中,驯化高酶活性、高效率的降解纤维素菌种至关重要。

## I　发酵菌种的自然选育和初筛

### 一、实验目的

学习从自然界中筛选分离纤维素酶产生菌株,每组学生自己设计实验。

### 二、实验原理

在筛选培养基平板上,可溶性纤维素被目的菌株产生的纤维素酶水解,形成透明圈。不同种类的微生物产生的纤维素酶的种类和活力各不相同,故而所形成的水解圈与菌落大小比值不同,根据其比值可初步判断其对纤维素的水解能力。许多细菌和霉菌均可产生纤维素酶,本实验将土壤样品加热处理后,将其接种到筛选培养基平板进行培养,根据平板的水解圈做初筛,从中筛选出产纤维素酶活性较好的菌株进行保藏。

### 三、实验材料

1. 材料

土壤样品。

2. 仪器与用具

恒温培养箱、超净工作台、高压蒸汽灭菌锅、摇床、酒精灯、牙签、移液枪、试管、涂布器、量筒等。

3. 试剂

纤维素琼脂培养基(1 L)　CMC-Na 5.0 g、磷酸氢二钾 1.0 g、琼脂 17.0 g、硝酸钠 3.0 g、氯化钾 0.5 g、硫酸镁 0.5 g、硫酸铁 0.01 g、蒸馏水 1 000 mL(pH 5.5~6.0、121 ℃、0.11 MPa、30 min)。

牛肉膏蛋白胨培养基(1 L)　牛肉膏 3.0 g、蛋白胨 10.0 g、NaCl 5.0 g、琼脂 22.0 g、蒸馏水 1 000 mL。

刚果红染液(1 mg/mL)　刚果红 1.0 g、蒸馏水 1 000 mL。

NaCl 溶液(1 moL/L)　NaCl 58.5 g、蒸馏水 1 000 mL，$MgSO_4 \cdot 7H_2O$ 0.5 g，KCl 0.5 g，酵母膏 0.5 g，水解酪素 0.5 g，自然 pH。

DNS 试剂　称取 3,5-二硝基水杨酸 10.1 g，置于约 600 mL 水中。逐渐加入氢氧化钠 10 g(注意此时水浴不能超过 48 ℃)，不断搅拌至澄清。50 ℃水浴，再依次加入酒石酸钾钠 200 g、苯酚(重蒸)2 g 和无水亚硫酸钠 5 g，全部溶解并澄清后，冷却至室温，用水定容至 1 000 mL，过滤。储存于棕色试剂瓶中，于暗处放置 7 d 后使用。

柠檬酸缓冲液　参照磷酸氢二钠-柠檬酸缓冲液配制表格进行配制。

菌种保藏　甘油。

## 四、实验步骤

1. 称取土壤样品 20 g，加入装有 100 mL 无菌水的三角瓶中，28 ℃ 110 r/min 摇床培养 3~4 d。

2. 将富集后的样品稀释到 $10^{-2}$、$10^{-3}$、$10^{-4}$ 后分别涂布于 CMC-Na 培养基上，于 30 ℃恒温培养 4~5 d。

3. 随机挑起长势较好的菌落 3~6 个，转接到新鲜培养基中培养 2 d。

4. 用灭菌刚果红溶液(1 mg/mL)染色 1 h 后，用灭菌 NaCl(1 mol/L)溶液洗涤 1 h，观察有产生透明圈的单个纯种菌落。

5. 将产生透明圈的菌群用划线分离的方法接种到新的 CMC-Na 培养基上，30 ℃恒温培养 3 d；用灭菌牙签点种单菌落于 CMC-Na 琼脂平板上，30 ℃恒温培养 48 h。

6. 用刚果红溶液(1 mg/mL)染色 1 h 后，用 NaCl(1 mol/L)溶液洗涤 1 h，测量菌落和透明圈直径，以透明圈直径与菌落直径的比值(D/d)、透明圈清晰度为指标进行初筛。

7. 菌种保藏：将筛选出的产纤维素酶活性较强的菌株转接到牛肉膏蛋白胨培养基平板上，37 ℃培养 24 h，然后置于 4℃冰箱保藏。

## 五、注意事项

1. 一般土壤中，细菌最多，放线菌及霉菌次之，而酵母菌主要见于果园及菜园土壤中，故从土壤中分离细菌时，要取较高的稀释度，否则菌落连成一片不能计数。

2. 放线菌的培养时间较长，故制平板的培养基用量可适当增多，须把握好培养时间及培养温度。

3. 在土壤稀释分离操作中，每稀释10倍，最好更换一次移液管，使计数准确。

### 六、思考题

1. 纤维素的作用机理是什么？在医药上的应用有哪些？
2. 产纤维素的微生物有哪些？该菌种的筛选原理是什么？
3. 培养基种类、配方、所需器材、药品有哪些？

## Ⅱ　发酵菌种的复筛及酶活力的测定

### 一、实验目的

1. 掌握实验室摇瓶操作的基本步骤。
2. 熟悉菌种的培养特征以及初步的工艺条件。
3. 掌握纤维素酶的测定方法和相关计算。

### 二、实验原理

摇瓶培养是实验室常用的通风培养方法，通过将装有液体培养物的三角瓶放在摇床上振荡培养，以满足生物生长、繁殖及产生许多代谢产物对氧的需求。它是实验室筛选好气性菌种及摸索工艺条件的常用方法。

从已初筛到的细菌、放线菌和真菌中筛选出能产生生理活性物质的菌株并测出纤维素酶活力。方法：利用土壤制成菌液，将其涂抹在牛肉膏蛋白胨培养基上进行纯化，再用纤维素培养基培养，通过纤维素透明圈的大小来判断纤维素产生菌产纤维素的能力，最后使用分光光度计精确测量纤维素酶的酶活力。

### 三、实验材料

1. 材料

实验Ⅰ初筛获得的菌株。

2. 仪器与用具

电子天平、电热恒温培养箱、净化工作台、气浴恒温振荡器、数显恒温水浴锅、低速离心机、紫外-可见分光光度计、立式高压蒸汽灭菌锅、三角瓶、圆底烧瓶、试管、离心管。

3. 试剂

蛋白胨、羧甲基纤维素钠、胰蛋白胨、刚果红。

牛肉膏蛋白胨培养基(1 L)　牛肉膏3.0 g、蛋白胨10.0 g、NaCl 5.0 g、琼脂22.0 g、蒸馏水1 000 mL。

种子培养基(1 L)　CMC-Na 10.0 g、蛋白胨10.0 g、酵母膏10.0 g、$KH_2PO_4$ 2.0 g、$(NH_4)_2SO_4$ 1.5 g。

刚果红染液(1 mg/mL)　刚果红 1.0 g、蒸馏水 1 000 mL。

NaCl 溶液(1 moL/L)　NaCl 58.5 g、蒸馏水 1 000 mL、$MgSO_4 \cdot 7H_2O$ 0.5 g、KCl 0.5 g、酵母膏 0.5 g、水解酪素 0.5 g，自然 pH。

DNS 试剂　称取 3，5-二硝基水杨酸 10.1 g，置于约 600 mL 水中，逐渐加入氢氧化钠 10 g(注意此时水浴不能超过 48 ℃)，不断搅拌至澄清。50 ℃水浴再依次加入酒石酸钾钠 200 g、苯酚(重蒸)2 g 和无水亚硫酸钠 5 g，全部溶解并澄清后，冷却至室温，用水定容至 1 000 mL，过滤。储存于棕色试剂瓶中，于暗处放置 7 d 后使用。

柠檬酸缓冲液　参照磷酸氢二钠 - 柠檬酸缓冲液配制表格进行配制。

菌种保藏　甘油。

## 四、实验步骤

1. 目的菌株的筛选

将经过初筛获得的菌株分别挑取一环菌苔置于 1 mL 无菌水中，摇匀后接种于装有 50 mL CMC-Na 液体发酵培养基的三角瓶中，30 ℃ 160 r/min 摇床培养 3 d 后测定粗酶液的 CMC 酶活，以酶活为指标筛选出目的菌株。

2. 葡萄糖标准曲线的绘制

称取 0.05 g 葡萄糖用无菌水溶解并定容到 50 mL 圆底烧瓶中，取 7 支干净的同种规格的试管，依次编号，按表 1 添加试剂；在试剂添加完成后，将 7 支试管摇匀后同时放入沸水中煮沸 5 min；待 DNS 显色剂与葡萄糖充分反应后，立刻用流水冷却，再在每支试管中加入 21.5 mL 蒸馏水充分摇匀。将各试管与空白组试管做对照，在紫外-可见分光光度计 540 nm 处测定 1～6 号试管的 OD 值。以光密度($OD_{540}$)为横坐标，葡萄糖含量(mg)为纵坐标，绘制葡萄糖标准曲线。计算出一元线性回归方程，并用相关系数检验该回归方程线性。

**表 1　葡萄糖标准曲线中各组分的配制**

| 管号 | 空白 | 1 | 2 | 3 | 4 | 5 | 6 |
|---|---|---|---|---|---|---|---|
| 标准葡萄糖溶液(mL) | 0 | 0.4 | 0.6 | 0.8 | 1.0 | 1.2 | 1.4 |
| 蒸馏水(mL) | 2.0 | 1.6 | 1.4 | 1.2 | 1.0 | 0.8 | 0.6 |
| DNS 显色剂(mL) | 1.5 | 1.5 | 1.5 | 1.5 | 1.5 | 1.5 | 1.5 |

注:标准葡萄糖溶液为 1 mg/mL。

3. 粗酶液的制备

取培养好的发酵液 10 mL 置于 50 mL 离心管中于 4 000 r/min 的条件下离心 20 min，上清液即为粗酶液。

4. CMC 酶活测定

分别取目的菌的粗酶液 1 mL，加入柠檬酸缓冲液 1 mL，再加入 0.8%的羧甲基纤维素钠溶液 1.5 mL，振荡摇匀，将所有试管置于 50 ℃的水浴锅中保温 50 min；保温完成后取出试管,分别加入 2 mL DNS 显色剂,振荡摇匀,将各试管置于沸水浴中水浴加热 5 min,使 DNS 显色剂与还原糖充分反应;5 min 后取出试管用流水冷却,再用蒸馏水定容至 20 mL,将各试管摇匀。以葡萄糖标准曲线 1 号管作为对照,依次测定各菌株在紫外-可见分光光度计 540 nm 处的 OD 值,计算出平均值后,参照葡萄糖标准曲线查出还原糖的量从而测出酶活。

CMC 酶活测定方法的原理是 DNS 法测还原糖,羧甲基纤维素钠在纤维素酶的作用下,会水解产生葡萄糖、纤维寡糖、纤维二糖等还原糖,还原糖将 3,5-二硝基水杨酸中的硝基还原成橙黄色的氨基化合物,然后在 540 nm 波长下测定吸光度,吸光度的值与酶活力成正比。

酶活力单位(IU)以国际单位定义,即 1 mL 纤维素酶液 1 min 产生 1 μmol 还原糖的酶量作为 1 U,计算公式如下:

$$葡萄糖含量\ G(mg/mL)=0.0438\times OD_{540}+0.0009$$

$$酶活力(IU/mL)=4000\times G/(0.5\times 40)$$

计算出至少 3 株菌发酵后的酶活力。

## 五、注意事项

1. 进行接种所用的吸管、平皿及培养基等必须经消毒灭菌。打开包装未使用完的器皿,不能放置后再使用。金属用具应高压灭菌或用 95%酒精点燃灼烧三次后使用。

2. 接种环和针在接种细菌前应经火焰灼烧全部金属丝,必要时还要烧到环和针与杆的连接处。接种过结核菌和烈性菌的接种环应在沸水中煮沸 5 min,再经火焰灼烧。

## 六、思考题

1. 摇床复筛的原理及方法是什么?
2. 如何复筛培养基?
3. 酶活力测定原理及方法是什么?

# Ⅲ 生产菌株发酵条件的优化

## 一、实验目的

1. 熟悉发酵条件对产物形成的影响。
2. 用单因素试验筛选所得菌株的最佳发酵条件。

## 二、实验原理

发酵条件对产物的形成有着非常重要的影响,其中培养基 pH、培养温度和通气状况是三类最主要的发酵条件。培养基 pH 一般指灭菌前的 pH,可通过酸碱调节来控制,由于发酵过程中 pH 会不断改变,所以最好用缓冲溶液来调节。

## 三、实验材料

1. 材料

纤维素酶产生菌。

2. 仪器与用具

电子天平、电热恒温培养箱、超净工作台、气浴恒温振荡器、紫外—可见分光光度计、立式高压蒸汽灭菌锅、试管、接种针、冰箱、三角瓶。

3. 试剂

种子培养基(1 L)　CMC-Na 10. 0 g、蛋白胨 10. 0 g、酵母膏 10. 0 g、$KH_2PO_4$ 2. 0 g、$(NH_4)_2SO_4$ 1. 5 g,自来水配制。

基本发酵条件设定　pH 7. 0,培养基装量 10 %(25 mL/250 mL 三角瓶),37 ℃ 180 r/min 摇床培养 48 h。

## 四、实验步骤

1. pH 对纤维素酶产生菌产酶活性的影响

(1) 配制种子培养基和初始发酵培养基,0. 1 MPa 灭菌 30 min,备用。

(2) 将受试菌种在斜面培养基上活化,培养成熟。

(3) 从成熟斜面上挑取 5 环菌苔或孢子接入 7 mL 无菌水中,摇匀,吸取 0. 5 mL 菌悬液接入发酵培养基中,共接种 9 瓶。

(4) 将三角瓶放入摇床,在复筛确定的适合条件下培养,其中 pH 值分别为 4. 5、5. 0、5. 5、6. 0、6. 5、7. 0、7. 5、8. 0、8. 5(根据初筛和复筛确定),30 ℃180 r/min 培养。

(5) 将全部三角瓶放在相同的条件下培养 24 h 后,以不接种的培养基作对照,在 560 nm 处测吸光度值,填入下列表 2。

(6) 以培养的 pH 值为横坐标,酶活性为纵坐标,作曲线图。

**表 2　pH 对产生菌产酶活性的影响**

| pH 值 | 4. 5 | 5. 0 | 5. 5 | 6. 0 | 6. 5 | 7. 0 | 7. 5 | 8. 0 | 8. 5 |
|---|---|---|---|---|---|---|---|---|---|
| OD 值 | | | | | | | | | |

2. 温度对纤维素酶产生菌产酶活性的影响

(1) 配制种子培养基和初始发酵培养基,0. 1 MPa 灭菌 30 min,备用。

(2) 将受试菌种在斜面培养基上活化,培养成熟。

(3) 从成熟斜面上挑取 5 环菌苔或孢子接入 7 mL 无菌水中,摇匀,吸取 0. 5 mL 菌悬液接入发酵培养基中,共接种 5 瓶。

(4) 将三角瓶放入摇床,在复筛确定的适合条件下培养,其中温度分别为 20、25、30、

35、40 ℃(根据初筛和复筛确定),180 r/min 培养。

(5) 将全部三角瓶放在相同的条件下培养 24 h 后,以不接种的培养基作对照,在 560 nm 处测吸光度值,填入下列表 3。

(6) 以培养温度为横坐标,吸光度值为纵坐标,作曲线图。

**表 3 温度对产生菌产酶活性的影响**

| 温度(℃) | 20 | 25 | 30 | 35 | 40 |
| --- | --- | --- | --- | --- | --- |
| OD 值 | | | | | |

3. 装液量对纤维素酶产生菌产酶活性的影响

(1) 配制种子培养基和初始发酵培养基,0.1 MPa 灭菌 30 min,备用。

(2) 将受试菌种在斜面培养基上活化,培养成熟。

(3) 从成熟斜面上挑取 5 环菌苔或孢子接入 7 mL 无菌水中,摇匀,吸取 0.5 mL 菌悬液接入发酵培养基中,共接种 11 瓶。

(4) 将三角瓶放入摇床,在复筛确定的适合条件下培养,其中装液量分别为 10、12、14、16、18、20、22、24、26、28、30 mL(根据初筛和复筛确定),30 ℃ 180 r/min 培养。

(5) 将全部三角瓶放在相同的条件下培养 24 h 后,以不接种的培养基作对照,在 560 nm 处测吸光度值,填入下列表 4。

(6) 以装液量值为横坐标,吸光度值为纵坐标,作曲线图。

**表 4 装液量对产生菌产酶活性的影响**

| 装液量(mL) | 10 | 12 | 14 | 16 | 18 | 20 | 22 | 24 | 26 | 28 | 30 |
| --- | --- | --- | --- | --- | --- | --- | --- | --- | --- | --- | --- |
| OD 值 | | | | | | | | | | | |

4. 摇床转速对纤维素酶产生菌产酶活性的影响

(1) 配制种子培养基和初始发酵培养基,0.1 MPa 灭菌 30 min,备用。

(2) 将受试菌种在斜面培养基上活化,培养成熟。

(3) 从成熟斜面上挑取 5 环菌苔或孢子接入 7 mL 无菌水中,摇匀,吸取 0.5 mL 菌悬液接入发酵培养基中,共接种 7 瓶。

(4) 将三角瓶放入摇床上,在复筛确定的适合条件下培养,其中摇床转速分别为 160、170、180、190、200、210、220 r/min(根据初筛和复筛确定),30 ℃培养。

(5) 将全部三角瓶放在相同的条件下培养 24 h 后,以不接种的培养基作对照,在 560 nm 处测吸光度值,填入下列表 5。

(6) 以摇床转速值为横坐标,吸光度值为纵坐标,作曲线图。

**表 5 摇床转速对产生菌产酶活性的影响**

| 摇床转速(r/min) | 160 | 170 | 180 | 190 | 200 | 210 | 220 |
| --- | --- | --- | --- | --- | --- | --- | --- |
| OD 值 | | | | | | | |

5. 实验结果与分析

绘制出菌株发酵条件的优化曲线并进行数据处理。

## 五、注意事项

1. 当通气条件较差时,可适当降低温度,降低菌呼吸速率,适当增加溶氧浓度;当培养基稀薄时,应降低温度,因为温度高营养利用快,会使菌过早自溶。

2. 温度对菌体的生产、产物合成的影响可能不同。也就是说,菌体生产的适宜温度不一定是其合成代谢产物所需要的温度。

# Ⅳ　正交试验优化产酶条件

## 一、实验目的

1. 掌握单正交试验选择微生物最适发酵条件和培养基的基本方法。
2. 掌握微生物摇瓶发酵实验的基本操作技术。
3. 初步掌握用正交表安排试验及对结果进行分析的方法。

## 二、实验原理

对于一个生物作用过程,其结果或产物的得到受到多种因素的影响,如发酵中的菌种接入量、酶的浓度、底物浓度、培养温度、pH 值、菌种生长环境中的氧气或二氧化碳浓度、各种营养成分种类及其比例等。对于这种多因素的试验,如何合理地进行设计,提高效率,以达到所预期的目的是需要进行认真考虑和周密准备的。正交试验法是一种安排和分析试验的方法,这种方法可以通过较少的试验次数和比较简便的分析方法,获得较好的结果。它的特点是挑选一部分有代表性的试验项目,利用正交表来进行整体设计,可以同时做一批试验,减少试验次数,缩短试验周期。通过分析,它能告诉我们哪些因素是显著因素,哪些因素是非显著因素,以及哪些因素间有交互作用和交互作用的大小,还能分析出试验误差的大小。

## 三、实验材料

1. 材料

纤维素酶产生菌。

2. 仪器与用具

电子天平、电热恒温培养箱、净化工作台、气浴恒温振荡器、紫外—可见分光光度计、立式高压蒸汽灭菌锅、试管、接种针、冰箱、三角瓶。

3. 试剂

种子培养基(1 L):CMC-Na 10.0 g、蛋白胨 10.0 g、酵母膏 10.0 g、$KH_2PO_4$ 2.0 g、

$(NH_4)_2SO_4$ 1.5 g，自来水配制。

基本发酵条件设定：pH 7.0，培养基装量 10%（25 mL/250 mL 三角瓶），37 ℃，180 r/min 摇床培养 48 h。

## 四、实验步骤

1. 确定优化条件中影响较大的因素和各个因素的水平，采用3因素3水平设计正交试验，如选择pH值、装液量、培养温度3个因素。

2. 依据各因素的水平设计正交试验表，见表6。

**表6　正交表试验设计**

| 因素水平 | pH | 装液量(mL) | 温度(℃) |
|---|---|---|---|
| 1 | 6.5 | 25 | 28 |
| 2 | 7.0 | 50 | 32 |
| 3 | 7.5 | 75 | 36 |

3. 从pH、装液量、温度3个因素，每因素选择3个水平，采用正交表 $L_9(3^4)$ 设计试验方案。

**表7　正交表试验方案**

| 编号 | pH | 装液量(mL) | 温度(℃) | 酶活性(U/mL) |
|---|---|---|---|---|
| 1 | (1) | (1) | (1) | |
| 2 | (1) | (2) | (2) | |
| 3 | (1) | (3) | (3) | |
| 4 | (2) | (1) | (2) | |
| 5 | (2) | (2) | (3) | |
| 6 | (2) | (3) | (1) | |
| 7 | (3) | (1) | (3) | |
| 8 | (3) | (2) | (1) | |
| 9 | (3) | (3) | (2) | |

4. 参照正交表将上述9瓶培养基配制好以后，在每个250 mL三角瓶中按要求装入培养基，于121 ℃下灭菌30 min，冷却。

5. 冷却后接种：将前述实验中纯化的菌株接入种子培养基，摇瓶培养24 h，再按2%的接种量将培养后的菌液接种到发酵培养基，置于37 ℃培养箱培养36 h。

6. 粗酶的提取：各取5 mL发酵液在3 000 r/min的离心机中离心20 min，取上清。

7. CMC酶活测定：取4支试管，标记1、2、3、4，分别加入目的菌的粗酶液1 mL、柠檬酸缓冲液1 mL，再加入0.8%的羧甲基纤维素钠溶液1.5 mL，振荡摇匀，将所有试管置于

50 ℃的水浴锅中保温50 min;保温完成后取出试管,加入2 mL DNS显色剂,振荡摇匀,将各试管置于沸水浴中水浴加热5 min,使DNS显色剂与还原糖充分反应;5 min后取出试管用流水冷却,再用蒸馏水定容至20 mL,将各试管摇匀。之后以葡萄糖标准曲线1号管作为对照,依次测定菌株在紫外-可见分光光度计540 nm处的OD值,计算出平均值后,参照葡萄糖标准曲线查出还原糖的量从而测出酶活。

8. 方差分析:计算同一因素不同水平的极差,极差小代表离散度小,表示该水平为酶反应的最适条件。

9. 数据记录:将上述两组平行试验的结果取平均值后的9个数据填入表2中的"酶活性"栏内。

10. 数据整理及分析:对于一般的试验,可用极差分析,该分析方法简单、直观。对要求精细的试验,则要用方差分析,该方法可给出误差的大小估计,但有一定的计算量。对于有混合水平的正交试验,只能用方差分析。

本试验只使用极差分析:

首先,计算出各水平试验结果总和,即第1、2、3、4列上的$k_1$、$k_2$、$k_3$,并求出$k_1$、$k_2$、$k_3$和$k$的$R$值(极差)。

其次,选出优水平组合,即据$R$值的大小,排出因素显著性的顺序,并比较$R$值选出优水平组合(即好的实验条件)。

最后,由上述数据分析及验证试验,讨论在该试验条件下,温度、pH值和装液量对酶活性的影响,求出最优组合。

## 五、注意事项

1. 优化条件设计要参考一些文献,不要随便设计。

2. 要进行3个平行试验,结果才具有一定的科学性。

3. DNS配制一周后使用效果最好。须严格控制DNS测酶活法的反应时间、温度等。

4. 从正交试验结果中,可以得到本次试验的直观最佳条件,但这不一定是最佳理论值。可以将试验的最佳条件和理论最佳条件进行比较,在下一步试验中可以在这些水平范围内进行改变和加密水平以求得更佳条件。极差的大小反映了因素变化时试验指标变化的幅度,因素的极差越大,该因素对指标的影响也会越大,也就越重要,就更需要控制在最佳水平上。

## 六、思考题

1. 如何绘制标准曲线?

2. 数据如何处理以及如何绘图?

# 实验 7　固定化纤维素酶及其活性测定

酶活力是指酶催化某些化学反应的能力。酶活力的大小可以用在一定条件下它所催化的某一化学反应的速度来表示。测定酶活力实际就是测定被酶所催化的化学反应的速度。酶促反应的速度可以用单位时间内反应底物的减少量或产物的增加量来表示，为了灵敏起见，通常是测定单位时间内产物的生成量。由于酶促反应速度可随时间的推移而逐渐降低，所以，为了正确测得酶活力，就必须测定酶促反应的初速度。碱性蛋白酶在碱性条件下，可以催化酪蛋白水解生成酪氨酸。酪氨酸为含有酚羟基的氨基酸，可与福林试剂（磷钨酸与磷钼酸的混合物）发生福林酚反应（福林试剂在碱性条件下极其不稳定，容易定量地被酚类化合物还原，生成钨蓝和钼蓝的混合物，而呈现出不同深浅的蓝色），利用比色法即可测定酪氨酸的生成量，用碱性蛋白酶在单位时间内水解酪蛋白产生的酪氨酸的量来表示酶活力。所谓固定化酶，就是用物理或化学方法处理水溶性的酶使之变成不溶于水或固定于固相载体的但仍具有酶活性的酶衍生物。在催化反应中，它以固相状态作用于底物，反应完成后，容易与水溶性反应物分离，可反复使用。固定化酶不但具有酶的高度专一性和高催化效率的特点，而且比水溶性酶稳定，可较长期使用，具有较高的经济效益。将酶制成固定化酶，作为生物体内的酶的模拟，可有助于了解微环境对酶功能的影响。酶的固定化方法大致可分为载体结合法、交联法和包埋法等。

载体结合法：将酶结合到非水溶性的载体上。一般来讲，载体的亲水性基团越多，表面积越大，单位载体结合的酶量也越大。最常用的是共价结合法，此外还有离子结合法、物理吸附法。

交联法：利用双官能团或多官能团试剂与酶之间发生分子交联把酶固定的方法。常用的试剂有戊二醛、亚乙基二异氰酸酯、双重氮联苯胺和乙烯-马来酸酐共聚物等。参与此反应的酶蛋白中的官能团有 N 末端的 $\alpha$-氨基、赖氨酸的 $\varepsilon$-氨基、酪氨酸的酚基和半胱氨酸的巯基等。交联法反应比较激烈，固定化酶的活力在多数情况下都较脆弱。

包埋法：将酶包裹于凝胶网格或聚合物的半透膜微囊中，使酶固定化。所用的凝胶有琼脂、海藻酸盐以及聚丙烯酰胺等；用于制备微囊的材料有聚酰胺、聚脲、聚酯等。将酶包埋在聚合物内是一种反应条件温和、很少改变酶蛋白结构的固定化方法，此法对大多数酶、粗酶制剂甚至完整的微生物细胞都适用。但此法较适用于小分子底物和产物的反应，因为在凝胶网格和微囊中存在分子扩散效应，加大凝胶网格有利于分子扩散，但会使凝胶的机械强度降低。

## 一、实验目的

学会交联法制备固定化酶的操作技术。

## 二、实验原理

制备固定化酶的方法很多,利用双功能试剂或多功能试剂在酶分子间、酶分子与惰性蛋白间或酶分子与载体间进行交联反应,以共价键制备固定化酶的方法称为交联法,本实验即采用这种方法。交联剂为戊二醛,载体为甲壳素。

## 三、实验材料

1. 材料

α-纤维素酶。

2. 仪器与用具

恒温水浴锅、恒温振摇仪、计时器、冰箱、天平、烧杯、容量瓶、棕色试管、玻棒等。

3. 试剂

5%戊二醛、甲壳素。

碘原液　称取碘 1.1 g,碘化钾 2.2 g,置于小烧杯中,加 10 mL 蒸馏水使之溶解,然后转入容量瓶中,定容至 50 mL。摇匀后放于棕色试管中备用。

比色稀碘液　取碘原液 2 mL,加碘化钾 20 g,再用蒸馏水定容至 5 000 mL。

2%纤维素溶液　称取 2 g 可溶纤维素,放入小烧杯中,加少量蒸馏水做成悬浮液,然后在搅拌下注入沸腾的蒸馏水中,继续煮沸 1 min,冷却后加蒸馏水定容至 100 mL。

磷酸氢二钠-柠檬酸缓冲液(pH 6.0)　称取磷酸氢二钠($Na_2HPO_4 \cdot 12H_2O$)45.23 g,柠檬酸($C_6H_8O_7 \cdot H_2O$)8.07 g,先在烧杯中加 800 mL 蒸馏水使之溶解,然后转入容量瓶中定容至 1 000 mL。

标准终点色溶液　A 液:精确称取氯化钴($CoCl_2 \cdot 6H_2O$)40.249 3 g 和重铬酸钾($K_2Cr_2O_7$)0.487 8 g,用蒸馏水定容至 500 mL。B 液:精确称取络黑 T 40 mg,用蒸馏水定容至 100 mL。同时取 A 液 40 mL 和 B 液 5 mL,混合后置于冰箱中待用。混合液在 15 d 内使用有效。

## 四、实验步骤

1. 酶液的制备

精确称取 α-纤维素酶 2 g,先用少量 40 ℃ 的磷酸氢二钠-柠檬酸缓冲液(pH 6.0)溶解,溶解过程中轻轻用玻璃棒捣研。将上层液小心倾入 100 mL 容量瓶,沉渣部分再加入少量上述缓冲液,如此反复捣研 3～4 次。最后,将溶液与残渣全部移入容量瓶中,用缓冲液先定容摇匀后,通过四层纱布过滤,得到的酶溶液供测定使用。

2. 固定化酶的制备

(1) 称取 50 mg 甲壳素粉末,加入 5%戊二醛 10 mL,调节 pH 至 8.5,搅拌均匀后,于 25 ℃恒温振摇 1 h。取出后,倾去戊二醛,然后以蒸馏水洗涤,倾去清夜,以除去多余的交联剂。

（2）取前面制备的酶液10 mL，与上述处理的甲壳素混合均匀，25 ℃恒温振摇1 h，然后4 ℃冰箱放置过夜。

（3）取出后，4 000 r/min离心分离，倾去上清液，蒸馏水洗涤，可得固定化酶。

3. 固定化α-纤维素酶活力测定及活力回收率的计算

（1）首先用吸管取1 mL的标准终点色溶液加至白瓷比色板的空穴内，作为终点参照的标准。

（2）固定前总酶活力测定：取20 mL 2%的可溶纤维素液与5 mL的磷酸氢二钠-柠檬酸缓冲液（pH 6.0）加入一支大试管中，将试管置于60 ℃水浴5 min；然后加入前面制备的酶液0.5 mL，摇匀后，立即用秒表记录时间。此后，每过一段时间，用吸管吸出0.2 mL反应液，加入预先盛入稀碘液的比色板中，当颜色由紫色逐渐变为红棕色并与标准色相同时，即为反应终点，记录反应到达终点时的时间。

（3）固定化酶活力测定：取20 mL 2%的可溶纤维素液与5 mL的磷酸氢二钠-柠檬酸缓冲液（pH 6.0）加入一支大试管中，将试管置于60 ℃水浴5 min；然后加入前面制备的固定化酶0.5 mL，摇匀后，立即用秒表记录时间。此后，不断振摇，每过一段时间，用吸管吸出0.2 mL反应液，加入预先盛入稀碘液的比色板中，当颜色由紫色逐渐变为红棕色并与标准色相同时，即为反应终点，记录反应到达终点时的时间。

（4）酶活力计算：以60 ℃、pH 6.0的条件下，每小时水解1 g纤维素的酶量为一个活力单位。

$$\text{固定前原酶活力单位}=\frac{\frac{60}{T}\times 20\times 2\%\times n}{0.5}$$

$$\text{固定后的酶活力单位}=\frac{\frac{60}{T}\times 20\times 2\%\times n}{10}$$

式中：$T$为反应到终点时的时间（min）；$n$为酶粉稀释的倍数。

（5）固定化后酶活力回收率计算：

$$\text{酶活力回收率}=\frac{\text{固定后的酶活力单位}}{\text{固定前原酶活力单位}}\times 100\%$$

## 五、注意事项

1. 酶液与加热溶解的甲壳素混合时，甲壳素溶液一定要冷却至40 ℃以下再加入酶液，以免高温导致碱性蛋白酶酶失活。

2. 固定化酶颗粒制备中，甲壳素-酶混合物向$CoCl_2$溶液滴加的速度不要过快，混合物要呈颗粒进入$CoCl_2$溶液，以免形成念珠状颗粒。

3. 测定酶制剂时，应先在40 ℃水浴中悬浮2 h，再用纱布过滤。每次操作所用的纱布数要一致。

## 六、思考题

1. 几种固定化酶方法的优缺点是什么?
2. 酶活力测定过程中应注意哪些问题?

# 实验 8 基于 16S rDNA 序列进行系统进化分析

自人类开始以核酸测序技术来研究微生物的生态和多样性问题以来,人类对微生物系统发育和进化的研究就进入了一个新的阶段,真正地从遗传进化的角度去认识微生物,并在分子水平上开始进行系统发育关系的研究。在已经得到的大量核酸序列中,有的是细菌基因组上随机的序列片段,有的是 16S rDNA 基因的克隆文库,有的是功能基因序列,等等,如此海量的序列数据,需要进行正确、快速和有效的分析,进而进行序列同源性分析,构建系统进化树,分析未知菌种与其他菌种的亲缘关系,为进一步了解生物的进化关系提供信息。

## 一、实验目的

1. 学习 16S rDNA 的 PCR 扩增方法。
2. 学习应用 16S rDNA 序列对细菌进行系统发育学分析及系统进化树构建的原理和方法。
3. 学习细菌基因组 DNA 的提取。
4. 学习 16S rDNA 序列的扩增及序列测定。
5. 学会应用 PHYLIP 软件和 CLUSTALX 软件构建细菌进化树。

## 二、实验原理

原核生物 16S rDNA 具有极其保守的一级结构,同时又具有可变区段;相对分子质量大小适中、信息量大,易于分析;起源古老、分布广泛等特点,所以可应用 16S rDNA 作为分子指标,对原核微生物进行快速、准确、简便的分类鉴定及系统发育学分析。以 16S rDNA 两端的保守序列设计引物,以细菌总 DNA 为模板,应用 PCR 方法扩增细菌等原核生物 16S rDNA,并对其进行序列分析;将此序列输入 NCBI 数据库,并从基因数据库中调取所需的相关 16S rDNA 序列,利用一些计算机分析软件(如 PHYLIP 和 CLUSTALX 软件)进行系统发育学分析,构建系统发育树。

## 三、实验材料

1. 材料

革兰氏阴性无芽孢杆菌。

2. 仪器与用具

恒温摇床、高压蒸汽灭菌锅、离心机、恒温水浴锅、离心管、PCR 仪、EP 管、PCR 小管、移液器、各种吸头、紫外灯、电泳仪、电泳槽等。

3. 试剂

酚:氯仿:异戊醇(25:24:1)、氯仿:异戊醇(24:1)、Tris 饱和酚、异丙醇、70%乙醇、TE、10% SDS、蛋白酶 K(20 mg/mL 或粉剂)、5 mol/L NaCl、dNTP、Taq DNA 聚合酶、10×PCR Buffer、无菌 dd$H_2O$、琼脂糖、5×TBE、DNA marker、6×加样缓冲液、Goldview 荧光染料等。

## 四、实验步骤

1. 细菌基因组 DNA 的提取

(1) 100 mL 细菌过夜培养液(培养至对数期),5 000 r/min 离心 10 min,弃上清液。

(2) 加 9.5 mL TE 悬浮沉淀,并加 0.5 mL 10% SDS、50 μL 20 mg/mL(或 1 mg 干粉)蛋白酶 K,混匀,37 ℃保温 1 h。

(3) 加 1.5 mL 5 mol/L NaCl,混匀。

(4) 用等体积酚:氯仿:异戊醇(25:24:1)抽提,5 000 r/min 离心 10 min,将上清液移至干净离心管。

(5) 用等体积氯仿:异戊醇(24:1)抽提,将上清液移至干净管中。

(6) 加 1 倍体积异丙醇,颠倒混合,室温下静置 10 min,沉淀 DNA。

(7) 用干净玻棒捞出 DNA 沉淀,70%乙醇漂洗后,吸干,溶解于 1 mL TE,−20 ℃保存。如 DNA 沉淀无法捞出,可 5 000 r/min 离心 15 min 使 DNA 沉淀。

2. 16S rDNA 序列的扩增、电泳检测及测序

(1) 引物设计

Primer F27:5′-AGAGTTTGATCATGGCTCAG-3′;

Primer R1492:5′-TAGGGTTACCTTGTTACGACTT-3′。

(2) 反应体系及 PCR 扩增

按下表次序,将各成分加入一个灭菌的 0.2 mL PCR 管中混合,离心 10 s,使反应液集中在管底。

| 组分 | 体积(μL) |
|---|---|
| dd $H_2O$ | 35.5 |
| 10×PCR buffer | 5 |
| dNTP(2.5 mmol/L) | 4 |
| 引物 1(10 μmo/L) | 2 |
| 引物 2(10 μmol/L) | 2 |
| 模板 DNA | 1 |
| Tag 酶(2.5 U/μL) | 0.5 |
| 总计 | 50 |

（3）94 ℃预变性 5 min，4 ℃变性 1 min，52 ℃退火 60 s，72 ℃延伸 3 min，共 30 个循环；循环结束后于 72 ℃延伸 10 min，4 ℃保存。

（4）PCR 扩增产物检测：扩增结束后，取出 2～5 μL PCR 产物于 0.8%～1.0%琼脂糖凝胶中进行电泳检测。如出现预期结果，可进行序列分析。

3. 进化树的构建（用 CLUSTALX 和 PHYLIP 软件构建进化树）

（1）将 16S rDNA 序列在 NCBI 上进行 BLAST 比对，从比对结果中挑选出与所研究菌株具有较近亲源关系的若干模式种（type strain）序列，并将这些序列用记事本按一定格式保存成 dna. seq 文件，如下：

>WZ01

AAGCTTTTCT GGCGCAACCA TCCTCATGAT TGCTCACGGA CTCACCTCTT

>WZ01

AAGCTTCTCC GGCGCAACCA CCCTTATAAT CGCCCACGGG CTCACCTCTT

（2）用 CLUSTALX 软件对已知 DNA 序列做多序列比对。

双击“clustalx. exe”运行程序，点“File”进入“Load Sequence”，打开保存的“dna. seq”文件。点击“ALIGNMENT”，选择“Do Complete Alignment”，在新出现的窗口中点击“ALIGN”进行比对；然后点击“FILE”进入“Save Sequence as”，在“format”框中选“PHYLIP”，文件在 PHYLIP 软件目录下以“DNA. phy”存在，点击“OK”；将 PHYLIP 软件目录下的“DNA. phy”文件拷贝到 EXE 文件夹中。

（3）用 PHYLIP 软件推导进化树。

① 进入 EXE 文件夹，双击“seqboot. exe”然后输入文件名“DNA. phy”，回车后，输入“R”更改参数，更改重复数字为 200。输入“Y”确认参数，回车后再输入奇数种子“3”，回车后，将产生“outfile”。

② 把“outfile”改名为“infile”，双击“dnadist. exe”，输入“M”更改参数，回车后输入“D”，选择“data sets”，输入“200”，回车，输入“Y”确认参数。回车后，产生“outfile”。

③ 将“infile”改名为“infilel”，将“outfile”改名为“infile”，然后双击“neighbor. exe”，输入“M”更改参数，回车后，输入“D”选择“data sets”，输入“200”，回车后输入奇数种子“3”。回车后输入“Y”确认参数。再回车运行程序，在 EXE 文件夹中产生文件“outfile”和“outtree”。

④ 将“outtree”文件改名为“intree”，双击“drawtree. exe”，输入文件名“font1”，回车后输入“Y”确认参数，再回车开始运行程序，并出现 Tree Preview 图。

⑤ 将“outfile”改名为“outfilel”，双击“consense. exe”，输入“Y”确认设置，回车后 EXE 文件夹中新生成“outfile”和“outtree”。

⑥ 将“intree”改名为“outtree”，双击“drawtree. exe”，输入文件名“fontl”，回车后输入“Y”确认参数，再回车开始运行程序，并出现 Tree Preview 图。

⑦ 双击“drawgram. exe”，输入文件名“font1”，回车后输入“Y”确认参数。再回车开始运行程序，并出现 Tree Preview 图。

⑧ 按下 Print Screen 键,将图复制到画图工具中,处理得到需要的进化树图。

## 五、注意事项

1. 由于饱和酚刺激性气味较大,操作时应在通风橱或通风较好的地方进行。
2. 首次使用 PCR 仪必须完全按照 PCR 仪使用说明书进行操作。
3. 除特别指出外,加入 PCR 反应成分的每一步骤操作均应在冰浴中进行。

## 六、思考题

1. 应用 16S rDNA 进行系统发育学分析有哪些优点?
2. PCR 反应的原理与步骤是什么?
3. 试着用其他相关软件对目的菌 16S rDNA 序列进行分析,比较一下结果的差异。

# 实验 9　蛋白酶产生菌的筛选及发酵条件的优化

## Ⅰ　蛋白酶产生菌的筛选

### 一、实验目的

学习从自然界中分离蛋白酶产生菌及测定蛋白酶活力的方法。

### 二、实验原理

许多细菌和霉菌都能产生蛋白酶,如细菌中的芽孢杆菌就是常见的蛋白酶产生菌。本实验将土壤样品悬液加热处理,杀死非芽孢细菌及其他微生物后进行划线分离得到芽孢杆菌,将其接种于酪蛋白平板并进行培养,根据酪蛋白平板的水解圈作初筛。将初筛的蛋白酶产生菌接入产酶培养基振荡培养,测定蛋白酶的活力,最终筛选出产蛋白酶的芽孢杆菌。也可直接将细菌或霉菌接种到酪蛋白平板进行培养,分离筛选其他蛋白酶产生菌。

### 三、实验材料

1. 材料

土壤样品。

2. 仪器与用具

紫外分光光度计、显微镜、恒温水浴锅、摇床、酒精灯、接种针、游标卡尺、无菌移液管、无菌试管、量筒、容量瓶、漏斗、试剂瓶、载玻片、滤纸、擦镜纸等。

3. 试剂

牛肉膏、硼酸、蛋白胨、酪蛋白、三氯乙酸、琼脂、脱脂奶粉、NaCl 等。

牛肉膏蛋白胨液体培养基(g/L)　牛肉膏 3 g,蛋白胨 10 g,NaCl 5 g,水 1 000 mL,自然 pH,121 ℃灭菌 20 min。

牛肉膏蛋白胨固体培养基(g/L)　牛肉膏 3 g,蛋白胨 10 g,NaCl 5 g,琼脂 15 g,水 1 000 mL,自然 pH,121 ℃灭菌 20 min。

蛋白酶筛选培养基(g/L)　胰蛋白胨 5 g,酵母膏 5 g,NaCl 5 g,营养琼脂 15 g,10%脱脂奶粉溶液 20 g,110 ℃灭菌 30 min。

## 四、实验步骤

1. 分离

(1) 采集土壤样品,用无菌水制备 1∶10 土壤悬液。

(2) 取 1∶10 土壤悬液 5 mL,注入已灭过菌的试管中,将此试管放入 75～80 ℃水浴中热处理 10 min 以杀死非芽孢细菌及其他微生物。

(3) 取加热处理过的土壤悬液 100～200 μL,涂布接种到牛肉膏蛋白胨培养基平板上,将平板倒置,30～32 ℃培养 24～48 h。

(4) 对长出的单菌落进行编号,选择表面干燥、粗糙、不透明的菌落,挑取少许菌苔涂片,做芽孢染色,判断是否为芽孢杆菌。

2. 筛选

(1) 分别挑取少许菌苔,先接种于含酪蛋白的斜面培养基,再点接于含酪蛋白的平板,30～32 ℃培养 24～48 h,测定平板上菌苔直径和水解圈的直径。

(2) 选择水解圈直径与菌落直径比值大的菌,接入产蛋白酶发酵培养基,30～32 ℃振荡培养 48 h,将发酵液过滤或离心,取清液检测蛋白酶活力进行复筛。

3. 蛋白酶活力测定(紫外分光光度测定法)

(1) 原理:蛋白质或多肽在 275 nm 波段处具有最大吸收值,利用蛋白酶同酪蛋白底物反应前后在三氯乙酸中可溶物的紫外吸收增值,可判断蛋白酶活力高低。

(2) 绘制标准曲线　取 7 支试管,按下表加入试剂。

| 试剂 | 0 | 1 | 2 | 3 | 4 | 5 | 6 |
|---|---|---|---|---|---|---|---|
| 100 μg/mL 酪氨酸溶液(mL) | | | | | | | |
| 酪氨酸溶液(μg/mL) | | | | | | | |
| pU8.0 硼酸缓冲液(mL) | | | | | | | |
| 0.4 mol/L 三氯乙酸(mL) | | | | | | | |

将各管溶液混匀,40 ℃保温 20 min,用滤纸过滤,滤液用紫外分光光度计测定 275 nm 的吸光值,用 Excel 软件或最小二乘法求回归方程,并计算出 1 μg/mL 酪氨酸的吸光值。

(3) 操作:取 5 mL 用硼酸缓冲液(pH 8.0)制备的 0.6%酪蛋白溶液于试管中,40 ℃预热 2 min 后加入 1:20 以硼酸缓冲液(pH 8.0)稀释的酶液 1 mL,40 ℃反应 10 min 后,加 5 mL 0.4 mol/L 三氯乙酸以终止反应并沉淀残余底物,40 ℃保温 20 min 使沉淀完全,用漏斗加滤纸过滤,滤液用紫外分光光度计测定 275 nm 的吸光值。

另以先加三氯乙酸使酶失活、后加酪蛋白的试管,按上述同样步骤测定吸光值,作为空白对照。

(4) 计算酶活力:以 1 min 内由酪蛋白释出的三氯乙酸可溶物在 275 nm 的吸光值与 1 μg 酪氨酸相当时,其所需要的酶量为 1 个单位。

$$\text{酶活}(\mathrm{U/mL})=\frac{A_1-A_0}{10\times A_2}\times n$$

式中:10 表示反应时间 10 min;$A_1$ 为酶反应可溶物的吸光值;$A_0$ 为空白对照可溶物的吸光值;$A_2$ 为 1 μg/mL 酪氨酸的吸光值。

## 五、注意事项

1. 土壤悬液加热处理的温度和时间应准确控制。

2. 点接含酪蛋白的平板时,接种量及接种面积要基本相同。

3. 测定酶活力时应注意:底物应过量;先测定反应初速度以确定酶作用的时间;精确计时;严格控制恒温;保持缓冲液恒定的 pH 和离子强度;设空白对照。

4. 不同来源的蛋白酶其最适 pH 和最适温度不同。

# Ⅱ 响应面试验优化产酶条件

## 一、实验目的

1. 了解响应面优化试验的原理。

2. 熟悉 Design-Expert 软件的基本操作。

3. 熟悉响应面优化试验的具体流程。

4. 掌握响应面试验设计的数据分析。

## 二、实验原理

响应面分析法(Response Suface Methodology,RSM)是利用合理的试验设计方法并通过实验得到一定数据,采用多元二次回归方程来拟合因素与响应值之间的函数关系,通过对回归方程的分析来寻求最优工艺参数,解决多变量问题的一种统计方法(又称回归设计)。要构造这样的响应面并进行分析以确定最优条件或寻找最优区域,首先必须通过大量的量测试验数据建立一个合适的数学模型(建模),然后再用此数学模型作图。

建模最常用和最有效的方法之一就是多元线性回归方法,对于非线性体系可作适当处理将其化为线性形式。模型中如果只有一个因素(或自变量),响应(曲)面是二维空间中的一条曲线;当有两个因素时,响应面是三维空间中的曲面。

响应面曲线法的使用条件有:(1)确信或怀疑因素对指标存在非线性影响;(2)因素个数为2～7个,一般不超过4个;(3)所有因素均为计量值数据;(4)试验区域已接近最优区域;(5)基于2水平的全因子正交试验。

进行响应面分析的步骤为:(1)确定因素及水平,注意水平数为2,因素数一般不超过4个,因素均为计量值数据;(2)创建"中心复合"或"Box-Behnken"设计;(3)确定试验运行顺序(Display Design);(4)进行试验并收集数据;(5)分析试验数据;(6)优化因素的设置水平。

响应面优化法的优点:(1)考虑了试验随机误差;(2)将复杂、未知的函数关系在小区域内用简单的一次或二次多项式模型来拟合,计算比较简便,是降低开发成本、优化加工条件、提高产品质量、解决生产过程中的实际问题的一种有效方法;(3)与正交试验相比,其优势是在试验条件寻优过程中可以连续地对试验的各个水平进行分析,而正交试验只能对一个个孤立的试验点进行分析。

## 三、实验材料

1. 材料

筛选得到的蛋白酶产生菌株。

2. 仪器与用具

恒温水浴锅、生化培养箱、电热恒温培养箱、分光光度计、低速离心机、高压蒸汽灭菌锅、超净工作台。

3. 试剂

酵母膏、胰蛋白胨。

初始产酶培养基(g/L):葡萄糖5,胰蛋白胨10,$MgSO_4$ 0.3,$CaCl_2$ 1.0,$KH_2PO_4$ 0.5,NaCl 1.0。

## 四、实验步骤

1. 菌种活化

将−4 ℃冰箱保存的菌种进行活化,接种到琼脂平板培养20 h。

2. 接种培养

将琼脂平板上长出的菌落接种到液体产酶培养基中,扩大培养。

3. 单因素实验

通过不同发酵时间、培养温度、接种量、pH值、装液量等的发酵培养,以蛋白酶活力为指标进行单因素条件优化。

4. 响应面优化

在单因素试验的基础上，选取三因素，如发酵时间(A)、发酵温度(B)以及酵母菌接种量(C)，把发酵后的蛋白酶活力(Y)作为目标函数，利用 Design-Expert 8.0 软件设计 3 因素 3 水平的响应面试验，得到蛋白酶发酵条件优化的 17 组试验条件，实验设计因素和水平见表 1。

**表 1　响应面试验因素及水平**

| 变量 | 代码 | 编码水平 | | |
|---|---|---|---|---|
| | | **−1** | **0** | **1** |
| 发酵时间(d) | A | 3 | 5 | 7 |
| 发酵温度(℃) | B | 29 | 31 | 33 |
| 酵母菌接种量(%) | C | 0.8 | 1 | 1.2 |

以蛋白酶活力为响应值的试验设计及结果如表 2，进行优化实验。

**表 2　响应面试验设计表**

| 序号 | 发酵天数(d) | 发酵温度(℃) | 酵母菌接种量(%) | 酶活力(U/mL) |
|---|---|---|---|---|
| 1 | 0 | 0 | 0 | |
| 2 | 0 | 1 | 1 | |
| 3 | 1 | −1 | 0 | |
| 4 | 0 | 0 | 0 | |
| 5 | 0 | 0 | 0 | |
| 6 | 0 | −1 | 1 | |
| 7 | 1 | 0 | 1 | |
| 8 | 0 | 0 | 0 | |
| 9 | 0 | 0 | 0 | |
| 10 | −1 | 0 | 1 | |
| 11 | −1 | 0 | −1 | |
| 12 | −1 | −1 | 0 | |
| 13 | 1 | 1 | 0 | |
| 14 | 1 | 0 | −1 | |
| 15 | −1 | 1 | 0 | |
| 16 | 0 | 1 | −1 | |
| 17 | 0 | −1 | −1 | |

5. 结果计算

依据实验结果进行响应面的模型建立及方差分析，进而确定优化条件。

### 五、注意事项

1. 菌种活化和接种培养应在无菌环境中进行。
2. 进行单因素实验时只能控制一个变化条件。
3. 在灭菌时试管要轻拿轻放,瓶摆放要留空隙,棉塞不能互相挤压。

### 六、思考题

1. 测定蛋白酶活力时,检测蛋白质水解产物除紫外分光光度法外,还可用什么方法?
2. 对所筛选的菌株如何进一步提高其酶活力?请写出设想和方案。
3. 蛋白酶有哪些方面的应用?

## 实验 10　乳酸菌的筛选、发酵与乳酸菌饮料的制备

乳酸菌是一群通过发酵糖类产生大量乳酸的细菌的总称。乳酸菌从形态上可分为球菌和杆菌,并且均为革兰氏染色阳性、过氧化氢酶阴性、在缺少氧气的环境中生长良好的兼性厌氧性或厌氧性细菌,芽孢,不运动。它营养要求高,需要提供丰富的肽类、氨基酸、维生素、微氧。其在琼脂表面或内层形成较小的白色或淡黄色的菌落。分离培养基一般可添加西红柿、酵母膏、油酸、吐温等物质,它们均具有促进生长作用;也常常添加醋酸盐抑制某些细菌的生长,对乳酸菌无害;在培养基中添加碳酸钙,乳酸溶解培养基中的碳酸钙形成透明圈,可作为分离鉴别的依据,并可通过生成的乳酸量进行性能鉴定。在稀释涂布后长出的菌落中,使溴甲酚绿变色的菌落即为乳酸菌。

酸奶是以新鲜牛乳经有效杀菌,再经不同乳酸菌发酵而制成的乳制品。目前市售的各种酸奶制品中,作为发酵剂的乳酸菌,通常为保加利亚乳杆菌和嗜热链球菌这两种。保加利亚乳杆菌(*L. bulgarius*):长杆形,直径 1～3 mm,能产生大量的乳酸;酸碱度方面,为耐酸或嗜酸性,因低 pH 能防止一些微生物的生长;温度方面,为嗜温至少许嗜热,最适生长温度在 37～45 ℃,对低温非常敏感。嗜热链球菌(*S. thermophilus*):卵圆形,直径 0.7～0.9 μm,呈对或链状排列,无运动性,为健康人肠道正常菌群,可在人体肠道中生长、繁殖,可直接补充人体正常生理细菌,调整肠道菌群平衡,抑制并清除肠道中对人具有潜在危害的细菌。本实验对市售主要品牌酸奶中乳酸菌进行了分离鉴定,并进一步探讨制备酸奶的条件(温度、时间等),以达到最佳的天然酸奶质量效果,为广大消费者选购高品质酸奶提供理论支撑。

### 一、实验目的

1. 掌握培养基的配制方法和高压蒸汽灭菌锅的使用方法。
2. 掌握菌种的分离纯化方法。

3. 了解乳酸菌的生长特征。

4. 学会制作乳酸菌饮料的方法。

## 二、实验原理

人工配置 BCG 牛乳培养基，在这个适合乳酸菌生产的培养基上培养、筛选、分离保加利亚乳杆菌和嗜热链球菌，将分离制得的菌种接种于牛奶中，在适宜的条件下进行培养，进行乳酸菌饮料的制备。

## 三、实验材料

1. 材料

新鲜乳酸饮料（标记只含有保加利亚乳杆菌和嗜热链球菌）。

2. 仪器

高压蒸汽灭菌锅、恒压干热灭菌箱、超净工作台、光学显微镜、培养箱、pH 试纸、酸乳瓶、培养皿、试管、300 mL 三角瓶（带玻珠）、移液管、天平、牛角匙、电炉、量筒、漏斗、漏斗架、玻璃棒、棉塞、吸管、线绳、标签、500 mL 锥形瓶、250 mL 锥形瓶、250 mL 烧杯、酒精灯、石棉网、接种针（环）、擦镜纸。

3. 试剂

脱脂奶粉、蔗糖、1.6%溴甲酚绿乙醇溶液（1.6 g 溴甲酚绿、20 mL 无水乙醇，加水定容至 100 mL）、酵母膏、琼脂、革兰氏染液（结晶紫染液、卢戈氏碘液、95%乙醇、沙黄）、75%乙醇、香柏油、1 mol/L NaOH、1 mol/L HCl、碳酸钙、NaOH 固体、浓 HCl、$CaCO_3$ 固体。

## 四、实验方法

1. 乳酸菌的分离纯化

（1）分离

① 配制 BCG 牛乳培养基，分装于三角瓶，包扎，灭菌备用。

BCG 牛乳培养基的配制方法如下：

A 溶液：脱脂乳粉 10 g，水 50 mL，加入 1.6%溴甲苯酚绿（BCG）乙醇溶液 0.1 mL，80 ℃灭菌 20 min。

B 溶液：酵母膏 1 g，水 50 mL，琼脂 2 g，pH 6.8（6.5～6.8），121 ℃湿热灭菌 20 min。

以灭菌操作趁热将 A 溶液和 B 溶液混合均匀后倒平板。

② 样品的处理。

按照无菌操作要求，从市售新鲜酸乳中吸取 10 mL 检样，放入装有 90 mL 无菌水的三角瓶内，振摇混匀。样液处理后浓度为 10%。

③ 分离（方法：倒平板、十倍稀释法）。

本次实验选用十倍稀释法。

将检样充分摇匀后，用十倍稀释法稀释成 $10^{-1}$、$10^{-2}$、$10^{-3}$、$10^{-4}$、$10^{-5}$ 等各种稀释度

的样品液。

直接用接种环蘸取 $10^{-2}$、$10^{-3}$ 两个稀释度的试管中原液,在BCG牛乳培养基琼脂平板上划线分离,每稀释度做两个平皿,置40 ℃培养箱中培养48 h。如出现圆形稍扁平的黄色菌落及周围培养基变为黄色者初步判定为乳酸菌。

(2) 鉴别

① 半固体或双层平板琼脂利于乳酸菌的生长,菌落出现早;菌落乳白色,边缘不整齐,稍呈半球状凸起,实心菌落;个体形态半透明,细杆状、链状排列,大量时呈发丝状堆积,可初步判定为乳杆菌。

② 配制脱脂乳培养基,分装于15支试管中,包扎,灭菌备用。

脱脂乳培养基成分:20 g脱脂奶粉,285 mL灭菌水。

③ 选取经初步鉴定的乳酸菌典型菌落,用接种环挑取转至脱脂乳培养基中,40 ℃培养箱中培养8～24 h。若牛乳出现凝固,无气泡,呈酸性,涂片镜检细胞为杆状或链球状(两种形状的菌种分别选入),革兰氏染色显阳性,则可将其连续传代4～6次,最终选择出能在3～6 h凝固的牛乳管,作菌种待用(革兰氏染色方法)。

(3) 两种菌的分离

① 嗜热链球菌

样品来源:市售酸奶。

培养基:胰蛋白胨0.5%、鱼蛋白胨0.5%、牛肉膏0.5%、酵母浸膏0.25%、抗坏血酸0.05%、硫酸镁0.025%、甘油1%、磷酸二氢钾0.5%、乳糖0.3%、琼脂1.1%(M17改良培养基)。

培养温度:42 ℃。

需氧情况:兼性厌氧。

筛选方法:常规的稀释涂布和划线分离。

② 保加利亚乳杆菌

样品来源:市售酸奶。

培养基:牛肉浸膏1.5%、酵母浸膏0.5%、葡萄糖3.0%、柠檬酸三铵0.2%、七水硫酸镁0.02%、琼脂1.5%,调pH至5.1。

培养温度:42 ℃。

需氧情况:兼性厌氧。

筛选方法:常规的稀释涂布和划线分离。

2. 优化酸奶制作条件

(1) 乳酸菌培养基的制作

将脱脂乳和水以1∶7(W/V)的比例,同时加入6%的蔗糖(即脱脂乳14.3 g,无菌水100 mL,蔗糖6 g),充分混合,于80～85 ℃灭菌10～15 min,冷却至35～40 ℃,作为制作饮料的培养基质。

（2）接种

将纯种嗜热乳酸链球菌、保加利亚乳酸杆菌及两种菌等量混合的菌液作为发酵菌剂，以2%～5%的接种量分别接入培养基质中即为饮料发酵液。接种后摇匀，分装到已灭菌的酸乳瓶中，每一种菌的发酵液重复分装12瓶，将瓶盖拧紧密封。

（3）发酵

将接种后的酸乳瓶置30 ℃、36 ℃和42 ℃培养箱中培养2或4 h。培养时注意观察，出现凝乳后停止培养，然后转入4～5 ℃冰箱中冷藏24 h以上。经此后熟阶段，达到酸度适中（pH 4～4.5），凝块均匀致密，无乳清析出，无气泡，获得较好口感和特有风味。品尝并评定酸乳质量，将以乳酸球菌和乳酸杆菌等量混合发酵的酸乳与以单菌株发酵的酸乳相比较，前者的香味和口感更佳。品尝时若出现异味，表明酸乳已受到杂菌污染。

## 五、注意事项

1. 牛乳的消毒应掌握适宜温度和时间，防止长时间、过高温度消毒破坏酸乳风味。

2. 自制酸乳应按规定进行检测，如大肠菌群检测等。经品尝和检验，合格的酸乳应在4 ℃条件下冷藏，可保存6～7 d。

3. 实验制备的酸乳并未凝块但已比较黏稠，且测得酸乳的pH值约为5.0，造成这样结果的原因可能是发酵培养基中的酪蛋白含量不足或乳酸菌用量不足。

4. 采用BCG牛乳培养基琼脂平板筛选乳酸菌时，注意挑取具备典型特征的黄色菌落，结合镜检观察，有利于高效分离筛选乳酸菌。

5. 制作乳酸菌饮料应选用优良的乳酸菌，采用乳酸球菌与乳酸杆菌等量混合发酵，使其具有独特风味和良好口感。

6. 乳酸菌革兰氏染色涂片不宜过厚，且应涂均匀，如果太黏稠可用无菌水进行稀释，这样有利于观察细菌的形态。

7. 染色过程中，染液要覆盖菌体，用水冲洗时应吸去玻片上的残水，以免染色液被稀释影响染色结果。冲洗时水流不宜过大，以免菌体被冲走。

8. 染色成败关键是脱色的时间，时间过短，革兰氏阴性菌也会被染成革兰氏阳性菌；时间过长，脱色过度，革兰氏阳性菌也会被染成革兰氏阴性菌。另外，时间长短还与涂片薄厚、乙醇用量有关。染色不宜过深，这样不利于观察细菌的形态。

## 六、思考题

1. 乳酸菌的生长特征是什么？

2. 对乳酸的发酵剂进行选择的依据是什么？

3. 乳酸菌饮料质量控制的检测标准有哪些？

4. 检测发酵型酸性含乳饮料的标准有哪些？

# 实验 11 食用菌栽培综合技术

食用菌味道鲜美、食药用价值极高，需求量不断增加。食用菌栽培生产在现代农业生产中占有重要的地位，可对丰富的自然资源进行转化，变废为宝，为人类提供理想的高蛋白低脂肪的健康食品。另外，食用菌栽培生产也是一个短平快的致富项目，这都促进了食用菌产业的发展，食用菌产业也被列入国家“十二五”重点扶持项目，得到了国家的大力扶持。

食用菌栽培技术是生物专业的专业课程之一，是一门实践性和应用性很强的课程。根据课程性质要求，在实践教学中注重基本技能的实训培养。通过食用菌栽培综合实验使学生掌握制备母种、原种和栽培种的能力；掌握食用菌常规栽培品种平菇栽培的关键技术，以及在栽培生产过程中主要病虫害的防治技术。通过制种和栽培实验的学习，培养学生独立进行食用菌生产的能力，为其今后从事食用菌栽培等方面的工作打下坚实的基础。

## I 母种培养基的制备

### 一、实验目的

通过学习，使学生掌握母种培养基的制备、试管棉塞的制作、试管捆扎、高温灭菌等技术，熟练掌握母种培养基制备流程。

### 二、实验原理

利用马铃薯、琼脂等材料配制母种培养基，将经高温杀菌的液体培养基固化在试管中，营造一个可以让食用菌菌种在无菌条件下生长的环境。

### 三、实验材料

1. 材料

马铃薯（或玉米粉、高粱粉、麦芽）。

2. 仪器与设备

电磁炉（或小电锅）、不锈钢锅、分析天平、高压灭菌锅、试管、试管架、漏斗、烧杯、量筒、剪刀、玻璃棒、棉花、棉线、扎绳、报纸、玻棒、医用橡胶管、纱布。

3. 试剂

葡萄糖、维生素 $B_1$（$VB_1$）、$KH_2PO_4$、$MgSO_4$、琼脂。

马铃薯葡萄糖琼脂培养基（PDA）：马铃薯（去皮）200 g，葡萄糖 20 g，琼脂 20 g，水

1 000 mL;也可用蔗糖取代葡萄糖,即为 PSA 培养基;还可以添加 $KH_2PO_4$ 3 g,$MgSO_4$ 1.5 g,$VB_1$ 10 mg,即为马铃薯综合培养基。广泛适用于各种食用菌母种的分离、培养和保藏。

马铃薯玉米粉培养基　马铃薯(去皮)200 g,蔗糖 20 g,玉米粉 50 g,琼脂 20 g,$KH_2PO_4$ 1 g,$MgSO_4$ 0.5 g,水 1 000 mL。本配方适用于香菇、黑木耳、猴头菌的培养。

马铃薯黄豆粉培养基　马铃薯 200 g,蔗糖 20 g,琼脂 20 g,黄豆粉 20 g,$CaCO_3$ 10 g,$KH_2PO_4$ 1 g,$MgSO_4$ 0.5 g,水 1 000 mL。本配方适用于蘑菇、草菇的培养。

葡萄糖蛋白胨琼脂培养基　葡萄糖 20 g,蛋白胨 20 g,琼脂 20 g,水 1 000 mL。

蛋白胨、酵母、葡萄糖琼脂培养基　蛋白胨 2 g,酵母膏 2 g,$MgSO_4$ 0.5 g,$KH_2PO_4$ 1 g,葡萄糖 20 g,$VB_1$ 20 mg,琼脂 20 g,水 1 000 mL。

## 四、实验步骤

1. 称量:按照选定的培养基配方,计算各种成分的用量。用分析天平分别称取各种材料,马铃薯去皮去芽眼,削掉青绿部分;对不易称量的成分,可用玻棒和烧杯称重;微量元素等需要量少,难以称准时,可先配成较浓的原液,再从中取出需要的量。

2. 调配:将去皮去芽眼的马铃薯 200 g 切成花生粒大小,加水定容至 1 000 mL,放入不锈钢锅中煮,水开后,用文火煮沸 30 min 左右(煮制过程中,用玻璃棒搅拌)。四层预湿纱布过滤,取汁。如用玉米粉或黄豆粉,加水后,一般加热至 70 ℃左右,并保持 60 min,过滤取汁。玉米粉或黄豆粉等淀粉类物质应先加少量水调成糊状,避免成团;难溶物质应先加水、加热溶化,加热过程中不断用玻棒搅拌以免煳锅。

3. 加入琼脂溶解:先将滤液补足 1 000 mL,再将琼脂粉 20 g 加入滤液中,文火加热搅拌至全部溶化。

4. 加入配方中其他营养物质:如糖 20 g、$VB_1$10 mg、$KH_2PO_4$ 3 g、$MgSO_4$ 1.5 g 等。

5. 酸碱度测定与调整:充分搅拌均匀,用酸碱试纸测定酸碱度,并按食用菌所需的最适酸碱度使用氢氧化钠和盐酸调整酸碱度,注意开锅搅拌,防止溢出或焦底。马铃薯综合培养基一般可以不用调整酸碱度。

6. 过滤分装:制备好的培养基应趁热分装。首先把较大的玻璃漏斗固定在滴定架上,下接一段乳胶管和玻璃管,用弹簧夹夹住胶管。手拿试管,分装量掌握在试管长度的1/4。注意分装时,培养基不能沾在试管口壁上,否则会污染棉塞;若已沾上应立即用纱布或脱脂棉擦净。试管规格一般以 15 mm×150 mm 为宜。

7. 加棉塞、包扎:装好培养基的试管应及时塞上棉塞。棉塞要用未脱脂的皮棉。棉塞要大小均匀、松紧适宜,长度一般为 4.5 cm。一般要求 2/3 留在试管内,1/3 露在试管外,也可用大小合适的橡胶塞。然后把塞好棉塞或橡胶塞的试管,每 7 支捆扎成一把,用牛皮纸或双层报纸包扎,再用皮套扎紧或用棉线捆好,放入高压蒸汽锅内准备灭菌,锅内摆放留出空隙,不要装得太满。

8. 高压蒸汽灭菌:首先给高压锅补蒸馏水,放入高压灭菌桶或篮子,摆好试管,试管表面可盖两张报纸，以免高压灭菌锅冷凝水污染试管；盖上高压锅，打开排气阀，打开开关，调整灭菌条件为压力 0.15 MPa、温度 121 ℃、灭菌时间 30 min，启动程序，观察温度表至 90 ℃左右，看到放气阀有白气放出，意味着排冷气排尽；关闭排气阀继续升温，压力至 0.15 MPa，121 ℃保持 30 分钟；关闭热源；至压力表指针回归到零，灭菌结束。

9. 摆斜面：灭菌完毕，压力指针表回归至 0 后，打开高压灭菌锅，取出培养基，稍凉后，趁热在清洁的台面或桌面上倾斜摆放，摆成斜面，一般斜面长度以试管全长的 1/2～2/3 为宜，缓慢降温，斜面试管上可覆盖一薄棉被，以免迅速降温形成冷凝水。

10. 观察：待试管内培养基冷却凝固后，放置到 22～25 ℃培养箱，培养 2～3 天后，观察有无污染、有无杂菌，判断灭菌是否彻底。

### 五、注意事项

1. 马铃薯要去皮、挖掉芽眼，去除青绿部分。
2. 加热过程中不断用玻棒搅拌以免煳锅。
3. 高压锅使用前要补水。
4. 自动高压锅要注意设置温度、时间、压力。
5. 非自动高压锅要在加温至 102 ℃左右时放气，将锅内冷气全部放掉。
6. 实验中注意安全，人离开实验室前要关电关窗，整理台面，打扫卫生。

## Ⅱ 食用菌母种接种（组织分离法及孢子分离法）

### 一、实验目的

食用菌菌种的优劣直接关系到食用菌栽培的成败和产量的高低，因此食用菌菌种的制备是食用菌生产中极其重要的技术。通过本实验的学习，使学生掌握超净工作台的使用，及在无菌环境下如何进行食用菌母种的制备。

### 二、实验原理

将优良性状的食用菌子实体在无菌条件下取少许菌肉接种至斜面试管培养成原始母种；获取少许孢子放入斜面试管中培养纯化后，制得优良母种。

### 三、实验材料

1. 材料

平菇、香菇、双孢蘑菇等优良种菇。

2. 设备与用具

超净工作台、培养箱、接种铲、接种针、接种环、酒精灯、打火机、解剖刀、玻璃罩、三角瓶、镊子、培养皿、细铁丝等。

3. 试剂

75%医用酒精、0.1%氯化汞溶液、甲醛、$KMnO_4$、气雾消毒剂、无菌水、斜面试管培养基等。

## 四、实验方法与步骤

1. 超净工作台的使用

使用超净工作台时,先用清洁液浸泡过的纱布擦拭台面,然后用75%的酒精擦拭台面进行消毒。接通电源检测设备是否处于完好状态。使用前50 min打开紫外线灯,对工作区域进行照射杀毒,30 min后关闭紫外灯,并开启风机20 min。将所需要的器材及材料用酒精擦拭后放在工作台面,将工作台面玻璃罩拉下,注意双手用力均匀。操作结束后需要清理台面,用清洁液和消毒液擦拭表面,关闭风机和照明设备,紫外消毒30 min后,关闭紫外灯,切断电源。

2. 子实体的选择

无论是用作孢子分离还是组织分离,都要从产量高、长势好、适应性强、无杂菌虫害的群体中,选择朵大、生长健壮的单生子实体作为分离的材料。选作分离的子实体,成熟度要适当,如蘑菇、草菇具有菌膜,最好选菌膜将破而未破的子实体,这种子实体已发育成熟,子实层又未受污染,因此能很快散出大量的无菌孢子。对于没有菌膜或菌膜自幼已破的食用菌,如香菇、平菇等,则以选取七八分熟、正在释放孢子的个体为最好,因为刚从担子中弹射出来的孢子基本上也是无菌的。

3. 组织分离法

组织分离法是一种将食用菌子实体幼嫩的组织块直接分离培养成纯菌种的方法。选用的子实体先经0.1%氯化汞或75%酒精表面消毒,再用无菌水冲洗并用无菌纱布擦去表面水分。将解剖刀通过酒精灯火焰消毒后,自菌柄处切开少许,再用手将子实体掰开为二,在菌盖与菌褶交界处,切取0.3~0.5 $cm^3$ 的一小块菌肉(一颗绿豆大小)。将接种针放在火焰上灼烧,稍冷后在火焰区(火焰5 cm范围内)拔开斜面培养基试管塞,用接种针钩取一小块菌肉,移接到斜面培养基中部,试管口在火焰上灭菌后立刻加塞。组织分离后将试管放在恒温箱中25 ℃左右培养。每天仔细观察试管内菌落生长情况,待组织块周围萌发出正常的白色菌丝,即组织分离成功。待菌丝逐渐蔓延至整个试管,即可挑取生长健壮的菌丝进行转管培养。

4. 多孢子分离法

采集孢子的装置可用玻璃钟罩或玻璃漏斗做成。平菇常用这种方法采集孢子。具体做法是:把玻璃钟罩或玻璃漏斗,放在一个垫有几层浸过氯化汞的纱布的瓷盘上,内放培养皿和不锈钢支架(漏斗内也可倒挂铁丝代支架),上端通气孔用棉花塞住,然后用二层大纱布将整个装置包起来,高压灭菌后,移入超净工作台备用(见图1)。分离时把选好的种菇(七八分熟)切去菌柄基部送入无菌室,用0.1%~0.2%氯化汞溶液或75%的酒精表面消毒1~2 min后,放在无菌水中漂洗,除去表面药液,再用灭菌纱布揩手,将其插到不锈钢支架或铁丝钩上，静置 1～2 d，待菌褶上的孢子大量散落到培养皿内，形成一层粉末状孢子印时，取下种菇，用灭菌的注射器，吸取 3～5 mL 无菌水，注入盛有孢子的培养皿中，轻轻搅动，使孢子均匀地悬浮于水中。再将注射器插上针头，吸取沉于底部的饱满孢子，滴 1～2 滴悬液于试管斜面培养基上，并使其均匀涂布于培养基表面；或用接种针挑取少量的孢子直接在斜面培养基上划线。25 ℃下培养，待孢子萌发、生成菌落时，选孢子萌发快、生长良好的菌落，移接到新的斜面培养基上纯化培养，满管后保存在 4 ℃下，备用。

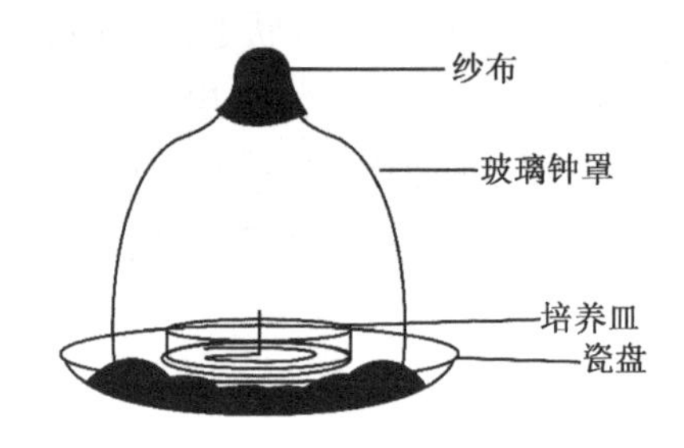


**图 1　孢子收集器**

5. 悬吊式分离法

取成熟子实体（黑木耳、白木耳等）的菌盖（带几片菌褶或一小块耳片）用无菌的铁丝（或者棉线等材料）悬挂于三角瓶内的培养基的上方，勿接触到培养基或四周瓶壁（见图 2）。25 ℃下培养 24 h 待孢子落下，取出分离材料进行转接即可。其他操作方法同多孢子分离法。

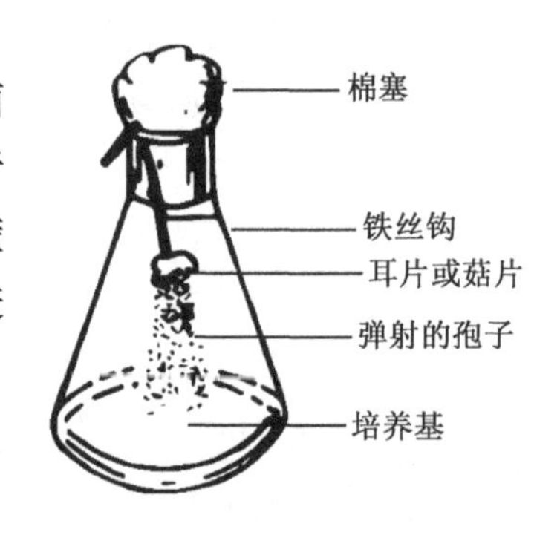


**图 2　悬吊法分离器**

## 五、注意事项

1. 用于组织分离或孢子分离的菌菇在采集的前一天停止浇水。
2. 使用超净工作台要提前开启紫外杀菌，眼睛切勿盯视紫外光源，以免灼伤。
3. 实验结束后，清理工作台台面，保持洁净。
4. 及时挑出污染的接种试管，以免污染其他试管。

# Ⅲ　母种转接扩繁

## 一、实验目的

掌握母种转接扩繁培养技术和强化无菌操作技术。

## 二、实验原理

利用超净工作台或者接种室等营造无菌环境，学习母种转接扩繁培养技术。

## 三、实验材料

1. 材料

组织分离或者孢子分离纯化的母种。

2. 设备与用具

超净工作台（接种箱、接种室）、培养箱、接种铲、接种针、接种环、酒精灯、打火机、斜面试管培养基、镊子、培养皿、三角瓶、细铁丝等。

3. 试剂

75%医用酒精、甲醛、高锰酸钾、二氯异氰尿酸钠烟剂（或百菌清烟雾剂、速克灵烟雾剂）。

## 四、实验步骤

1. 接种环境的消毒

（1）在分离菌种前，首先对接种环境超净工作台（接种箱或接种室）进行严格的消毒，方法与实验Ⅱ中相同。

（2）接种箱消毒：一般以甲醛加高锰酸钾熏蒸，每立方米空间用甲醛 6～10 mL、高锰酸钾 4～5 g。先将高锰酸钾放入玻璃杯或搪瓷钵，后加进甲醛溶液（容器的容积大小以两种药物反应后沸腾液不外溢为准），使之产生甲醛气体，密闭 0.5～1 h。接种前打开紫外线灯消毒 30 min。

（3）接种室消毒：根据容积的大小，每立方米用甲醛（含量 40%）20 mL、生石灰 20 g、浓硫酸 2 mL，混合于陶瓷容器内，消毒时，培养室温度保持 24 ℃左右，密闭 12 h 以上。或燃放气雾消毒剂进行消毒灭菌。

2. 母种扩繁

接种前，手和试管口要用 75%的酒精棉球擦拭。接种前，点燃酒精灯，火焰周围 5 cm 范围空间成为无菌区，在该区域进行接种操作。左手平行并排拿起母种试管和供接种用的斜面试管，两支试管斜面要向上，管口要齐平，右手持接种针，将针头垂直或倾斜在火焰上烧红，用右手的小指、无名指和手掌，在火焰旁边分别夹下两管的棉塞，并使酒精灯火焰灼烧试管口，以杀灭管口上的杂菌，随后将管口移至距火焰 1～2 cm 处，用冷却了的接种针将母种纵横切割成许多小方块，然后挑取一小块（一颗黄豆大小）迅速移至供接种的试管斜面的中前部，轻轻抽出接种针后，随手塞上掠过火焰的棉塞，如此连续操作。1 支母种一般可扩接试管 20～30 支。

每次接种完毕，都要把接种工具灼烧彻底灭菌，才能放回原处，以免污染环境。试管从接种箱（室）取出之前，应逐支塞紧棉塞，并在试管正面的上方贴上标签，注明菌种名称、接种日期及转管次数。最后将试管置于培养箱中，根据各类菌种菌丝生长的温度要求，调节温度至22～25 ℃进行培养。

培养7～10 d，待试管长满白色菌丝后，将无污染的优良母种转入4 ℃冰箱保存。

## 五、注意事项

1. 斜面试管在使用前要检查是否有污染和是否干了。
2. 注意安全，离开实验室前要关电关窗，整理台面，打扫卫生。
3. 超净工作台在使用前要检查空气通道是否有遮盖。
4. 超净工作台在使用时要保持一定风力向外吹。

# Ⅳ 原种与栽培种的制种技术

## 一、实验目的

通过本次实验，使学生掌握原种、栽培种培养基的配方，拌料、装瓶、灭菌的方法，以及接种技术和菌种培养期间的管理方法。

## 二、实验原理

在无菌条件下，将母种接种到原种培养基上进行培养；将原种接种到栽培种培养基上进行培养，从而获得优良原种和栽培种。

## 三、实验材料

1. 材料

平菇、香菇、双孢蘑菇等优良母种和原种、棉籽壳、麸皮。

2. 设备与用具

可精确至0.01 g的天平、台秤、大型高压灭菌锅、超净工作台（接种室）、接种房和接种铲等接种工具、酒精灯、打火机、盆、锹、培养箱（培养室）、镊子、接种棒、食用菌袋口套环（海绵双环套）、500 mL或850 mL菌种瓶、14×28×5丝或17×40×5丝聚丙烯栽培袋、报纸等。

3. 试剂

75%医用酒精、甲醛、高锰酸钾、二氯异氰尿酸钠烟剂（或百菌清烟雾剂、速克灵烟雾剂）、石灰、石膏、磷肥、糖等。

## 四、实验步骤

1. 培养基参考配方

原种和栽培种培养基相同，常见配方和制法如下：

（1）棉籽壳麸皮培养料（适用于平菇、猴头菇、金针菇等）

配方：棉籽壳78%、麸皮19%、蔗糖1%、生石膏1%、生石灰1%，料水比1∶(1.5～1.6)。

制法：棉籽壳和麸皮先混拌均匀，加少量水拌湿，加入适量生石灰拌匀，调节pH至7.5～8.0，然后加生石膏及糖水拌匀。含水量掌握在以手紧握指间有水渗出而不滴下为准。装瓶（袋），灭菌。

（2）木屑麸皮培养基（适用于香菇、木耳、猴头菇、平菇等）

配方：木屑78%、麸皮20%、蔗糖1%、生石膏1%，料水比1∶(1.2～1.5)。

制法：先将蔗糖溶于水中，再将木屑（旧木屑较好）、麸皮、生石膏充分混匀，然后用已溶化的糖水搅拌均匀。少量多次加水，含水量掌握在以手紧握指间有水渗出而不滴下为准。装瓶（袋），灭菌。

（3）稻草培养料（适用于草菇等）

配方：稻草70%、麸皮24%、豆饼粉3%、碳酸钙1%、生石膏1%、蔗糖1%。

制法：先把麸皮、豆饼粉、碳酸钙、生石膏拌成混合料，再把糖溶于水中，将已溶化的糖水与混合料、稻草粉混合拌匀。含水量掌握在以手紧握指间有水渗出而不滴下为准，pH调到8.0。装瓶（袋），灭菌。

（4）麦粒培养料（适用于双孢蘑菇、平菇、羊肚菌等）

配方：麦粒97%、碳酸钙1.5%、生石膏1.5%。

制法：先把小麦洗干净，浸泡24 h后捞起放入锅中，加适量水煮熟，不要煮破种皮，以指甲掐开无白芯为准。捞起沥干多余的水分，拌入碳酸钙和生石膏，装瓶（袋），灭菌。

2. 培养基制作

首先确定本次实验中培养基用量，然后按比例将配方中的各种料称好，将棉籽壳、麦麸、生石灰等原材料混合均匀，生石膏和糖先溶于一小部分水中，然后泼洒在混合后的干料上，搅拌，逐渐加水，使培养料含水量达65%左右，以用手紧握指间有水渗出而不滴下为度。拌好料后装瓶，松紧度适宜，料装至瓶肩，在料中央打一小孔，瓶口用牛皮纸或聚丙烯薄膜包盖，扎紧口，放在灭菌锅中灭菌。高压灭菌要使压力达0.10 MPa，121 ℃持续2 h；常压灭菌要使温度达100 ℃后，持续6～8 h。灭菌后冷却至30 ℃时便开始接种。

同样方法，将配好的料装袋至袋的中上部约2/3处，将袋口用套环的海绵塞子（棉塞）塞住，扎好，入锅灭菌。

3. 接种

在无菌条件下，通过无菌操作将母种接种到原种瓶中。之后再将培养好的原种接种到栽培袋中。

4. 培养

在温度为22 ℃左右的黑暗环境下培养20～25 d，待菌丝长满培养袋，及时观察挑出污染的原种和栽培种。

## 五、注意事项

1. 向袋中装料时，地面上最好垫一些报纸，以防地面上的砂粒磨破袋子。

2. 培养过程中,发现存在污染、病害的培养袋,须及时挑出。

3. 灭菌时间一定要足够。

4. 灭菌后,要及时接种避免栽培料发酸。

# V 平菇栽培与管理

## 一、实验目的

通过平菇栽培管理的整个流程的学习,让学生掌握平菇栽培熟料生产中的选料、拌料时含水量的判定、装袋的松紧度、灭菌设备的使用及接种技术;掌握调控环境促进菌丝生长的方法措施以及菌袋的处理方法;掌握通过温度变化来促进子实体分化及催菇的技术方法和主要病虫害的防治,增强学生的实际操作能力,提高其食用菌栽培技术水平。

## 二、实验原理

在无菌条件下,将平菇栽培种转接到平菇培养基中;在适宜环境条件下,促进菌丝生长、成熟、出菇。

## 三、实验材料

1. 材料

适合当地环境条件栽培的优良平菇栽培种(高、中、低温品种),以及麸皮、棉籽壳、木屑(阔叶木屑为佳)、棉秆、废棉、玉米芯、稻草、玉米秆、花生壳、豆秆粉、甘蔗渣等富含木质素和半纤维素的农、工等副产品均可作为平菇培养基的原材料。

原料应新鲜(木屑最好放置半年以上)、干燥、无霉变、无虫蛀、不含农药或其他有害化学成分、易处理、便于收集和保存。制作培养基之前应将原料放在太阳下暴晒 3~4 d,以杀死原料中的杂菌和害虫。配制时注意调节培养料的营养和酸碱度。原料配制前,玉米芯应粉碎成花生米大小的颗粒,玉米秆、麦秆和稻草等均应碾碎并切成 3~5 cm 的小段,木屑以木屑粉和薄软的 3~5 cm 碎片为好。

2. 设备与用具

台秤、大型高压灭菌锅、超净工作台、接种室、接种铲、酒精灯、打火机、盆、锹、温度计、湿度计、发菌房、出菇房、洒水壶、喷雾器、食用菌袋口套环(海绵双环套)、500 mL 或 850 mL 菌种瓶、25×45×3－3 丝和 24×38×3－3 丝低压聚乙烯塑料袋、报纸等。

3. 试剂

75%医用酒精、甲醛、高锰酸钾、二氯异氰尿酸钠烟剂(或百菌清烟雾剂、速克灵烟雾剂)、克霉灵、克霉增产灵、生石灰、生石膏等。

## 四、实验步骤

1. 培养基参考配方

（1）棉籽壳78%、麸皮21%、生石灰0.9%、克霉灵0.1%。

（2）玉米芯76%、棉籽壳20%、麦麸皮或玉米粉3%、生石灰1%。

（3）玉米秆87.5%、麦麸皮5%、玉米粉3%、石灰3%、尿素0.5%、食盐1%。

（4）稻草74%、玉米粉25%、生石膏粉0.9%、克霉灵0.1%。

（5）麦秆84%、麦麸皮8%、生石膏粉2%、尿素0.5%、过磷酸钙1.5%、石灰4%。

（6）木屑60%、棉籽壳30%、麦麸皮9%、生石灰1%。

（7）杂草94%、麦麸皮5%、石膏1%。

2. 拌料

按上述参考配方要求，准确称料，将料充分混合（易溶于水的应先放入水中溶解），然后加水拌匀，湿度控制在65%左右。春栽气温低，空气湿度小，培养料中应适当多加一些水，总体用水量约100 kg干料中加入150 kg水。不同培养料加水量也略有不同，玉米芯、绒长的棉籽壳可适当多加一些，绒短的棉籽壳应少加一些。拌好的培养料堆闷2 h，让其吃透水后进行装袋灭菌。

3. 装袋

选用宽23 cm、长40 cm、厚3 mm左右的低压聚乙烯塑料袋，每袋可装干料0.6～0.7 kg。人工装袋时，应一手提袋，一手装料，边装边轻压，装料至2/3左右即可。将料面压实，清理袋口料物，排气后紧贴料面套上食用菌菌袋套环，盖紧带海绵的盖子，防止进水、进气。装袋时须注意：

（1）装袋前要把料充分拌一次。袋料的湿度以用手紧握指间见水渗出而不往下滴为适中，这个时候湿度约65%，培养料太干太湿均不利于菌丝生长。装袋时要做到边装料、边拌料，以免上部料干、下部料湿。

（2）拌好的料应在4 h左右内装完，以免放置时间过长，培养料发酵变酸。

（3）装袋时不能用脚蹬、不能摔、不能揉，压料用力须均匀，轻拿轻放，保护好袋子，防止塑料袋破损。

（4）装袋时要注意松紧适度，一般以手按有弹性，手压有轻度凹陷，手拖挺直为度。压得紧，透气性不好，影响菌丝生长；压得松，则菌丝生长散而无力，在翻垛时易断裂损伤，影响出菇。

（5）装好的料袋要求密实、挺直、不松软，袋的粗细、长短要一致，便于堆垛发菌和出菇。

（6）将装好的料袋逐袋检查，发现破口或微孔立即用透明胶布封贴。

4. 灭菌

（1）高压灭菌：清洗灭菌锅内污水，换上蒸馏水，将装好料的菌袋及时放入灭菌设备，合理堆放，袋子之间留有空隙。121 ℃，灭菌30 min。

（2）常压灭菌：料袋在灶内采用一袋袋上下对正的直叠式摆放，这样孔隙大，有利于蒸汽穿透，而且灭菌后的菌袋成为四面体，有利于接种和后期管理。蒸仓内四个角自上而下留下 15 $cm^2$ 的通气道，排与排之间也要留下空隙，保障蒸汽畅通，确保灭菌彻底。灭菌时要做到“三勤”，即：勤看火及时加煤；勤加水防止干锅；勤看温度防止掉温。烧火应掌握“攻头、促尾、保中间”，即：灭菌开始时必须大火攻头，力争在 4～6 h 之内使灶温升到 100 ℃，并开始计时；然后稳火控温，使温度一直保持 100 ℃，维持 24 h；最后 2 h 旺火猛烧，达到彻底灭菌的目的。停火后焖料，当温度降到 70 ℃左右时，抢温出锅，并迅速运往接种室冷却，菌袋冷却时应按“井”字形叠放，要注意切勿“大头、小尾、中间松”，防止漏气。常压灭菌灶的门要密封严实。

5. 接种（可设置不同环境条件下的接种与污染关系）

将灭菌过的菌袋搬到接种帐（室）中，提前进行熏蒸消毒；穿上消过毒的工作服并戴上口罩进入接种帐（室）；接种前，菌种袋表面和接种器具等都要进行消毒处理；做好菌种准备，即将栽培种铲松或倒入消过毒的容器中；打开菌袋，将菌种按 10%的比例放入菌袋中，扎紧袋口，动作要快，防止污染。接种后的菌袋按发菌期要求进行摆放。

6. 发菌期管理（可设置不同环境条件下的发菌对比）

（1）菇棚清理和杀菌：菇棚杀菌处理的第一个环节，就是对棚外环境的清理和杀菌，包括棚外杂草、垃圾等应彻底清理干净，以 600 倍多菌灵溶液对墙体、地面、立柱、通风孔等进行地毯式喷洒，然后封闭菇棚，任其日晒升温，在高温作用下，药物得以充分渗透，使黏附药液的杂菌孢子及病菌蛋白凝固，失去活性，达到杀菌目的。如果老菇棚上季栽培曾发生过某些病害，则应当在用药后 2～3 d 再重喷一次，以求彻底灭菌。

（2）尽量严格闭光。发菌期间应尽量避免光照，尤其不允许强光直射，长时间的光照刺激，可使得菌袋一旦完成发菌就会现蕾，根本无法控制出菇时间。正确的做法是自播种后即应进行避光，除进行观察、翻袋操作外，不得有光照进入菇棚。

（3）加强温度管理。菌丝生长适宜温度为 22～25 ℃。

（4）适当调控湿度。空气湿度对发菌的影响较大，应小心对待，如气候干燥，应适当给予增湿，一般可调至 70%～75%；如连续长时间阴雨，空气湿度居高不下，则应采取有力的降湿措施，如在棚内放置生石灰使之吸水，并趁天气晴好时及时给予通风，以降低棚内二氧化碳浓度和空气湿度，方可保证发菌的顺利进行。

（5）给予合理通风。菌丝生长期间需要少量的氧气，些许通风即可满足，但应注意菇棚内外的温度交换，温差过大时，应予考虑具体的通风时间，如夏季发菌时应尽量在晚间通风，低温季节则尽量安排中午通风等。

（6）预防病虫危害。在整个发菌期间，每 5 d 左右喷洒一次百病去无踪或赛百 09 溶液，以防止杂菌病害的发生；发现污染菌袋，立即移出菇棚进行单独处理；喷洒菊酯类药物驱杀害虫。

（7）调查分析菌袋发菌状况及其与环境条件的关系。

7. 出菇管理

菌丝长满袋后过一段时间，袋内出现大量黄褐色水珠，这是出菇的前兆，这时即可适时转入出菇管理。此阶段管理要点如下：

（1）加大温差，刺激出菇。平菇是变温结实，加大温差刺激有利于出菇。利用早晚气温低时加大通风量，降低温度，加大昼夜温差至 5～10 ℃，以刺激出菇；低温季节，白天注意增温保湿，夜间加强通风降温；气温高于 20 ℃时，可采用加强通风和进行喷水降温的方法，以加大温差，刺激出菇。

（2）加强湿度调节。出菇场地要经常喷水，使空气相对湿度保持在 85%～95%。在料面出现菇蕾后，要特别注意向空间、地面喷雾增湿，切勿向菇蕾上直接喷水，只有当菇蕾分化出菌盖和菌柄时，方可少喷、细喷、勤喷雾状水，补足需水量，以利于子实体生长。在采收一、二潮菇后，菌袋内水分低于 60%时，应给予补水，可以将菌袋两端料面剥去 1～2 cm 见到新料茬，用竹签扎几个孔，放水中或营养液中浸泡 8 h。

（3）加强通风换气。低温季节每天 1 次，每次 30 min，一般中午喷水后进行；气温高时每天 2～3 次，每次 20～30 min，多在早、晚进行，切忌高湿不透气。通风换气必须缓慢进行，避免风直接吹到菇体上使菇体失水、边缘卷曲而外翻。

（4）增强光照。散射光可诱导早出菇，多出菇；黑暗则不出菇；光照不足，出菇少，柄长，盖小，色淡，畸形。一般以保持菇棚内有“三分阳七分阴”的光照强度为宜，但不能有直射光，以免晒死菇体。

（5）覆土出菇。袋栽平菇一般出两潮菇后，经过补水管理还能继续出菇，但出菇少，菇体小且不整齐，经济效益低。采取覆土出菇，则有利于增产。覆土的方法是：在菇棚内开沟整畦，挖宽 1 m、深 20～30 cm、长度不限的沟畦，畦与畦间留 50 cm 宽的人行道；将出过两潮菇的菌包两头料面清理干净，脱去塑料袋，截成两段，竖直排放在沟畦内，然后用肥沃菜园土填充菌包间的缝隙，并盖于菌筒表面 0.5～1 cm 厚；覆土后，在沟畦内灌大水一次，以浸透菌包为宜。在出菇适温条件下，约 7 d 菌床上就有菇蕾出现，按出菇要求进行管理，可继续采菇 4～5 潮。

（6）采收期管理。当菌盖颜色由深变浅，下凹部有白色草状物，菌盖边缘开始上卷，孢子尚未大量散发时，即达七八成熟，为采收适期。

8. 病害防治

（1）生理性病害

在栽培过程中，环境条件及管理方法不妥，造成反常的生理活动的现象，称为生理性病害。

① 菌丝疯长：菌丝表层气生菌丝浓密，影响出菇。形成菌丝疯长的原因主要是空气湿度大，通风不良。防治办法为加强通风，降低湿度。

② 大脚菇：子实体菌盖极小，菌柄粗长。主要是缺氧、通风不良造成的。只要加强通风，注意控制光照即可防治。

③ 平菇枯萎：菇蕾或子实体生长停滞，逐步萎缩、变干枯死、腐烂。原因主要是水分不足，通风过大。防治办法为增加空气相对湿度，不使料面干燥，通风时切勿让风直吹菇蕾或子实体。

④ 平菇药害:子实体喷药(如敌敌畏)后,菌盖停止生长,边缘形成一条黑边、翻卷。对此,须禁止使用一些有害的农药。

⑤ 锈斑:平菇菌盖、菌柄上产生锈褐色斑点。主要是通风不良、湿度过大造成的。防治办法为加强通风,降低湿度。

(2) 侵染性病害

子实体被其他杂菌污染致使发病或死亡,称为侵染性病害。

① 轮枝霉:其症状为子实体表面产生白色绒毛状菌丝,出现褐色斑点,菌盖萎缩、干裂,被称为干泡病(褐斑病),是平菇常见的侵染性病害。防治方法为降低温度,加强通风,病区喷施2%甲醛液或1:500多菌灵液。

② 青霉和木霉:青霉初期为白色,以后变成浅绿色;木霉一开始即为绿色,以后绿色逐渐加深。湿度高、通风不良、酸性环境易发生。防治方法为挖掉污染部位,然后洒上多菌灵原粉或生石灰。料内污染则应全部烧掉或深埋。

③ 链孢霉:25~30 ℃,孢子6 h萌发,形成大量棉絮状菌丝,48 h后产生大量粉红色的分生孢子。在配制培养料时用1:500多菌灵或霉锈净拌料,可避免发生;如果发生,须及早销毁或深埋。

④ 石膏状霉菌:常发生在培养料表面,产生粉状浓密的白色菌丝。防治方法为增加培养料的磷肥含量,喷洒1:7的乙酸溶液。

⑤ 黄曲霉:菌丝开始为白色,以后大量产生黄色孢子。高温(27 ℃以上)、培养料水分偏干的情况下发生严重。防治方法为降低温度,控制在25 ℃以下;配制培养料时,水分应适宜。

9. 防治虫害

(1) 菌蛆:菌蝇、蚊等的幼虫都是白色或黄色没有脚的小蛆,主要危害菌丝体或子实体。防治办法为清除衰老的菌丝体;利用成虫趋光性,设杀虫灯进行诱杀;或喷洒高效低毒农药,如敌百虫1 000倍液,能杀死幼虫和虫卵。

(2) 菌螨:蜘蛛纲、蜱螨目的一些小虫,个体很小,黄白色,成堆时是淡黄褐色,像灰尘或米糠,繁殖力很强,行动迅速,会吃菌丝和菌盖,造成菇蕾枯萎。防治办法为配制培养料时将原料充分晒干,周围环境喷洒敌敌畏;发生后用4%三氯杀螨醇乳剂800倍液喷洒。

(3) 跳虫:成虫有灵活的尾部,弹跳如蚤,咬食子实体。防治办法为喷洒0.1%的鱼藤精。

(4) 还有一些害虫如蛞蝓、蚂蚁、蟑螂、蝼蛄等,防治时可在地面撒些生石灰。

## 五、注意事项

1. 出菇棚内,应按菌丝的成熟度分畦堆放菌袋,使出菇整齐一致,有利于同步管理。

2. 菌袋进入出菇管理时,先解开两头扎口,不要急于把袋口完全张开,以防培养料表面失水干燥,影响正常出菇。

## 六、思考题

1. 为什么用于组织分离或孢子分离的菌菇要在采集的前一天停止浇水?
2. 生料栽培平菇在气温较高季节如何进行发菌管理? 如何防止出现杂菌污染?
3. 菌种的表面有一块残留的琼脂块,证明该菌种是哪级菌种?
4. 一批菌种在适宜条件下培养了十多天,发现有一瓶菌种块丝毫未萌动,请分析原因。

# 实验 12 实验室啤酒酿造技术

啤酒是以大麦芽、酒花、水为主要原料,经酵母发酵作用酿造而成的包含二氧化碳的低酒精度酒。啤酒具有独特的苦味和香味,营养成分丰富,含有人体所需的多种氨基酸、维生素、泛酸以及矿物质等。啤酒花赋予啤酒香味和爽口的苦味,增加啤酒的泡沫持久性;与麦汁共沸时,能促进蛋白质凝集,有利于发酵醪澄清。

啤酒有多种分类方法,按发酵方式可分为上面发酵啤酒和下面发酵啤酒;按色泽可分为淡色啤酒、浓色啤酒以及黑色啤酒;按灭菌方式可分为鲜啤酒、生啤酒以及熟啤酒。

1. 啤酒酿造原料

(1) 大麦

大麦是一种坚硬的谷物,成熟比其他谷物快得多,因此被选作酿造啤酒的主要原料。大麦的主要化学成分是淀粉、蛋白质、纤维素、半纤维素和脂肪等。大麦在发芽过程中产生的各种水解酶对糖化过程中淀粉的转化起到促进作用,使淀粉及蛋白质发生轻度的水解(麦芽的溶解),出糖效果更好。

(2) 酒花

啤酒花被作为工业原料使用开始于德国。中国人工栽培酒花始于 1921 年,目前在新疆、甘肃、内蒙古、黑龙江、辽宁等地都建立了较大的酒花原料基地。酒花的主要作用有:①赋予啤酒香味和爽口的苦味;②提高啤酒泡沫的持久性;③使蛋白质沉淀,澄清麦汁;④提高啤酒的防腐能力。

(3) 酵母

酵母是真菌类的一种微生物。在啤酒酿造过程中,酵母是魔术师,它把麦芽和大米中的糖分分解,产生酒精、二氧化碳和其他微量发酵产物。这些微量但种类繁多的发酵产物与其他那些直接来自麦芽、酒花的风味物质一起,组成了成品啤酒诱人而独特的感官特征。用于生产的啤酒酵母种类繁多,造成啤酒风味各异。

主要的两种啤酒酵母菌是顶酵母(*Saccharomyces cerevisiae*,也称上面酵母或啤酒酵母)和底酵母(*Saccharomyces carlsbergensis*,也称下面酵母或卡尔酵母),两者在细胞形态、发酵能力、凝聚性以及啤酒发酵温度等方面有明显的差异。用显微镜观察时,顶酵母呈现的卵形稍比底酵母明显。顶酵母在发酵过程中上升至啤酒表面,能够在顶部撇取;

底酵母则一直存在于啤酒内,在发酵结束后最终沉淀在发酵桶底部。

(4) 辅料

在酿造啤酒中为了降低生产成本,提高出酒率,改善啤酒风味和色泽,增强啤酒的保存性,在糖化操作时,常用大米、大麦、玉米和蔗糖等其中的一种来代替部分麦芽。在我国一般习惯使用大米,而欧美国家普遍使用玉米。

2. 实验设备

本实验采用的是山东中德 CGs-0.2,生产能力为 200 L 的啤酒酿造设备。

该设备按功能可分为粉碎设备、糖化设备(糖化锅、糊化锅)、发酵设备(发酵罐、接种器)、CIP 系统(洗涤、杀菌罐、移动泵)、制冷设备(冷凝器、蒸发器、换热器、冰水罐)、控制设备。按外观可分为罐体部分、管路阀门及泵、移动部分(洗车、接种器等)、控制部分。

本装置酿造啤酒的工艺流程如图 1 所示。

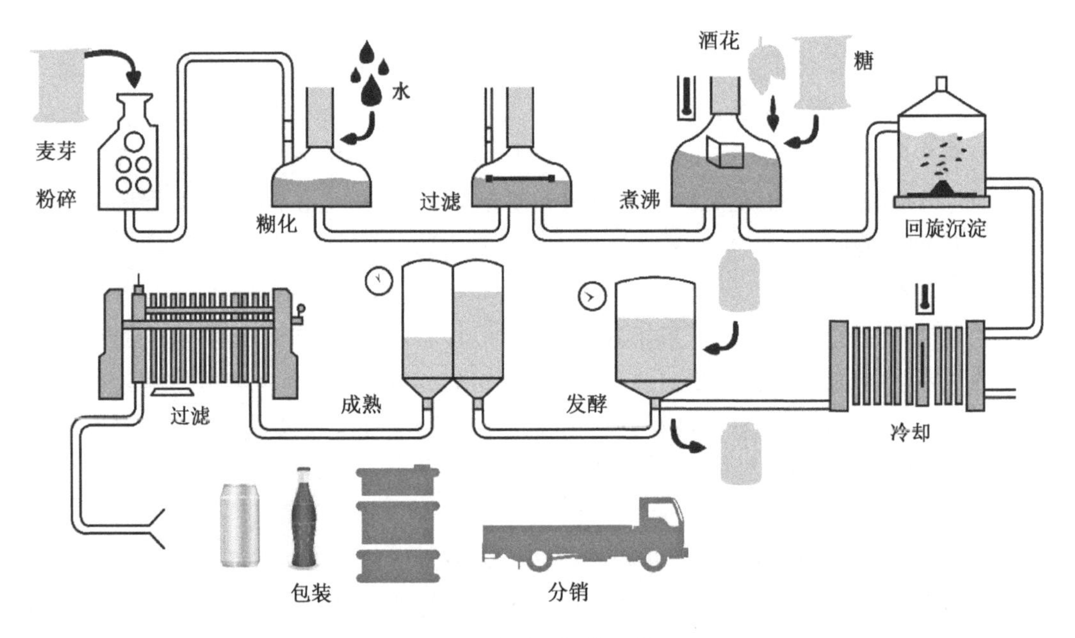


**图 1 啤酒酿造工艺流程**

3. 啤酒发酵机理

(1) 发酵主产物——乙醇的合成途径

麦芽汁中可发酵性糖主要是麦芽糖,还有少量的葡萄糖、果糖、蔗糖、麦芽三糖等。其中的单糖可以直接被酵母发酵转化为乙醇,寡糖则需要分解为单糖后才能被发酵。麦芽糖合成乙醇的生物途径总反应式如下:

$$\frac{1}{2}C_{12}H_{22}O_{12}(\text{麦芽糖})+\frac{1}{2}H_2O \longrightarrow C_6H_{12}O_6(\text{葡萄糖})+2ADP+2Pi \longrightarrow 2C_2H_5OH +2CO_2+2ATP+226.09\ kJ/mol$$

式中:ADP 为二磷酸腺苷;Pi 为磷酸根;ATP 为三磷酸腺苷。

从理论上讲,每 100 g 葡萄糖发酵后可以生成 51.14 g 乙醇和 48.86 g $CO_2$,但实际上,只有 96%的糖发酵为乙醇和 $CO_2$,2.5%用于生成其他代谢副产物,剩余的 1.5%用于菌体的合成。

发酵过程是糖的分解代谢过程,是放能反应。1 mol 葡萄糖发酵后释放的总能量为 226.09 kJ,其中 61 kJ 以 ATP 形式贮存下来,其余以热的形式释放出来,因此发酵过程中必须及时冷却,避免发酵温度过高。

葡萄糖的乙醇发酵过程,具体分为 4 个阶段:阶段一,葡萄糖磷酸化生成己糖磷酸酯;阶段二,磷酸己糖分裂为 2 个磷酸丙酮;阶段三,3-磷酸甘油醛生成丙酮酸;阶段四,丙酮酸生成乙醇。

(2) 啤酒发酵副产物的形成

在发酵过程中还有副产物的产生,如连二酮类、高级醇、有机酸、醛类等。这些副产物对啤酒的成熟和口味有很大的影响,如双乙酰具有馊饭味,是造成啤酒不成熟的主要原因;高级醇含量高,饮用后容易出现“上头”,啤酒口味也变差。

① 双乙酰的形成

双乙酰是由丙酮酸生物合成缬氨酸时的中间代谢产物 α-乙酰乳酸转化得到的,是啤酒发酵的必然产物。其合成机理为:丙酮酸与 TPP(焦磷酸硫胺素,为辅羧酶,能催化氧化脱羧反应)结合,使丙酮酸转化为活性丙酮酸;脱羧后变成活性乙醛,再与丙酮酸缩合成 α-乙酰乳酸。α-乙酰乳酸经过酵母体外非酶氧化生成双乙酰。

② 高级醇的形成

高级醇主要由氨基酸氧化脱氨形成,其代谢过程包括:氨基酸被转化为 α-酮酸;酮酸脱羧成醛;醛还原为醇。

4. 原料处理及工艺流程

(1) 制麦芽

将刚收获的大麦经过储存、精选、浸麦、发芽、焙燥、去根六道工序制成大麦芽,供后续工序使用。大麦必须通过发麦芽过程将内含的难溶性淀粉转变为用于酿造的可溶性糖类。

(2) 粉碎

粉碎前对大麦芽进行增湿,要求粉碎的麦芽谷皮破而不碎,粗粉与细粉的比例为 1∶2.5 以上。如果谷皮粉碎过细,不仅会造成麦芽汁过滤困难,而且谷皮中的单宁、色素等不良成分的溶出量也会增加。粉碎的操作在粉碎机中进行。

(3) 糖化

糖化就是利用麦芽所含的各种水解酶,在适宜的条件下,将麦芽中不溶性高分子物质(淀粉、蛋白质、半纤维素及其中间分解产物)逐步分解成低分子可溶性物质的过程。另外,用于添加的辅料中的淀粉也是在麦芽糖化阶段被水解成葡萄糖的。用于酿制啤酒的麦芽汁,其中含有的葡萄糖、氨基酸等营养成分,主要是通过麦芽糖化获得的。整个过程主要包括淀粉分解、蛋白质分解、β-葡聚糖分解、酸的形成和多酚物质的变化。

糖化采用煮出糖化法，操作在糖化锅中进行，具体操作如下：

① 水与麦芽以 1∶2 的比例混合，升温至 37 ℃。

② 开启糖化锅搅拌，静置 20 min。

③ 开启搅拌，同时升温至 45 ℃，此时进行有机磷酸盐的分解、β－葡聚糖的分解、蛋白质的分解等过程，静置 40 min。

④ 开启搅拌，同时升温至 65 ℃，静置 70 min。这个温度区间有利于含氮物质的形成以及 β－淀粉酶的作用，形成大量麦芽糖。

⑤ 开启搅拌，同时升温至 78 ℃，此时糖化工序基本结束。

(4) 过滤

啤酒过滤澄清的原理主要是通过过滤介质的阻挡作用（或截留作用）、深度效应（介质空隙网罗作用）和静电吸附作用等分离出啤酒中存在的微生物、冷凝固物等大颗粒固形物，而使啤酒澄清透亮。常用的过滤介质有硅藻土、滤纸板、微孔薄膜和陶瓷芯等。

① 阻挡作用：啤酒中比过滤介质空隙大的颗粒不能通过空隙而被截留下来。硬性颗粒将附着在过滤介质表面形成粗滤层，而软性颗粒会黏附在过滤空隙中甚至使空隙堵塞，降低过滤效能，增大过滤压差。

② 深度效应：过滤介质中长且曲折的微孔对悬浮颗粒产生阻挡作用，比过滤介质空隙小的微粒会因微孔结构的作用而被截留。

③ 静电吸附作用：有些比过滤介质空隙小的颗粒以及具有较高表面活性的高分子物质，如蛋白质、酒花树脂、色素等，因为自身所带电荷与过滤介质不同，会通过静电吸附作用而被截留。

采用过滤槽法将糖化醪中用于发酵的麦芽汁与其他杂质分离。过滤在过滤槽中进行。具体操作为：把糖化好的麦芽汁用泵打入过滤槽中，静置 20 min 后，用回流过滤的方法过滤麦汁；过滤 20 min 后，取样测原麦汁浓度；原麦汁过滤至将近露出糟面时进行洗糟，依据原麦汁浓度估算洗糟水量，用糖化锅内的 80 ℃热水洗糟，洗糟三次。

(5) 煮沸

经过滤得到的原麦芽汁须经煮沸，并在煮沸过程中添加酒花，其目的是：

① 将原麦芽汁蒸发、浓缩，达到所要求的浓度。

② 通过加热，使麦芽蛋白质在微酸性条件和酒花存在下成片析出，其成分主要是蛋白质、多酚物质的复合物，以及被复合物吸附的酒花树脂和铁、铜等金属离子。这种片状的复合物沉淀，一部分在 60 ℃以上析出，另一部分在麦芽汁冷却过程中析出。

③ 使酒花的成分溶出。

④ 破坏 α－淀粉酶及其他酶的活性。

⑤ 杀灭麦芽汁中的乳酸菌等杂菌，以免发酵时产生酸败现象。

⑥ 蒸发去除如酒花油、香叶烯等挥发性的异味物质。

⑦ 在麦芽焙焦和麦芽汁煮沸时形成的糖蛋白聚合物，是构成啤酒泡沫的主要成分之一。

⑧ 麦芽汁在加热煮沸过程中生成类黑精等还原性物质，它们能增强啤酒的香气、泡

沫持久性及胶体稳定性。

原麦芽汁的煮沸在糖化罐中进行,具体操作:用泵将过滤好的麦芽汁打入糖化罐,调节升温速度,麦芽汁沸腾时开始计时,煮沸时间 90 min。煮沸 10 min、30 min 和沸终前 10 min,分别添加苦型、苦型和香型酒花,加入量分别为麦芽添加量的 0.01%、0.03%和 0.02%。控制沸终麦汁浓度。

(6) 麦芽汁热凝固物的去除

麦芽汁用于发酵之前,先要去除热凝固物和冷凝固物。现在一般使用回旋沉淀槽去除热凝固物。将煮沸的麦芽汁用麦芽汁泵以较高的线速度沿回旋沉淀槽的槽壁切线方向泵入槽内,形成一个快速旋转的旋涡,其中的颗粒物质会快速沉积于槽底中央,固液分离,得到清麦芽汁。被除去的固形物主要是变性凝固的蛋白质、多酚与蛋白质的不溶性复合物、酒花树脂、无机盐和其他有机物。麦芽汁进口管的位置设在距槽底 1/3 处。槽内收集到的清麦芽汁,其积聚高度允许为槽身圆柱体直径的 0.8～1 倍。在离槽底 2/3 处、1/3 处和底部各有 1 个放料口,送麦芽汁去冷却时,应自上而下从各放料口排放麦芽汁。

(7) 麦芽汁冷却

麦芽汁冷却的目的主要是使麦芽汁达到最适宜的主发酵温度,同时使大量的冷凝固物析出。冷却麦芽汁一般使用薄板冷却器。冷却结束后,可用无菌压缩空气将薄板冷却器中的麦芽汁顶出。整个冷却操作均要防止外界杂菌污染。

(8) 麦芽汁冷凝固物的去除

冷凝固物又称细凝固物,其成分与热凝固物相似,但是以 β-球蛋白及其分解产物多酚物质等的复合物为主。这种热溶性的复合物,在低温下会逐步析出、沉淀,温度越低,其析出量越大。冷凝固物的去除一般采用自然沉降法。从添加酵母开始,经发酵直至贮酒结束,分段进行冷凝固物的自然析出和沉淀而将冷凝固物去除。

5. 发酵过程

发酵过程是将过滤好的麦芽汁通过接种接入酵母,酵母利用麦芽和大米中水解的糖进行发酵,产生酒精、二氧化碳和其他微量发酵产物的过程。总体包括主发酵和后发酵两个阶段。

(1) 主发酵阶段

主发酵又称前发酵,是啤酒整个发酵过程的前阶段。主发酵过程中物质的代谢主要包括糖的代谢;氨基酸的代谢与高级醇的生成;二氧化碳和乙醇的生成;酯的生成;有机酸的生成及代谢;硫化物的生成及代谢;双乙酰的生成及消失;醛的生成。主发酵过程的管理主要为温度控制和外观发酵度测定。在正常情况下,主发酵结束后,发酵液的发酵度应在 50%～60%,过高或过低均对啤酒的质量不利。

根据发酵液表面现象的不同,可以将整个主发酵过程分为 5 个阶段:

① 酵母繁殖期:麦芽汁添加酵母 8～16 h 后,液面出现 $CO_2$ 气泡,逐渐形成白色、乳脂状泡沫。酵母在繁殖 20 h 后,即可进入主发酵阶段。此时,麦芽汁中的溶解氧已经基

本被酵母消耗完，开始厌氧发酵。

② 起泡期：在进入主发酵 4～5 h 后，在麦芽汁表面逐渐出现更多的泡沫，由四周渐渐涌向中间，外观洁白细腻。此时，发酵温度每天上升 0.5～0.8 ℃，耗糖 0.3～0.5°P，维持 1～2 d。

③ 高泡期：发酵 3 d 之后，泡沫增高，形成卷曲状隆起，麦芽汁颜色转为黄棕色。此时为发酵旺盛期，热量大量释放，需要及时降温，不能超过发酵的最高温度 9 ℃。但要注意，降温需要缓慢进行，否则会引起酵母的早期沉淀，影响正常发酵。此阶段，每天降糖 1.5°P，维持时间一般为 2～3 d。

④ 落泡期：发酵 5 d 后，发酵力逐渐减弱，$CO_2$ 气泡减少，泡沫回缩，析出物增多，泡沫由黄棕色变为棕褐色。发酵温度每天下降 0.5 ℃，耗糖 0.5～0.8°P，一般维持 2 d。

⑤ 泡盖形成期：发酵 7～8 d 后，酵母大部分沉淀，泡沫回缩，形成一层褐色苦味的泡盖，集中在液面。每日耗糖 0.2～0.5°P，控制降温 0.5 ℃/d 左右，下酒品温应在 4.0～5.5 ℃。

主发酵的技术要求有：

① 发酵温度：啤酒发酵采用变温发酵，发酵温度是指主发酵阶段的最高温度。下面啤酒发酵温度为 7～15 ℃。采用低温发酵工艺的主发酵起始温度为 5～7 ℃，一般为 6.5～7 ℃。发酵最高温度因菌种不同和麦芽汁成分的不同而不同，一般在 8～10 ℃。

② 糖度：每批麦芽汁都要取样测定最终发酵度和最终糖度。发酵期间要取第三天的发酵液（高泡酒），放在避光处，室温下发酵 3 d，每天摇动一次，3 d 后测其糖度。主发酵结束时应剩余可发酵糖 1.5%，以供酵母在后发酵时使用。对于 12°P 啤酒，发酵最终糖度应为 2.4°P，因此下酒糖度则为 2.4%＋1.5%＝3.9%，下酒外观发酵度为（12－3.9）/12×100%＝67.5%。

③ 发酵时间：发酵时间的长短，与发酵温度的高低、麦芽汁成分、酵母发酵力和还原双乙酰能力有关。在酵母菌种、麦芽汁成分和一定的发酵度要求下，发酵时间主要取决于发酵温度。发酵温度低，则发酵时间长；反之，则时间短。低温长时间的主发酵可使发酵液均衡发酵，pH 值下降缓慢，酒花树脂与蛋白微量析出而使啤酒醇和，香味好，泡沫细腻持久。10～12°P 啤酒一般主发酵时间为 6～8 d。

④ pH 值：酵母发酵的最适 pH 值为 5～6，过高或过低都会影响啤酒发酵速度和代谢产物的种类、数量，从而影响啤酒的发酵和产品质量。

⑤ 罐压：在一定的罐压下，酵母增殖量较少，代谢副产物形成量少。压力一般在 0.08～0.2 MPa。

（2）后发酵阶段

后发酵又称啤酒的后熟或贮藏阶段。后发酵过程中继续进行糖的代谢、双乙酰的还原等物质变化。在这一阶段，要对发酵罐进行封罐和降温的操作。

6. 啤酒的过滤与包装

一般采用硅藻土过滤法。将粗粒硅藻土和啤酒的混合液用泵送入滤板，在滤板表面形成厚度为 1～3.5 mm 的涂层；接着在啤酒中加入粗细粒各半的硅藻土，再用泵送入滤板，使形成涂层。每次硅藻土的用量为400～500 g/$m^2$。涂层形成后，再送入硅藻土含量为0.8～3 g/L 的啤酒与硅藻土混合液进行过滤。起初流出的酒液不清，应返回重滤，待滤液澄清后方能将滤液送入清酒罐。

过滤期间的压差为每小时上升20～40 kPa，待压力达到300～400 kPa时，即停止过滤。先用水将硅藻土中的啤酒洗涤出来，然后打开过滤机将硅藻土冲掉，再重新安装备用。

7. 啤酒的质量指标

（1）啤酒的主要成分

啤酒的主要成分是水和酒精，除此之外，还有400多种不同的物质。啤酒的主要化学组成如下：

① 酒精

各种啤酒的酒精含量都不相同，主要由原麦汁浓度和啤酒发酵度决定，一般为2.9%～4.1%（体积分数）。

② 二氧化碳

啤酒中的二氧化碳含量，取决于贮酒压力。一般啤酒的二氧化碳含量为3.5～6.5 g/L。

③ 糖类

麦芽汁经发酵后，只有微量的糖残留在啤酒中。啤酒的含糖量用葡萄糖表示，一般为0.9%～3.0%，而在麦芽汁制备过程中使用酶制剂的啤酒，其含糖量在0.4%～0.9%。啤酒中除葡萄糖外，还含有低聚糖和微量其他可发酵性糖。

④ 含氮物质

麦芽汁中的含氮物质经发酵，一部分低分子含氮物被酵母同化，一部分高分子蛋白质则随温度和pH值的下降而析出。啤酒中残留的含氮化合物含量一般为300～900 mg/L。

⑤ 非挥发性成分

啤酒中的非挥发性成分主要有甘油（1.5～3.5 g/L）、脂类（0.5 mg/L）、高级脂肪酸（0.5 mg/L）、多酚（80～160 mg/L）和酒花树脂（30～40 mg/L）。

⑥ 挥发性成分

啤酒中的挥发性成分有高级醇（100～200 mg/L）、酯类（2.5～40 mg/L）、酸类（1.5 mg/L左右）、醛类（48 mg/L 左右）、酮类（3.0 mg/L 左右）、双乙酰（0.1～2.0 mg/L）和硫化物（15～150 g/L）。

⑦ 维生素

啤酒中主要含B族维生素，如生物素、泛酸、维生素B12、烟酸、吡哆醇、维生素B2、维生素B1和叶酸等。

（2）啤酒的质量指标

① 感官指标

啤酒应清亮透明，没有明显的悬浮物和沉淀物。注入洁净的玻璃杯中时，应有泡沫升起，泡沫洁白，较持久。有酒花香气，口味纯正，无异香异味。

② 理化指标

酒精含量≥3.5%,原麦芽汁浓度为12%±0.2%,真正发酵度≥6.0%,色度(EBC单位)为5.0～12,pH为4.1～4.6,总酸≤2.7 mL/100 mL,二氧化碳≥0.35%,双乙酰≤0.2 mg/L,苦味质为15～40 BU。

③ 保存期

12°P瓶装鲜啤酒的保存期在7 d以上,熟啤酒在60 d以上。

④ 卫生指标

理化指标:二氧化硫残留量以游离二氧化硫计,必须低于0.05 g/kg。黄曲霉素B1必须低于5 μg/kg。

细菌指标:熟啤酒中细菌总数必须少于50个/mL。大肠菌数100 mL熟啤酒中不得超过3个,鲜啤酒中不得多于50个。

8. 啤酒的稳定性

(1) 啤酒的生物稳定性

啤酒pH值在3.8～4.5,有较强的酸性,一般不耐酸的微生物不能生长;又因为啤酒的二氧化碳浓度高,创造了厌氧环境,好氧微生物难以生存;再加上啤酒中酒花的成分具有抑菌作用,所以经过巴氏消毒灭菌法灭过菌的熟啤酒中不会有微生物增殖引起生物浑浊。

(2) 啤酒的非生物稳定性

成品啤酒是澄清透明的胶体溶液,含有蛋白质、多肽、糊精、β-葡聚糖、多酚、酒花树脂等大分子物质,在光线、氧气等作用下,这些物质会发生化合、聚合,引起啤酒浑浊甚至析出沉淀。这种因非生物因素发生啤酒质量变坏的现象,称为非生物稳定性破坏或非生物浑浊。

蛋白质引起的浑浊有热凝固浑浊、冷雾浑浊、氧化浑浊、铁蛋白浑浊。

啤酒中存在相对分子质量几千至数万的各种含氮物,它们赋予啤酒口味醇厚性、柔和性、亲润性,以及啤酒泡沫持久性和挂杯性。但是由于贮存期间各种因素的影响,蛋白质会聚合析出,使啤酒质量变坏。防止蛋白混浊的方法主要是减少啤酒中大相对分子质量含氮物的数量,去除形成沉淀的基础物质。

9. 啤酒质量的品评

(1) 外观(包括色泽、透明度和泡沫)

① 色泽、透明度

啤酒是一种近胶体溶液,刚过滤出的啤酒由于固体颗粒微小,肉眼看不到,包装贮存一定时间后由于温度、氧化、啤酒成分等的影响,啤酒中的蛋白质、多酚物质等经氧化聚合作用逐步转变成肉眼可见的悬浮物或沉淀物,而使啤酒出现混浊、失光、沉淀等现象。啤酒的透明度一般用浊度仪测定,要求小于2.0EBC。

② 泡沫

当啤酒倒入杯中时,泡沫应高而持久、洁白、细腻、挂杯,泡沫持久应在4分钟以上。良好的泡沫性能表现在泡沫细腻、洁白、持久性长、体积大、附着力(挂杯性能)强。

(2) 香气

当啤酒倒入杯中时,嗅之有明显酒花香气,没有生酒花味和老化气味及其他异味。优良的啤酒应该口味纯正、柔和,并具有特有的耐人寻味的芳香,使人饮后有清爽舒适的感觉。

(3) 口味

啤酒口味要求纯正爽口,酒体协调柔和。发酵度高的啤酒口味淡爽,发酵度低的啤酒口味醇厚。各种呈味物质含量不能太高、比例应适当。其苦味应具有消失快、无后苦味的特性。

# I 小型啤酒酿造设备介绍及发酵罐的空消

## 一、实验目的

熟悉啤酒酿造工艺流程,对发酵罐进行空消,为发酵做好准备。

## 二、实验原理

啤酒酿造包括麦芽粉碎、麦汁糖化、麦醪过滤、麦汁煮沸、麦汁冷却及啤酒发酵等几个过程。啤酒发酵是纯种发酵,必须先对空的发酵罐进行灭菌处理。

## 三、实验材料

1. 仪器与用具

粉碎机、糖化煮沸锅(图2)、过滤沉淀槽(图3)、发酵罐(图4)、回旋沉淀槽(图5)、制冷机、板式换热器、CIP清洗系统等。

2. 试剂

碱性清洗剂、双氧水。

## 四、实验步骤

1. 熟悉各项设备

熟悉粉碎机、糖化煮沸锅、过滤回旋槽、发酵罐、板式换热器、制冷机、CIP清洗系统等。

2. 清洗各项设备

(1) 向回旋沉淀槽(图5)、板式换热器中通入蒸汽,消毒30 min。

(2) 利用CIP清洗系统对发酵罐进行消毒灭菌,先使用碱性清洗剂喷淋20 min,回收碱性清洗剂,再用双氧水喷淋循环20 min,备用。

## 五、注意事项

1. 清洗设备过程中注意戴手套,做好自我防护。

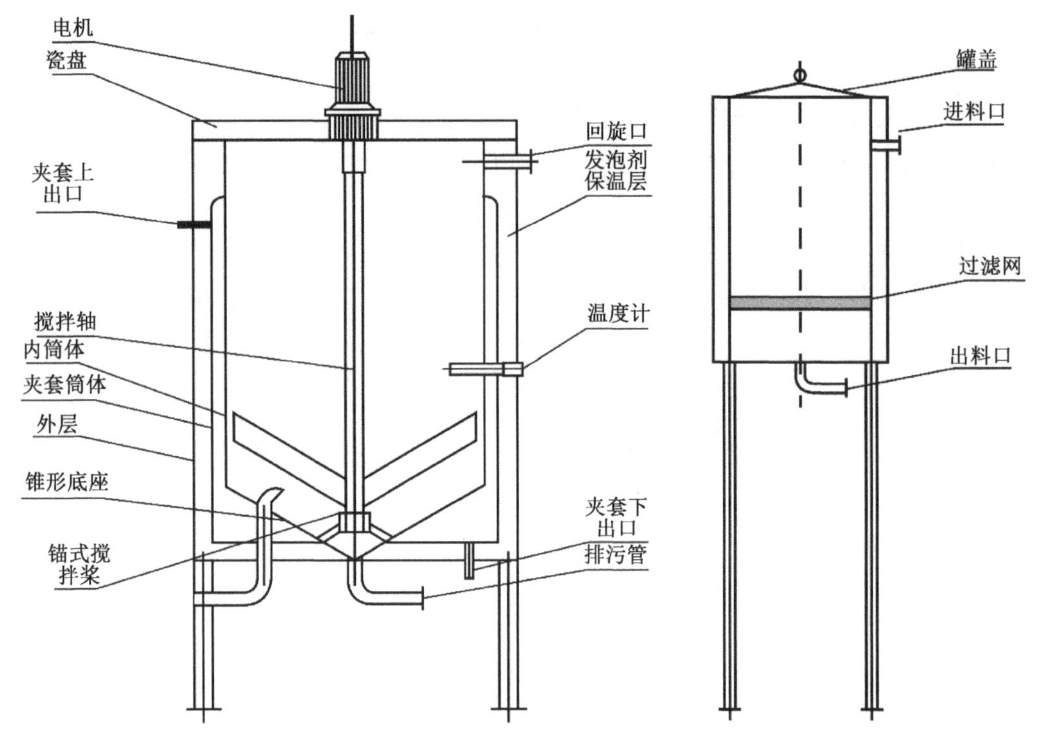


图 2　糖化煮沸锅结构

图 3　过滤沉淀槽结构

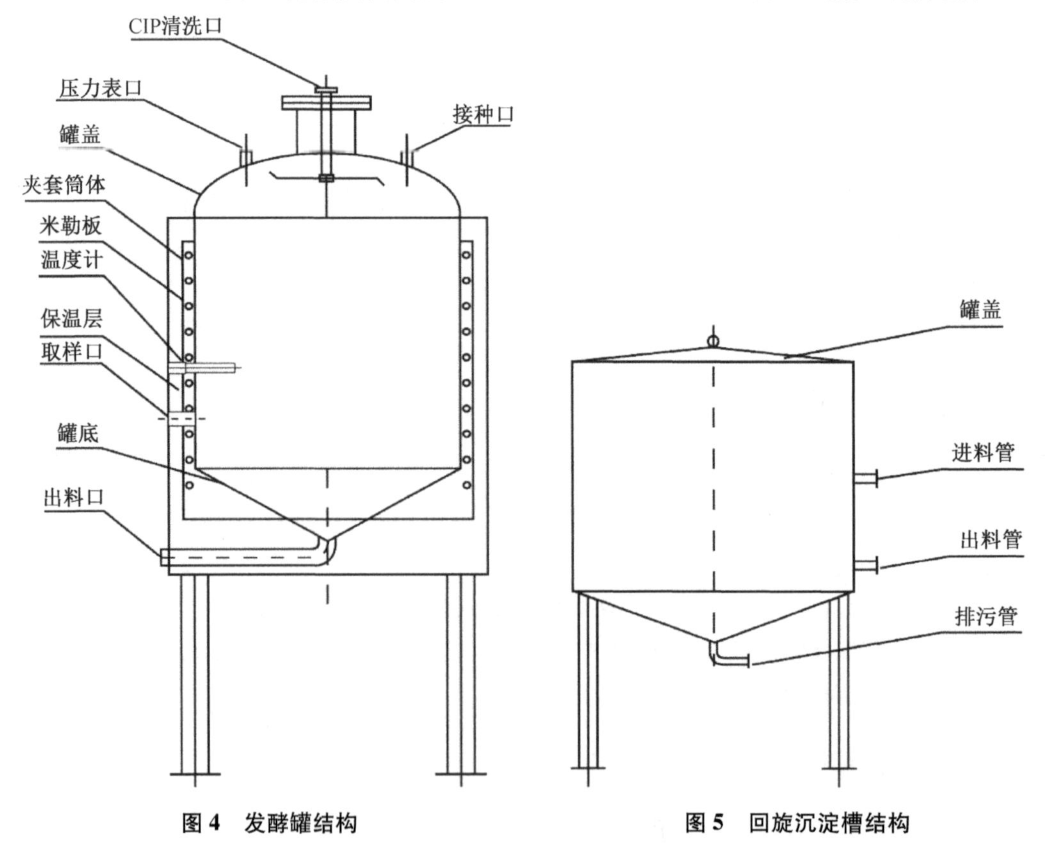


图 4　发酵罐结构

图 5　回旋沉淀槽结构

2. 使用双氧水喷淋后不需要冲洗。
3. 清洗剂一定要回收,切勿直接倒入下水道。
4. 各项设备使用完毕,须及时清洗并进行灭菌处理。

# Ⅱ 麦芽汁的制备

## 一、实验目的

熟悉麦芽汁的制备流程,为啤酒发酵准备原料。

## 二、实验原理

麦芽汁制备包括原料糖化、麦醪过滤和麦汁煮沸等几个过程。由于麦芽的价格相对较高,再加上发酵过程中需要较多的糖,因此目前大多数工厂都用大米做辅料。

## 三、实验材料

1. 材料
大麦、小麦、水、酒花。
2. 仪器与用具
在糖化车间一般有四种设备:糊化锅、糖化锅、麦汁过滤槽和麦汁煮沸锅,本实验由于受条件限制,只能采用单式设备,即将糊化锅、糖化锅和麦汁煮沸锅合而为一。
3. 试剂
碘液。

## 四、实验步骤

1. 糖化用水量的计算
糖化用水量一般按下式计算:

$$W=A(100-B)/B$$

式中:$B$ 为过滤开始时的麦汁浓度(第一麦汁浓度);$A$ 为 100 kg 原料中含有的可溶性物质(浸出物重量百分比);$W$ 为 100 kg 原料(麦芽粉)所需的糖化用水量(L);例:我们要制备 60 L 10 度的麦芽汁,如果麦芽的浸出物为 75%,请问需要加入多少麦芽粉?

$$W=75(100-10)/10=675\ \text{L}$$

即 100 kg 原料需 675 L 水。要制备 60 L 麦芽汁,大约需要添加 10 kg 的麦芽和 60 L 左右的水(不计麦芽溶出后增加的体积)。

2. 糖化

糖化是利用麦芽中所含的酶,将麦芽和辅助原料中的不溶性高分子物质逐步分解为可溶性低分子物质的过程,制成的浸出物溶液就是麦芽汁。

传统的糖化方法主要有两种,一是煮出糖化法,是利用酶的生化作用及热的物理作用进行糖化的一种方法;二是浸出糖化法,是纯粹利用酶的生化作用进行糖化的方法。

本实验采用浸出糖化法,使用如下流程:

35～37 ℃保温 30 min→50～52 ℃保温 60 min→65 ℃保温 30 min(至碘液反应基本完成)→76～78 ℃送入过滤槽。

3. 麦汁过滤

这一步的目的是将糖化醪中的浸出物与不溶性麦糟分开以得到澄清麦汁。由于过滤槽底部是筛板,要借助麦糟形成的过滤层来达到过滤的目的,因此前 30 min 的滤出物应返回重滤。头号麦汁滤完后,应用适量热水洗槽,得到洗涤麦汁。

4. 麦汁煮沸

将过滤后的麦汁加热煮沸以稳定麦汁成分,此过程中可加入酒花(每 100 L 麦汁中添加约 200 g)。

煮沸的具体目的主要有:破坏酶的活性,使蛋白质沉淀,浓缩麦汁,浸出酒花成分,降低 pH,蒸出恶味成分,杀死杂菌,形成一些还原物质。

添加酒花的目的主要有:赋予啤酒特有的香味和爽快的苦味,增加啤酒的防腐能力,提高啤酒的非生物稳定性。

将过滤后的麦汁通入蒸汽加热至沸腾,煮沸时间一般控制在 1.5～2 h,蒸发量 15%～20%。蒸发时尽量开口,煮沸结束时,为了防止空气中的杂菌进入,最好密闭。

5. 回旋沉淀及麦汁预冷却

将煮沸后的麦汁从切线方向泵入回旋沉淀槽,使麦汁沿槽壁回旋而下,借以增大蒸发表面积,使麦汁快速冷却;同时由于离心力的作用,使麦汁中的絮凝物快速沉淀。

6. 麦汁冷却

将回旋沉淀后的预冷却麦汁通过板式换热器与冰水进行热交换,从而使麦汁冷却到发酵温度。

7. 设备清洗

由于麦芽汁营养丰富,各项设备及管阀件(包括糖化煮沸锅、过滤槽、回旋沉淀槽及板式换热器)使用完毕后,应及时用洗涤液和清水清洗,并蒸汽杀菌。

## 五、注意事项

1. 若加热、煮沸过程中将蒸汽直接通入麦汁,由于蒸汽的冷凝,麦汁量会增加,因此最好用夹套加热的方法。

2. 麦汁煮沸后的各步操作应尽可能无菌,特别是各管道及板式换热器应先进行杀菌处理。

3. 洗糟要注意控制加水量,防止糖度过低。

4. 沉淀过滤过程中,要注意对过滤罐进行保温,同时注意加热设备有无异响,定时排气,注意安全。

## Ⅲ 啤酒酵母的扩大培养

### 一、实验目的

学习酵母菌种的扩大培养方法,为实验室啤酒发酵准备菌种。

### 二、实验原理

在进行啤酒发酵之前,必须准备好足够量的发酵菌种。在啤酒发酵中,接种量一般应为麦芽汁量的10%(使发酵液中的酵母量达每毫升 $1\times10^7$ 个),因此,要进行大规模的发酵,首先必须进行酵母菌种的扩大培养。扩大培养的目的一方面是获得足量的酵母,另一方面是使酵母由最适生长温度(28 ℃)逐步适应发酵温度(10 ℃)。

### 三、实验材料

1. 材料

啤酒酵母菌种、麦芽汁、葡萄糖。

2. 仪器与用具

恒温培养箱、生化培养箱、糖锤度计、显微镜等。

### 四、实验步骤

1. 培养基的制备

取麦芽汁滤液约400 mL,加水定容至约600 mL,用糖锤度计测定其糖度,并补加葡萄糖把糖度调整至100°P。取50 mL滤液装入250 mL三角瓶中,另550 mL滤液装入1 000 mL三角瓶中,包上瓶口布和牛皮纸后,0.05 MPa灭菌30 min。

2. 菌种扩大培养

进行菌种的扩大培养,注意无菌操作。接种后去掉牛皮纸,但仍应用瓶口布(8层纱布)封口。

3. 记录结果

记录种子液镜检和计数结果。种子液最后浓度应达到每毫升 $1\times10^8$ 个酵母。

### 五、注意事项

1. 灭菌后的培养基会有不少沉淀,这不影响酵母菌的繁殖。若要减少沉淀,可在灭菌前将培养基充分煮沸并过滤。

2. 由于酵母的扩大培养(繁殖)是一个需氧的过程,因此要经常摇动,特别是灭过菌的培养基内几乎没有溶解氧,接种之后应充分摇动。种子培养的后期,为了使酵母适应无氧的发酵过程,可减少摇动次数。

# Ⅳ　麦芽汁糖度的测定

## 一、实验目的

学习用糖锤度计测定糖度的方法。

## 二、实验原理

麦芽汁的质量将直接关系到啤酒的质量。工业上一般根据啤酒品种的不同来制造不同类型的麦芽汁,因此及时分析麦芽汁的质量,调整麦芽汁制造工艺显得尤为重要。麦芽汁的主要分析项目有麦芽汁浓度、总还原糖含量、氨基氮含量、酸度、色度、苦味质含量等。一般分析项目应在麦芽汁冷却 30 min 后取样。样品冷却后,以滤纸过滤,滤液放于灭菌的三角瓶中低温保藏。全部分析应在 24 h 内完成。

为了调整啤酒酿制时的原麦汁浓度,控制发酵的进程,常常在麦汁过滤后、发酵过程中用简易的糖锤度计法测定麦汁的浓度。

现对糖锤度计这一简单的玻璃仪器作一介绍。

糖锤度计即糖度表,又称勃力克斯比重计。这种比重计是用纯蔗糖溶液的质量百分数来表示比值,它的刻度称为勃力克斯刻度(Brixsale,简写为 BX)即糖度,规定在 20 ℃使用,BX 与比重的关系举例如下表(20 ℃):

| 比重 | BX |
|---|---|
| 1.002 50 | 0.641 |
| 1.017 45 | 4.439 |
| 1.039 85 | 9.956 |

BX 与比重之间可以用公式进行换算。同一溶液若测定温度小于 20 ℃,则因溶液收缩,比重比 20 ℃时要高;若液温高于 20 ℃则情况相反。对于液温不在 20 ℃时测得的数值,可从糖锤度与温度校正表中查得其在 20 ℃时对应的糖度。我们说某溶液是多少糖度,应是指 20 ℃的数值。若是在 20 ℃以外测得的数值,应加温度说明(如测纯蔗糖溶液,只有在 20 ℃液温测得的数值是真正表示了含蔗糖的质量百分数)。

Plato 是一种与 BX 相同的表示比重的刻度,也以在 20 ℃时纯蔗糖溶液的质量百分数表示。要明确的是,如 3.9 Plato 就是指 20 ℃时的数值,没有如“13 ℃时多少 Plato”的含糊叫法,因为只有勃力克斯比重计,没有 Plato 比重计,所以不存在各种温度用 Plato 比重计去测定的情况,它纯粹是一种刻度、一种标准而已。

麦汁浓度常用 BX 表示,有时也用 Plato 表示。换算举例:

在液温 11 ℃用糖度表读得啤酒主发酵液糖度为 4. 2 BX,则 20 ℃的糖度为多少 BX? 多少 plato? 查表:观测糖度表,11 ℃时的糖度 4. 2 应减去 0. 34 得 3. 86,即 20 ℃时为 3. 86 BX,亦即 3. 86 Plato。

巴林比重计:含义与勃力克斯比重计相同,但规定在 17. 5 ℃使用,而不是在 20 ℃使用。

糖度表本身作为产品允许出厂误差为 0. 2BX,放在啤酒发酵液中测量时,$CO_2$ 上升的冲力使表上升,因此读数偏高,故刚从发酵容器取出的样品须放置 30 s 待 $CO_2$ 逸出后再读数。糖度表一直放在发酵液中作长期观测时,不读数时应设法使其全部没入发酵液中,否则浮在液面的泡盖物质会干结在表上,造成明显的读数偏差。

## 三、实验材料

1. 材料

麦芽汁。

2. 仪器与用具

糖锤度计、量筒、温度计。

## 四、实验步骤

取 100 mL 麦芽汁或除气啤酒,放于 100 mL 量筒中,放入糖锤度计,待稳定后,从糖锤度计与麦芽汁液面的交界处读出糖度,同时测定麦芽汁温度,根据校准值,计算 20 ℃时的麦芽汁糖度。若糖度较低,糖度计不能浮起来,可多加一些麦芽汁,直至糖锤度计浮在液体中。

糖锤度与温度校正表(部分)

| 温度 | 1 BX | 2 BX | 3 BX | 4 BX | 5 BX | 6 BX | 7 BX | 8 BX | 9 BX | 10 BX | 11 BX | 12 BX |
|---|---|---|---|---|---|---|---|---|---|---|---|---|
| 15 ℃ | 0. 20 | 0. 20 | 0. 2 | 0. 21 | 0. 22 | 0. 22 | 0. 23 | 0. 23 | 0. 24 | 0. 24 | 0. 24 | 0. 25 |
| 16 ℃ | 0. 17 | 0. 17 | 0. 18 | 0. 18 | 0. 18 | 0. 18 | 0. 19 | 0. 19 | 0. 20 | 0. 20 | 0. 20 | 0. 21 |
| 17 ℃ | 0. 13 | 0. 13 | 0. 14 | 0. 14 | 0. 14 | 0. 14 | 0. 14 | 0. 15 | 0. 15 | 0. 15 | 0. 15 | 0. 16 |
| 18 ℃ | 0. 09 | 0. 09 | 0. 10 | 0. 10 | 0. 10 | 0. 10 | 0. 10 | 0. 10 | 0. 10 | 0. 10 | 0. 10 | 0. 10 |
| 19 ℃ | 0. 05 | 0. 05 | 0. 05 | 0. 05 | 0. 05 | 0. 05 | 0. 05 | 0. 05 | 0. 05 | 0. 05 | 0. 05 | 0. 05 |
| | — | — | — | — | — | — | — | — | — | — | — | — |
| 20 ℃ | 0 | 0 | 0 | 0 | 0 | 0 | 0 | 0 | 0 | 0 | 0 | 0 |
| | + | + | + | + | + | + | + | + | + | + | + | + |
| 21 ℃ | 0. 04 | 0. 05 | 0. 05 | 0. 05 | 0. 05 | 0. 05 | 0. 05 | 0. 06 | 0. 06 | 0. 06 | 0. 06 | 0. 06 |
| 22 ℃ | 0. 10 | 0. 10 | 0. 10 | 0. 10 | 0. 10 | 0. 10 | 0. 10 | 0. 11 | 0. 11 | 0. 11 | 0. 11 | 0. 11 |
| 23 ℃ | 0. 16 | 0. 16 | 0. 16 | 0. 16 | 0. 16 | 0. 16 | 0. 16 | 0. 17 | 0. 17 | 0. 17 | 0. 17 | 0. 17 |
| 24 ℃ | 0. 21 | 0. 21 | 0. 22 | 0. 22 | 0. 22 | 0. 22 | 0. 22 | 0. 23 | 0. 23 | 0. 23 | 0. 23 | 0. 23 |
| 25 ℃ | 0. 27 | 0. 27 | 0. 28 | 0. 28 | 0. 28 | 0. 28 | 0. 29 | 0. 29 | 0. 30 | 0. 30 | 0. 30 | 0. 30 |
| 26 ℃ | 0. 33 | 0. 33 | 0. 34 | 0. 34 | 0. 34 | 0. 34 | 0. 35 | 0. 35 | 0. 36 | 0. 36 | 0. 36 | 0. 36 |

（续表）

| 温度 | 1 BX | 2 BX | 3 BX | 4 BX | 5 BX | 6 BX | 7 BX | 8 BX | 9 BX | 10 BX | 11 BX | 12 BX |
|---|---|---|---|---|---|---|---|---|---|---|---|---|
| 27 ℃ | 0.40 | 0.40 | 0.41 | 0.41 | 0.41 | 0.41 | 0.41 | 0.42 | 0.42 | 0.42 | 0.42 | 0.43 |
| 28 ℃ | 0.46 | 0.46 | 0.47 | 0.47 | 0.47 | 0.47 | 0.48 | 0.48 | 0.49 | 0.49 | 0.49 | 0.50 |
| 29 ℃ | 0.54 | 0.54 | 0.55 | 0.55 | 0.55 | 0.55 | 0.55 | 0.56 | 0.56 | 0.56 | 0.57 | 0.57 |
| 30 ℃ | 0.61 | 0.61 | 0.62 | 0.62 | 0.62 | 0.62 | 0.62 | 0.63 | 0.63 | 0.63 | 0.64 | 0.64 |
| 31 ℃ | 0.69 | 0.69 | 0.70 | 0.70 | 0.70 | 0.70 | 0.70 | 0.71 | 0.71 | 0.71 | 0.72 | 0.72 |
| 32 ℃ | 0.76 | 0.77 | 0.77 | 0.78 | 0.78 | 0.78 | 0.78 | 0.79 | 0.79 | 0.79 | 0.80 | 0.80 |

### 五、注意事项

1. 糖锤度计易碎，使用时要格外小心。
2. 注意测定温度，如不在标准温度，要进行校正。

## V 啤酒主发酵

### 一、实验目的

学习啤酒主发酵的过程，掌握酵母发酵规律。

### 二、实验原理

啤酒主发酵是静止培养的典型代表，是将酵母接种至盛有麦芽汁的容器中，在一定温度下培养的过程。由于酵母菌是一种兼性厌氧微生物，须先利用麦芽汁中的溶解氧进行好氧增殖，然后利用 EMP 途径进行厌氧发酵生成酒精。显然，同样体积的液体培养基用粗而短的容器盛放比细而长的容器更容易使氧进入液体，因而前者降糖较快（所以测试啤酒生产用酵母菌株的性能时，所用液体培养基至少要 1.5 m 深，才接近生产实际）。定期摇动容器，既能增加溶氧，也能改善液体各成分的流动，最终加快菌体的生长过程。这种有酒精产生的静止培养比较容易进行，因为产生的酒精有抑制杂菌生长的能力，容许一定程度的粗放操作。由于培养基中糖的消耗，$CO_2$ 与酒精的产生，糖的比重不断下降，因此可用糖度表监视。若需分析其他指标，应从取样口取样测定。

### 三、实验材料

1. 材料

酵母菌种、制备好的麦芽汁。

2. 仪器与用具

制冷机、发酵罐、糖锤度计。

## 四、实验步骤

1. 将已制备好的麦芽汁经板式换热器降温,然后与酵母混合经发酵罐底部打入发酵罐,注意罐体排气阀门打开。

2. 待麦芽汁全部打进发酵罐后,将充氧设备与种子罐相连,将管道中的麦芽汁打进发酵罐,关闭发酵罐进液阀门。酵母进入繁殖期,约 20 h 后,溶解氧被消耗,逐渐进入主发酵。

3. 主发酵阶段一般分为酵母繁殖期、起泡期、高泡期、落泡期和泡盖形成期五个时期。发酵温度随所制备啤酒种类不同而不同,待糖度降到麦汁糖度的 1/3 即停止发酵。

主发酵过程中的项目测定:接种后取样作第一次测定,以后每过 12 h 或 24 h 测一次,直至结束。测定项目包括糖度、酸度、还原糖含量、酒精度、pH 值、色度、双乙酰含量和 $CO_2$ 含量。

## 五、注意事项

除少数特殊的测定项目外,测定前应将发酵液在两个干净的大烧杯中来回倾倒 50 次以上,以除去 $CO_2$,过滤后,将滤液用于分析。分析工作应尽快完成。

# Ⅵ 啤酒理化指标检测

## 一、实验目的

学习并掌握使用国标中对啤酒理化指标进行检测的方法。

## 二、实验原理

1. 啤酒浊度测定

EBC 浊度计是利用光学原理测定啤酒由于老化或受冷而引起的浑浊,可直接测定出样品的浊度,以 EBC 浊度单位表示。

2. 啤酒色度测定

将除气后的样品注入 AVM 色度仪的比色皿中,与标准色盘比较,确定样品的色度。测定前,清酒和成品酒不需要过滤,发酵液和冷麦汁需要过滤。

3. 啤酒浓度、酒精度和真正浓度测定

将除气后的啤酒试样导入 Anton paar 啤酒自动分析仪后,一路进入内部组装的 U 形振荡管密度计中,测定其密度和麦芽汁浓度;另一路进入酒精传感器,测定啤酒试样中的酒精度和真正浓度。

4. 啤酒总酸测定

利用酸碱中和原理,以氢氧化钠标准溶液直接滴定啤酒样品的总酸,用 pH 计测量滴定终点,最后由消耗氢氧化钠标准溶液的体积计算啤酒中总酸的含量。

5. 啤酒二氧化碳测定

将溶氧仪直接接在清酒罐的取样阀上,打开取样阀,在溶氧仪上直接读取溶解氧和二氧化碳含量数值。

6. 啤酒双乙酰测定

邻苯二胺与双乙酰反应,生成2,3-二甲基喹喔啉,在335 nm下有最大吸收,可对双乙酰进行定量测定。由于其他联二酮类具有相同的反应特性,因此上述测定结果为总联二酮含量。

7. 啤酒蔗糖转化酶测定

不经巴氏灭菌或瞬时高温灭菌的啤酒,酒体中各种酶系仍保持着活性,其中的蔗糖转化酶可以将蔗糖分解为葡萄糖,利用葡萄糖鉴别试纸可以检测酒体中蔗糖转化酶的活性。

## 三、实验材料

1. 材料

酒样。

2. 仪器与设备

浊度计、分析天平、具塞锥形瓶、吸管、EBC比色计、全玻璃蒸馏器、恒温水浴锅、容量瓶、移液管、泡持杯、秒表、铁架台、铁环、气相色谱仪、微量注射器、自动电位滴定仪、$CO_2$收集测定仪、锥形瓶、酸式滴定管、带有加热套管的双乙酰蒸馏器、蒸汽发生瓶、紫外分光光度计。

3. 试剂

福尔马肼标准浊度溶液、哈同基准溶液、乙醇标准溶液、NaOH标准滴定溶液、无$CO_2$蒸馏水、碳酸钠、盐酸标准滴定溶液、氢氧化钡溶液、硫酸溶液、有机硅消泡剂、邻苯二胺溶液。

## 四、实验步骤

1. 啤酒浊度测定

按浊度计的仪器说明书,将适量除气但未经过滤的酒样(发酵液和冷麦汁须过滤)倒入玻璃管中,用EBC浊度计进行测定,直接读取结果,所得结果保留一位小数。

2. 啤酒色度测定

将制好的样品注入比色皿中,然后放到比色盒中,与标准色盘比较,当两者色调一致时,即可直接读取结果;如果色度过高则需稀释后再测。结果允许误差,平行试验测定值之差E≤10 EBC时,稀释样平行试验测定值不得大于0.5 EBC;E≥10 EBC时,稀释样平行试验测定值不得大于1.0 EBC。

3. 啤酒浓度、酒精度和真正浓度测定

按啤酒分析仪的使用手册调试仪器;按啤酒分析仪的使用手册,依次用水和 10%酒精溶液校正仪器;将试样导入啤酒自动分析仪进行测定;仪器自动打印试样浓度、酒精度和真正浓度,所得结果保留两位小数。结果允许误差,平行试验测定值之差不得超过平均值的 1%。

4. 啤酒总酸测定

(1) 样品的处理

取 150 mL 啤酒置于 250 mL 三角烧瓶中,放入 40 ℃恒温振动器振动 30 min 以除去 $CO_2$,取出冷却至室温。

(2) 样品的测定

按仪器的使用说明书校正 pH 计,并注意校正和测定的温度一致;吸取试样 50 mL 放入烧杯中;将洗净擦干的电极插入烧杯中,在电磁搅拌器下测 pH,再用氢氧化钠标准溶液滴定至 pH 为 8. 2,记录氢氧化钠标准溶液的用量。

(3) 计算

$$W=2CV$$

式中:$W$ 为总酸的含量,即 100 mL 样品消耗氢氧化钠标准溶液的量(mL);$C$ 为氢氧化钠标准溶液的浓度(mol/L);$V$ 为消耗氢氧化钠标准溶液的体积(mL);2 为换算成 100 mL 酒样的系数。所得结果保留两位小数。结果允许误差,同一样品的两次平行测定值之差不得超过平均值的 4%。

5. 啤酒二氧化碳测定

(1) 将溶氧仪接在清酒罐的取样阀上,打开取样阀,在溶氧仪上调节清酒的流速。

(2) 在清酒流出 1 min 后打开溶氧仪的电源按钮,这时溶氧仪上显示的读数为溶解氧,待数据稳定后记下数据。

(3) 关闭溶氧仪上的拉杆,这时进入二氧化碳的测定中,溶氧仪会依次出现温度、压力和二氧化碳的数据,迅速记下数据。

6. 啤酒双乙酰测定

(1) 蒸馏

将双乙酰蒸馏器装好,加热蒸汽发生瓶(瓶内放沸石),使水平稳沸腾,通气预热后,取一支 25 mL 试管置于冷凝器下口,放入冰水中,加 2~4 滴消泡剂于 100 mL 量筒中,再注入未经除气的预先冷却至 5 ℃左右的酒样 100 mL,迅速加入已预热的蒸馏器内,并用少量水冲洗带塞漏斗,盖塞,然后用水封口,进行蒸馏,直至蒸馏液接近 25 mL 时(蒸馏需在 3~5 min 完成)取下试管,用水定容至刻度,摇匀。

(2) 显色与测量

分别吸取蒸馏液 10. 0 mL 放入两支试管中,并于第二支试管中加入 0. 5 mL 邻苯二胺溶液,第一支试管中不加(做空白),充分摇匀后,置于暗处 20~30 min,然后于第一支试管中加入 2. 5 mL 4 mol/mL 的盐酸溶液,第二支试管中加入 2. 0 mL 4 mol/mL 的盐酸溶液，混匀后，于 335 nm 波长下，用 10mm 的比色皿，以空白调零点，测定其吸光度，比色测定操作需在 20 min 内完成。

（3）计算

$$C=2.4A_{355}$$

式中：$C$ 为双乙酰的含量（mg/L）；$A_{355}$ 为在 335 nm 波长下，用比色皿测定的吸光度；2.4 为吸光度与双乙酰的换算系数。结果保留两位小数。

7. 啤酒蔗糖转化酶测定

分别吸取除气后的酒样 10.0 mL 放入三支试管中，于第一支试管（A）中加水 2.0 mL，摇匀。将第二支试管（B）放入沸水浴中加热 2 min，取出冷却，于第二支（B）和第三支试管（C）中各加入 250 g/L 蔗糖溶液 2.0 mL，摇匀，然后将三支试管同时置于（30±0.5）℃水浴中保温 30 min。随后将三支试管同时置于沸水浴中加热 2 min，取出，冷却至室温。分别用葡萄糖鉴别试纸的一端浸入各试管中 30～60 s，取出，立即观察其颜色的变化，记录结果。

若 C 管中试纸变色且颜色深于 A 管和 B 管，判为生啤酒或鲜啤酒；若试纸不变色或者与 A 管和 B 管颜色无差别，则判为熟啤酒。

## 五、注意事项

1. 本实验中所用的水，在未注明其他要求时，应符合 GB/T 6682 的要求。所用试剂，在未注明其他规格时，均指分析纯（AR）。

2. 本实验所采用的名词术语、计量单位应符合国家相关标准的规定。

3. 本实验所用的各种分析仪器（如分析天平、分光光度计等）应定期检定；所用密度瓶、移液管、容量瓶等玻璃计量器具应按有关检定规程进行校正。

4. 本实验中的“溶液”，除另有说明外，均指水溶液。

5. 同一检测项目，有两个或两个以上分析方法时，各实验室可根据各自条件选用，但以第一法为仲裁法。

# Ⅶ 啤酒质量品评

## 一、实验目的

学习啤酒品评的基本知识，对酿造啤酒作感官上的评价。

## 二、实验原理

啤酒感官品评是指评定者通过眼、鼻、口等感觉器官对啤酒的外观、香气和口味的整体感觉来鉴别啤酒的风味质量。

## 三、实验材料

1. 材料

酿造啤酒。

2. 仪器与用具

玻璃杯、笔、纸。

## 四、实验步骤

1. 将啤酒冷藏至 10～12 ℃。
2. 将啤酒自距杯口 3 cm 高处缓慢倒入玻璃杯内。
3. 在干净、安静的室内按下表进行啤酒品评。

| 类别 | 项目 | 满分要求 | 状态 | 扣分标准 | 样品 |
| --- | --- | --- | --- | --- | --- |
| 外观<br>(10 分) | 透明度<br>(5 分) | 迎光检查清亮透明,无悬浮物或沉淀物 | 清亮透明 | 0 | |
| | | | 光泽略差 | 1 | |
| | | | 轻微失光 | 2 | |
| | | | 有悬浮物或沉淀 | 3～4 | |
| | | | 严重失光 | 5 | |
| | 色泽<br>(5 分) | 呈淡黄绿色或淡黄色 | 色泽符合要求 | 0 | |
| | | | 色泽较差 | 1～3 | |
| | | | 色泽很差 | 4～5 | |
| | 评语 | | | | |
| 泡沫性能<br>(15 分) | 起泡<br>(2 分) | 气足,倒入杯中有明显泡沫升起 | 气足,起泡好 | 0 | |
| | | | 起泡较差 | 1 | |
| | | | 不起泡沫 | 2 | |
| | 形态<br>(4 分) | 泡沫洁白 | 洁白 | 0 | |
| | | | 不太洁白 | 1 | |
| | | | 不洁白 | 2 | |
| | | 泡沫细腻 | 泡沫细腻 | 0 | |
| | | | 泡沫较粗 | 1 | |
| | | | 泡沫粗大 | 2 | |
| | 持久<br>(6 分) | 泡沫持久,缓慢下落 | 4 min 以上 | 0 | |
| | | | 3～4 min | 1 | |
| | | | 2～3 min | 3 | |
| | | | 1～2 min | 5 | |
| | | | 1 min 以下 | 6 | |
| | 挂杯<br>(3 分) | 杯壁上附有泡沫 | 挂杯好 | 0 | |
| | | | 略不挂杯 | 1 | |
| | | | 不挂杯 | 2～3 | |

（续表）

| 类别 | 项目 | 满分要求 | 状态 | 扣分标准 | 样品 |
|---|---|---|---|---|---|
| 泡沫性能（15分） | 喷酒缺陷 | 开启瓶盖时，无喷涌现象 | 没有喷酒 | 0 | |
| | | | 略有喷酒 | 1～2 | |
| | | | 有喷酒 | 3～5 | |
| | | | 严重喷酒 | 6～8 | |
| | 评语 | | | | |
| 啤酒香气（20分） | 酒花香气（4分） | 有明显的酒花香气 | 酒花香气明显 | 0 | |
| | | | 酒花香气不明显 | 1～2 | |
| | | | 没有酒花香气 | 3～4 | |
| | 香气纯正（12分） | 酒花香气纯正，无生酒花香 | 酒花香气纯正 | 0 | |
| | | | 略有生酒花味 | 1～2 | |
| | | | 有生酒花味 | 3～4 | |
| | | 香气纯正无异香 | 纯正无异香 | 0 | |
| | | | 稍有异香 | 1～4 | |
| | | | 有明显异香 | 5～8 | |
| | 无老化味（4分） | 新鲜，无老化味 | 新鲜，无老化味 | 0 | |
| | | | 略有老化味 | 1～2 | |
| | | | 有明显老化味 | 3～4 | |
| | 评语 | | | | |
| 酒体口味（55分） | 纯正（5分） | 应有纯正口味 | 口味纯正，无杂味 | 0 | |
| | | | 有轻微的杂味 | 1～2 | |
| | | | 有较明显的杂味 | 3～5 | |
| | 杀口力（5分） | 有二氧化碳刺激感 | 杀口力强 | 0 | |
| | | | 杀口力差 | 1～4 | |
| | | | 没有杀口力 | 5 | |
| | 苦味（5分） | 苦味爽口适宜，无异常苦味 | 苦味适口，消失快 | 0 | |
| | | | 苦味消失慢 | 1 | |
| | | | 有明显的后苦味 | 2～3 | |
| | | | 苦味粗糙 | 4～5 | |
| | 淡爽或醇厚（5分） | 口味淡爽或醇厚，具有风味特征 | 淡爽，不单调 | 0 | |
| | | | 醇厚丰满 | 0 | |
| | | | 酒体较淡薄 | 1～2 | |
| | | | 酒体太淡，似水样 | 3～5 | |
| | | | 酒体腻厚 | 1～5 | |

（续表）

| 类别 | 项目 | 满分要求 | 状态 | 扣分标准 | 样品 |
|---|---|---|---|---|---|
| 酒体口味（55分） | 柔和协调（10分） | 酒体柔和、爽口、谐调，无明显异味 | 柔和、爽口、谐调 | 0 | |
| | | | 柔和、谐调较差 | 1～2 | |
| | | | 有不成熟生青味 | 1～2 | |
| | | | 口味粗糙 | 1～2 | |
| | | | 有甜味、不爽口 | 1～2 | |
| | | | 稍有其他异杂味 | 1～2 | |
| | 口味缺陷25分 | 不应有明显口味缺陷（缺陷扣分原则：各种口味缺陷分轻微、有、严重三等酌情扣分） | 没有口味缺陷 | 0 | |
| | | | 酸味 | 1～5 | |
| | | | 酵母味或酵母臭 | 1～5 | |
| | | | 焦煳味或焦糖味 | 1～5 | |
| | | | 双乙酰味 | 1～5 | |
| | | | 污染臭味 | 1～5 | |
| | | | 高级醇味 | 1～3 | |
| | | | 异脂味 | 1～3 | |
| | | | 麦皮味 | 1～3 | |
| | | | 硫化物味 | 1～3 | |
| | | | 日光臭味 | 1～3 | |
| | | | 醛味 | 1～3 | |
| | | | 涩味 | 1～3 | |
| | 评语 | | | | |
| 总体评价 | | | 总计减分 | | |
| | | | 总计得分 | | |

## 五、注意事项

1. 评酒时室内应保持干净，不允许存在杂味。
2. 品评人员应保持良好心态，不能吸烟，不能吃零食。

## 六、思考题

1. 麦芽粉碎程度会对过滤产生怎样的影响？
2. 试比较勃力克斯与 Plato 的异同。
3. 酸碱滴定（指示剂法）测酸度时为什么要用水稀释？
4. 糖化工艺有哪几类？浸出法与煮出法有何不同？

5. 要制备出符合酵母发酵要求的麦芽汁，哪个工艺环节最为关键？

# 实验 13　火腿肠的加工及蛋白质氧化的检测

蛋白质一定程度的氧化是加工肉制品形成风味的重要因素之一，然而过度的蛋白质氧化又是引起肉制品营养价值损失甚至腐败变质的重要原因。本实验通过对火腿肠的加工及蛋白质氧化的检测，为肉制品的加工及品质检测提供理论参考。

## I　火腿肠的加工

### 一、实验目的

通过实验，熟悉和了解火腿肠制作的工艺流程和操作要点，初步掌握其加工工艺。

### 二、实验原理

火腿肠是以猪肉糜为主要原料，添加其他辅料而制成的肉类制品。肉中的蛋白质加热后变性，形成网状结构的凝胶，将淀粉、水等辅料包裹在网状结构中，形成火腿肠特有的质地和风味。

### 三、实验材料

1. 材料

猪肉、食盐、胡椒、生姜、八角、茴香、草果、味精、白砂糖、胶原蛋白肠衣。

添加剂：大豆分离蛋白、玉米淀粉、卡拉胶、亚硝酸钠。

2. 仪器与用具

天平、斩拌机、绞肉机、真空灌肠机、烘箱、蒸煮锅、真空包装机等。

### 四、实验步骤

1. 材料肉处理：选择优质的冷鲜猪肉，肥瘦搭配在绞肉机中搅成肉糜状。绞制过程中加冰水控温在 2～4 ℃。

2. 搅拌腌制：按比例将添加剂加入绞制好的猪肉中进行搅拌混匀，低温腌制 24 h。

3. 配料：向腌制好的肉糜中加入适量冰水斩拌，再加入配料快速斩拌 5 min 后中速斩拌均匀。

4. 灌肠：将肉糜放入灌肠机中进行灌肠。

5. 烘烤：将灌肠放入烘箱中 70 ℃烘烤 3 h，期间定期翻动灌肠使受热均匀。

6. 蒸煮：烘烤完成的灌肠放入蒸煮锅内，使水淹没肠体，煮制 30 min。

7. 冷却:煮制好的灌肠放入冷库进行冷却,直至冷却到 0～5 ℃。

8. 真空包装。

## 五、注意事项

1. 使用臭氧消毒水解冻并冲洗猪肉,并将所有制作器具包括包装袋认真清洗一遍,消毒杀菌。

2. 火腿肠在高温熟制的时候不会有任何细菌,而在冷却时,容易造成二次污染。可使用臭氧发生器对实验空间进行消毒杀菌,灭杀空气中的微生物,避免造成二次污染。

3. 在火腿肠包装完成后,使用臭氧杀菌。臭氧杀菌的原理为:臭氧是一种强氧化剂,能分解破坏细菌的细胞壁,直接与细菌、病毒发生作用,破坏其结构。

# Ⅱ　火腿肠肌原纤维蛋白的提取

## 一、实验目的

1. 掌握肌原纤维蛋白提取的原理。

2. 掌握肌原纤维蛋白提取的基本实验步骤。

## 二、实验原理

将肉样用 5 倍的提取缓冲液(0.1 M NaCl, 2 mmol/L $MgCl_2$, 1 mmol/L EDTA, 10 mmol/L $K_2HPO_4$, pH 7.0)匀浆后离心(2 000×g, 10 min),重复四次并在第四次离心前用四层纱布过滤,并用 0.1 M 的 HCl 将 pH 调至 6.0,最后得到的蛋白膏保存于冰盒中备用。蛋白浓度用双缩脲法测定。

## 三、实验材料

1. 材料

实验Ⅰ加工完成的香肠样品。

2. 仪器与用具

电子天平、内切式均质机、冷冻离心机。

3. 试剂

10 mM 磷酸盐缓冲液(pH 7.0)　母液 A, 0.2 M $Na_2HPO_4$ 溶液,将 71.6 g $Na_2HPO_4 \cdot 12H_2O$ 溶于 1 000 mL 水中;母液 B, 0.2 M $NaH_2PO_4$ 溶液,将 31.2 g $NaH_2PO_4 \cdot 2H_2O$ 溶于 1 000 mL 水中。将 62 mL A 液与 38 mL B 液混合,再稀释 20 倍,即为 10 mM 磷酸盐缓冲液(pH 7.0)。

20 mM 磷酸盐缓冲液(pH 6.0)　12.3 mL 母液 A 与 87.7 mL 母液 B 混合,再稀释 10 倍即可。

0.1 mol/L 的 NaCl 溶液　将 5.85 g NaCl 溶于 1 000 mL 磷酸盐缓冲液中。

1 mM 的乙二胺四乙酸二钠溶液(EDTA)　将 2.92 g EDTA 溶于 1 000 mL 磷酸盐缓冲液中。

2 mM 的 $Mgcl_2$ 溶液　将 1.94 g $MgCl_2 \cdot 6H_2O$ 溶于 1 000 mL 磷酸盐缓冲液中。

10 mM 磷酸盐缓冲液(含 0.1 mol/L NaCl, 1 mM EDTA, 2 mM $MgCl_2$)　5.85 g NaCl, 2.92 g EDTA, 1.94 g $MgCl_2 \cdot 6H_2O$ 溶于 1 000 mL 磷酸盐缓冲液中。

## 四、实验步骤

1. 取 10 g 绞碎的火腿肠样品,加入 4 倍体积 10 mM 磷酸盐缓冲液(pH 7.0)。
2. 7 000 r/min 均质 30 s,停 3 min,再均质 30 s。
3. 4 ℃ 6 000×g 条件下离心 15 min,去除上清液。
4. 重复上述操作 3 次。
5. 沉淀中加入 0.1 mol/L 的 NaCl 40 mL, 7 000 r/min 均质 30 s。
6. 4 ℃ 6 000×g 条件下离心 15 min,重复操作 2 次。
7. 最后一次离心用 20 mM 的磷酸盐缓冲液(pH 6.0)离心,沉淀即为肌原纤维蛋白,以上操作均在冰浴条件下进行。

## 五、注意事项

1. 实验过程中,将蛋白样品置于冰上,防止蛋白失活。
2. 戴手套操作,避免蛋白交叉污染,或蛋白酶污染。

# Ⅲ　火腿肠蛋白羰基的检测

## 一、实验目的

学习并掌握蛋白质羰基的检测原理及方法。

## 二、实验原理

蛋白质侧链氨基酸被氧化修饰后,羰基产物积累,蛋白质功能丧失甚至被降解。蛋白质羰基含量是蛋白质氧化损伤的敏感指标。羰基可与 2,4-二硝基苯肼(DNPH)反应生成红棕色沉淀(2,4-二硝基苯腙),将沉淀用盐酸胍溶解后即可读取 370 nm 下的吸光度值,从而测定蛋白质的羰基含量。

## 三、实验材料

1. 材料

实验Ⅱ提取的肌原纤维蛋白。

2. 仪器与用具

冷冻离心机、内切式均质机、紫外分光光度计。

3. 试剂

20 mM 磷酸盐缓冲液　12.3 mL A 液加 87.7 mL B 液再稀释 10 倍即可（A 液与 B 液配制同实验Ⅱ）。

0.6 M NaCl　35 g NaCl 溶于 1 000 mL 20 mM 磷酸盐缓冲液中。

2 M HCl　16.8 mL 浓盐酸以蒸馏水稀释定容于 100 mL 容量瓶。

0.2%（W/V）的 DNPH　0.2 g DNPH 溶于 100 mL HCl。

40%三氯乙酸　40 g 三氯乙酸溶于 30 mL 蒸馏水，再定容到 100 mL。

乙醇-乙酸乙酯　按体积比 1∶1 混合乙醇和乙酸乙酯。

6 mol/L 的盐酸胍　573 g 盐酸胍溶于 1 000 mL 20 mM 磷酸盐缓冲液。

## 四、实验步骤

1. 肌原纤维蛋白用 20 mM 的磷酸盐缓冲液（pH 6.0，含 0.6 M NaCl）调至 5 mg/mL。
2. 分别取两份 400 μL 的肌原纤维蛋白溶液，一份加入 800 μL 的 HCl（2 mol/L，内含 0.2%（W/V）的 DNPH）处理，另一份加入 800 μL 的 HCl（2 mol/L）处理后作为空白。
3. 放置 30 min 后，加入 400 μL 40%的三氯乙酸溶液。
4. 在 5 000×g 条件下离心 5 min，弃上清。
5. 在沉淀中加入 1 mL 乙醇-乙酸乙酯混合液并在 10 000×g 条件下离心处理 5 min。
6. 重复上述操作 3 次，在沉淀中加入 1.5 mL 的 6 mol/L 的盐酸胍溶液。
7. 待蛋白质溶解后在 4 ℃条件下放置 12 h，分别在 280 nm 和 370 nm 处测定吸光度。

蛋白羰基值按下式计算：

$$蛋白羰基(n\ mol/mg\ pro)=(A_{370}-A_{370(空白)})\times10^6/[22\,000\times(A_{280}-A_{370(空白)}\times0.43)]$$

式中：$A$ 为吸光度值。

# Ⅳ　火腿肠蛋白巯基的检测

## 一、实验目的

学习并掌握蛋白质巯基的检测原理及方法。

## 二、实验原理

生物体内巯基主要包括谷胱甘肽巯基和蛋白质巯基。前者不仅能够修复氧化损伤的蛋白质，而且参与活性氧清除，后者对于维持蛋白质构象具有重要的作用。巯基基团与 5,5′-二硫代-双硝基苯甲酸（DTNB）反应，生成黄色化合物，在 412 nm 处有最大吸收峰。

## 三、实验材料

1. 材料

实验Ⅱ提取的肌原纤维蛋白。

2. 仪器与用具

冷冻离心机、内切式均质机、分光光度计。

3. 试剂

20 mM 磷酸盐缓冲液　12.3 mL A 液加 87.7 mL B 液再稀释 10 倍即可(A 液与 B 液的配制同实验Ⅱ)。

0.6 M NaCl　35 g NaCl 溶于 1 000 mL 磷酸盐缓冲液中。

8 M 的尿素　480.5 g 尿素溶于 1 000 mL 磷酸盐缓冲液中。

10 mM 的 EDTA　29.9 g EDTA 溶于 1 000 mL 磷酸盐缓冲液中。

50 mM 乙酸钠　6.8 g 三水乙酸钠溶于 1 000 mL 蒸馏水中。

10 mM DTNB　3.96 g DTNB 溶于 1 000 mL 乙酸钠溶液中。

## 四、实验步骤

1. 肌原纤维蛋白用 20 mM 磷酸盐缓冲液(含 0.6 M NaCl,pH 7.0)调至 4 mg/mL。

2. 取 1 mL 处理好的肌原纤维蛋白溶液,加入 9 mL 磷酸盐缓冲液(50 mM,pH 7.0,内含 8 M 的尿素、10 mM 的 EDTA 和 0.6 M 的 NaCl)。

3. 在 10 000 r/min 条件下冷冻离心 15 min 后,取 3 mL 离心上清液。

4. 加入 400 μL 的 50 mM 乙酸钠溶液(内含 10 mM DTNB)。

5. 在 40 ℃条件下加热处理 25 min,冷却后在 412 nm 处测定吸光度。

按如下算式计算蛋白巯基:

$$蛋白巯基(n\ mol/mg\ pro)=A\times10^9/(1.36\times10^4\times5\,000)$$

式中:$A$ 为吸光度值。

## 五、注意事项

1. 若测定的吸光度值超出标准吸光度值线性范围,高于最高值时,建议将待测样本使用提取液适当稀释后再进行测定;低于最低值时,建议适当增加样本量后再进行测定。计算时作相应修改。

2. 为保证结果准确且避免试剂损失,应确认试剂储存和准备是否充分,操作步骤是否清楚,且务必取 2～3 个预期差异较大的样本进行预测定。

# V　火腿肠蛋白色氨酸的检测

## 一、实验目的

掌握荧光分光光度法测定色氨酸的实验原理及方法。

## 二、实验原理

荧光物质分子在吸收特定频率辐射能量后,由基态跃迁至第一电子激发态(或更高激发态)的任一振动能级,在溶液中这种激发态分子与溶剂分子发生碰撞,以热的形式损失部分能量后,回到第一电子激发态的最低振动能级(无辐射跃迁),然后再以辐射形式去活化跃迁到电子基态的任一振动能级,便产生荧光。能产生强荧光的物质分子,一般都具有大的共轭 π 键结构或具有刚性平面结构。

色氨酸、酪氨酸和苯丙氨酸是能发射荧光的三种天然氨基酸,可以用荧光法测定。

## 三、实验材料

1. 材料

实验Ⅱ提取的肌原纤维蛋白。

2. 仪器与用具

内切式均质机、荧光分光光度计。

3. 试剂

0.6 mol/L NaCl:35 g NaCl 溶于 1 000 mL 磷酸盐缓存液中。

## 四、实验步骤

1. 将肌原纤维蛋白用 0.6 mol/L NaCl 溶液溶解为质量分数为 0.5 mg/mL 的蛋白溶液。

2. 以 0.6 mol/L NaCl 溶液作为空白,对其与蛋白溶液分别进行荧光光谱检测。仪器参数设置为:激发波长 295 nm,发射光谱范围 300～400 nm,扫描范围 300～400 nm,扫描速度 1500 nm/min,激发和发射狭缝均为 2.5 nm,扫描 3 次。

# Ⅵ　蛋白表面疏水性的检测

## 一、实验目的

掌握蛋白表面疏水性检测的原理和方法。

## 二、实验原理

蛋白质表面疏水性是指蛋白质在水溶液中的表面电荷分布情况。测定蛋白质表面疏水性的变化可反映蛋白质空间结构的改变情况。

## 三、实验材料

1. 材料

实验Ⅱ提取的肌原纤维蛋白。

2. 仪器与设备

内切式均质机、荧光分光光度计、变速冷冻离心机。

3. 试剂

20 mM 磷酸盐缓冲液　12.3 mL A 液加 87.7 mL B 液再稀释 10 倍即可(A 液与 B 液的配制同实验Ⅱ)。

1 mg/mL 溴酚蓝　1 g 溴酚蓝溶于 1 000 mL 蒸馏水。

## 四、实验步骤

1. 肌原纤维蛋白用 20 mM 磷酸盐缓冲液调至 5 mg/mL。

2. 取 1 mL 处理好的蛋白样液和 20 mL 1mg/mL 溴酚蓝溶液放入离心管中,同时做对照(1 mL 20 mM 磷酸盐缓冲液和 20 mL 1mg/mL 溴酚蓝放入离心管中)。

3. 室温振荡样品 10 min,800×g 条件下离心 10 min。

4. 取上清液 400 μL 稀释 10 倍,用分光光度计至 595 nm 处测吸光度值,空白为 20 mM 磷酸盐缓冲液,肌原纤维蛋白表面疏水性的计算公式如下:

$$\text{溴酚蓝(mg)}=\frac{200\ \text{mg}\times(A_{\text{对照}}-A_{\text{样品}})}{A_{\text{对照}}}$$

式中:$A$ 为吸光度值。

# Ⅶ　蛋白溶解度的检测

## 一、实验目的

掌握蛋白溶解度检测的原理和方法。

## 二、实验原理

用一定浓度的氢氧化钾溶液提取试样中的可溶性蛋白质,在催化剂作用下用浓硫酸将提取液中可溶性蛋白质的氮转化为硫酸铵;加入强碱进行蒸馏使氨逸出,用硼酸吸收后,再用盐酸滴定测出试样中可溶性蛋白质含量;同时,测定原始试样中粗蛋白质含量,计算出试样的蛋白溶解度。

## 三、实验材料

1. 材料

实验Ⅱ提取的肌原纤维蛋白。

2. 仪器与用具

内切式均质机、冷冻离心机。

3. 试剂

50 mM 磷酸盐溶液　12. 3 mL A 液加 87. 7 mL B 液再稀释 4 倍即可。

## 四、实验步骤

1. 用 50 mM 磷酸盐缓冲液(含 0. 6 mol/L NaCl,pH 6. 25)冰浴条件下 2 800 r/min 均质处理提取的肌原纤维蛋白,制成蛋白浓度 5 mg/mL 的 MP 溶液。

2. 4 ℃条件下放置 1 h,4 ℃8 000 r/min 离心 15 min。

3. 取上清测肌原纤维蛋白浓度,空白为磷酸盐缓冲液。溶解度按下式计算:

溶解度=(离心后上清蛋白浓度/离心前蛋白浓度)×100%

## 四、注意事项

1. 对蛋白质的提取及处理应该在低温环境下进行。

2. 配制磷酸盐缓冲液时注意调整 pH 值。

3. 经研究表明,粒度大小对蛋白质溶解度有影响。

## 五、思考题

1. 对火腿肠蛋白氧化的检测为何只对肌原纤维蛋白进行?

2. 蛋白质的处理为何要在低温下进行?

# 设计篇

# 自主设计实验

## 一、实验目的

1. 调动和激发学生的学习兴趣、积极性、主动性与创造性。

2. 培养学生自主创新能力及独立从事科研活动的能力，为今后从事科学研究打下基础。

3. 学习实验方案设计与科技论文写作的基本过程与方法。

## 二、实验材料

利用实验室现有的仪器、试剂、材料、用具等。

## 三、实验步骤

1. 准备阶段

在第一次实验课上课时，就把自主设计实验要求与思路告诉同学们，让同学们明确思想，提前做好准备。但由于同学们接触综合性与设计性实验较少，对生物技术理论、应用和实验技术还缺少认识，因此第一阶段主要进行基础实验的学习，并通过这一阶段的学习，使同学们获得生物技术实验基本理论知识与基本实验操作技能，为自主设计实验奠定理论基础和技能操作基础。

2. 查阅文献、制定实验计划

随着基础实验的学习，同学们对生物技术实验有了基本的认识，也掌握了一些生物学实验技术。当综合实验进行 5～7 周后，开始让同学们根据自己的兴趣，提出自己的自主设计实验的设想，并通过各种途径查阅文献，了解自己所研究问题在国内外的研究进展。在查阅文献的基础上，用两至三周时间设计一个实验方案用以验证某个生物学理论或应用生物学理论和实验技术解决某个实际问题等。初步方案完成后由指导教师根据实验室条件及实验方案的可行性等提出修改意见。根据教师修改意见，同学们对方案进行修改，到第 9～11 周完成最终实验方案。

3. 实验实施

同学们根据自己设计的实验方案，利用课余时间到实验室进行实验，这段时间实验室全天对学生开放，并为同学们配备所需的实验材料、试剂、培养基、仪器等，以满足实验需要。指导教师负责实验室安全和管理。要求自主设计实验在第 12～16 周完成。

4. 实验总结、小论文写作

实验完成后，同学们在教师指导下完成小论文写作。小论文的写作按照发表文章的基本格式，内容包括题目、作者、中文摘要和英文摘要、引言、材料与方法、结果与分析、结论、参考文献和致谢等部分。通过完成自主设计实验，使学生在查阅文献、实验设计、独立完成实验、论文写作等多方面都受到科学训练，逐步形成科学思维。

5. 论文汇报

每个实验小组将自己的论文进行汇报展示，在全组进行讲解交流，其他组的同学和老师可就汇报内容进行提问与交流。

## 四、成绩考核(共40分)

1. 设计方案(满分5分)

(1) 实验方案设计合理，基本不用经过指导教师的修改和建议，所解决的问题具有比较重要的理论意义或应用前景，经过自己的努力能够完成。(5分)

(2) 实验方案设计基本合理，需要经过指导教师的修改和建议才能确定最终的实验方案，所解决的问题具有比较重要的理论意义或应用前景，经过自己的努力能够完成。(4分)

(3) 实验方案设计基本合理，需要经过指导教师多次修改和建议才能确定最终的实验方案，所解决的问题具有一定的理论意义或应用前景，经过自己的努力能够完成。(3分)

(4) 实验方案设计不够合理，需要经过指导教师反复修改和具体建议才能确定最终的实验方案，所解决的问题具有一定的理论意义，经过自己的努力能够完成。(2分)

2. 操作与流程(满分15分)

(1) 实验操作符合生物学的基本要求，能够进行规范操作，实验结果正确，在规定时间内完成实验计划，取得了预期的结果。(15分)

(2) 实验操作基本符合生物学的基本要求，能够进行规范操作，实验结果基本正确，在规定的时间内基本完成实验计划，基本取得了预期的结果。(13分)

(3) 实验操作基本符合生物学的基本要求，基本能够进行规范操作，取得大部分预期的实验结果。(10分)

(4) 实验操作基本符合生物学的基本要求，部分操作不够规范，只取得部分预期的实验结果。(8分)

3. 总结与论文写作(满分15分)

(1) 论文写作符合科技论文写作的格式和要求，论文总体书写较好，英文摘要表达准确，结果表述明确，对结果的分析和讨论符合实际。(15分)

(2) 论文写作基本符合科技论文写作的格式和要求，论文总体书写较好，英文摘要表达基本准确，结果表述明确，对结果的分析和讨论不够深入。(13分)

(3) 论文写作基本符合科技论文写作的格式，英文摘要表达基本准确，结果表述基本明确，对结果的分析和讨论一般。(10分)

(4) 论文写作基本符合科技论文写作的格式，英文摘要表达基本准确，部分结果表述不够明确，对结果的分析和讨论不到位。(8分)

4. 论文汇报(5 分)

(1) 讲解清楚准确、流畅,能清楚阐明本实验的科学意义、实验过程及结果,回答问题准确。(5 分)

(2) 讲解基本清楚,能说明本实验的科学意义、实验过程及结果,回答问题基本准确。(4 分)

(3) 讲解基本清楚,能说明本实验的科学意义、实验过程及结果,回答问题不够准确。(3 分)

(4) 讲解不够清楚,能说明本实验的科学意义、实验过程及结果,回答问题不够准确,甚至部分问题回答错误。(2 分)

# 主要参考文献


[ 1 ] 杜昌升. 分子生物学与基因工程实验教程[M]. 北京:清华大学出版社,2013.

[ 2 ] 陈坚,堵国成. 发酵工程原理与技术[M]. 北京:化学工业出版社,2012.

[ 3 ] 董小雷. 啤酒分析检测技术[M]. 北京:化学工业出版社,2008.

[ 4 ] 单志,吴琦. 生物化学实验教程[M]. 北京:中国农业出版社,2017.

[ 5 ] 袁丽红. 微生物学实验[M]. 北京:化学工业出版社,2010.

[ 6 ] 刘智,张栋. 微生物学实验操作技术[M]. 北京:北京科学技术出版社,2016.

[ 7 ] 秦宜德,张胜权. 生物化学与分子生物学实验[M]. 合肥:中国科学技术大学出版社,2017.

[ 8 ] 陈鹏,郭蔼光. 生物化学实验技术[M]. 2 版. 北京:高等教育出版社,2018.

[ 9 ] 任林柱,张英. 分子生物学实验原理与技术[M]. 北京:科学出版社,2015.

[10] 田亚平,周楠迪. 生化分离原理与技术[M]. 北京:化学工业出版社,2010.

[11] 黄立华,王亚琴,梁山. 分子生物学实验技术:基础与拓展[M]. 北京:科学出版社,2017.

[12] 丁延芹,杜秉海,余之和. 农业微生物学实验技术[M]. 2 版. 北京:中国农业大学出版社,2014.

[13] 常晓彤,张效云. 生物化学与分子生物学实验教程[M]. 3 版. 北京:人民卫生出版社,2022.

[14] 陈红霞,张冠卿. 食品微生物学及实验技术[M]. 2 版. 北京:化学工业出版社,2019.

[15] 辛秀兰. 生物分离与纯化技术[M]. 北京:科学出版社,2008.

[16] 欧阳平凯,胡永红,姚忠. 生物分离原理及技术[M]. 3 版. 北京:化学工业出版社,2019.

[17] 边六交. 生物工程下游处理技术导论[M]. 西安:西北大学出版社,2019.

[18] 宋思扬,左正宏. 生物技术概论[M]. 5 版. 北京:科学出版社,2020.

[19] 余瑞元,袁明秀,陈丽蓉,等. 生物化学实验原理和方法[M]. 2 版. 北京:北京大学出版社,2005.

[20] 王冬梅,吕淑霞,王金胜. 生物化学实验指导[M]. 北京:科学出版社,2009.

[21] 滕利荣,孟庆繁. 生物学基础实验教程[M]. 北京:科学出版社,2008.

[22] 宋方洲. 生物化学与分子生物学实验[M]. 2 版. 北京:科学出版社,2013.

[23] 任林柱,张英. 分子生物学实验原理与技术[M]. 北京:科学出版社,2015.
[24] 待仕 S,达什 H R. 微生物生物技术:细菌系统实验室指南[M]. 朱必凤,等译. 北京:科学出版社,2018.
[25] 刘晓晴. 生物技术综合实验[M]. 北京:科学出版社,2009.
[26] 刘国生. 微生物学实验技术[M]. 北京:科学出版社,2007.
[27] 刘箭. 分子生物学与基因工程实验教程[M]. 3 版. 北京:科学出版社,2015.
[28] 陈雪岚. 基因工程实验[M]. 北京:科学出版社,2012.
[29] 冯乐平,刘志国. 基因工程实验教程[M]. 北京:科学出版社,2013.
[30] 朱俊华,甄文全,朱鹏. 基因工程实验指导[M]. 北京:冶金工业出版社,2020.
[31] 格林 M R,萨姆布鲁克 J. 分子克隆实验指南[M]. 4 版. 北京:科学出版社,2017.
[32] 辛明秀,黄秀梨. 微生物学实验指导[M]. 3 版. 北京:高等教育出版社,2019.